Informationstechnik
und
Datenverarbeitung

Reihe „Informationstechnik und Datenverarbeitung"

M.M. Botvinnik: Meine neuen Ideen zur Schachprogrammierung. Übersetzt aus dem Russischen von A. Zimmermann. X, 177 S., 42 Abb. 1982.

K.L. Bowles: Pascal für Mikrocomputer. Übersetzt aus dem Englischen von A. Kleine. IX, 595 S., 107 Abb. 1982.

W. Kilian: Personalinformationssysteme in deutschen Großunternehmen. Ausbaustand und Rechtsprobleme. Unter Mitarbeit von T. Heissner, B. Maschmann-Schulz. XV, 352 S. 1982.

A.E. Çakir (Hrsg.): Bildschirmarbeit. Konfliktfelder und Lösungen. XI, 256 S., 75 Abb. 1983.

W. Duus, J. Gulbins: CAD-Systeme. Hardwareaufbau und Einsatz. IX, 107 S., 41 Abb. 1983.

H. Niemann, D. Seitzer, H.W. Schüßler (Hrsg.): Mikroelektronik – Information – Gesellschaft. XI, 213 S., 80 Abb. 1983.

J. Kwiatkowski, B. Arndt: Basic. 2., korr. Auflage. XI, 179 S., 1984.

E.E.E. Hoefer, H. Nielinger: SPICE. Analyseprogramm für elektronische Schaltungen. 223 S., 162 Abb., 36 Tab. 1985.

F.J. Heeg: Empirische Software-Ergonomie. Zur Gestaltung benutzergerechter Mensch-Computer-Dialoge. X, 227 S., 79 Abb. 1988.

W. Junginger: FORTRAN 77 – strukturiert. XIII, 451 S., 75 Abb. 1988.

Werner Junginger

FORTRAN 77 – strukturiert

Mit 75 Abbildungen

Springer-Verlag
Berlin Heidelberg New York
London Paris Tokyo

Prof. Dr. Werner Junginger
Universität der Bundeswehr Hamburg
Fachbereich Wirtschafts- und
Organisationswissenschaften
Institut für Informatik
Postfach 700822, D – 2000 Hamburg 70

ISBN-13:978-3-540-17543-8   e-ISBN-13:978-3-642-71902-8
DOI: 10.1007/978-3-642-71902-8

CIP-Titelaufnahme der Deutschen Bibliothek. Junginger,Werner: Fortran 77 [siebenundsiebzig] - strukturiert / Werner Junginger. – Berlin; Heidelberg; New York; London; Paris; Tokyo: Springer, 1988
(Informationstechnik und Datenverarbeitung)
ISBN-13:978-3-540-17543-8 (Berlin ...) brosch.

2145/3140–543210

Vorwort

Dies ist ein Lehrbuch der Programmiersprache FORTRAN 77, der am weitesten verbreiteten Programmiersprache in Wissenschaft und Technik. Es wird der vollständige Sprachumfang von FORTRAN 77 in der derzeit gültigen genormten Form gebracht. Dabei werden verschiedene Ziele verfolgt: Zum einen soll dem Leser ein bequemer Zugang zu FORTRAN ermöglicht werden, unabhängig davon, ob er schon eine andere Programmiersprache kennt oder nicht. Zum anderen soll dieses Buch eine Einführung in die Kunst des Programmierens sein. Dabei wird besonderer Wert darauf gelegt, dem Leser eine Methodik der Programmentwicklung nahezubringen, die zu einer systematischen Gestaltung "guter" Programme führt. Dieser Punkt ist deshalb von besonderer Bedeutung, weil klare Strukturen und gute Verständlichkeit eine wesentliche Voraussetzung für fehlerfreies Programmieren und zuverlässige Programme sind. Das gilt nicht nur für umfangreiche Programmsysteme, sondern auch für kleinere Programme. Deshalb empfiehlt es sich, von Anfang an einen entsprechenden Programmierstil einzuüben: Die Ausführungen in diesem Buch orientieren sich an der Strukturierten Programmierung, einer zeitgemäßen Methode des Programmentwurfs, die sich als wesentliches Hilfsmittel für das Schreiben "guter" Programme erwiesen hat.

So wird einerseits gezeigt, wie man zu einem gegebenen Problem entsprechend den Prinzipien der Strukturierten Programmierung einen Lösungsweg formuliert und diesen in ein sauber strukturiertes FORTRAN-Programm umsetzt. Dieses Vorgehen wird im ganzen Buch konsequent beibehalten und an zahlreichen Programmbeispielen verdeutlicht. Andererseits ist die gesamte Darstellung von FORTRAN an den Bedürfnissen der Strukturierten Programmierung ausgerichtet, etwa durch die Angabe, wie sich die Sprachelemente von FORTRAN im Sinne der Strukturierten Programmierung zum Gestalten "guter" Programme verwenden lassen. Ferner weisen "Empfehlungen" immer wieder darauf hin, wie die Verständlichkeit und Zuverlässigkeit eines Programms erhöht werden kann.

Das Buch ist sowohl für das Selbststudium wie auch als vorlesungsbegleitende Lektüre gedacht. Die Leser, die noch keine Programmiererfahrungen haben, finden im 1. Kapitel eine

Einführung in grundlegende Begriffe der Programmierung, und Kapitel 2 bringt ein erstes Beispiel eines FORTRAN-Programms. In Kapitel 3 und 4 werden einige einfache FORTRAN-Anweisungen behandelt, mit denen es - auch für Anfänger - möglich ist, erste Programme zu entwickeln. Die weiteren Kapitel befassen sich dann mit dem weiteren Ausbau der Sprache. Übungen am Ende der einzelnen Kapitel sind zur persönlichen Kontrolle und zur Vertiefung der Ausführungen gedacht.

Bei der Gestaltung des Buches wurde die allgemeine Form der einzelnen Sprachelemente besonders hervorgehoben. Dies soll eine rasche Orientierung ermöglichen sowie die Benutzung des Buches im Sinne eines Nachschlagewerks erleichtern. Hierzu kann das umfangreiche Stichwortverzeichnis ebenfalls beitragen. Damit hat auch der Leser, der bereits eine andere Programmiersprache kennt, die Möglichkeit, mit diesem Buch FORTRAN 77 rasch zu erlernen.

An der Entstehung dieses Buches haben mehrere Personen mitgewirkt, denen ich an dieser Stelle herzlich danken möchte. Meinen Mitarbeitern Frau Silke Thomas und Herrn Uwe Ahlers danke ich für viele Stunden der Diskussion über Inhalt des Buches und Verbesserung des Manuskripts sowie für vielfältige Unterstützung, etwa beim Rechnen der Beispielprogramme. Ebenso danken möchte ich den Herren Hartmut Wriedt, Michael Hügle und Clemens Kaußler, deren Mitwirkung insbesondere zum äußeren Gelingen des Buches beigetragen hat. Herrn Heinz Heinrich danke ich herzlich für seine Unterstützung beim Korrekturlesen.

Mein besonderer Dank gilt Frau Ruth Knöß, die mit großer Sorgfalt und viel Geduld das Manuskript geschrieben und zahlreiche Änderungswünsche geduldig entgegengenommen hat, bis eine druckreife Form vorlag. Ebenso danke ich Frau Gisela Waltenberger, die sie dabei unterstützte. Dank auch dem Springer-Verlag, insbesondere Frau Ingeborg Mayer, für die gute Zusammenarbeit. Danken möchte ich auch - last but not least - meiner Frau und meinen Kindern, die viel Verständnis dafür zeigten, daß ich während des Schreibens dieses Buches nur ein seltenes Familienmitglied war. Sie machten in dieser Zeit der schrittweisen Verfeinerung des Buches die Erfahrung, daß im Dialogbetrieb mit mir der Zugriff immer schwieriger und die Wartezeiten immer länger wurden.

Hamburg, im März 1988   Werner Junginger

Inhaltsverzeichnis

Kapitel 1: Einführung: Programme und Algorithmen 1

  1.1 Die Programmiersprache FORTRAN 2

  1.2 Algorithmen 3

  1.3 Die Entwicklung eines Algorithmus 5

  1.4 Pseudocode 7

  1.5 Die Entwicklung eines FORTRAN-Programms 8

  1.6 Strukturierte Programmierung 10

       Übungen zu Kapitel 1 12

Kapitel 2: Ein erstes FORTRAN-Programm 13

  2.1 Problemstellung 13

  2.2 Beschreibung des FORTRAN-Programms 14

  2.3 Die Ausführung des Programms durch den Computer 16

       Übungen zu Kapitel 2 18

Kapitel 3: Elemente von FORTRAN 19

  3.1 Bedeutung der Syntax 19

  3.2 FORTRAN-Zeichensatz 19

  3.3 Darstellung von Zahlen 21

  3.4 Namen 23

  3.5 Variablen 24

  3.6 Konstanten 25

       3.6.1 Arithmetische Konstanten 25
       3.6.2 Zeichenkonstanten 25
       3.6.3 Benannte Konstanten 26

  3.7 Arithmetischer Ausdruck 27

  3.8 Einige Standardfunktionen und ihr Gebrauch 29

       Übungen zu Kapitel 3 31

Kapitel 4: Entwicklung einfacher FORTRAN-Programme 33

4.0   Notation zur Angabe der Syntax von FORTRAN 33

4.1   Vereinbarung des Typs 35

    4.1.1   Explizite Vereinbarung mittels Typanweisung 36
    4.1.2   Implizite Typzuordnung durch FORTRAN-Konvention 38
    4.1.3   Bedeutung und Verwendung der verschiedenen Datentypen 39
    4.1.4   Der Typ eines arithmetischen Ausdrucks 40
    4.1.5   Besonderheiten bei der Division ganzer Zahlen 41

4.2   Die arithmetische Wertzuweisung 43

4.3   Die Ausgabeanweisung PRINT* 48

4.4   Die Eingabeanweisung READ* 51

4.5   Formatierte Ein- und Ausgabe 56

    4.5.1   Formatierte Ausgabe 58
    4.5.2   Texte bei formatierter Ausgabe 64
    4.5.3   Formatierte Eingabe 69

4.6   Bauart eines FORTRAN-Programms 74

4.7   Programmbeispiele 76

4.8   Die Ausführung eines FORTRAN-Programms im Computer 82

    4.8.1   Eingabe des Programms in den Computer 82
    4.8.2   Die Bedeutung des Betriebssystems 84
    4.8.3   Ausführung des Programms durch das Betriebssystem 84
    4.8.4   Beschreibung von Compiler, Binder und Programmstart 87

    Übungen zu Kapitel 4 89

Kapitel 5: Grundlegende Ablaufstrukturen 93

5.1   Die Alternative 93

    5.1.1   Beispiele und Pseudocode 93
    5.1.2   Implementierung der Alternative in FORTRAN 95
    5.1.3   Vergleichsausdruck 96
    5.1.4   Die einseitige Alternative 98
    5.1.5   Programmbeispiel 99

5.2   Wiederholung 101

5.3   Schleifenbildung mit der DO-Anweisung 101

    5.3.1   Programmbeispiel 101
    5.3.2   Die Bauart einer DO-Schleife 103
    5.3.3   Beispiele mit DO-Schleifen 105
    5.3.4   Regeln für DO-Schleifen 107
    5.3.5   Geschachtelte DO-Schleifen 110

5.4   Schleifen mit Abbruchbedingungen 114

    5.4.1   Programmbeispiel 114
    5.4.2   Die Leeranweisung CONTINUE 116
    5.4.3   Die GOTO-Anweisung 117
    5.4.4   Die logische IF-Anweisung 118
    5.4.5   Die Bauart einer Schleife mit Abbruchbedingung 119
    5.4.6   Programmbeispiel: Newton-Iteration (I) 119
    5.4.7   DO-Schleifen mit Abbruchbedingung 122

    Übungen zu Kapitel 5 126

Kapitel 6: Felder und ihre Verarbeitung 129

6.1 Bedeutung des Feldes 129

6.2 Vereinbarung eines Feldes 131

6.3 Verwendung eines Feldes 133

6.4 Programmbeispiel 134

6.5 Felder variabler Größe 137

6.6 Mehrdimensionale Felder 138

6.7 Ein- und Ausgabe von Feldern 139

    6.7.1 Ein- und Ausgabe einzelner Feldelemente 140
    6.7.2 Ein- und Ausgabe ganzer Felder 140
    6.7.3 Verwendung einer impliziten DO-Liste 142

6.8 Implizite DO-Listen 143

6.9 Zuweisung von Anfangswerten mittels DATA 146

6.10 Die PARAMETER-Anweisung 150

6.11 Verwendungsmöglichkeiten von Feldern 152

6.12 Programmbeispiele 153

    6.12.1 Ermittlung des Maximums von n Elementen (I) 153
    6.12.2 Berechnung von Werten eines Polynoms 156

    Übungen zu Kapitel 6 159

Kapitel 7: Unterprogramme 163

7.1 Beispiele zur Verwendung von Unterprogrammen 163

7.2 Hauptprogramm, Unterprogramme und Programmeinheiten 168

7.3 SUBROUTINE-Unterprogramme 170

    7.3.1 Bedeutung und Beispiel 170
    7.3.2 Definition eines SUBROUTINE-Unterprogramms 173
    7.3.3 Aufruf eines SUBROUTINE-Unterprogramms 176
    7.3.4 Programmbeispiel: Ermittlung des Maximums (II) 177
    7.3.5 Globale und lokale Größen 182

7.4 FUNCTION-Unterprogramme 183

    7.4.1 Programmbeispiel 184
    7.4.2 Definition eines FUNCTION-Unterprogramms 186
    7.4.3 Aufruf eines FUNCTION-Unterprogramms 188
    7.4.4 Programmbeispiel: Ermittlung des Maximums (III) 189

7.5 Anweisungsfunktionen 191

7.6 Standardfunktionen 195

    7.6.1 Bedeutung 195
    7.6.2 Anwendungsmöglichkeiten 197

7.7 Modularisierung 199

    Übungen zu Kapitel 7 200

Kapitel 8: Weitere Datentypen 203

8.1 Der Datentyp CHARACTER - zur Bearbeitung von Zeichenfolgen 204

    8.1.1   Bedeutung des Datentyps CHARACTER 204
    8.1.2   Vereinbarung des Datentyps CHARACTER 205
    8.1.3   Zuweisung von Werten 206
    8.1.4   Ein- und Ausgabe von CHARACTER-Größen 207

        8.1.4.1   Eingabe von CHARACTER-Größen 208
        8.1.4.2   Ausgabe von CHARACTER-Größen 210

    8.1.5   Programmbeispiel: Name in Text einfügen (I) 211
    8.1.6   Operationen mit CHARACTER-Größen: Teilkette und
        arithmetischer Ausdruck 212
    8.1.7   Vergleich von CHARACTER-Größen 215
    8.1.8   Programmbeispiel: Name in Text einfügen (II) 217
    8.1.9   Standardfunktionen zur Verarbeitung von
        CHARACTER-Größen 219
    8.1.10 Übergabe von CHARACTER-Größen an Unterprogramme 220
    8.1.11 Programmbeispiel: Name in Text einfügen (III) 222

  8.2   Der Datentyp LOGICAL - für die Verwendung logischer Größen 226

    8.2.1   Konstanten und Variablen vom Typ LOGICAL 226
    8.2.2   Zuweisung von Werten 227
    8.2.3   Ein- und Ausgabe von logischen Größen 228
    8.2.4   Programmbeispiel 229
    8.2.5   Logischer Ausdruck 231

  8.3   Der Datentyp DOUBLE PRECISION - zum Rechnen mit erhöhter
     Genauigkeit 235

    8.3.1   DOUBLE PRECISION-Arithmetik 235
    8.3.2   Programmbeispiel 238
    8.3.3   Ein- und Ausgabe doppeltgenauer Größen 240

  8.4   Der Datentyp COMPLEX - für das Rechnen mit komplexen Größen 243

    8.4.1   Komplexe Konstanten und Variablen 243
    8.4.2   Komplexe Arithmetik 244
    8.4.3   Standardfunktionen für das Rechnen mit komplexen Größen 245
    8.4.4   Ein- und Ausgabe komplexer Größen 247
    8.4.5   Programmbeispiel 249

  8.5   Vereinbarung des Datentyps mit Hilfe von IMPLICIT 252

    Übungen zu Kapitel 8 253

Kapitel 9: Ergänzungen zu den Ablaufstrukturen 257

  9.1   Fallunterscheidung 257

    9.1.1   Beispiel 257
    9.1.2   Allgemeine Form der Fallunterscheidung 259

  9.2   Block-IF-Strukturen 261

  9.3   Geschachtelte Block-IF-Strukturen 263

  9.4   Weitere Formen der Schleife 267

    9.4.1   Die WHILE-Schleife 267
    9.4.2   Die UNTIL-Schleife 272
    9.4.3   Schleifen mit mehreren Ausgängen 274

  9.5   Weitere Steueranweisungen 276

    9.5.1   Arithmetisches IF 276
    9.5.2   Berechnete GOTO-Anweisung 277

9.5.3   Gesetzter Sprung und die ASSIGN-Anweisung 278

Übungen zu Kapitel 9 279

Kapitel 10: Zusätzliche Möglichkeiten bei der Ein- und Ausgabe 281

10.1 Die allgemeine READ-Anweisung 282

    10.1.1   Bedeutung 282
    10.1.2   Bauart der allgemeinen READ-Anweisung 282
    10.1.3   Behandlung von Datenende und von Fehlern 286
    10.1.4   Programmbeispiel 289

10.2 Die Kurzform der READ-Anweisung 291

10.3 Die allgemeine Ausgabeanweisung WRITE 293

10.4 PRINT als Kurzform von WRITE 295

10.5 Angabe des Formats in der Ein-/Ausgabeanweisung 296

10.6 Variable Formatierung 301

10.7 Format-Beschreiber 305

    10.7.1   Grundlegende Begriffe 305
    10.7.2   Regeln für die Abarbeitung der Formatliste 306
    10.7.3   Doppelpunkt-Beschreiber 308
    10.7.4   Schrägstrich-Beschreiber 309
    10.7.5   E-Beschreiber 313
    10.7.6   D-Beschreiber 314
    10.7.7   G-Beschreiber 315
    10.7.8   P-Beschreiber und Skalierungsfaktor 317
    10.7.9   SP-, SS- und S-Beschreiber für die Vorzeichenausgabe 320
    10.7.10 BN- und BZ-Beschreiber 321
    10.7.11 Apostroph-Beschreiber und H-Beschreiber 322
    10.7.12 T-, TL- und TR-Beschreiber (Tabulator) 324

    Übungen zu Kapitel 10 326

Kapitel 11: Dateien 329

11.1 Grundlagen der Dateibearbeitung 330

    11.1.1   Die Bauart einer Datei 330
    11.1.2   Überblick über das Arbeiten mit Dateien 332
    11.1.3   Eigenschaften von Dateien 335
    11.1.4   Zusammenstellung der Ein-/Ausgabeanweisungen für Dateien 337

11.2 Die Anweisungen OPEN und CLOSE 338

    11.2.1   Die OPEN-Anweisung 339
    11.2.2   Die CLOSE-Anweisung 344
    11.2.3   Regeln für den Gebrauch von OPEN und CLOSE 345

11.3 Formatierte und formatfreie Datensätze 346

    11.3.1   Überblick und Bedeutung 346
    11.3.2   Ausgabe formatierter Datensätze 347
    11.3.3   Lesen formatierter Datensätze 349
    11.3.4   Formatfreie Datensätze 351
    11.3.5   Verwendungsmöglichkeiten von formatierten und formatfreien
           Dateien 356

11.4 Sequentieller und direkter Zugriff auf Dateien 357

    11.4.1 Sequentielle Dateien 358
    11.4.2 Ein- und Ausgabe bei sequentiellem Zugriff 359
    11.4.3 Programmbeispiel zum Anlegen einer sequentiellen Datei 362
    11.4.4 Die Anweisungen REWIND und BACKSPACE zur Positionierung
          sequentieller Dateien 364
    11.4.5 Direktdateien 368
    11.4.6 Ein- und Ausgabe bei Direktzugriff 370

11.5 Die Anweisung INQUIRE zum Abfragen von Dateieigenschaften 372

    Übungen zu Kapitel 11 377

Kapitel 12: Weitere FORTRAN-Sprachelemente 379

12.1 Interne Dateien 380

    12.1.1 Bedeutung 380
    12.1.2 Ein- und Ausgabe bei internen Dateien 381

12.2 Die Anweisung EQUIVALENCE 384

12.3 Die COMMON-Anweisung 386

    12.3.1 Bedeutung 386
    12.3.2 Unbenannter COMMON-Block 388
    12.3.3 Benannter COMMON-Block 390
    12.3.4 BLOCK DATA-Unterprogramm 394

12.4 Ergänzungen zur Parameterübergabe bei Unterprogrammen 396

    12.4.1 Felder als Parameter 396
        12.4.1.1 Vereinbarung eines formalen Parameters als Feld 396
        12.4.1.2 Aktuelle Parameter für ein Feld 398
        12.4.1.3 Programmbeispiel 401
    12.4.2 Unterprogramme als Parameter 404
        12.4.2.1 Verwendung formaler Unterprogrammnamen in einem
                Unterprogramm 405
        12.4.2.2 Die Anweisungen EXTERNAL und INTRINSIC 407
        12.4.2.3 Programmbeispiel: Newton-Iteration (II) 409
    12.4.3 Sprungziele als Parameter. Alternatives RETURN 411

12.5 Die Anweisung ENTRY 413

12.6 Die Anweisung SAVE 416

    Übungen zu Kapitel 12 417

Anhang 420

A Reihenfolge der Anweisungen in einem FORTRAN-Programm 420

B Tabellen der Standardfunktionen 422

    B.1 Funktionen zur Umwandlung des Typs 422
    B.2 Arithmetische Hilfsfunktionen 424
    B.3 Mathematische Funktionen 426

B.4   Funktionen zur Textverarbeitung 428

C Tabellen der Format-Beschreiber   429

   C.1   Wiederholbare Format-Beschreiber für die Ausgabe 429
   C.2   Wiederholbare Format-Beschreiber für die Eingabe 430
   C.3   Nichtwiederholbare Format-Beschreiber 431

D Formale und aktuelle Parameter bei Unterprogrammen 432

E ASCII-Code und EBCDI-Code   434

Literatur 437

Stichwortverzeichnis   439

1. Einführung: Programme und Algorithmen

Computer sind aus unserem heutigen Leben nicht mehr wegzudenken. Wir begegnen ihnen überall - sei es am Arbeitsplatz oder zu Hause, im Fernsehen oder bei der Buchung des lang ersehnten Urlaubs. Dies deutet die vielfältigen Einsatzmöglichkeiten des Computers in Wissenschaft, Technik, Wirtschaft und Verwaltung bis hin zum privaten Gebrauch an. Um die "Fähigkeiten" eines Computers nutzen zu können, muß man ihm mitteilen, welche Aufgaben er lösen soll. Dies geschieht mit Hilfe von Programmen. Ein **Programm** ist eine detaillierte "Arbeitsanleitung" für einen Computer, die ihm sagt, was im einzelnen zu tun ist, um eine bestimmte Aufgabe zu erledigen. Diese Angaben müssen so formuliert sein, daß der Computer sie "verstehen" kann. Hierfür benutzt man **Programmiersprachen,** von denen es mittlerweile eine große Zahl gibt. Sie weisen aufgrund unterschiedlicher Entstehungsdaten und Konzepte verschiedenartige Strukturen auf. Daher sind nicht alle Programmiersprachen für alle Aufgaben gleichermaßen gut geeignet. In diesem Buch soll **FORTRAN 77** dargestellt werden. Dies ist eine weitverbreitete Programmiersprache, die sowohl im naturwissenschaftlich-technischen als auch im kommerziellen Bereich genutzt wird.

Dieses Buch soll vermitteln, wie man mit FORTRAN 77 gute Programme schreibt, d. h. übersichtlich gegliederte und klar strukturierte Programme, die gut verständlich sind. Dazu gehört einerseits die genaue Kenntnis der Programmiersprache. Ihrer Darstellung und Beschreibung ist der überwiegende Teil des Buches gewidmet. Andererseits genügt die alleinige Kenntnis einer Programmiersprache noch nicht, um gute Programme schreiben zu können, da ein Programm gleichzeitig auch einen **Algorithmus** darstellt: die Angabe der einzelnen Schritte, die auszuführen sind, um eine bestimmte Aufgabe zu erledigen oder ein Problem zu lösen. Ein Programm kann deshalb nur dann "gut" sein, wenn dies auch für den zugrundeliegenden Algorithmus gilt. Man darf daher bei der Programmentwicklung die Algorithmenentwicklung nicht außer acht lassen, vielmehr beginnt die Entwicklung eines guten Programms zweckmäßigerweise mit der Entwicklung eines korrekten und sauber strukturierten Algorithmus, der das gegebene Problem löst und der dann in einer Programmiersprache angegeben wird.

Aus diesem Grunde befaßt sich dieses Buch neben der Darstellung von FORTRAN 77 auch mit der **Entwicklung und Formulierung von Algorithmen.** Dies geschieht schwerpunktmäßig in Kapitel 1. Die weiteren Kapitel enthalten dann mehrere Programmbeispiele, in denen gezeigt wird, wie man von einer Problemstellung zu einem Lösungsalgorithmus kommt und wie man diesen in ein FORTRAN-Programm umsetzt. Auch die Darstellung der Programmiersprache FORTRAN erfolgt im Hinblick darauf, welche ihrer Sprachelemente sich zur Formulierung sauber strukturierter Algorithmen und guter Programme eignen.

1.1 Die Programmiersprache FORTRAN

Die Programmiersprachen bilden die Basis für die Umsetzung eines Algorithmus in eine für den Computer verständliche Form. Dabei kann man zwischen zwei Arten von Programmiersprachen unterscheiden:

- Eine **maschinenorientierte Programmiersprache** lehnt sich stark an die im Computer ablaufenden Vorgänge an. Dadurch ist eine solche Sprache rechnerabhängig, d. h. von Anlage zu Anlage verschieden. Die einzelnen Anweisungen der Sprache entsprechen in der Regel elementaren Aktionen, die der Computer unmittelbar ausführen kann. Komplexere Operationen lassen sich nur durch mehrere Anweisungen realisieren. Die Programmierung in einer maschinenorientierten Sprache wird dadurch etwas umständlich und führt leicht zu aufgeblähten Programmen.

- Eine **problemorientierte Programmiersprache,** auch **höhere Programmiersprache** genannt, ist demgegenüber so beschaffen, daß sich Algorithmen bequemer formulieren lassen. Hierzu stehen Anweisungen zur Verfügung, die komplexeren Operationen entsprechen. Ihre Notation ist unabhängig von einem bestimmten Computer. Dadurch sind problemorientierte Sprachen rechnerunabhängig und können auf verschiedenen Computern benutzt werden. Allerdings kann ein Computer eine solche komplexe Anweisung nicht mehr unmittelbar ausführen ; er versteht nur seine Maschinensprache. Deshalb muß ein in einer problemorientierten Sprache geschriebenes Programm vor der Ausführung zuerst in eine gleichwertige Folge von Anweisungen der Maschinensprache umgewandelt werden. Diese Aufgabe kann der Computer selbst übernehmen. Hierzu gibt es für die verschiedenen höheren Programmiersprachen entsprechende Übersetzungsprogramme (**Compiler**) oder auch sog. **Interpreter,** die von den Computerherstellern angeboten werden. Dadurch wird die Maschinenunabhängigkeit der problemorientierten Programmiersprache gewährleistet.

Die erste problemorientierte Programmiersprache war FORTRAN. Ihre Entwicklung begann 1953 bei IBM unter der Leitung von John W. Backus. Die Sprache sollte es ermöglichen,

Lösungsalgorithmen für Aufgaben aus der numerischen Mathematik bequemer zu formulieren. 1954 wurde der erste Entwurf von "The IBM Mathematical FORmula TRANslation System, FORTRAN" vorgestellt, und 1957 stand der erste FORTRAN-Compiler zur Verfügung.

In der Folgezeit erprobte man die Sprache ausgiebig und entwickelte sie stetig fort. 1966 erschien FORTRAN IV (manchmal auch FORTRAN 66 genannt), das bis zur Veröffentlichung von FORTRAN 77 in den Jahren 1977/78 die maßgebliche Form der Sprache darstellte. FORTRAN 77 ist eine Erweiterung und Verbesserung von FORTRAN IV und hat internationale Anerkennung gefunden. Dabei werden in der Norm hinsichtlich des Sprachumfangs zwei Versionen unterschieden:

- Full FORTRAN oder FORTRAN schlechthin. Dies ist die umfassendere Version. Sie ist in der Regel gemeint, wenn von FORTRAN 77 die Rede ist.

- Subset FORTRAN. Diese Version weist gegenüber Full FORTRAN verschiedene Einschränkungen auf.

In diesem Buch wird Full FORTRAN dargestellt. Subset FORTRAN wird nicht weiter behandelt, da es nur noch von untergeordneter Bedeutung ist.

1.2 Algorithmen

Ein Algorithmus gibt die einzelnen Schritte an, die erforderlich sind, um eine bestimmte Aufgabe zu erledigen. (Diese Charakterisierung eines Algorithmus genügt für unsere Zwecke ; für eine exakte Definition sind noch weitere Angaben vonnöten.) Algorithmen bilden damit die Grundlage für die Entwicklung von Programmen. Sie finden aber nicht nur in diesem Zusammenhang Verwendung, sondern auch in verschiedenen anderen Gebieten bis hin zum Alltagsleben. So handelt z. B. auch ein Hobbykoch nach einem Algorithmus, wenn er ein neues Gericht ausprobiert und sich dabei genau an die Angaben des Kochrezepts hält. Ebenso kann man eine Anleitung zum Zusammenbau eines Regals als "Alltagsalgorithmus" ansehen. Ferner gibt es in der Mathematik zahlreiche Algorithmen, z. B. zur Lösung eines linearen Gleichungssystems oder bei Problemen der kombinatorischen Optimierung.

Um über den Aufbau von Algorithmen Näheres zu erfahren, betrachten wir einige Alltagsalgorithmen.

Beispiel 1 : Kaffeezubereitung mit einer Kaffeemaschine

Eine Bedienungsanleitung für eine Kaffeemaschine hat etwa die folgende Form :

1. Gerätedeckel aufklappen
2. Wasser in Wasserbehälter einfüllen
3. Kanne auf die Warmhalteplatte stellen
4. erforderliche Kaffeemenge einfüllen, d. h.
    4.1   Kaffeedüse nach hinten schwenken
    4.2   Filtertüte in den Kegelfilter einlegen
    4.3   Kaffeepulver in die Filtertüte füllen
    4.4   Kaffeedüse zurückschwenken
5. Gerätedeckel zuklappen
6. Gerät einschalten

An diesem Beispiel kann man die folgenden Eigenschaften erkennen :

(1)   Ein Algorithmus besteht aus einzelnen **Anweisungen** (Schritten), die auszuführen sind.

(2)   Dabei gibt es **elementare Anweisungen,** die keiner weiteren Erläuterung bedürfen und unmittelbar ausgeführt werden können (z. B. Schritt 1).

(3)   Es kann **komplexere Anweisungen** geben, die sich in elementare und/oder andere komplexe Anweisungen zerlegen lassen (z. B. Schritt 4).

Diese Eigenschaften kommen jedem Algorithmus zu. Die alleinige Angabe der Anweisungen reicht allerdings noch nicht aus: Es ist auch zu klären, in welcher Reihenfolge sie abgearbeitet werden sollen. Dies kann verschieden geregelt sein. Zunächst bilden die Anweisungen so, wie sie dastehen, eine bestimmte Folge (Sequenz). Solange nichts anderes festgelegt ist, ist dies auch die Reihenfolge ihrer Ausführung. Das ist im obigen Beispiel der Fall:

(4)   Die Anweisungen des Algorithmus werden nacheinander in der Reihenfolge ausgeführt, in der sie angegeben sind.

Eine andere Regelung gilt in dem folgenden Beispiel, das einen Ausschnitt aus einem Algorithmus zeigt.

Beispiel 2 : Einnahmevorschrift für eine Arznei

Für die Einnahme einer Arznei gelte die folgende Vorschrift:

"Im akuten Krankheitsstadium nehme man stündlich 15 Tropfen, beim Abklingen der Beschwerden 3mal täglich 25 Tropfen."

In algorithmischer Form läßt sich dies so angeben:

    WENN   akutes Krankheitsstadium
    DANN   stündlich 15 Tropfen
    SONST   3mal täglich 25 Tropfen

Hier hat man die Wahl zwischen zwei Möglichkeiten: abhängig von der bei **WENN** angegebenen Bedingung ist entweder die nach **DANN** oder die nach **SONST** stehende Anweisung auszuführen. Man bezeichnet dies als **Alternative,** während eine Ausführungsreihenfolge, wie sie durch (4) festgelegt ist, auch als **Sequenz** bezeichnet wird. Im Gegensatz zur Sequenz, bei der alle angegebenen Anweisungen nacheinander ausgeführt werden, ermöglicht die Alternative es, bestimmte Anweisungen auszuwählen und andere zu "übergehen".

Sequenz und Alternative bezeichnet man als **Ablaufstrukturen** eines Algorithmus (auch Kontrollstrukturen genannt). Sie sind Bestandteil des Algorithmus und steuern seinen Ablauf, indem sie die Reihenfolge festlegen, in der die Anweisungen ausgeführt werden. Es gibt noch weitere Ablaufstrukturen, die ebenfalls von Bedeutung sind. Hierzu gehört z. B. die Wiederholung, die eine wiederholte Ausführung von Anweisungen ermöglicht. Diese und weitere Strukturen werden in späteren Kapiteln noch eingehender behandelt (s. Kap. 5 und Kap. 9).

1.3 Die Entwicklung eines Algorithmus

Bei der Entwicklung eines Algorithmus kann man drei Phasen unterscheiden:

(1) Zuerst muß man klären, welche Aufgabe oder welches Problem zu lösen ist. Deshalb gehört an den Anfang

- eine exakte Formulierung des Problems mit Angabe des gewünschten Ziels

- eine präzise Abgrenzung der Problemstellung

(2) Danach ist ein Weg zur Lösung des Problems zu ermitteln. Je nach Problemstellung kann dies ein mathematisches Verfahren sein oder eine ingenieurwissenschaftliche Methode, aber ebensogut auch einige Vorschriften, etwa zur Berechnung einer Betriebsrente.

(3) Schließlich ist der Lösungsweg durch geeignete Anweisungen zu beschreiben: Dies ergibt den Algorithmus. Dabei ist darauf zu achten, daß man die einzelnen Anweisungen exakt formuliert und ihre korrekte Reihenfolge festlegt, so daß eine "mechanische" Ausführung zu einer Lösung des Problems führt. Nur so kann ein Computer das Problem lösen, da er

äußerst "gewissenhaft" arbeitet und genau das ausführt, was ihm angegeben wird, aber nichts anderes. Er hat keinerlei Einsicht in das, was er tut.

Wir wollen diese drei Phasen anhand des Beispiels 1 aus Kapitel 1.2 verdeutlichen :

(1)   Problemstellung: Es sollen 6 Tassen Kaffee zubereitet werden.

       Abgrenzung: Es ist nur Kaffee zu kochen, sämtliche Zutaten (wie Kaffeepulver, Filtertüte usw.) seien vorrätig.

(2)   Lösungsweg: Benutzung einer Kaffeemaschine unter Beachtung der Gebrauchsanweisung.

(3)   Algorithmus: Hier sind die durch die Gebrauchsanweisung festgelegten Schritte zur Bedienung der Kaffeemaschine anzugeben. Dies führt zu dem in Kapitel 1.2 angegebenen Algorithmus.

Bei der Formulierung eines Algorithmus ist es erfahrungsgemäß kaum möglich, gleich alle Einzelheiten völlig korrekt anzugeben. Daher empfiehlt es sich, bei der Entwicklung eines Algorithmus wie folgt vorzugehen :

Zunächst skizziert man den Lösungsweg nur in groben Zügen unter Verwendung relativ komplexer Anweisungen. Dies gestattet eine überschaubare Darstellung des gesamten Lösungsgangs mit verhältnismäßig wenigen komplexen Anweisungen. Diese Anweisungen werden anschließend "verfeinert", indem man sie nach und nach durch "feinere" Anweisungen ersetzt (wie bei Schritt 4 des Beispiels 1 von Kap. 1.2). Dabei kann es auch erforderlich sein, solche "feineren" Anweisungen noch weiter zu verfeinern.

Dieses Vorgehen heißt **schrittweise Verfeinerung.** Es bietet den großen Vorteil, daß man sich bei der Entwicklung eines Algorithmus nicht gleich um alle Details kümmern muß und dabei eventuell etwas übersieht. Man beginnt vielmehr mit einem relativ groben Entwurf, der verhältnismäßig einfach zu überschauen ist und der dann nach und nach verfeinert wird. Bei jeder Verfeinerung steht man vor derselben Situation: Man hat ein bestimmtes überschaubares Teilproblem und spezifiziert dieses genauer. Auf diese Weise erhält man schließlich den Algorithmus in allen Details.

Dieses Vorgehen gestattet es auch, bei Bedarf den Algorithmus nachträglich ohne große Mühe zu ändern. Hierzu beginnt man auf der obersten Stufe der Entwicklung. Zunächst wird der grobe Entwurf des Algorithmus den Änderungen angepaßt. Anschließend geht man den Prozeß der Verfeinerung erneut durch und berücksichtigt dabei - soweit erforderlich - in den einzelnen

Stufen die anfallenden Änderungen. Da hierbei immer nur überschaubare Teile zu ändern sind, lassen sich sämtliche Änderungen relativ leicht und korrekt einbauen.

Diese schrittweise Verfeinerung hat noch einen weiteren Vorteil: Sie unterstützt die Entwicklung **zuverlässiger Programme.** Die Zuverlässigkeit eines Programms ist von außerordentlicher Wichtigkeit, wird aber häufig nicht genügend beachtet. Beim Entwickeln eines Programms schleichen sich oft unbemerkt logische Fehler ein, und dies um so mehr, je umfangreicher das Programm ist. Als Folge davon wird das Programm zwar irgend etwas tun, aber eben nicht das, was es eigentlich soll: Es liefert keine Lösung des gegebenen Problems. Dies ist um so schwerwiegender, wenn falsche Ergebnisse nicht offenkundig sind. In einem fertiggestellten Programm nachträglich Fehler aufzuspüren ist ein außerordentlich schwieriges Unterfangen und u. U. zum Scheitern verurteilt. Entwickelt man jedoch ein Programm und den zugrundeliegenden Algorithmus durch schrittweises Verfeinern, so läßt sich eine Prüfung auf Korrektheit gleich zu Beginn dieses Verfeinerungsprozesses durchführen und ebenso bei jeder weiteren Verfeinerung. Dabei fällt jedesmal nur bei einem überschaubaren Teil des Algorithmus bzw. Programms eine Prüfung an, was weitaus einfacher ist als bei einem vollständigen Programm. Diese Vorgehensweise erleichtert die Kontrolle der Richtigkeit eines Programms erheblich; nach dessen Fertigstellung sind dann in der Regel kaum noch zusätzliche Überprüfungen vonnöten.

1.4 Pseudocode

Beim Entwickeln von Algorithmen empfiehlt es sich, die Algorithmen in der Weise zu notieren, wie dies in Kapitel 1.2 geschah. Diese Notationsweise ist durch folgende Eigenschaften ausgezeichnet:

- stichwortartige Angabe der Anweisungen
- Benutzung von Schlagworten
- Verwendung von Schlüsselworten wie "wenn - dann" zur Festlegung des Ablaufs

In dieser Form lassen sich nicht nur Alltagsalgorithmen, sondern auch sonstige Algorithmen angeben. Man ist dabei gezwungen, den Sachverhalt mit knappen Worten, klar und eindeutig anzugeben, was die exakte Formulierung eines Algorithmus unterstützt. Man bezeichnet dies als **Pseudocode** und versteht darunter eine Form der Notation von Algorithmen, die sich in folgender Weise charakterisieren läßt:

- Die auszuführenden Anweisungen werden knapp und klar in unmittelbar verständlicher Form angegeben, etwa mit Hilfe der Umgangssprache oder durch eine Fachsprache, wie z. B. die mathematische Notation.

- Zur Steuerung des Ablaufs benutzt man einige wenige Ablaufstrukturen und stellt diese in Anlehnung an problemorientierte Programmiersprachen dar unter Verwendung entsprechender Steuerworte, wie z. B. "wenn - dann - sonst" für die Alternative.

Pseudocode gestattet es, die Ablaufsteuerung eines Algorithmus, die bestimmt, in welcher Reihenfolge die Anweisungen ausgeführt werden, in exakter Form anzugeben. Gleichzeitig hat man sehr große Freiheit in der Formulierung der Anweisungen. Dadurch ist es möglich, verschiedenartigste Algorithmen in Pseudocode zu formulieren. Besonders für die Entwicklung eines Algorithmus durch schrittweise Verfeinerung eignet sich Pseudocode in geradezu idealer Weise, da sowohl komplexe wie auch elementare Anweisungen angegeben werden können.

Pseudocode ist ein sehr nützliches und gut verständliches Ausdrucksmittel zur exakten Formulierung von Algorithmen. Gleichzeitig kann man damit die Entwicklung eines Algorithmus bequem angeben. Wir werden deshalb Pseudocode im folgenden zur Algorithmen- und Programmentwicklung bevorzugt einsetzen.

1.5 Die Entwicklung eines FORTRAN-Programms

Bei einem FORTRAN-Programm kann man zwei Aspekte unterscheiden :

- es stellt einen Algorithmus dar
- dieser ist in FORTRAN angegeben

Diese beiden Gesichtspunkte sind auch für die Entwicklung des Programms von Bedeutung :

- Es ist ein Algorithmus zur Lösung eines gegebenen Problems zu entwickeln.
- Dieser Algorithmus muß - in seiner endgültigen Fassung - in FORTRAN angegeben werden.

Eine Programmentwicklung beinhaltet somit nicht nur die Angabe von FORTRAN-Anweisungen, sondern immer auch eine Algorithmenentwicklung. Bei dieser kann man nun entweder sehr früh schon die Sprache FORTRAN zur Formulierung des Algorithmus verwenden oder so spät wie möglich. Die erste dieser Möglichkeiten empfiehlt sich weniger. Sie ist fehleranfällig, weil man sich neben der Entwicklung des Algorithmus gleichzeitig auch um die Einzelheiten der Sprache FORTRAN kümmern muß. Bei der zweiten Möglichkeit entfällt dies: Man entwickelt den Algorithmus so lange wie möglich unabhängig von einer bestimmten Programmiersprache und kann sich so - ohne auf die Details einer Programmiersprache achten zu müssen - ganz auf den Algorithmus konzentrieren. Für dessen Formulierung bietet sich dabei Pseudocode an. Er gestattet eine korrekte und sauber strukturierte Darstellung des Algorithmus. Für die Entwicklung des Algorithmus gilt dabei das in Kapitel 1.3 Gesagte. Bei der schrittweisen Verfeinerung behält man den Pseudocode so lange bei, bis seine Anweisungen direkt in FORTRAN-Anweisungen umsetzbar sind. Dies kann dann ohne große Mühe geschehen. Anschließend ist das FORTRAN-Programm fertiggestellt.

Zusammen mit den Ausführungen in Kapitel 1.3 ergibt dies das folgende

Verfahren zur Entwicklung eines FORTRAN-Programms

(1)   Ausgehend von einer Problemstellung

(2)   ermittelt man zunächst einen Lösungsweg

(3)   und formuliert diesen als Algorithmus, d. h., man beschreibt den Lösungsweg mit Hilfe geeigneter Anweisungen. Dies geschieht zweckmäßigerweise

    • in Pseudocode
    • unter schrittweiser Verfeinerung.

    Dabei werden die Anweisungen so lange verfeinert, bis offenkundig ist, welchen FORTRAN-Anweisungen sie entsprechen.

(4)   Dann erfolgt die Umwandlung der Anweisungen des Pseudocodes in FORTRAN-Anweisungen.

Wie lange der Verfeinerungsprozeß in (3) fortzusetzen ist, hängt u. a. vom Programmierer ab: Je mehr Erfahrung er im Umsetzen von Pseudocode in FORTRAN-Anweisungen hat und je besser er die Sprache FORTRAN beherrscht, desto eher kann das Verfeinern abgebrochen werden. Daher kann eine Anweisung des Pseudocodes einer oder mehreren FORTRAN-Anweisungen entsprechen.

Die skizzierte Vorgehensweise hat auch dann Gültigkeit, wenn ein Programm nicht in FORTRAN, sondern in einer anderen problemorientierten Sprache zu schreiben ist. In diesem Fall ist lediglich Punkt (4) so zu ändern, daß die Anweisungen des Pseudocodes in die Anweisungen der gewünschten Sprache gewandelt werden.

Bemerkung

Unter Umständen ist es überhaupt nicht nötig, zu einer Problemstellung ein FORTRAN-Programm zu entwickeln. Für zahlreiche Probleme gibt es bereits fertige Programme oder Programmteile, die man benutzen kann. Für bestimmte Gebiete werden solche Programme zu **Programmbibliotheken** zusammengefaßt. Man sollte deshalb vor der Entwicklung eines Programms immer zuerst klären, ob es nicht bereits ein (zuverlässiges!) Programm für das betreffende Problem gibt.

1.6 Strukturierte Programmierung

Vor etwa 20 Jahren stellte man fest, daß die Programme immer unzuverlässiger wurden. Die Fehler in den Programmen nahmen als Folge einer ständig wachsenden Zahl von Programm-änderungen und -erweiterungen überhand. Zur Überwindung dieser "Software-Krise" wurden in den darauffolgenden Jahren mehrere Methoden zur Entwicklung guter Programme mit geringer Fehleranfälligkeit vorgeschlagen. Von diesen Methoden hat sich in der Zwischenzeit die Strukturierte Programmierung als die wichtigste herauskristallisiert.

Die **Strukturierte Programmierung** ist eine Methode zur Entwicklung von Programmen, die sowohl den Algorithmenentwurf als auch die Formulierung in einer Programmiersprache umfaßt. Die Anwendung ihrer Prinzipien bietet sich bei jeder Programmieraufgabe an, da hierdurch die Lesbarkeit und Verständlichkeit sowie die Verringerung der Fehleranfälligkeit eines Programms wesentlich verbessert werden können. Diese Ziele werden durch die folgende Vorgehensweise erreicht:

- top-down-orientierte Programmentwicklung und -gestaltung
- Verwendung einiger weniger Ablaufstrukturen vom Typ "one in - one out"

Die top-down-orientierte Programmentwicklung entspricht weitgehend der in Kapitel 1.3 dargestellten Vorgehensweise der schrittweisen Verfeinerung, bei der ein Algorithmus "top-down", d. h. "von oben nach unten", entwickelt wird: Ausgehend von einem ersten groben Entwurf wird durch immer weitergehende Verfeinerung und Spezifizierung der einzelnen Schritte das detaillierte Programm erstellt. Für die Algorithmenformulierung kann man sich dabei auf die drei folgenden Ablaufstrukturen beschränken :

- Sequenz
- Alternative
- Wiederholung

Weitere Strukturen sind nicht erforderlich, da nach einem Satz von BÖHM und JACOPINI (1966) sich jeder Algorithmus, der durch einen Computer ausgeführt werden soll, mit Hilfe dieser drei Strukturen formulieren läßt. Daher beschränkt sich die Strukturierte Programmierung auf die Verwendung dieser drei Grundstrukturen, die aber zur Unterstützung der Lesbarkeit eines Programms in unterschiedlichen Formen benutzt werden dürfen.

Allen Formen dieser Ablaufstrukturen ist hinsichtlich des Programmablaufs eines gemeinsam: Sie weisen nur einen Eingangs- und nur einen Ausgangspunkt auf und sind ansonsten in sich geschlossen. Wird mit diesen Strukturen ein Programm gebildet, so besteht dieses aus einer Folge derartiger Strukturen, die nacheinander abgearbeitet werden. Verwickelte und komplizierte Programmstrukturen lassen sich auf diese Weise erst gar nicht erzeugen. Deshalb haben sich diese "one in - one out"-Strukturen als sehr wichtige Grundkonzepte der Algorithmenformulierung und Programmgestaltung erwiesen. Bei korrekter Handhabung ermöglichen sie es, die Programmerstellung zu vereinfachen und verständliche Programme zu erhalten, deren Überprüfbarkeit einfacher ist und bei denen sich Änderungen als weniger fehleranfällig erweisen. Da auf diese Programmqualitäten in heutiger Zeit besonders zu achten ist, halten wir uns in diesem Buch an die folgende

Empfehlung:

Bei der Erstellung eines FORTRAN-Programms halte man sich an das in Kapitel 1.5 angegebene Verfahren. Dabei beachte man bei der Algorithmenformulierung in (3) und bei der Umwandlung in FORTRAN-Anweisungen in (4) die oben angegebenen Prinzipien der Strukturierten Programmierung. Bei der Angabe des Ablaufs verwende man nur die Grundstrukturen Sequenz, Alternative und Wiederholung (sie werden in den Kapiteln 4, 5 und 9 genauer angegeben).

Übungen zu Kapitel 1

Kontrollfragen

- Was versteht man unter einem Programm, was unter einem Algorithmus und wodurch unterscheidet sich ein Programm von einem Algorithmus?

- Welche Arten von Programmiersprachen unterscheidet man? Worin unterscheiden sie sich? Welchem Typ rechnet man FORTRAN zu? Wozu gibt es Compiler oder Interpreter?

- Woraus ist ein Algorithmus aufgebaut? Was sind Ablaufstrukturen und welche dieser Strukturen wurden vorgestellt?

- In welche Phasen kann man den Entwicklungsprozeß von Algorithmen einteilen? Was heißt "schrittweise Verfeinerung" und was ist Pseudocode? Wie kommt man von einem Algorithmus zu einem FORTRAN-Programm?

- Was ist das Ziel der Strukturierten Programmierung und welches methodische Vorgehen wird vorgeschlagen?

Aufgaben

1.1   Beschreiben Sie den Weg zur nächsten Bushaltestelle (oder Bahnhof oder Flughafen). Eine solche Wegbeschreibung kann man als Alltagsalgorithmus auffassen.

    a)   Verfassen Sie diese Wegbeschreibung für einen Ortsunkundigen in rein verbaler Form als fortlaufenden Text.

    b)   Fertigen Sie eine zweite Version der Wegbeschreibung für einen Ortskundigen an.

    c)   Übertragen Sie die Wegbeschreibungen, d. h. also die Alltagsalgorithmen, in Pseudocode.

1.2   Schreiben Sie als Text auf, wie man die quadratische Gleichung $ax^2 + bx + c = 0$ löst. Formulieren Sie diesen Algorithmus in Pseudocode.

2. Ein erstes FORTRAN-Programm

Um einen ersten Eindruck von FORTRAN zu bekommen (mit FORTRAN ist im folgenden, wenn
nichts anderes gesagt wird, stets FORTRAN 77 gemeint), betrachten wir in diesem Kapitel ein
einfaches FORTRAN-Programm. Das zugrundeliegende Problem wird in 2.1 beschrieben und
das Programm in 2.2 angegeben. Außerdem wird gezeigt (Kap. 2.3), wie man dieses Programm
in den Computer eingeben kann, um es ausführen zu lassen.

2.1 Problemstellung

Aufgabe: Man ermittle die Wahrscheinlichkeit, beim Zahlenlotto unter den 49 möglichen
Zahlen die sechs richtigen zu tippen.

Lösung

Die gesuchte Wahrscheinlichkeit läßt sich nach der Formel

$$W = \frac{1}{n} \tag{1}$$

berechnen, wobei n die Anzahl der Möglichkeiten ist, aus 49 Zahlen 6 verschiedene auszuwählen. Für n gilt :

$$n = \binom{49}{6} = \frac{49 \cdot 48 \cdot 47 \cdot 46 \cdot 45 \cdot 44}{1 \cdot 2 \cdot 3 \cdot 4 \cdot 5 \cdot 6} \tag{2}$$

Bemerkung

Zur Lösung dieser Aufgabe bedarf es sicherlich weder eines Computers noch eines Programms;
ein Taschenrechner genügt hierfür vollauf. Zur Demonstration eines FORTRAN-Programms ist
dieses einfache Beispiel jedoch gut geeignet.

2.2   Beschreibung des FORTRAN-Programms

Abb. 2.1 zeigt ein Programm, das die gestellte Aufgabe löst. Es besteht wie jedes FORTRAN-Programm aus einzelnen Zeilen. Diese sind in Abb. 2.1 durchnumeriert (wie in allen anderen Programmen dieses Buches auch). Die Nummern selbst gehören aber **nicht** zum Programm, sondern dienen nur dem bequemeren Zitieren und haben ansonsten keinen Einfluß auf das Programm.

```
 1          PROGRAM LOTTO
 2     *--------------------------------------------------------------*
 3     * Berechnet die Wahrscheinlichkeit, 6 Richtige beim Zahlenlotto *
 4     *    zu treffen.                                                 *
 5     *                                                               *
 6     * Variablen : ANZ    :   Anzahl der Kombinationen zu 6          *
 7     *             WAHRS :   Trefferwahrscheinlichkeit               *
 8     *--------------------------------------------------------------*
 9          INTEGER ANZ
10          REAL WAHRS
11
12     * Berechnung
13          ANZ = 49*48*47*46*45*44 / 720
14          WAHRS = 1.0/ANZ
15
16     * Ausgabe
17          PRINT *, 'Anzahl der Kombinationen : ', ANZ
18          PRINT *
19          PRINT *, 'Trefferwahrscheinlichkeit : ', WAHRS
20
21     * Ende des Programms
22          STOP
23          END
```

Abb. 2.1 Beispiel eines FORTRAN-Programms

In FORTRAN unterscheidet man zwei Arten von Programmzeilen :

a)   Zeilen mit Anweisungen an den Computer

b)   Zeilen zur besseren Lesbarkeit des Programms (für den Menschen)

Zu b) gehören zum einen die Kommentarzeilen. Sie beginnen in Abb. 2.1 mit einem * (nach der Zeilennummer!) und enthalten Angaben zum Ablauf des Programms (z. B. Zeilen 12 und 16) oder sonstige Erläuterungen (Zeilen 2-8). Ferner gehören zu b) die Leerzeilen (Zeilen 11, 15, 20), mit deren Hilfe das Programm optisch besser gegliedert werden kann. Alle diese Zeilen werden vom Computer "überlesen" und nicht weiter ausgewertet. Sie tragen aber dazu bei, ein Programm übersichtlich zu gestalten, verständlich darzustellen und dadurch seine Zuverlässigkeit zu erhöhen.

Zu a) gehören alle übrigen Zeilen des Programms in Abb. 2.1. Sie werden bei der Übersetzung des Programms in entsprechende Anweisungen der Maschinensprache umgewandelt (vgl. Kap. 1.1). Wir wollen sie im folgenden kurz erläutern, Einzelheiten folgen in weiteren Kapiteln (vgl. die Hinweise in Klammern). Insofern brauchen noch nicht alle Details des Programms jetzt schon verstanden zu werden.

Zeile   1:   Festlegung eines Namens für das Programm   (Kap. 4.6)

9:    Festlegung für die Variable ANZ : Sie kann nur ganzzahlige Werte annehmen (Kap. 4.1.1)

10:    Festlegung für die Variable WAHRS : Ihr Wertebereich umfaßt die im Computer darstellbaren reellen Zahlen   (Kap. 4.1.1 und 3.3)

13:    Berechnung der Formel (2)   (Kap. 3.7 und 4.2)

14:    Berechnung der Formel (1)   (Kap. 3.7 und 4.2)

17-19:   Ausgabe der berechneten Werte, zusammen mit erklärendem Text   (Kap. 4.3)

22:    Ende der Programmausführung   (Kap. 4.6)

23:    Ende der Programmniederschrift   (Kap. 4.6)

Jede dieser Zeilen stellt eine FORTRAN-Anweisung dar. Man kann sie in zwei Gruppen einteilen, da FORTRAN zwei Arten von Anweisungen unterscheidet :

Ausführbare Anweisungen

Ihnen entsprechen Aktionen des Computers, wie z. B. eine Berechnung (Zeile 13) oder eine Ausgabe (Zeile 17). Alle ausführbaren Anweisungen zusammen legen fest, was der Computer zu tun hat, wenn das Programm ausgeführt wird.

Nichtausführbare Anweisungen

Ihnen entsprechen keine einzelnen Aktionen des Computers, sondern sie enthalten Informationen über das Programm, wie z. B. den Programmnamen (Zeile 1) oder die Festlegung des Wertebereichs einer Variablen (Zeile 9 und 10). Diese Informationen wertet der Compiler während der Übersetzung des Programms aus; zum Zeitpunkt der Programmausführung sind sie dann bereits berücksichtigt.

2.3 Die Ausführung des Programms durch den Computer

Das Programm in Abb. 2.1 ist ein vollständiges FORTRAN-Programm, das der Computer ausführen kann, allerdings erst, nachdem es in den Computer eingegeben wurde.

Die Eingabe des Programms in den Computer

kann auf verschiedene Arten geschehen, je nachdem ob man mit Lochkarten oder am Bildschirm arbeitet. Beim Arbeiten mit Lochkarten wird zuerst das ganze Programm abgelocht, und zwar jede Programmzeile auf eine eigene Lochkarte. Dieser Lochkartenstapel ist dann noch um einige weitere Karten, die "Steueranweisungen" enthalten, zu ergänzen. Anschließend kann der Stapel in den Computer eingelesen und das Programm übersetzt und ausgeführt werden. Da in diesem Fall ein Lochkartenstapel verarbeitet wird, spricht man auch von **Stapelbetrieb**. Früher war das Arbeiten mit Lochkarten weit verbreitet. Heute erfolgt dagegen die Eingabe meistens im **Dialogbetrieb**, d. h. direkt über die Tastatur des Bildschirms. Auch hier wird das Programm Zeile um Zeile eingegeben, wobei eine Programmzeile gewöhnlich einer Zeile des Bildschirms entspricht. Nach vollständiger Eingabe des Programms müssen dann ebenfalls noch einige Steueranweisungen hinzugefügt werden, um das Programm übersetzen und starten zu können. In beiden Fällen verlangt FORTRAN ein ganz bestimmtes

Format für die Eingabe einer Programmzeile

Für jede Zeile stehen 80 Positionen zur Verfügung : entweder als Schreibpositionen einer Bildschirmzeile oder als Spalten einer Lochkarte. Dann gilt für die Eingabe einer Anweisungs- bzw. Kommentarzeile :

Anweisungszeile

- jede Anweisung des Programms muß auf einer neuen Zeile beginnen

- die in Abb. 2.1 angegebenen Zeilennummern gehören nicht zu den Anweisungen und werden nicht eingegeben

- eine Anweisung ist in die Positionen 7-72 einzutragen

- die Positionen 73-80 sind bedeutungslos, doch darf dort nichts stehen, was zu einer Anweisung gehört

Kommentarzeile

- in Position 1 muß als erstes Zeichen ein * stehen (oder ein C, s. 4.8.1), wie in den Kommentarzeilen von Abb. 2.1

- ab Position 2 kann der restliche Kommentartext eingetragen werden

Diese Angaben genügen zunächst, um das Programm von Abb. 2.1 eingeben zu können. Ergänzend dazu findet man weitere Regeln in Kapitel 4.8.1.

Die Ausführung des Programms durch den Computer

kann erfolgen, nachdem das Programm vollständig eingegeben ist. In der Regel braucht man dazu noch einige Steueranweisungen, durch die die Übersetzung des Programms sowie der Programmstart veranlaßt werden. Einzelheiten hierzu sind anlagenspezifisch und können im entsprechenden Handbuch der Rechenanlage nachgelesen werden. Für den Anfang ist es das einfachste, jemanden zu fragen, der mit dem Rechner bereits vertraut ist (vgl. auch Kapitel 4.8).

Die Ausführung des Programms beginnt mit der ersten ausführbaren Anweisung (die nichtausführbaren Anweisungen wurden bereits bei der Übersetzung berücksichtigt). Im Programm von Abb. 2.1 ist dies die Anweisung in Zeile 13. Dann folgen die danachstehenden ausführbaren Anweisungen, und zwar eine nach der anderen, soweit durch die Ablaufstruktur des Programms nichts anderes festgelegt ist (vgl. Kap. 1.2). Letzeres ist in dem Programm von Abb. 2.1 nicht der Fall, so daß der Computer insgesamt die folgenden Aktionen ausführt:

    Berechnung der Anzahl n nach Formel (2)
    Berechnung der Wahrscheinlichkeit W nach Formel (1)
    Ausgabe der Anzahl n
    Ausgabe einer Leerzeile
    Ausgabe der Trefferwahrscheinlichkeit W

Enthält ein Programm, wie in diesem Fall, Ausgabeanweisungen, so bewirken diese bei der Programmausführung entsprechende Ausgaben. Sie erscheinen bei Dialogbetrieb auf dem Bildschirm, bei Stapelbetrieb werden sie in der Regel über den Schnelldrucker der Rechenanlage ausgedruckt. Abb. 2.2 zeigt diese Ausgabe für das Programm von Abb. 2.1. Die Angabe der Trefferwahrscheinlichkeit ist dabei als $0{,}71511238 \cdot 10^{-7}$ zu lesen.

```
Anzahl der Kombinationen :      13983816

Trefferwahrscheinlichkeit :     .71511238-007
```

Abb. 2.2 Die von dem Programm in Abb. 2.1 durch einen SPERRY UNIVAC 1100-Computer
       erzeugte Ausgabe

Übungen zu Kapitel 2

Kontrollfragen

- Welche Arten von Programmzeilen gibt es und welche Bedeutung kommt ihnen zu?

- Was ist der Unterschied zwischen ausführbaren und nichtausführbaren Anweisungen?

- Welche Vorschriften bezüglich der Schreibposition sind bei der Eingabe von FORTRAN-Programmen zu beachten?

Aufgaben

2.1 Geben Sie das Beispielprogramm aus Abb. 2.1 in Ihren Computer ein und bringen Sie es zum Laufen. Vergleichen Sie das Ergebnis, das Ihr Computer ausgibt, mit Abb. 2.2.

2.2 Geben Sie als Algorithmus an, wie FORTRAN-Quellprogramme in den Computer eingegeben werden, den Sie benutzen.

2.3 Formulieren Sie im Pseudocode, wie man mit Ihrem Computer ein FORTRAN-Quellprogramm übersetzt und später bindet.

3. Elemente von FORTRAN

Ein FORTRAN-Programm besteht aus einzelnen Anweisungen, wie sie uns schon in Kapitel 2 begegneten. In den folgenden Kapiteln wollen wir angeben, welche Anweisungen es in FORTRAN gibt, wie sie genau aussehen und was sie bedeuten. Hierzu benötigen wir einige elementare Begriffe, die für alles Weitere von Bedeutung sind. Sie werden in diesem Kapitel behandelt.

3.1 Bedeutung der Syntax

Wie in jeder Programmiersprache, so haben auch in FORTRAN die einzelnen Anweisungen eine ganz bestimmte Form bzw. Bauart. Ihre Festlegung geschieht durch die sogenannte **Syntax** der Programmiersprache. Beim Schreiben eines Programms ist es nun unerläßlich, sich ganz genau an diese Syntax zu halten, da jede Abweichung davon zu einem Fehler führt. Was nur ungefähr richtig ist, versteht der Computer nicht, da er nicht raten kann.

Für die in diesem Kapitel behandelten Begriffe wird die Syntax mit Hilfe der Umgangssprache angegeben und anhand von Beispielen erläutert. In den darauffolgenden Kapiteln ist dies nur noch vereinzelt der Fall ; meistens verwenden wir dort eine bestimmte Notationsweise, mit der man auf bequeme Art die Syntax exakt angeben kann. Diese Notation wird in Kapitel 4.0 erläutert.

3.2 FORTRAN-Zeichensatz

Die Angabe eines FORTRAN-Programms geschieht wie schon in Abb. 2.1 unter Verwendung von Buchstaben, Zahlen und einigen Sonderzeichen, wie z. B. dem Gleichheitszeichen. Insgesamt steht dabei der folgende Zeichensatz zur Verfügung:

die 26 Buchstaben   A B C ... Z   ⎫
die 10 Dezimalziffern   0 1 2 ... 9   ⎬   alphanumerische Zeichen
die 13 Sonderzeichen   _ = + - * / ( ) , . \$ ' :   ⎭

Bemerkungen

a)   Nur die Großbuchstaben, aber keine Kleinbuchstaben gehören zu dem Zeichensatz, mit dem die Anweisungen eines FORTRAN-Programms gebildet werden. Es gibt jedoch Ausnahmen, wo auch Kleinbuchstaben zugelassen sind, vgl. Bemerkung f.

b)   Manchmal wird die Ziffer Null als $\emptyset$ geschrieben, um den Unterschied zum Buchstaben O zu verdeutlichen.

c)   _ wird als Symbol für Zwischenraum verwendet, auch Leerzeichen (blank) genannt. Damit kann man einen Zwischenraum "sichtbar" machen, was verschiedentlich vonnöten ist.

d)   Zwischenraum kann in FORTRAN-Programmen beliebig verwendet werden. Er wird zur Verbesserung der Lesbarkeit benutzt und hat sonst keine Bedeutung, außer in den folgenden Fällen:

  • innerhalb von Zeichenkonstanten (s. Kap. 3.6.2)
  • beim H-Beschreiber und beim Apostroph-Beschreiber (s. Kap. 10.7.11)
  • in Spalte 6 einer FORTRAN-Zeile (s. Kap. 4.8.1)

e)   Das Sonderzeichen ' wird in FORTRAN als Apostroph bezeichnet (obwohl es gewöhnlich nicht die Bedeutung eines Auslassungszeichens hat).

f)   Weitere Zeichen, zusätzlich zum FORTRAN-Zeichensatz, sind zugelassen

  • in Kommentarzeilen
  • in Zeichenkonstanten (s. Kap. 3.6.2)
  • beim H- und beim Apostroph-Beschreiber (s. Kap. 10.7.11)

Hier können sämtliche im Rechner darstellbare Zeichen benutzt werden, beispielsweise Groß- und Kleinbuchstaben. Trotzdem ist eine gewisse Beschränkung angezeigt, wie in der Empfehlung von Kapitel 8.1.1 angegeben, damit man nicht in Schwierigkeiten gerät, wenn man ein Programm auf verschiedenen Computern rechnen lassen will.

3.3 Darstellung von Zahlen

Zahlen werden in FORTRAN in Anlehnung an die übliche mathematische Schreibweise dargestellt. Beispiele sind etwa 49 oder 1.0 in dem Programm von Abb. 2.1. FORTRAN unterscheidet verschiedene Typen von Zahlen; die beiden wichtigsten, nämlich ganze Zahlen und
REAL-Zahlen, werden hier behandelt, weitere folgen in Kapitel 8.

Ganze Zahlen (INTEGER-Zahlen)

Ganze Zahlen sind in FORTRAN das, was man auch umgangssprachlich darunter versteht. Man
bezeichnet sie als INTEGER-Zahlen bzw. INTEGER-Konstanten. Ihre Darstellung hat die auch
sonst übliche

Form: Folge von Ziffern, mit oder ohne Vorzeichen

Beispiele :   273   + 273   +_273   -58   0   3

Bemerkungen

a)   Auch 3.0 hat einen ganzzahligen Wert, ist aber eine REAL-Zahl und keine INTEGER-
      Zahl, da in einer solchen kein Dezimalpunkt vorkommen darf.

b)   123456789012 ist u. U. keine zulässige INTEGER-Zahl mehr, da sie zu groß sein kann
      (dies hängt vom benutzten Computer ab). Es können nämlich nur Zahlen bis zu einer
      bestimmten Größe verarbeitet werden. Welcher Zahlenbereich zur Verfügung steht, ist
      rechnerabhängig und kann dem FORTRAN-Handbuch des Computers entnommen werden.

REAL-Zahlen

Reelle Zahlen wie auch rationale Zahlen werden durch REAL-Zahlen (REAL-Konstanten)
dargestellt. Die Schreibweise unterscheidet sich von INTEGER-Zahlen durch das Vorhandensein
eines Dezimalpunktes (nicht Dezimalkomma!) oder eines Exponenten.

Beispiele :   15.07   1.507 E 1   1507.0 E - 02   1507 E - 2   0.1507 E+2
                  Alle diese REAL-Zahlen haben denselben Zahlenwert.

Die allgemeine Bauart einer REAL-Zahl

hat eine der folgenden drei

Formen :	Dezimalbruch			(z.B. 15.07)
	Dezimalbruch	E	ganze Zahl	(z.B. 1.507 E 1)
	ganze Zahl	E	ganze Zahl	(z.B. 1507 E -2)

mit   Dezimalbruch: • eine Folge von Ziffern

• mit vorangehendem oder eingebettetem oder
nachfolgendem Dezimalpunkt

• mit oder ohne Vorzeichen

ganze Zahl: INTEGER-Zahl (wie zuvor angegeben)

Erläuterungen

a)   Zur ersten Form gehören Zahlen wie

$$3.14 \quad 3.140 \quad -0.1 \quad -.1 \quad 3.0 \quad 3. \quad + 3.0$$

man bezeichnet diese Form als **Festpunkt-Darstellung** einer REAL-Zahl.

b)   Die beiden anderen Formen mit Exponenten nennt man **Gleitpunkt-Darstellung** einer REAL-Zahl ; weitere Beispiele sind

$$1 E - 6 \quad 6.0236 E 26 \quad 1.6019 E - 19$$

Dabei bedeutet E die Basis 10, davor steht die Mantisse, danach der Exponent. Die zweite Zahl bedeutet also $6{,}0236 \cdot 10^{26}$.

c)   Auch REAL-Zahlen haben einen beschränkten Wertebereich, den man dem FORTRAN-Handbuch des Computers entnehmen kann. Häufig reicht er mindestens von 10^{-35} bis 10^{35}. Ebenso ist die Anzahl der signifikanten Stellen beschränkt, sie liegt i. allg. zwischen 7 und 10. Benötigt man eine höhere Genauigkeit, so stehen dafür "doppeltgenaue" Zahlen zur Verfügung (s. Kap. 8.3).

Beispiele

Keine REAL-Zahlen sind	Begründung	korrekt wäre
17	Dezimalpunkt fehlt	17.0
1.4 E	Exponent fehlt	1.4 E 0
8,24 E 2	Dezimalkomma unzulässig	8.24 E 2
E - 6	Mantisse fehlt	1 E - 6
-2.0 E+98	i. allg. zu groß	doppeltgenaue Zahl

3.4 Namen

Namen verwendet man zur Bezeichnung verschiedener im Programm benötigter Größen, wie z. B.

- Variablen (z.B. ANZ und WAHRS im Programm LOTTO von Abb. 2.1)
- Programmnamen (z. B. LOTTO für das Programm von Abb. 2.1)
- Funktionen (s. Kap. 3.8)
- Felder (s. Kap. 6)

Die allgemeine Form eines Namens

ist: Folge von maximal sechs alphanumerischen Zeichen, die mit einem Buchstaben beginnt.

Beispiele

korrekte Namen: X   N2   ALFA   BSP4   DRUCK

Keine Namen sind	Begründung	korrekt wäre
2X	muß mit Buchstaben beginnen	X2
BSP2.1	Punkt ist nicht zulässig	BSP21
FLAECHE	zu lang	FLAECH

Bemerkungen

a)   Man beachte, daß die Länge eines Namens nur 6 Zeichen beträgt. Manchmal ist dies fast zu wenig. Trotzdem bemühe man sich, damit sinnvolle Namen zu bilden.

b)   Die Verwendung eines Namens muß eindeutig sein: zwei verschiedene Größen dürfen nicht denselben Namen tragen. (Dies gilt innerhalb einer Programmeinheit, d. h. für uns vorläufig innerhalb eines FORTRAN-Programms ; s. auch Kap. 7.2.)

Empfehlungen

a)   Bei der Wahl eines Namens hat man freie Hand. Trotzdem sollte man **nicht** irgendwelche Phantasieprodukte wie z. B. X3BC8 oder WAUWAU wählen, sondern stets "sprechende" Namen, aus denen die Bedeutung der Größe hervorgeht (z. B. MW für Mittelwert, KDNR für Kundennummer usw.).

b)   Einige Worte haben bereits eine vorbestimmte Bedeutung, wie z. B. DO als Bestandteil der DO-Anweisung (s. Kap. 5.3) oder ASIN als Name der Arcussinus-Funktion (s. Kap. 3.8). Trotzdem kann man in FORTRAN solche Worte auch noch als Namen für andere Größen verwenden. Man sollte so etwas aber **nie tun,** weil durch solche Mehrdeutigkeiten sich leicht Fehler in ein Programm einschleichen können.

3.5 Variablen

Variablen spielen in FORTRAN-Programmen eine ähnliche Rolle wie in der Mathematik. Dort gilt z. B.

$$u = 4\,a \tag{1}$$

für den Umfang u eines Quadrates mit der Seitenlänge a, wo u und a stellvertretend für bestimmte Zahlenwerte stehen. FORTRAN verwendet Variablen in derselben Weise. Die (1) entsprechende Anweisung lautet (vgl. Kap. 3.7 und 4.2)

$$U = 4.0 * A \tag{2}$$

wo U und A Variablen bedeuten. Sie können verschiedene Zahlenwerte annehmen. Die REAL-Zahl 4.0 hat dagegen stets denselben Wert und wird deshalb - im Gegensatz zu einer Variablen - auch als Konstante bezeichnet (s. Kap. 3.6).

Für eine Variable gilt:

- sie wird mit einem Namen bezeichnet

- sie kann einen Wert annehmen, der sich während der Programmausführung ändern kann/darf

- sie hat einen Typ, d. h., ihre Werte sind von einem bestimmten Datentyp, z. B. INTEGER- oder REAL-Zahlen (s. Kap. 4.1)

Eine Variable wird in einem Programm "eingeführt", indem man sie in einer Typanweisung angibt (s. Kap. 4.1.1) ; dadurch wird sie namentlich bekannt und erhält gleichzeitig einen Typ. Einen Wert kann die Variable auf verschiedene Weise erhalten:

- mittels Wertzuweisung (z. B. arithmetische Wertzuweisung, s. Kap. 4.2)
- durch Eingabeanweisung (s. Kap. 4.4 und 4.5.3)
- mit der DATA-Anweisung (s. Kap. 6.9)
- und weitere Möglichkeiten

Man muß darauf achten, daß jede Variable durch das Programm einen Wert erhält, da FORTRAN dies nicht automatisch tut.

Hinweis : Im Computer gibt es für jede Variable einen bestimmten Speicherplatz, in dem der jeweilige Wert der Variablen gespeichert ist. Wenn dann im FORTRAN-Programm eine Variable vorkommt, so erzeugt der Compiler an der entsprechenden Stelle des Objektprogramms (s. Kap. 4.8.3) einen Verweis auf den Speicherplatz für diese Variable.

3.6 Konstanten

Gegenüber Variablen, die verschiedene Werte annehmen können, sind Konstanten solche Größen, die während der gesamten Programmausführung immer denselben Wert haben und diesen nicht ändern können. Hierzu gehören zum einen die arithmetischen Konstanten (Kap. 3.6.1), dann die Zeichenkonstanten (Kap. 3.6.2) und die logischen Konstanten (s. Kap. 8.2.1).

3.6.1 Arithmetische Konstanten

Eine INTEGER- oder eine REAL-Zahl hat immer denselben, durch die Zahldarstellung festgelegten Wert (z. B. 2 oder 1 E-6). Sie ist deshalb für FORTRAN eine Konstante und heißt aus diesem Grunde auch INTEGER- bzw. REAL-Konstante.

INTEGER- und REAL-Konstanten gehören zu den **arithmetischen Konstanten,** die außerdem noch die DOUBLE PRECISION-Konstanten (s. Kap. 8.3.1) und die komplexen Konstanten (s. Kap. 8.4.1) umfassen.

3.6.2 Zeichenkonstanten

Für die Ausgabe von Text verwendet man Zeichenkonstanten, wie z. B.

' Trefferwahrscheinlichkeit : '

in dem Programm LOTTO von Abb. 2.1 (Zeile 19). Eine solche Zeichenkonstante, auch CHARACTER-Konstante genannt (vgl. Kap. 8.1.1), hat die

allgemeine Form : Eine nichtleere Folge beliebiger im Rechner darstellbarer Zeichen, mit Apostroph davor und danach.

Erläuterungen

a)   Der (konstante) "Wert" einer Zeichenkonstanten ist die in Apostrophe eingeschlossene Zeichenfolge; ein Zwischenraum zählt dabei auch als ein Zeichen. Die begrenzenden Apostrophe gehören **nicht** zum Wert.

b)   Soll die Zeichenfolge auch Apostrophe enthalten, so müssen diese durch zwei aufeinanderfolgende Apostrophe wiedergegeben werden (s. untenstehendes Beispiel).

c)   Eine Zeichenkonstante hat eine Länge: das ist die Anzahl der in Apostrophe eingeschlossenen Zeichen, wobei ein Paar von Apostrophen (vgl. b) als **ein** Zeichen zählt.

Beispiel

Zeichenkonstante	Wert	Länge
' GUTEN _ TAG '	GUTEN _ TAG	9
'_ WIE _ GEHT''S?'	_ WIE _ GEHT'S?	12

3.6.3 Benannte Konstanten

FORTRAN bietet die Möglichkeit, Konstanten mit einem Namen zu versehen. Hierzu dient die PARAMETER-Anweisung, die in Kapitel 6.10 beschrieben wird. Ein Beispiel sei hier schon gebracht: Durch

```
REAL PI
PARAMETER (PI = 3.14159)
```

wird eine **benannte Konstante** eingeführt: PI wird als Name einer Konstanten vom Typ REAL festgelegt, die den Wert 3.14159 hat, und dieser Wert kann im gesamten Programm nicht mehr geändert werden.

Demgegenüber kann eine Variable verschiedene Werte annehmen. Man muß allerdings davon keinen Gebrauch machen: Ist beispielsweise PIE eine Variable vom Typ REAL, die durch die arithmetische Wertzuweisung

```
PIE = 3.14159
```

den Wert 3.14159 erhält und danach keinen anderen Wert mehr, so hat PIE ebenfalls einen konstanten Wert. Trotzdem ist PIE keine benannte Konstante wie etwa PI, und eine Änderung seines Wertes etwa durch

$$PIE = 3.1415927$$

ist durchaus zulässig. Für die benannte Konstante PI ist jedoch eine solche nachträgliche Wertänderung nicht mehr möglich bzw. zulässig.

3.7 Arithmetischer Ausdruck

Ein arithmetischer Ausdruck ist eine Vorschrift zur Berechnung eines Zahlenwertes. Er ermöglicht die Darstellung einer Formel in einem Programm, wie z. B.

$$4.0 * A$$

(vgl. Kapitel 3.5) oder

$$49 * 48 * 47 * 46 * 45 * 44/720$$

in dem Programm LOTTO in Abb. 2.1.

Ein arithmetischer Ausdruck

ist im einfachsten Fall eine arithmetische Variable oder Konstante oder benannte Konstante ; es kann auch ein Funktionsaufruf sein (s. Kap. 3.8) oder ein Feldelement (s. Kap. 6.1). Mit Hilfe arithmetischer Operatoren und runder Klammern kann man zusammengesetzte Ausdrücke aus solchen Elementen bilden, entsprechend den Regeln der Algebra. Dabei sind

Arithmetische Operatoren

+	für Addition
-	für Subtraktion
*	für Multiplikation
/	für Division
**	für Potenzieren

Beispiele solcher arithmetischer Ausdrücke sind

$$3.14159 \qquad EPS \qquad N+1 \qquad 2*K \qquad 2.0/3.0 \qquad -M*V1$$

Bei komplizierteren Ausdrücken sind einige Regeln zu beachten:

Regel 1: Die Auswertung eines arithmetischen Ausdrucks geschieht in der folgenden Reihenfolge:

1. Ermittlung von Funktionswerten (s. Kap. 3.8 und 7.4)
2. Auswertung von Klammern
3. Potenzieren
4. Multiplikation, Division
5. Addition, Subtraktion

Somit entsprechen die Ausdrücke

I+J/2   (I+J)/2   2*K+1   2*(K+1)   2**(K+1)

den (mathematischen) Formeln

$i + \dfrac{j}{2}$ $\dfrac{i+j}{2}$ $2k+1$ $2(k+1)$ 2^{k+1}

Regel 2:   Stehen gleichrangige Operatoren (im Hinblick auf die Reihenfolge in Regel 1) hintereinander, so werden Additionen/Subtraktionen bzw. Multiplikationen/Divisionen von links nach rechts ausgeführt, Potenzieren von rechts nach links.

Hieraus folgt, daß

A/B*C   die Bedeutung $\dfrac{a}{b} \cdot c$ hat und

N-K+1   die Bedeutung $n-k+1$

Will man von der durch Regel 2 festgelegten Reihenfolge abweichen, so kann man Klammern verwenden; diese werden gemäß Regel 1 vorher ausgewertet. Damit läßt sich

$\dfrac{a}{bc}$ oder $n-(k+1)$ darstellen durch   A/(B*C)   bzw.   N-(K+1)

Für Klammern gilt:

Regel 3:   Die Auswertung einer Klammer geschieht in derselben Reihenfolge wie durch Regel 1 und 2 festgelegt; geschachtelte Klammern werden also von innen nach außen abgearbeitet.

Deshalb entspricht

((N+1)/N) ** N   der Formel $\left(\dfrac{n+1}{n}\right)^n$

Klammern kann man auch einfach dazu verwenden, die Struktur eines arithmetischen Ausdrucks zu verdeutlichen oder um Zweifelsfälle zu umgehen. Etwa bei

(4/3)*P*(R**3)   anstelle von   4/3*P*R**3

Beide Ausdrücke sind gleichwertig.

Empfehlung: Man gestalte arithmetische Ausdrücke stets übersichtlich durch Verwendung von Klammern und Zwischenräumen.

Regel 4: Das Multiplikationszeichen muß stets angegeben werden; es dürfen nie zwei Operanden, aber auch nicht zwei Operatoren unmittelbar aufeinanderfolgen.

In der mathematischen Notation wird häufig das Multiplikationszeichen nicht explizit angegeben, z. B. in $\frac{ab}{2}$. In FORTRAN muß dies aber als A*B/2 oder als (A*B)/2 geschrieben werden; AB/2 würde die Variable AB durch 2 dividieren.

Entsprechend muß h $\frac{a+c}{2}$ durch H*(A+C)/2 wiedergegeben werden, während H (A+C)/2 falsch wäre: hier bedeutet H (A+C) ein Feldelement (s. Kap. 6).

Ferner darf für $\frac{x+y}{-z}$ nicht (X+Y)/-Z geschrieben werden (hier folgen zwei Operatoren aufeinander!), vielmehr muß es (X+Y)/(-Z) heißen.

3.8 Einige Standardfunktionen und ihr Gebrauch

In verschiedenen Bereichen benötigt man bekannte mathematische Funktionen, wie z. B. Wurzelfunktion, Exponentialfunktion oder trigonometrische Funktionen. FORTRAN berücksichtigt dies und stellt verschiedene Unterprogramme zur Verfügung, die solche Funktionen berechnen. Die folgende Tabelle zeigt einige dieser "Standardfunktionen", die man direkt verwenden kann und nicht mehr selbst programmieren muß. (Weitere Funktionen werden in Kapitel 7.6 und 8 angegeben sowie in Anhang B, der eine Zusammenstellung sämtlicher Standardfunktionen enthält.)

Funktionsaufruf	Bedeutung		Bemerkung
ABS (X)	Absolutbetrag	$\lvert x \rvert$	
SQRT (X)	Quadratwurzel	$\sqrt{x}$	$x \geq 0$
EXP (X)	Exponentialfunktion	e^{x}	
LOG (X)	natürlicher Logarithmus	$\ln x$	Basis e
SIN (X)	Sinus	$\sin x$	
COS (X)	Kosinus	$\cos x$	x im Bogenmaß
TAN (X)	Tangens	$\tan x$	
ASIN (X)	Arcussinus	$\arcsin x$	liefert Winkel
ATAN (X)	Arcustangens	$\arctan x$	im Bogenmaß

Abb. 3.8.1 Tabelle einiger Standardfunktionen

Benötigt man im Programm eine solche Funktion, so gibt man an der gewünschten Stelle den Funktionsnamen an, gefolgt von dem in Klammern eingeschlossenen Argument, wie z. B.

$$\text{EXP (7.26)} \qquad \text{oder} \qquad \text{SQRT (A*A+B*B)}$$

Das Argument darf ein beliebiger arithmetischer Ausdruck sein (aber vom Typ REAL!). Ein solcher **Funktionsaufruf** kann selbst in einem arithmetischen Ausdruck vorkommen wie etwa bei

$$\text{SQRT (2*G*H) + VANF}$$

oder in

$$(\ 1.0/\text{SQRT}(2.0*\text{PI} \ ) \ ) * \text{EXP}(\ -(X*X)/2.0 \ )$$

Dadurch ist es auch möglich, daß ein Funktionsaufruf eine andere Funktion im Argument enthält. Dies hat man z. B. bei der Brechung eines Lichtstrahls, wo sich der Brechungswinkel zu

$$\arcsin \left(\frac{\sin \alpha}{n} \right)$$

ergibt (s. Kap. 4.7, Beispiel 2). Der zugehörige arithmetische Ausdruck ist dann

$$\text{ASIN (SIN(ALFA)/N)}$$

Bemerkungen

a)   Die in Abb. 3.8.1 aufgelisteten Funktionen brauchen Argumente vom Typ REAL (s. Kap. 4.1) und liefern dazu Funktionswerte vom Typ REAL.

b)   Dies bedeutet u. a., daß SQRT(5) nicht zulässig ist, da 5 eine INTEGER-Zahl ist. Dagegen ist SQRT(5.0) korrekt.

Hinweis: Es kommen auch noch andere von REAL verschiedene Datentypen für Argument und Funktionswert einer Standardfunktion in Frage. Einzelheiten hierzu enthalten die Tabellen in Anhang B sowie Kapitel 8.

Übungen zu Kapitel 3

Kontrollfragen

- Wie werden REAL- bzw. INTEGER-Zahlen korrekt notiert und wodurch unterscheiden sie sich?

- Welche Vorschriften sind beim Bilden von Namen zu berücksichtigen?

- Wodurch unterscheiden sich Variablen und Konstanten?

- Welche Form haben Zeichenkonstanten?

- Wie kann man benannte Konstanten in ein Programm einführen?

- Welche Regeln sind beim Bilden arithmetischer Ausdrücke zu beachten? In welcher Reihenfolge erfolgt ihre Auswertung durch den Rechner?

- Wie können Standardfunktionen in Programmen Verwendung finden?

Aufgaben

3.1 Die nachstehenden Listen enthalten einige Fehler. Welche sind das, und wie muß es korrekt heißen? Man beachte auch den jeweiligen Zahlenbereich des Rechners.

INTEGER-Zahlen: 7   -12.6   9999994362   +16   -105   +00063   -0

REAL-Zahlen: 1.96   +2.43-E6   +6   1743.56   13.13E+4   3333.3333E3333
4.36E2.6   6.12   -4.3E.1   16.4-   7.373737373   0.004E0010
+1322543.20   -0   -E2   .0   -.1

Namen: ALFA   BETa   2-MAL   FEHLER   KAXCW4   CM.   DOLLAR$
DM500   EPSILON   SCHWARZ   UND   WEIß   MaxPos   FixPkt

3.2 Welche Fehler sind hier versteckt? Alle vorkommenden Konstanten und Variablen sollen den Datentyp REAL besitzen.

14X-SIN(4.0+(V**K)   K*6.0*(-a+3):(KALT-HEIß)

4.0*-5-(-Exp(-X+1E3)   (0.453*MESSWERT+)-6.3/LOGI

3.3 Welche der folgenden arithmetischen Wertzuweisungen sind zulässig, welche nicht?

a) A=SUM+QUOT   e) HEUTE=VORGE-UEBER
b) A+B=C   f) KREISF=R*R*3.14159
c) C**2=A**2+B**2   g) OBERFLAECHE=6*A**2
d) GAMMA   ALPHA+BETA

3.4 Man entwickle ein Programm, das y und z einliest,

$$x = \frac{8 - y^2}{3z^2}$$

berechnet und x, y, z ausgibt. Für welche Eingabewerte ist die Formel nicht definiert?

4. Entwicklung einfacher FORTRAN-Programme

In diesem Kapitel werden einige einfache und grundlegende Anweisungen von FORTRAN angegeben. Mit ihnen lassen sich bereits die ersten vollständigen Programme schreiben. Damit soll ein Anfänger die Möglichkeit erhalten, möglichst rasch die ersten Schritte im Erstellen von Programmen zu tun. Solchen Lesern, die bereits Erfahrungen im Programmieren haben und die die Sprache FORTRAN kennenlernen wollen, wird die Lektüre dieses Kapitels ebenfalls empfohlen, da es grundlegende FORTRAN-Anweisungen enthält. Außerdem wird immer wieder auf spätere Kapitel verwiesen, in denen man weiterführende Ergänzungen findet.

Variablen als Träger wechselnder Werte spielen eine wichtige Rolle in Programmen. Wir befassen uns deshalb zunächst in Kapitel 4.1 mit der Festlegung des Typs einer Variablen und in Kapitel 4.2 mit der Wertzuweisung. In Kapitel 4.3 folgt die Anweisung zur Ausgabe des Wertes einer Variablen und in Kapitel 4.4 die Möglichkeit, mittels Eingabe Werte zuzuweisen. Kapitel 4.5 behandelt eine Ergänzung hierzu. Mit diesen Anweisungen lassen sich bereits Programme schreiben. Welche Regeln dabei noch zu beachten sind, wird in Kapitel 4.6 angegeben; dann folgen in Kapitel 4.7 einige Programmbeispiele. Kapitel 4.8 zeigt schließlich, wie man Programme durch den Computer ausführen läßt.

Beim Schreiben eines Programms muß man darauf achten, daß man die Anweisungen korrekt angibt, d. h. genau in der Form, die durch die Syntax von FORTRAN festgelegt ist. Diese Form wird bei der Beschreibung der einzelnen Anweisungen jeweils angegeben. Dabei benutzen wir meistens eine bestimmte Notationsweise, die hierfür gut geeignet ist. Diese Notationsweise wird zunächst in Kapitel 4.0 vorgestellt.

4.0 Notation zur Angabe der Syntax von FORTRAN

Wir betrachten zunächst ein Beispiel und wählen dafür die PRINT-Anweisung für formatierte Ausgabe, die in Kapitel 4.5.1 beschrieben wird. Die Angabe ihrer Syntax, die Festlegung, welche Form bzw. Bauart für diese Anweisung verbindlich ist, geschieht dort in der folgenden Weise :

Form :   PRINT n [, aliste]

mit   n : Anweisungsnummer einer FORMAT-Anweisung

              aliste : Liste von Variablen, Konstanten und arithmetischen Ausdrücken

Wie man erkennt, benutzt diese Notationsweise verschiedene Elemente, um die Form einer Anweisung anzugeben:

- Worte, die aus Großbuchstaben bestehen
- Worte mit Kleinbuchstaben
- Sonderzeichen, wie beispielsweise das Komma
- eckige Klammern

Es kommen noch einige Elemente hinzu. Im folgenden werden sie alle angegeben, zusammen mit ihrer Bedeutung.

Regeln für die Benutzung der Notation

(1a)   Mit Großbuchstaben gebildete Wörter sind genau so zu schreiben wie angegeben,

(1b)   dasselbe gilt für Sonderzeichen des FORTRAN-Zeichensatzes (vgl. Kap. 3.2) wie Komma, Gleichheitszeichen, Stern usw.: sie sind "wörtlich zu übernehmen".

(2)   Angaben in Kleinbuchstaben stehen stellvertretend für Begriffe, die an der betreffenden Stelle einzusetzen sind. Welche Begriffe dies sind, wird in der Regel - wie im obigen Beispiel - im Anschluß an die Beschreibung der "Form" angegeben.

(3)   In eckigen Klammern [ ] stehende Angaben können wahlweise geschrieben oder weggelassen werden ;
       Punkte . . . hinter einer eckigen Klammer bedeuten, daß diese Angaben ein oder mehrmals wiederholt werden können.

(4)   Zwischenräume werden zur Verbesserung der Lesbarkeit verwendet und haben sonst keine Bedeutung bei der Angabe der Syntax.

(5)   Als "Liste" wird eine Folge von Elementen bezeichnet, die durch Kommata getrennt sind. Eine solche "Liste" hat mindestens ein Element.

Beispiel

Wenden wir diese Regeln auf das obige Beispiel an, so ergibt sich, daß diese PRINT-Anweisung u. a. die folgenden Formen haben kann:

a)   PRINT 1000

   Hier fehlen die Angaben in eckigen Klammern. Für 'n' wurde die Anweisungsnummer 1000 gewählt (vgl. Kap. 4.8.1).

b)   PRINT 1000 , ALFA , BETA

   Diesmal erscheinen die in eckigen Klammern angegebenen Größen: Auf die Anweisungsnummer 1000 folgt das Komma, danach die 'aliste' als Liste der zwei Variablen ALFA und BETA. Denkbar wäre auch eine aus nur einem Element bestehende 'aliste', wie etwa in

   PRINT 1000 , RADIUS

c)   PRINT 2800 , ' Stromstärke : ' , I * 1000.0 , ' mA '

   Es gilt Entsprechendes wie bei b). Die Anweisungsnummer ist 2800, und 'aliste' enthält die Zeichenkonstante ' Stromstärke : ', den arithmetischen Ausdruck I * 1000.0 und die weitere Konstante ' mA ' .

Bemerkung

Verschiedentlich kommt es vor, daß auf solche Elemente, die bei der Angabe der Syntax durch Kleinbuchstaben wiedergegeben sind, im darauffolgenden Text Bezug genommen wird (wie im obigen Beispiel auf "aliste"). Um solche "Kunstworte" von Worten der Umgangssprache unterscheiden zu können, werden wir sie bei solchen Zitaten stets in Apostrophe setzen (wie es oben mit 'aliste' geschah). Dies gilt auch für "Kunstworte", die nur aus einem Kleinbuchstaben bestehen, beispielsweise für 'n' im obigen Beispiel.

4.1 Vereinbarung des Typs

Eine Variable kann verschiedene Werte annehmen, allerdings immer nur vom selben Datentyp: entweder INTEGER-Zahlen oder REAL-Zahlen oder andere. Man muß deshalb für jede Variable festlegen, von welchem Typ sie ist, d. h., was für Werte sie annehmen kann. Eine solche Vereinbarung kann auf zwei Arten geschehen:

(1)   Man sagt gar nichts. Dann gilt implizit eine Festlegung des Typs, die sich am Namen der Variablen orientiert (s. 4.1.2). Da dies leicht zu fehlerhaften Programmen führen kann, werden wir diese Möglichkeit nicht benutzen.

(2)   Explizite Angabe des Typs durch eine Typanweisung (s. 4.1.1).

Eine Festlegung des Typs ist auch bei verschiedenen anderen Größen erforderlich, die - wie Variablen - durch Namen bezeichnet werden. Dies gilt z. B. für benannte Konstanten (s. Kap. 3.6.3), deren konstanter Wert auch zu einem bestimmten Datentyp gehört, oder für Felder (s. Kap. 6). In all diesen Fällen gibt es die beiden obigen Möglichkeiten der Vereinbarung.

4.1.1 Explizite Vereinbarung mittels Typanweisung

Mit einer Typanweisung wird der Typ einer Variablen (oder anderen Größe) am Anfang des Programms explizit festgelegt, indem man zuerst den Typ angibt und dann die Namen der Größen, die von diesem Typ sind. In dem Programm von Abb. 2.1 kam dies bereits vor:

        in Zeile 9:   INTEGER ANZ
        in Zeile 10:   REAL WAHRS

Die erste Typanweisung legt ANZ als INTEGER-Variable fest und die zweite WAHRS als vom Typ REAL. Hinter der Typangabe können auch mehrere Größen aufgelistet werden wie z. B. in

                INTEGER ANZ , NUMMER

Eine Typanweisung für INTEGER bzw. REAL lautet somit

                INTEGER   Namensliste
bzw.
                REAL   Namensliste

wo in ' Namensliste ' die Variablen bzw. sonstige Größen angegeben werden, die vom betreffenden Typ sein sollen. Damit gilt allgemein für die

Typanweisung

Form :   typ   nliste

mit   typ : Typangabe wie INTEGER oder REAL oder eine der bei Hinweis b) angegebenen Möglichkeiten

nliste :   Liste, die Namen von Variablen, benannten Konstanten und weiteren
Größen enthalten kann (vgl. Hinweis a)

Bedeutung: Die in 'nliste' aufgeführten Größen haben den Datentyp 'typ' .

Bemerkungen

a)   Die Typanweisung ist eine nichtausführbare Anweisung. Sie muß am Anfang des Programms stehen (s. Kap. 4.6).

b)   Eine Typanweisung hat Gültigkeit für die gesamte Programmeinheit, in der sie steht.
(Das ist für uns vorläufig das ganze Programm; s. Kapitel 7.2 wegen weiterer Möglichkeiten.)

c)   Man kann zu einem bestimmten Datentyp mehrere Typanweisungen angeben. So ist z. B.

        INTEGER ANZ , ZAHL , N , J

gleichwertig mit

        INTEGER N , J
        INTEGER ANZ , ZAHL

Hinweis

a)   Typanweisungen werden außer für Variablen und benannte Konstanten auch noch für
Felder (s. Kap. 6), Funktionsunterprogramme (s. Kap. 7.4) und formale Parameter
(s. Kap. 7) benutzt.

b)   Neben INTEGER und REAL gibt es in FORTRAN noch weitere Datentypen:

DOUBLE PRECISION für Rechnungen mit erhöhter Genauigkeit (Kap. 8.3)
COMPLEX für komplexe Arithmetik (Kap. 8.4)
CHARACTER für die Bearbeitung von Zeichenfolgen (Kap. 8.1)
LOGICAL für die Verwendung logischer Größen (Kap. 8.2)

Sie werden wie INTEGER bzw. REAL durch entsprechende Typanweisungen vereinbart.

4.1.2 Implizite Typzuordnung durch FORTRAN-Konvention

Gibt es für eine Variable (oder andere Größe) keine Typanweisung, so wird sie automatisch als INTEGER oder REAL festgelegt, abhängig vom Anfangsbuchstaben ihres Namens. Dabei gilt die folgende **FORTRAN-Konvention:**

Anfangsbuchstabe	Datentyp
I, J, K, L, M, N	INTEGER
A, . . . , H, O, . . . , Z	REAL

In einer früheren Form von FORTRAN war dies die einzige Möglichkeit einer Typfestlegung gewesen, und aus Gründen der Kompatibilität hat sie sich bis heute erhalten. Gegenüber einer expliziten Vereinbarung hat sie aber einige Nachteile:

- Einschränkungen bei der Namenswahl. Die Variable MAXI kann z. B. nicht REAL sein, es sei denn, man verwandelt sie in RMAXI (!!) oder dergleichen.

- Wird jede Variable explizit vereinbart, so kann man alle im Programm erscheinenden Variablen "kontrollieren", ob sie in einer Typanweisung stehen. Schreibfehler, wie ALFA anstelle ALPHA, werden dabei offenkundig. Verwendet man dagegen die implizite Typzuordnung, so besteht die Gefahr, daß derartige Fehler unerkannt bleiben: Jeder Name, der auftritt, kann z. B. eine Variable bedeuten, deren Typ durch die FORTRAN-Konvention festgelegt ist.

- Die erste amerikanische Raumfahrtmission zur Venus scheiterte, weil FORTRAN die implizite Typzuordnung zuläßt: In einer DO-Anweisung (s. Kap. 5.3) des steuernden Programms, die z. B.
$$DO\ 10\ K = 1, 3$$
lautete, stand versehentlich anstelle des Kommas ein Punkt. Diese (falsche) Anweisung
$$DO\ 10\ K = 1.3$$
hatte aber trotzdem die korrekte Form einer arithmetischen Wertzuweisung (vgl. Kap. 4.2), und der Compiler interpretierte DO10K als Name einer REAL-Variablen, der der Wert 1.3 zuzuweisen ist.

Solche Fehlermöglichkeiten sollte man von vornherein ausschließen. Deshalb die folgenden

Empfehlungen

a)   Variablen und andere Größen sollten stets explizit durch Typanweisungen deklariert werden.

b)   Um zu vermeiden, daß Schreibfehler oder vergessene Vereinbarungen zu Fehlern im Programm führen, nimmt man am Anfang des Programms die Anweisung

IMPLICT CHARACTER (A-Z)   oder   IMPLICIT LOGICAL (A-Z)

hinzu (vgl. Kap. 8.5). Sie bewirkt, daß zunächst jede Größe den Typ CHARACTER bzw. LOGICAL hat, solange für sie keine explizite Vereinbarung vorliegt. Dieser Typ gilt dann auch für "Schreibfehler". Werden aber derartige Variablen wie REAL- oder INTEGER-Variablen behandelt, so ist dies meistens unsinnig, und der Compiler liefert beim Übersetzen eine Fehlermeldung. (Wir werden allerdings in den Programmbeispielen dieses Buches auf diese Maßnahme verzichten.)

4.1.3 Bedeutung und Verwendung der verschiedenen Datentypen

INTEGER

—   kann man überall dort verwenden, wo Ganzzahligkeit vorliegt, z. B. beim Zählen, für Anzahlen, für absolute Häufigkeiten (z. B. in der Statistik) usw.

—   stellt ganze Zahlen exakt dar und rechnet exakt (Vorsicht aber bei Division! s. 4.1.5). INTEGER-Arithmetik ist im allgemeinen schneller als REAL-Arithmetik.

REAL

—   ist erforderlich, wenn keine Ganzzahligkeit garantiert ist oder wenn der Wertebereich von INTEGER-Zahlen nicht ausreicht (s. Kap. 3.3).

—   REAL-Zahlen sind häufig keine exakte Darstellung der entsprechenden reellen oder rationalen Zahlen. Dies ist vergleichbar mit den Verhältnissen im Dezimalsystem, wo beispielsweise die Zahl $\frac{1}{3}$ durch eine Näherung 0.333 333 dargestellt wird.

—   Dadurch und wegen der begrenzten Stellenzahl ergeben sich bei Rechenoperationen Rundungsfehler, wie die folgenden beiden Beispiele zeigen.

Beispiel 1

$\frac{2}{3} - \frac{1}{3} - \frac{1}{3} \neq 0$, denn intern sieht die Rechnung etwa so aus:

0.666 667 - 0.333 333 - 0.333 333 = 0.000 001

Beispiel 2

12 563.8 + 0.056 123 = 12 563.8

d. h., der zweite Summand trägt zum Ergebnis gar nichts bei, wenn nur mit sechs Ziffern gerechnet wird. Entsprechende Situationen gibt es bei jeder Anzahl von Ziffern.

Hinweis : Reicht die durch REAL mögliche Genauigkeit nicht aus, so liefert der Datentyp DOUBLE PRECISION eine höhere Genauigkeit (s. Kap. 8.3).

4.1.4 Der Typ eines arithmetischen Ausdrucks

In einem arithmetischen Ausdruck werden verschiedene Variablen, Zahlen usw. miteinander verknüpft, deren Werte jeweils von einem bestimmten Datentyp sind. Welchen Datentyp hat dann das Ergebnis dieser Verknüpfung?

Regeln für den Typ eines arithmetischen Ausdrucks

a)   Werden zwei Operanden vom selben Typ miteinander verknüpft, so ist das Ergebnis auch von diesem Typ. Ist jedoch ein Operand INTEGER und der andere REAL, so ist das Ergebnis vom Typ REAL.

b)   Enthält ein arithmetischer Ausdruck mehr als zwei Operanden, so ergibt sich sein Typ durch sukzessives Anwenden von a) bei der Auswertung des Ausdrucks (die Auswertung erfolgt in der Reihenfolge, wie es in den Regeln 1-3 von Kap. 3.7 angegeben ist).

Folgerung: Ein arithmetischer Ausdruck ist genau dann vom Typ INTEGER, wenn alle auftretenden Variablen, Konstanten usw. vom Typ INTEGER sind.

Beispiele (dabei steht I für INTEGER und R für REAL)

```
zu a) :    3  *  4    ergibt 12    und  I,  da  I * I → I
           3  *  4.0  ergibt 12.0  und  R,  da  I * R → R
          3.0 *  4.0  ergibt 12.0  und  R,  da  R * R → R
```

zu b) :   4 * 3 / 2   wird in 2 Schritten ausgewertet:

    Schritt 1:   4 * 3 ergibt 12 und I
    Schritt 2:   12/2 ergibt   6 und I

    4 * (3 / 2.0)   wird auch in 2 Schritten ausgewertet:

    Schritt 1:   3/2.0   ergibt 1.5 und R
    Schritt 2:   4 * 1.5 ergibt 6.0 und R

    Für 4 * (3/2) gilt entsprechend:

    Schritt 1:   3/2 ergibt 1 und I. Zu diesem (überraschenden) Ergebnis wird in 4.1.5 noch mehr gesagt.

    Schritt 2:   4 * 1 ergibt 4 und I

Bemerkung

Bei der Verknüpfung einer INTEGER- mit einer REAL-Größe wird zuerst der Wert der INTEGER-Größe in eine (interne) REAL-Darstellung gewandelt. Dies geht zu Lasten der Rechenzeit. Deshalb die

Empfehlung : In einem arithmetischen Ausdruck vermeide man Operanden verschiedenen Typs, soweit dies möglich ist. So kann man z. B. ganze Zahlen als REAL-Zahlen angeben, wenn in dem Ausdruck auch noch REAL-Größen vorkommen.

Hinweis : Ein arithmetischer Ausdruck kann außer INTEGER- und REAL-Größen auch Größen des Typs DOUBLE PRECISION und COMPLEX enthalten. In Kapitel 8.3.1 bzw. 8.4.2 wird angegeben, wie in solch einem Fall der Typ des Ausdrucks festgelegt ist.

4.1.5 Besonderheiten bei der Division ganzer Zahlen

Bei der Division von INTEGER-Zahlen muß man vorsichtig sein, sonst kann man unbeabsichtigte Effekte erzielen. Ein Quotient aus zwei ganzen Zahlen braucht ja keineswegs ganzzahlig zu sein, aber FORTRAN liefert bei der Division zweier INTEGER-Größen - auch INTEGER-Division genannt - immer ein ganzzahliges Ergebnis (weil zwei Operanden vom Typ INTEGER miteinander verknüpft werden). Man erhält den ganzzahligen Anteil des Quotienten. Die Stellen nach dem Dezimalpunkt werden abgeschnitten.

Beispiele

Quotient	FORTRAN-Ergebnis	mathematisches Ergebnis
3/2	1	1.5
-11/4	-2	-2.75
1/4	0	0.25
2/5	0	0.4

Hierauf muß man auch achten, wenn umfangreichere Ausdrücke auszuwerten sind, wie etwa im Beispiel b) von 4.1.4. Um zu verhindern, daß unbeabsichtigt Nachkommastellen infolge einer INTEGER-Division verlorengehen, sollte man REAL-Größen bei der Division verwenden ; dann ist das Resultat exakt gleich dem mathematischen Ergebnis (bis auf mögliche Rundungsfehler der REAL-Arithmetik, s. Kap. 4.1.3). Allerdings kann man nicht immer auf INTEGER-Variablen verzichten, z. B. beim Zählen. Dann muß man aber daran denken, daß ein INTEGER-Quotient m/n stets 0 ergibt, solange $|m| < |n|$ ist. Beispiele dafür gibt es in der Statistik, wenn n der Umfang einer Stichprobe ist und m die absolute Häufigkeit eines Merkmals. Die relative Häufigkeit ist dann nur mathematisch m/n ; in FORTRAN ist dieser Quotient stets 0 (bzw. 1 für $m = n$). Allerdings kann auch FORTRAN in diesem Fall die relative Häufigkeit berechnen: Mittels $(1.0 * m)/n$ wird zuerst $1.0 * m$ als REAL-Zwischenergebnis gebildet und dieses anschließend durch n dividiert, was ebenfalls ein REAL-Resultat ergibt und gleich der relativen Häufigkeit ist.

Dasselbe Ergebnis hätte übrigens auch $1.0*m/n$ gebracht. Dagegen ist $1.0*(m/n)$ oder $m/n*1.0$ unbrauchbar, denn hier wird zuerst m/n (ganzzahlig) gebildet, was 0 ergibt, und dann mit 1.0 multipliziert, was an diesem Ergebnis auch nichts mehr ändert.

Obwohl man Operanden verschiedenen Typs in arithmetischen Ausdrücken möglichst vermeiden sollte, kommt man in diesem Beispiel der relativen Häufigkeit nicht daran vorbei. Auch in dem Programm LOTTO von Abb. 2.1 gibt es eine solche Situation: In Zeile 14 ist der reziproke Wert des Wertes der INTEGER-Variablen ANZ zu bilden. Hierzu bedarf es der Division $1.0/ANZ$; $1/ANZ$ würde 0 ergeben.

4.2 Die arithmetische Wertzuweisung

Mit Hilfe der arithmetischen Wertzuweisung kann man einer Variablen einen neuen Wert zuweisen und gleichzeitig auch Formeln auswerten. Sie gehört zu den ausführbaren Anweisungen und hat die Form

$$\text{Variable} = \text{arithmetischer Ausdruck}$$

Das Programm LOTTO von Abb. 2.1 enthält zwei Beispiele hierzu: Die Anweisung

$$\text{ANZ} = 49*48*47*46*45*44/720 \tag{1}$$

in Zeile 13 rechnet zuerst die Formel rechts vom Gleichheitszeichen aus und weist dann der Variablen ANZ das Ergebnis zu. Anschließend wird in einer weiteren arithmetischen Wertzuweisung mit Hilfe von ANZ die gesuchte Wahrscheinlichkeit berechnet (Zeile 14) und der Variablen WAHRS zugewiesen. Allgemein gilt:

Arithmetische Wertzuweisung

Form :   var = araus

mit   var :   Name einer Variablen (oder Feldelement, s. Hinweis b)

              araus :   arithmetischer Ausdruck

Wirkung: Der Wert des arithmetischen Ausdrucks 'araus' wird ermittelt und der Variablen 'var' zugewiesen.

Beispiele

$$S = 0.0 \tag{2}$$
$$K = K + 1 \tag{3}$$
$$\text{XNEU} = \text{XALT} - F/\text{FSTR} \tag{4}$$
$$D = \text{SQRT} (DX*DX + DY * DY) \tag{5}$$

Bemerkungen

a)   Eine arithmetische Wertzuweisung muß **genau die angegebene Form** haben. Rechts vom Gleichheitszeichen darf ein beliebiger arithmetischer Ausdruck stehen, z. B. eine Zahl wie in (2) oder eine Variable oder ein komplexeres Gebilde wie in (4) oder (5), aber auf der linken Seite darf (und muß) nur ein Variablenname stehen und nicht mehr. Die folgenden Gebilde sind deshalb **keine zulässigen Formen** der arithmetischen Wertzuweisung, auch wenn sie als Bestimmungsgleichungen in der Mathematik einen Sinn haben mögen:

$$2 = K \tag{6}$$
$$-XNEU = XALT/2 \tag{7}$$
$$X + 4.0 = 2.0*Y + Z \tag{8}$$

b)   Das **Gleichheitszeichen** hat in der arithmetischen Wertzuweisung eine völlig andere Bedeutung als in der Mathematik, wo es die Gleichheit von linker und rechter Seite ausdrückt. In der Wertzuweisung dagegen besagt das Gleichheitszeichen, daß die davorstehende Variable den Wert des danachstehenden Ausdrucks erhalten soll. Dies wird insbesondere bei (3) deutlich, was besagt: Erhöhe den bisherigen Wert von K um 1 und ersetze anschließend den bisherigen Wert von K durch diesen neuen Wert.

c)   **Die Variable links** vom Gleichheitszeichen erhält durch die Anweisung einen (neuen) Wert. Falls sie vorher schon einen Wert gehabt hat, wird dieser durch den neuen Wert überschrieben und ist dann nicht mehr zugänglich.

d)   **Alle Variablen rechts** vom Gleichheitszeichen müssen in einer früheren Anweisung schon einen Wert bekommen haben. Soll z. B. (5) ausgeführt werden, so müssen zuvor DX und DY Werte erhalten haben. Andernfalls führt die Auswertung des arithmetischen Ausdrucks bei der Programmausführung zu einem Fehler. Deshalb muß auch die Anweisung

$$WAHRS = 1.0 / ANZ$$

in Zeile 14 des Programms LOTTO von Abb. 2.1 **nach** der Anweisung stehen, die ANZ einen Wert zuweist (Zeile 13).

e)   Bei der **Darstellung** einer Wertzuweisung **in Pseudocode** werden wir anstelle des Gleichheitszeichens das Symbol : = verwenden, um damit zu verdeutlichen, daß hier die Übergabe eines Wertes von der rechten Seite an die linke erfolgt. Im obigen Beispiel lautet somit für (3) der Pseudocode

$$K := K + 1$$

Anpassung des Typs

Hat der Wert des arithmetischen Ausdrucks einen anderen Datentyp als die Variable, so wird dieser Wert zuerst dem Typ der Variablen angepaßt, ehe die Zuweisung erfolgt. Dabei gilt:

a)   Ein REAL-Wert wird zu INTEGER durch Abschneiden nach dem Dezimalpunkt (also ohne zu runden!).

Beispiel   INTEGER GRAD

GRAD = 1.8*6 + 32.0

Die rechte Seite liefert den Wert 42.8; dieser wird in die INTEGER-Zahl 42 umgewandelt und dann GRAD zugewiesen.

Liegt dabei der REAL-Wert außerhalb des Zahlenbereichs von INTEGER-Zahlen, wie z.B. 7.653 E 25, so liefert die Umwandlung nach INTEGER und damit die ganze Wertzuweisung i. allg. ein unsinniges Ergebnis.

b)   Ein INTEGER-Wert wird zu REAL durch Erzeugen einer REAL-Zahl vom selben Wert.

Beispiel   REAL ANZAHL

ANZAHL = 1 + 2 + 3 + 4

Die rechte Seite liefert den Wert 10; dieser wird in die (interne) Form einer REAL-Zahl umgewandelt und dann ANZAHL zugewiesen.

Hinweis

a)   Bei der Ausführung einer arithmetischen Wertzuweisung wird der Wert des arithmetischen Ausdrucks in dem Speicherplatz abgelegt, der zu der Variablen auf der linken Seite gehört.   Dadurch erklärt sich das in Bemerkung c) erwähnte "Überschreiben" des bisherigen Wertes.

b)   In einer arithmetischen Wertzuweisung darf auf der linken Seite anstelle einer Variablen auch ein Feldelement stehen (s. Kap. 6.3). Außerdem sind neben INTEGER und REAL auch die Datentypen DOUBLE PRECISION und COMPLEX möglich; dies wird in Kapitel 8 ausgeführt.

Mit den bisher behandelten Anweisungen können wir bereits beginnen, ein Programm zu entwickeln:

Programmbeispiel Kugelvolumen

<u>Aufgabe:</u>   Für eine Kugel mit vorgegebenem Radius r soll das Volumen V ermittelt werden.

<u>Lösung:</u>   Aus der Stereometrie kennt man hierfür die Formel

$$V = \frac{4}{3} \pi r^3 \tag{9}$$

Algorithmus

a)   Eigentlich ist nur (9) auszurechnen. Dies entspricht dem folgenden Pseudocode:

$$1. \text{ Berechne V nach (9)} \tag{10}$$

Dabei muß π = 3.14159... sein und r den vorgegebenen Wert haben. Sei dieser r = 1.2, dann lautet der Pseudocode:

$$1. \text{ Berechne } V := \frac{4}{3} \cdot 3.14159 \cdot (1.2)^3 \tag{11}$$

(der für π verwendete Näherungswert sei ausreichend).

b)   (11) läßt sich unmittelbar in eine arithmetische Wertzuweisung umschreiben. Doch wollen wir das noch nicht tun, weil (11) für ein Programm den Nachteil hat, daß der Wert des Radius r explizit in der Formel für V vorkommt. Das ist ungünstig, denn will man das Programm auch für ein anderes r rechnen, so ist diese Formel zu ändern. Es ist grundsätzlich besser, für r eine Variable in der Formel zu verwenden und dieser Variablen vorher den gewünschten Wert zuzuweisen.

c)   Wir tun dies, und gleichzeitig machen wir dasselbe auch mit π : Es wird in der Formel durch die Variable pi ersetzt, die vorher den entsprechenden Wert erhält. Dies hat den Vorteil, daß man für π - falls es öfter im Programm vorkommt - überall nur den Namen dieser Variablen anzugeben braucht. Das vereinfacht die Schreibarbeit, macht das Programm verständlicher und reduziert mögliche Fehlerursachen. Deshalb gilt generell für solche konstanten Größen die

Empfehlung   Programmkonstanten gibt man an den verschiedenen Stellen ihres Vorkommens im Programm nicht durch ihren expliziten Wert, sondern durch eine Variable oder benannte Konstante an, der am Anfang des Programms der entsprechende (konstante) Wert zugewiesen wird.

Noch einen weiteren Vorteil hat dieses Vorgehen. Es gibt Programmkonstanten wie z. B. Preise, Mehrwertsteuer usw., die während der Lebenszeit eines Programms Änderungen unterworfen sind. Den Wert einer Variablen am Programmanfang zu ändern ist dann sehr einfach und sicher. Dagegen kann es sehr aufwendig und fehleranfällig sein, einen expliziten Wert an allen relevanten Stellen eines längeren Programms zu ändern, ohne dabei eine Stelle zu übersehen.

d)   Damit ist der Pseudocode wieder durch (10) bestimmt und lautet als Verfeinerung von (10):

$$\left. \begin{array}{lll} 1.1 & \text{setze} & pi := 3.14159 \\ 1.2 & \text{setze} & r := 1.2 \\ 1.3 & \text{berechne} & V := \frac{4}{3} \cdot pi \cdot r^3 \end{array} \right\} \tag{12}$$

FORTRAN-Programm

Man kann (12) unmittelbar in die drei entsprechenden arithmetischen Wertzuweisungen umsetzen. Abb. 4.2.1 zeigt das zugehörige Programm. Die Zeilen 5, 6 und 8 entsprechen den Anweisungen 1.1, 1.2 und 1.3 von (12). Hinzu kommt noch eine Typanweisung für die verwendeten Variablen R, VOL (für V) und PI; sie muß vor den Wertzuweisungen stehen (Zeile 3). Ferner enthält das Programm noch drei weitere Anweisungen, die wir zunächst einfach zur Kenntnis nehmen, bis sie in Kapitel 4.6 besprochen werden: Man kann als erste Anweisung (Zeile 1) dem Programm einen Namen geben, hier KUGEL0; und beendet wird ein Programm mit den beiden Anweisungen in Zeile 10 und 11.

```
 1        PROGRAM KUGEL0
 2
 3        REAL R, VOL, PI
 4
 5        PI = 3.14159
 6        R = 1.2
 7
 8        VOL = (4.0/3.0) * PI * (R*R*R)
 9
10        STOP
11        END
```

Abb. 4.2.1   Programm KUGEL0 zur Berechnung des Volumens einer Kugel

Die Programmausführung beginnt mit der ersten ausführbaren Anweisung, also in Zeile 5. (Die davorstehenden nichtausführbaren Anweisungen werden beim Übersetzen des Programms ausgewertet.) Die Anweisungen werden sequentiell abgearbeitet, d. h. Zeile für Zeile. STOP und END bewirken das Ende der Programmausführung. Damit ermittelt dieses Programm, wie gewünscht, das Volumen einer Kugel mit Radius R = 1.2 , und am Ende hat VOL den ermittelten Wert.

Aber eine Schwäche hat das Programm doch noch. Spätestens dann wird dies offenkundig, wenn man das Programm wie in Kapitel 2.3 beschrieben in den Computer eingibt und ausführen läßt: Wir erfahren den Wert von VOL nicht! Er wird zwar korrekt berechnet und steht in dem Speicherplatz zu VOL, aber dorthinein können wir nicht schauen. Wir brauchen deshalb noch eine Anweisung, die den Wert einer Variablen für den menschlichen Benutzer "sichtbar" macht: die Ausgabeanweisung. Darum geht es im folgenden Kapitel.

4.3 Die Ausgabeanweisung PRINT*

Die Ausgabeanweisung PRINT* gehört zu den ausführbaren Anweisungen und bewirkt, daß der Wert einer Variablen (oder einer anderen Größe) auf dem Bildschirm angezeigt bzw. über den Schnelldrucker des Computers ausgedruckt wird. Ein Beispiel hierfür ist

$$\text{PRINT*, VOL} \tag{1}$$

damit kann man im Programm KUGEL0 von Abb. 4.2.1 das berechnete Kugelvolumen ausgeben. Weitere Beispiele enthält das Programm LOTTO von Abb. 2.1, z. B.

$$\text{PRINT* , ' Anzahl der Kombinationen : ' , ANZ} \tag{2}$$

in Zeile 17 zur Ausgabe einer Zeichenkonstanten und der Variablen ANZ. Allgemein gilt:

Ausgabeanweisung PRINT*

Form :   PRINT* [, aliste]

mit   aliste : Liste von Variablen, Konstanten und arithmetischen Ausdrücken
                (Es gibt noch weitere Größen, die man hier angeben kann, vgl. Hinweis a)

Wirkung: a) Fehlt 'aliste', dann erfolgt nur ein Zeilenvorschub über Bildschirm bzw. Schnelldrucker (= Ausgabe einer Leerzeile).

   b) Ist 'aliste' angegeben, so
   - erfolgt zuerst ein Zeilenvorschub
   - dann werden die Werte der Elemente von 'aliste' in der angegebenen Reihenfolge ausgegeben
   - über Bildschirm bzw. Schnelldrucker
   - ab der ersten Position der Ausgabezeile

Erläuterungen

a)   Bei Dialogbetrieb erfolgt die Ausgabe über Bildschirm, beim Arbeiten mit Lochkarten üblicherweise über den Schnelldrucker. Dies sind die **Standardausgabegeräte,** und man spricht in diesem Zusammenhang von Standardausgabe.

b)   Das Format, in dem die ausgegebenen Größen dargestellt werden, ist hier vorgegeben. Man bezeichnet deshalb PRINT* als **listengesteuerte Ausgabe,** da es sich im wesentlichen an 'aliste' orientiert. Für die Zahlen wird dabei ein **Standardformat** benutzt, das vom jeweiligen Computer abhängt und das sich an der Form einer REAL- bzw. INTEGER-Zahl orientiert. Bei Zeichenkonstanten werden die in Apostrophe eingeschlossenen Zeichen ohne die begrenzenden Apostrophe ausgegeben ; damit kann man Text ausgeben.

So liefert z. B. die obige Anweisung (1) die REAL-Zahl   7.2382233   als Wert für VOL, ausgegeben ab der ersten (Druck-)Position einer neuen Zeile. Diese Zahl steht allerdings ziemlich "einsam" da. Es empfiehlt sich, erläuternden Text mit hinzuzunehmen. Hierfür kann man Zeichenkonstanten verwenden, wie etwa in der obigen Anweisung (2), die eine neue Zeile ansteuert und dort

     Anzahl der Kombinationen :   13983816

ausgibt: zuerst genau die innerhalb der Apostrophe stehenden Zeichen, dann dahinter der Wert von ANZ in der Form einer INTEGER-Zahl.

c)   Man beachte, daß PRINT * stets **auf einer neuen Zeile** beginnt und dort ab Zeilenanfang alle in 'aliste' aufgeführten Größen hintereinander ausgibt. Dabei kann eine Zeile i. allg. zwischen 80 Zeichen (Bildschirm) und 130 Zeichen (Schnelldrucker) aufnehmen.

d)   Will man auf **mehrere Zeilen** ausgeben, so braucht man für jede Zeile eine neue PRINT-Anweisung. Als Beispiel bewirkt

     PRINT * , ' Anzahl der Kombinationen : '
     PRINT * , ANZ

eine Ausgabe in zwei aufeinanderfolgenden Zeilen (die INTEGER-Zahl erhält meistens einige Leerzeichen am Anfang):

     Anzahl der Kombinationen :
     13983816

e)   **Leerzeilen** kann man erhalten, indem man nur

     PRINT *

ohne irgendwelche weiteren Angaben angibt (vgl. Zeile 18 in dem Programm LOTTO von Abb. 2.1). Dies ist für eine übersichtliche Gestaltung der Ausgabe von Bedeutung.

Bemerkung

Eine Variable kann erst dann mit PRINT* ausgegeben werden, wenn ihr vorher ein Wert zugewiesen wurde. Man achte deshalb darauf, daß jedes Element in 'aliste' auch einen Wert hat. Dasselbe gilt für die Ausgabe eines arithmetischen Ausdrucks: Er muß vollständig berechnet werden können.

Hinweis

a)   In 'aliste' kann man außer den obengenannten Größen auch noch Feldelemente oder Feldnamen angeben (s. Kap. 6.7) sowie implizite DO-Listen (Kap. 6.7.3) und Teilketten (Kap. 8.1.6).

b)   Will man ein anderes als das vorbestimmte Ausgabeformat verwenden, so ist dies mit einer Modifikation der PRINT-Anweisung möglich. Einzelheiten dazu bringt Kapitel 4.5.

c)   Neben PRINT* gibt es noch weitere Ausgabeanweisungen, die u. a. auch eine Ausgabe über ein anderes als das Standardausgabegerät gestatten. Kapitel 10 enthält eine zusammenfassende Darstellung.

Programmbeispiel Kugelvolumen

Wir wollen jetzt das Programm KUGEL0 aus dem letzten Kapitel dahingehend erweitern, daß der berechnete Wert des Volumens auch ausgegeben wird. Hierzu ist nach der Berechnung von VOL (Zeile 8) eine geeignete Ausgabeanweisung einzufügen. Dies kann durch

        PRINT* , VOL

geschehen. Wie wir schon gesehen haben, wird dadurch nur eine einsame Zahl ausgegeben. Wir wollen deshalb zusätzlich noch angeben, was diese Zahl bedeutet. Dies erledigt die Anweisung

        PRINT* , ' Volumen =' , VOL

Noch benutzerfreundlicher wird es, wenn man außerdem erfährt, zu welchem Kugelradius dieses Volumen gehört. Die Anweisung

        PRINT* , ' Radius = ' , R , '   Volumen = ' , VOL

besorgt dies und liefert die folgende Ausgabezeile:

        Radius =   1.2000000   Volumen =   7.2382233

(die Zwischenräume am Anfang der Zeichenkonstanten für Volumen werden dabei eingefügt, um in der Ausgabezeile zwischen dem Wort "Volumen" und der davorstehenden Zahl einen größeren Abstand zu erhalten).

Damit kommen wir zum Programm KUGEL 1 in Abb. 4.3.1. Die Zeilen 2-8 sind identisch mit KUGEL0 in Abb. 4.2.1, und alles dort Gesagte gilt auch hier. Zeile 13 enthält die obige Ausgabeanweisung für R und VOL. Davor stehen noch zwei weitere PRINT*-Anweisungen. Sie sorgen für die Ausgabe einer Überschrift "Berechnung des Volumens einer Kugel" sowie einer anschließenden Leerzeile, ehe dann die obige Ausgabezeile mit Radius und Volumen erscheint. Zur Erleichterung des Verständnisses des Programms wurde vor die Ausgabeanweisungen eine entsprechende Kommentarzeile eingefügt (Zeile 10).

Dieses Programm kann man nun wie in Kapitel 2.3 beschrieben in den Computer eingeben und ausführen lassen. Dann wird das Volumen korrekt berechnet und der Wert mitsamt erläuternden Texten ausgegeben. Abb. 4.3.2 zeigt die gesamte Ausgabe, die bei einem Lauf dieses Programms erfolgt.

```
 1         PROGRAM KUGEL1
 2
 3         REAL R, VOL, PI
 4
 5         PI = 3.14159
 6         R = 1.2
 7
 8         VOL = (4.0/3.0) * PI * (R*R*R)
 9
10  * Ausgabe
11         PRINT *, 'Berechnung des Volumens einer Kugel'
12         PRINT *
13         PRINT *, 'Radius =', R, '     Volumen =', VOL
14
15         STOP
16         END
```

Abb. 4.3.1   Programm KUGEL 1 zur Berechnung und Ausgabe des Volumens einer Kugel

```
Berechnung des Volumens einer Kugel

Radius =   1.2000000         Volumen =   7.2382233
```

Abb. 4.3.2   Die vom Programm KUGEL 1 erzeugte Ausgabe

4.4 Die Eingabeanweisung READ *

Das Programm KUGEL 1 in Abb. 4.3.1 berechnet das Volumen einer Kugel mit Radius r = 1.2 . Für einen anderen Radius kann man dieses Programm ebenfalls benutzen, man muß jedoch zuvor die Wertzuweisung an R in Zeile 6 entsprechend ändern. Dieses Vorgehen ist allerdings aus mindestens zwei Gründen nicht zu empfehlen:

- Nach jeder Änderung muß ein Programm neu übersetzt werden, ehe es ausgeführt werden kann.

- Programmänderungen sollte man vermeiden, wenn sie nicht zwingend sind (Fehleranfälligkeit!).

Es gibt noch eine andere Möglichkeit, das Programm mit verschiedenen Werten von R durchzurechnen: die Verwendung einer Eingabeanweisung. Ein Beispiel hierfür ist READ*, eine ausführbare Anweisung, die im vorliegenden Fall in der Form

$$READ* , R$$

gestattet, den gewünschten Wert für R über das "Standardeingabegerät" (z. B. Eingabetastatur) einzugeben. Bei der Ausführung dieser Anweisung liest der Computer dann von diesem Eingabegerät eine Zahl ein - den gewünschten Radius - und weist sie der Variablen R zu.

Ehe wir uns mit der allgemeinen Bauart von READ* befassen, betrachten wir zuerst die Anwendung dieser Anweisung in dem

Programmbeispiel Kugelvolumen

Das Programm KUGEL 1 aus Abb. 4.3.1 soll dahingehend geändert werden, daß für beliebige Werte von R das Volumen ermittelt werden kann. Man erreicht dies dadurch, daß man den Wert

```
 1          PROGRAM KUGEL2
 2
 3          REAL R, VOL, PI
 4
 5          PI = 3.14159
 6          READ *, R
 7
 8          VOL = (4.0/3.0) * PI * (R*R*R)
 9
10   * Ausgabe
11          PRINT *, 'Berechnung des Volumens einer Kugel'
12          PRINT *
13          PRINT *, 'Radius =', R, '       Volumen =', VOL
14
15          STOP
16          END
```

Abb. 4.4.1 Programm KUGEL 2. Es gestattet, das Volumen einer Kugel für verschiedene Radien zu berechnen und auszugeben.

von R einliest, anstatt ihn durch eine arithmetische Wertzuweisung fest vorzugeben. Dementsprechend ist in KUGEL 1 die Wertzuweisung in Zeile 6 durch eine Anweisung READ* zu ersetzen. So erhält man das Programm KUGEL 2 in Abb. 4.4.1, das (außer in Zeile 1) ansonsten mit KUGEL 1 identisch ist.

Die Ausführung des Programms beginnt mit der Wertzuweisung an PI in Zeile 5. Dann folgt die Eingabeanweisung. Sie erwartet über das Standardeingabegerät eine REAL-Zahl, liest sie ein und weist sie R zu. Mit diesem Wert für R wird anschließend VOL berechnet und ausgegeben, ebenso wie in KUGEL 1. Die Ausgabe hat (für R = 1.2) dieselbe Form wie in Abb. 4.3.2.

READ * kann auch mehrere Variablen enthalten. Allgemein gilt:

Eingabeanweisung READ *

Form: READ * [, eliste]

mit   eliste: Liste von Variablen
           (Es gibt noch weitere Größen, die man hier angeben kann, vgl. Hinweis a
           am Ende dieses Kapitels)

Wirkung: a) Ist 'eliste' angegeben, so werden über das Standardeingabegerät Daten eingelesen und nacheinander den Elementen von 'eliste' zugewiesen.

           b) Fehlt 'eliste' , so wird die nächste Eingabezeile überlesen.

Erläuterungen

a)   Das **Standardeingabegerät** ist im Dialogbetrieb die Tastatur. Bei der Ausführung von READ* wird das Programm unterbrochen, und der Computer erwartet, daß ein oder mehrere Werte eingetippt werden ; sie bilden die nächste **Eingabezeile.** Dabei erscheint bei einigen Computern auf dem Bildschirm ein Zeichen, das anzeigt, daß das Gerät für eine Eingabe bereit ist ; dies trifft jedoch nicht auf alle Computer zu, und man muß im Einzelfall ausprobieren, was gilt. Beim Arbeiten mit Lochkarten erfolgt die Eingabe über den Lochkartenleser. Die Daten müssen hierbei auf Lochkarten an entsprechender Stelle des Abschnitts eingefügt werden (s. Kap. 4.8.3 und 4.8.4). Bei der Ausführung von READ* wird dann von der nächsten anstehenden Lochkarte gelesen, die damit die nächste Eingabezeile darstellt.

b)   Die **Eingabedaten** sind als INTEGER- bzw. REAL-Zahlen darzustellen, wie in Kapitel 3.3 angegeben. Sie müssen zum Typ der jeweiligen Variablen passen. (Ausnahme : Einer REAL-Größe kann auch eine INTEGER-Zahl bereitgestellt werden.) Sie sind durch **Trennzeichen** zu trennen ; als solche gelten

- ein oder mehrere Zwischenräume

- Kommata, evtl. umgeben von Zwischenräumen

- Zeilen- bzw. Kartenende, evtl. "umgeben" von Zwischenräumen

Folgerung :   Die Darstellung einer Zahl darf keine Zwischenräume enthalten, da diese als Trennzeichen interpretiert werden. Dasselbe gilt, wenn sie durch Zeilen- bzw. Kartenende unterbrochen wird.

c)   Sollen mehrere in 'eliste' aufeinanderfolgende Variablen denselben Wert c erhalten, so kann man die komprimierte Darstellung

$$r * c$$

verwenden, wo r die gewünschte Anzahl ist (z. B. 4 * 76.23).

d)   READ* beginnt stets auf der nächsten Eingabezeile und liest dort ab Zeilenanfang so lange, bis ein Wert erreicht ist. Dieser wird dem ersten Element von 'eliste' zugewiesen. Enthält 'eliste' noch weitere Elemente, so wird weitergelesen, bis der nächste Wert erreicht ist, und dieser wird dem zweiten Element zugewiesen, usw. Sind die Daten einer Eingabezeile erschöpft, bevor alle Variablen von 'eliste' einen Wert erhalten haben, so wird in den darauffolgenden Zeilen weitergelesen. Dabei werden Leerzeilen (-karten) überlesen (was auch gleich am Anfang geschehen kann, bis ein erster Wert erscheint).

Beispiel

Wir betrachten die Wirkung von verschiedenen Eingabeanweisungen für die Variablen M und N (INTEGER) sowie R (REAL). Die Eingabedaten sind jedesmal

        1. Eingabezeile: 5 _ _ 8
        2. Eingabezeile: 1.2

a)   READ* , M , N , R

liest die 1. Zeile, findet dort Werte für M und N, fährt dann mit der 2. Zeile fort und findet dort einen Wert für R.

Ergebnis: M   erhält den Wert 5

                       N   erhält den Wert 8

                       R   erhält den Wert 1.2

b)   READ * , M , N
       READ * , R

Das erste READ* liest die 1. Zeile und findet dort die Werte für M und N. Dann liest das nächste READ* ab der nächsten, also der 2. Zeile und findet dort den Wert 1.2 für R. Das Ergebnis ist dasselbe wie bei a) angegeben.

c)   READ * , M
       READ * , N , R

Das erste READ* liest die 1. Zeile, findet den ersten Wert 5 und weist ihn M zu. Das zweite READ* liest ab der 2. Zeile (damit wird der zweite Wert der 1. Zeile ignoriert!), findet dort den Wert 1.2 für die INTEGER-Variable N und liefert eine Fehlermeldung, weil der Wert nicht zum Typ der Variablen paßt; anschließend bricht das Programm ab.

Stünde dagegen in der 2. Zeile die Zahl 1 anstatt 1.2, so würde N diesen Wert erhalten, und READ* anschließend weiterlesen, um auch einen Wert für R zu finden ; in der 2. Zeile gelingt dies allerdings nicht. Deshalb würden anschließend die nächsten Eingabezeilen "durchsucht", bis entweder ein REAL-Wert für R oder ein Wert mit falschem Datentyp erscheint. Im letzten Fall führte dies zu einer Fehlermeldung mit Programmabbruch ; dasselbe gilt auch, wenn die "Suche" bei einer "Datenendemeldung" (s. Kap. 4.8.4) abbricht.

d)   READ * , M
       READ * , R

Die Ausführung erfolgt wie bei c), aber das zweite READ* findet 1.2 für R, was zulässig ist.

Ergebnis: M   erhält den Wert 5

                       R   erhält den Wert 1.2

                       N   erhält überhaupt keinen Wert

e)   READ *
       READ * , R

Hier spricht das erste READ* die 1. Zeile an, liest aber keinen Wert (da es keine 'eliste' enthält), sondern "positioniert" gewissermaßen das zweite READ* auf die 2. Zeile, das dort für R den Wert 1.2 findet. Dieses Beispiel zeigt, daß

READ *

die nächste Eingabezeile in der Weise "überliest", daß ein nachfolgendes READ* die übernächste Eingabezeile anspricht.

f)   Fügt man zwischen die 1. und 2. Eingabezeile noch eine Leerzeile ein, so ändert sich am Ergebnis der Beispiele a) - e) nichts. Nur die Ausführung der einzelnen READ* ist etwas modifiziert.

Bemerkung

READ* wird als **listengesteuerte Eingabe** bezeichnet, weil für die Eingabedaten ein ganz bestimmtes Format vorgeschrieben ist (wie in Erläuterung b angegeben) und sich die Anweisung im wesentlichen nur an 'eliste' orientiert.

Hinweis

a)   In 'eliste' kann man außer den obengenannten Größen auch noch Feldelemente oder Feldnamen angeben (s. Kap. 6.7) sowie implizite DO-Listen (Kap. 6.8) und Teilketten (Kap. 8.1.6).

b)   Liegen die Eingabedaten in anderer Form vor, als READ* dies verlangt, so benötigt man eine andere Form der Eingabeanweisung. Sie wird in Kapitel 4.5.3 behandelt.

c)   Neben READ* gibt es noch weitere Eingabeanweisungen, die u. a. auch eine Eingabe über ein anderes als das Standardeingabegerät gestatten. Kapitel 10 enthält eine zusammenfassende Darstellung.

4.5 Formatierte Ein- und Ausgabe

PRINT* bietet eine bequeme Möglichkeit, Daten auszugeben, ohne daß man sich darum zu kümmern braucht, in welchem Format die Daten dargestellt werden. Entsprechendes gilt auch für die Eingabe mittels READ* . Es gibt aber Situationen, wo man eine vom Standardformat abweichende Darstellung der Größen braucht. Bereits bei der Ausgabe durch das Programm KUGEL 1 (Abb. 4.3.2) wird dies deutlich: Hier sind bei den Zahlen die vielen Dezimalstellen gar nicht nötig, und es wäre angenehm, sie begrenzen zu können. Entsprechendes gilt auch bei einem Programm für die Stromabrechnung, wenn man etwa die DM-Beträge nur auf zwei

Nachkommastellen angeben möchte. Und bei der Darstellung einer Tabelle sollte man ebenfalls vom Standardformat abweichen können.

So etwas ist mit Hilfe der **formatierten Ausgabe** möglich. Sie wird in 4.5.1 und 4.5.2 behandelt. In 4.5.3 schließt sich die **formatierte Eingabe** an, die in solchen Situationen erforderlich wird, wo für die Eingabedaten ein bestimmtes Format vorgegeben ist (z. B. durch automatische Datenerfassung).

Empfehlung : PRINT* ist eine bequeme Möglichkeit der Ausgabe und wenig fehleranfällig. Man sollte sie deshalb immer dann benutzen, wenn es weniger um die Form der Ausgabe geht als vielmehr um die Daten selbst. Entsprechendes gilt auch für READ*, das in den meisten Fällen für die Eingabe ausreicht. Nur dann, wenn die Eingabedaten ein fest vorgegebenes, vom Standard abweichendes Format haben, ist formatierte Eingabe angezeigt.

Bemerkung

Die Angaben in diesem Kapitel 4.5 sind keine Voraussetzung für das Verständnis der weiteren Ausführungen ab Kapitel 4.6 ; sie können zunächst überschlagen werden, da in vielen Fällen PRINT * und READ * genügen. Bei Bedarf kann man dann auf dieses Kapitel 4.5 zurückkommen (etwa bei einem Programmbeispiel mit formatierter Ausgabe).

Hinweis

a)   Während man für **formatierte Ein-/Ausgabe** noch zusätzliche Angaben zum Format braucht, entfällt dies bei READ * und PRINT * . Trotzdem geschieht auch hier die Ein-/Ausgabe in einem ganz bestimmten Format, dem Standardformat, und man bezeichnet dies als **listengesteuerte Ein-/Ausgabe.** Man darf dies nicht verwechseln mit **formatfreier Ein-/Ausgabe,** die in Kapitel 11 behandelt wird, und bei der keinerlei Formatierung ins Spiel kommt.

b)   Bei formatierter Ein-/Ausgabe müssen spezielle Angaben zum Format gemacht werden. Dies kann in einer FORMAT-Anweisung geschehen, und diese Möglichkeit wird im folgenden ausgeführt. Daneben kennt FORTRAN noch weitere Varianten zur Angabe des Formats ; sie werden in Kapitel 10.5 behandelt.

4.5.1 Formatierte Ausgabe

Während es bei der listengesteuerten Ausgabe PRINT* genügt, in der Ausgabeanweisung die Größen aufzulisten, die ausgegeben werden sollen, benötigt man für formatierte Ausgabe zusätzlich noch eine Angabe über das Format, in dem die Größen dargestellt werden sollen. Hierzu betrachten wir zunächst ein

Beispiel

Mit   PRINT * , R , VOL   (1)

können im Programmbeispiel Kugelvolumen die Werte von R und VOL im Standardformat ausgegeben werden (ohne erläuternde Texte). Eine formatierte Ausgabe erhält man beispielsweise mit der Anweisung

                 PRINT 1000 , R , VOL   (2)
          1000   FORMAT (1H _ , F 6.2 , F 8.3)   (3)

Hier ist (2) die Ausgabeanweisung. Sie enthält wie (1) die auszugebenden Größen, davor aber anstelle des * die Nummer 1000 als "Verweis" auf eine "Fußnote" zu dieser Ausgabeanweisung. (3) ist diese "Fußnote"; man findet sie unter der Anweisungsnummer 1000. Es ist eine FORMAT-Anweisung, die in runden Klammern die Angaben zur Formatierung enthält: als erstes 1H _ , dies garantiert, daß zuerst ein Zeilenvorschub ausgeführt wird. Dann folgt zu jeder auszugebenden Variablen von (2) ein Format-Beschreiber: F 6.2 gehört zu R und F 8.3 zu VOL (ihre Bedeutung wird später erläutert).

Allgemeiner Fall

Zu einer formatierten Ausgabe gehört wie im obigen Beispiel eine **PRINT-Anweisung** und eine **FORMAT-Anweisung,** vor der eine Anweisungsnummer steht (mehr über Anweisungsnummern folgt in Kap. 4.8.1). Die FORMAT-Anweisung kann dabei an beliebiger Stelle des Programms stehen, wir werden sie meistens direkt bei PRINT angeben wie im obigen Beispiel. Die Bauart der PRINT-Anweisung gleicht der von PRINT *, nur tritt an die Stelle des * die Anweisungsnummer der zugehörigen FORMAT-Anweisung. PRINT ist wie PRINT * eine ausführbare Anweisung, während die FORMAT-Anweisung zu den nichtausführbaren Anweisungen gehört. Allgemein gilt:

PRINT-Anweisung für formatierte Ausgabe

Form :   PRINT n [, aliste]

mit   n :   Anweisungsnummer einer FORMAT-Anweisung
                 (Vgl. Kap. 10.4, wo noch weitere Möglichkeiten angegeben werden)

           aliste :   Liste von Variablen, Konstanten und arithmetischen Ausdrücken
                 (Man kann wie bei PRINT * auch noch weitere Größen angeben, vgl. den
                 Hinweis a in Kap. 4.3)

Wirkung: a) Ist 'aliste' angegeben, so werden über Bildschirm bzw. Schnelldrucker die
              Werte der Elemente von 'aliste' ausgegeben. Die Form der Ausgabe richtet
              sich dabei nach den Angaben in der durch 'n' bestimmten FORMAT-Anweisung.

           b) Fehlt 'aliste' , so werden nur die zuständigen Steuerangaben in der zugehörigen
              FORMAT-Anweisung berücksichtigt.

FORMAT-Anweisung

Form :   n   FORMAT (fliste)

mit   n :   Anweisungsnummer

           fliste :   Liste von Format-Beschreibern

Bedeutung: (Wir berücksichtigen im folgenden gleich, daß man auch bei formatierter Eingabe
           eine FORMAT-Anweisung braucht, und benutzen deshalb die Bezeichnung
           'ealiste' . Sie bedeutet je nach Zusammenhang entweder die 'aliste' der zugehöri-
           gen formatierten PRINT-Anweisung oder die 'eliste' einer READ-Anweisung.)

           Zu jedem Element der 'ealiste' ist in 'fliste' ein Format-Beschreiber anzugeben
           (entsprechend der Reihenfolge der Elemente in 'ealiste'). Dieser legt das Format
           fest, in dem das betreffende Element ausgegeben bzw. eingelesen wird.

           Zusätzlich kann 'fliste' noch weitere Format-Beschreiber enthalten, zu denen es
           keine korrespondierenden Elemente in der 'ealiste' gibt (z. B. den Beschreiber
           1H _ im obigen Beispiel). Diese Beschreiber dienen zur sonstigen Steuerung der
           Ein-/Ausgabe (z. B. verursacht 1H _ einen Zeilenvorschub).

Erläuterungen

a)   Die Anweisungsnummer 'n' muß vor der Angabe FORMAT stehen. Man achte auf die
      hier geltenden Konventionen für die Eingabe einer Programmzeile (vgl. Kap. 4.8.1).

b)   Genaugenommen ist 'n' kein Bestandteil der FORMAT-Anweisung, sondern eine Anweisungsnummer, wie sie auch vor anderen Anweisungen stehen kann. Trotzdem geben wir sie zusammen mit der FORMAT-Anweisung an, weil durch 'n' die zu einer formatierten PRINT- (bzw. READ-) Anweisung gehörende FORMAT-Anweisung bestimmt ist.

c)   Einzelheiten über Format-Beschreiber, ihre Form und ihre Bedeutung folgen anschließend.

d)   Bei einer formatierten PRINT-Anweisung beginnt die Ausgabe auf einer neuen Zeile, allerdings nicht unbedingt auf der nächsten Zeile. Dies hängt vielmehr von den Angaben in der 'fliste' der FORMAT-Anweisung ab. Einzelheiten zur Steuerung des Zeilenvorschubs werden nachstehend angegeben.

Weitere Beispiele für formatierte Ausgabe

```
         INTEGER I , J , N , ANZ
         REAL    MAX , MIN
         . . .
         PRINT 1100 , ANZ
 1100    FORMAT ( 1H _ , I 5 )
         . . .
         PRINT 1200 , MAX , MIN , N
 1200    FORMAT ( 1H _ , F 8.2 , F 12.6 , I 6 )
         . . .
         PRINT 1300 , I , J
 1300    FORMAT ( 1H _ , 2 I 3 )
```

Einzelheiten über Format-Beschreiber

a)   Wie die Beispiele zeigen, besteht ein Format-Beschreiber aus einem Buchstaben (z. B. ein F , das den Typ der korrespondierenden Variablen charakterisiert) und einigen zusätzlichen Angaben dahinter.

b)   Vor einem Format-Beschreiber kann auch ein **Wiederholungsfaktor** stehen wie die 2 in der letzten Zeile der Beispiele bei 2 I 3 ; dies ist gleichwertig mit einer entsprechend wiederholten Angabe des Beschreibers:

```
 1300    FORMAT ( 1H _ , I 3 , I 3 )
```

c)   In FORTRAN gibt es sehr viele Format-Beschreiber. Wir beschränken uns zunächst auf die wichtigsten zur Darstellung von Zahlen. Kapitel 10.7 enthält eine umfassende Behandlung, und in Anhang C sind sie alle zusammengestellt.

d)   Gewöhnlich hat ein bestimmter Format-Beschreiber bei der Ausgabe und bei der Eingabe verschiedene Wirkungen. Wir geben in 4.5.1 und 4.5.2 die Wirkung einiger Beschreiber für die Ausgabe an und in 4.5.3 für die Eingabe.

I-Beschreiber für die Ausgabe von INTEGER-Zahlen

Form: I w   (z. B. I 5 , I 3)

mit   w : positive ganze Zahl ohne Vorzeichen

Wirkung: Die Zahl wird rechtsbündig in ein Feld der Breite w ausgegeben.

Erläuterungen

a)   Ausgabe in ein "Feld der Breite w" bedeutet: Für die Ausgabe werden w aufeinanderfolgende (Druck-)Positionen verwendet, beginnend mit der aktuellen Ausgabeposition.

b)   Ist das Feld größer als zur Darstellung der Zahl erforderlich, dann werden links Zwischenräume eingefügt. Ist das Feld zu klein, so wird es mit ** ... ** gefüllt.

c)   Bei negativen Zahlen wird ein Minuszeichen vorangestellt, bei positiven Zahlen hängt es vom benutzten Compiler ab, ob ein Plus davor erscheint (s. auch Kap. 10.7.9).

Beispiele

Zahlenwert	Format-Beschreiber	Ausgabe
456	I 3	456
456	I 5	_ _456
-456	I 5	_-456
-53	I 6	_ _ _-53
-53	I 2	**

F-Beschreiber für die Ausgabe von REAL-Zahlen

Form :   F w.d   (z. B. F 6.4 , F 5.0)

mit   w : positive ganze Zahl ohne Vorzeichen

           d : ganze Zahl ohne Vorzeichen

Wirkung: Ausgabe in Festpunkt-Darstellung (s. Kap. 3.3) rechtsbündig in ein Feld der Breite w. Dabei erscheinen d Nachkommastellen.

Erläuterungen

a)   Die Erläuterungen a)-c) zum I-Beschreiber gelten auch hier.

b)   Auch der Dezimalpunkt belegt eine Position im Ausgabefeld. Man achte darauf bei der Angabe von w.

c)   Hat die Zahl mehr als d Nachkommastellen, so wird auf d Stellen gerundet.

Beispiele

Zahlenwert	Format-Beschreiber	Ausgabe
4.27	F 5.2	_4.27
4.27	F 5.3	4.270
4.27	F 5.4	* * * * *
4.27	F 5.1	_ _4.3
4.27	F 5.0	_ _ _4.
4E-3	F 6.3	_0.004
4E-3	F 6.2	_ _0.00

Hinweis

a)   Für eine Ausgabe in Gleitpunkt-Darstellung gibt es den E-Beschreiber (s. Kap. 10.7.5).

b)   Ist über den Wert einer auszugebenden Größe nichts Genaues bekannt und damit auch nichts über das erforderliche Ausgabefeld, dann empfiehlt sich der G-Beschreiber (s. Kap. 10.7.7).

c)   Die Angaben w oder d im F- bzw. I-Beschreiber müssen ganze Zahlen sein. Variablen oder auch benannte Konstanten darf man hier **nicht** verwenden. Will man das Format variabel gestalten, so geht das nur wie in Kapitel 10.6 angegeben.

Steuerung des Zeilenvorschubs

Während PRINT* immer zuerst einen Zeilenvorschub durchführt, bevor die Größen ausgegeben werden, ist dies bei formatierter Ausgabe etwas anders: hier wird der erste Format-Beschreiber in der FORMAT-Anweisung zur Steuerung des Zeilenvorschubs verwendet. Deshalb hatten wir in allen bisherigen Beispielen als ersten Beschreiber 1H _ ; er bewirkt genau einen Zeilenvorschub, ehe dann die Größen ausgegeben werden. Daneben gibt es noch weitere Möglichkeiten, die in der folgenden Tabelle zusammengestellt sind.

erster Format-Beschreiber in der FORMAT-Anweisung	bewirkt vor Ausgabe von 'aliste'
1 H _	1 Zeilenvorschub
1 H Ø	2 Zeilenvorschübe (= 1 Leerzeile)
1 H 1	Übergang auf die 1. Zeile der nächsten Seite (= Seitenvorschub)
1 H +	kein Zeilenvorschub, sondern Rückkehr zu Position 1 der aktuellen Zeile (für Fettdruck)

Erläuterungen

a)   Mit 1H _ wird die Ausgabe auf der nächsten Zeile fortgesetzt, mit 1HØ auf der übernächsten, d. h. nach Ausgabe einer Leerzeile. 1H+ wird gerne für Fettdruck verwendet, indem man in derselben Zeile dasselbe nochmals ausgibt.

b)   Nach der Ansteuerung einer neuen Zeile (durch diese Format-Beschreiber) beginnt die Ausgabe in der ersten Position dieser Zeile.

c)   Diese Angaben gelten primär für Ausgabe über Schnelldrucker. Bei Bildschirm-Ausgabe kann es davon Abweichungen geben, so daß z.B. 1HØ auch nur 1 Zeilenvorschub liefert. Oder 1H+ wirkt wie 1H _ . Man sollte prüfen, was im Einzelfall gilt.

d)   Man beachte, daß es nur Zeilen**vorschub** gibt (bzw. -wiederholung mit 1H+), aber kein "Zurückdrehen" der Zeilen.

e)   1H _ usw. sind H-Beschreiber. Wir verwenden sie nur für die Vorschubsteuerung, sonst nicht ; aus historischen Gründen haben sich noch andere Verwendungsmöglichkeiten erhalten, von deren Gebrauch aber abzuraten ist, vgl. Kap. 10.7.11.

f)   Steht an der ersten Stelle in der FORMAT-Anweisung kein Format-Beschreiber für Zeilenvorschubsteuerung, dann verwendet das Ausgabegerät hierfür das erste Zeichen der ersten auszugebenden Größe (vgl. auch die Ausführungen am Ende von Kap. 10.7.4). Von einer solchen "versteckten" Vorschubsteuerung ist aber dringend abzuraten!

Empfehlung: Man gebe die Steuerung des Zeilenvorschubs stets explizit entsprechend obiger Tabelle an. Dies erhöht die Verständlichkeit eines Programms.

Hinweis: Eine weitere Möglichkeit zur Steuerung des Zeilenvorschubs bietet der Schrägstrich-Beschreiber. Er wird in 4.5.2 beschrieben.

Beispiel

Abschließend wollen wir noch einmal das Beispiel vom Anfang dieses Kapitels aufgreifen. Wenn die dort angegebenen Anweisungen

$$\text{PRINT } 1000\,,\,R\,,\,VOL \hspace{6cm} (2)$$
$$1000 \text{ FORMAT } (\,1H\,\_\,,\,F\,6.2\,,\,F\,8.3\,) \hspace{4cm} (3)$$

in das Programm KUGEL 1 (s. Abb. 4.3.1) anstelle von Zeile 13 eingefügt werden, dann führt ein Lauf des so modifizierten Programms zu folgender Ausgabe:

```
Berechnung des Volumens einer Kugel

  1.20    7.238
```

Abb. 4.5.1 Formatierte Ausgabe zum Programm KUGEL 1 aus Abb. 4.3.1

Diese Zahlen lesen sich aufgrund der geringeren Zahl von Nachkommastellen wesentlich angenehmer. Gegenüber Abb. 4.3.2 fehlt allerdings der erklärende Text zu diesen Zahlen, und außerdem wäre es von Vorteil, wenn die zweite Zahl einen größeren Abstand von der ersten hätte. Wie solche Dinge bei formatierter Ausgabe realisiert werden können, behandeln wir im folgenden Kapitel.

4.5.2 Texte bei formatierter Ausgabe

Textausgabe erreicht man bei formatierter Ausgabe ebenso wie bei PRINT* mit Hilfe von Zeichenkonstanten in der 'aliste' . Zusätzlich muß man noch in der FORMAT-Anweisung an der entsprechenden Stelle der 'fliste' einen dazu passenden Format-Beschreiber angeben, und zwar den

A-Beschreiber für die Ausgabe von Zeichenkonstanten

Form :   A

Wirkung: Die in Apostrophe eingeschlossene Zeichenfolge wird (ohne die begrenzenden Apostrophe) ab der aktuellen Ausgabeposition ausgegeben.

Beispiel

Die in Abb. 4.5.1 gezeigte Ausgabe soll um erläuternden Text erweitert werden, entsprechend der Abb. 4.3.2. Dies gelingt mit

```
        PRINT 1000, 'Radius =', R, '        Volumen =', VOL        (4)
    1000 FORMAT (1H , A, F6.2, A, F8.3)                            (5)
```

Hier stehen in (4) dieselben Ausgabegrößen wie in der entsprechenden Ausgabeanweisung des Programms KUGEL 1 (Abb. 4.3.1, Zeile 13), das zur Abb. 4.3.2 gehört. Hinzu kommt noch die FORMAT-Anweisung (5). Sie ist analog zu (3) aufgebaut und hat dieselben F-Format-Beschreiber für R und VOL wie (3), dazu noch je einen A-Format-Beschreiber für die Zeichenkonstanten. Verwendet man (4) und (5) anstelle von Zeile 13 in KUGEL 1, so liefert dies die folgende Ausgabezeile:

```
    Radius =  1.20      Volumen =   7.238
```

Sie setzt sich aus den Ausgabegrößen von (4) wie folgt zusammen:

```
    Radius _ = __ 1 . 20 ______ Volumen _ = ___ 7 . 238
    |_______|____|_________|____________|____|__________|
        A        F 6.2          A            F 8.3
```

(Unter der Ausgabezeile ist angegeben, welche Teile davon durch die einzelnen Format-Beschreiber bestimmt sind.)

Falls der Abstand des Wortes "Volumen" von der davorstehenden Zahl zu klein erscheint, kann man ihn vergrößern, indem man in der Zeichenkonstante für Volumen die Zahl der führenden Zwischenräume vergrößert. Benötigt man viele Zwischenräume, so wird dieses Vorgehen allerdings unhandlich, und eine elegantere Möglichkeit bietet der

X-Beschreiber für die Ausgabe von Zwischenräumen

Form: n X   (z. B. 10 X)

mit   n : positive ganze Zahl ohne Vorzeichen

Wirkung: Die Ausgabe wird n Positionen nach der aktuellen Ausgabeposition fortgesetzt.

Erläuterung

Die nächsten n Ausgabepositionen werden dadurch übersprungen. Falls in ihnen nicht bereits etwas steht (durch die Vorschubsteuerung 1 H + kann man ja wiederholt in dieselbe Zeile ausgeben), erhält man auf diese Weise n Zwischenräume.

Beispiel

Verwendet man im obigen Beispiel anstelle von (5) die FORMAT-Anweisung

$$1000 \text{ FORMAT } (1 \text{ H } \_ , A , F 6.2 , 4 X , A , F 8.3) \tag{6}$$

dann erhält man 4 zusätzliche Zwischenräume zwischen dem Wort "Volumen" und der davorstehenden Zahl.

Bemerkungen

a)   Der X-Beschreiber ist von einer anderen Art, als es die I- , F- oder A-Beschreiber sind. Während zu diesen stets eine auszugebende Größe gehört, deren Format sie beschreiben, hat ein X-Beschreiber kein entsprechendes Element in der 'aliste'. Er beeinflußt aber die Ausgabe durch Veränderung der Ausgabeposition in der angegebenen Weise.

b)   Während vor einen I- , F- oder A-Beschreiber ein Wiederholungsfaktor gesetzt werden kann (was einer wiederholten Angabe dieses Beschreibers entspricht), ist dies bei einem X-Beschreiber nicht möglich. Er hat zwar die Form nX, doch ist n hier kein Wiederholungsfaktor, sondern Teil des Format-Beschreibers.

c)   Im Sinne von b) unterscheidet man in FORTRAN zwei Arten von Format-Beschreibern: wiederholbare und nichtwiederholbare Beschreiber. **Wiederholbare Beschreiber** sind I- , F-, A-Beschreiber und einige weitere; zu ihnen gehört jeweils eine korrespondierende Größe in der 'aliste'. **Nichtwiederholbare Beschreiber** sind X- und /-Beschreiber (s. unten) und einige weitere; sie alle haben **keine** korrespondierende Größe in der 'aliste'. (Eine umfassende Behandlung enthält Kapitel 10.7.1 sowie Anhang C.)

d)   Man beachte, daß ein X-Beschreiber (wie auch jeder andere nichtwiederholbare Beschreiber) seinen Platz in der 'fliste' der FORMAT-Anweisung hat und **nicht** in der 'aliste' einer Ausgabeanweisung !

Programmbeispiel Kugelvolumen

Abb. 4.5.2 zeigt eine Modifikation des Programms KUGEL 2 aus Abb. 4.4.1, die eine Ausgabe
wie dort liefert (s. Abb. 4.3.2), nur haben die Zahlen eine geringere Anzahl von Nachkomma-

```
 1        PROGRAM KUGEL3
 2
 3        REAL R, VOL, PI
 4
 5        PI = 3.14159
 6        READ *, R
 7
 8        VOL = (4.0/3.0) * PI * (R*R*R)
 9
10  * Ausgabe
11        PRINT *, 'Berechnung des Volumens einer Kugel'
12        PRINT 1000, 'Radius =', R, '     Volumen =', VOL
13   1000 FORMAT (1H0, A, F6.2, 4X, A, F8.3)
14
15        STOP
16        END
```

Abb. 4.5.2 Programm KUGEL 3. Es arbeitet wie das Programm KUGEL 2, verwendet aber
formatierte Ausgabe für das Ergebnis.

stellen. Hierzu wurden in KUGEL 2 die Zeilen 12 und 13 durch Anweisungen für formatierte
Ausgabe ersetzt. In Abb. 4.5.2 enthält Zeile 12 die PRINT-Anweisung (4) vom Anfang dieses
Kapitels. Die FORMAT-Anweisung in Zeile 13 ist gleich mit (6), nur daß 1H _ durch 1H∅
ersetzt wurde; damit erhält man die Leerzeile, die in KUGEL 2 durch das PRINT* in Zeile 12
erzeugt wird. Die Ausgabe der Überschrift (Zeile 11) ist in beiden Programmen gleich. Die
Ausführung des Programms KUGEL 3 liefert dann für R = 1.2 die folgende Ausgabe:

```
Berechnung des Volumens einer Kugel

Radius =  1.20        Volumen =   7.238
```

Abb. 4.5.3 Die vom Programm KUGEL 3 erzeugte Ausgabe

Sollen R und VOL in zwei Zeilen ausgegeben werden, so gelingt dies mit den folgenden
Anweisungen:

```
        PRINT 1100 , ' Radius = ' , R
        PRINT 1200 , ' Volumen = ' , VOL
   1100 FORMAT ( 1 H _ , A , F 6.2 )
   1200 FORMAT ( 1 H _ , A , F 8.3 )
```

Man erhält dann die folgende Anordnung (wenn R und VOL dieselben Werte wie in Abb. 4.5.3 haben) :

```
        Radius = _ _ 1 . 2 0
        Volumen = _ _ _ 7 . 2 3 8
```

Dasselbe läßt sich auch mit nur einer PRINT- und FORMAT-Anweisung erreichen. Hierzu benötigt man den

Schrägstrich-Beschreiber für Zeilenvorschub bei Ausgabe

Mit einem Schrägstrich (/) in einer FORMAT-Anweisung kann man die Ausgabe einer Zeile beenden und den Übergang auf eine neue Zeile erreichen. Dabei ist nach / ein Format-Beschreiber für Zeilenvorschubsteuerung wie sonst am Anfang in einer FORMAT-Anweisung anzugeben (!). Beispielsweise bewirkt

```
        PRINT 1300 , ' Radius = ' , R , ' Volumen = ' , VOL
   1300 FORMAT ( 1 H _ , A , F 6.2 / 1 H _ , A , F 8.3 )
```

genau dasselbe wie die obigen vier Anweisungen.

Bei der Verwendung des Schrägstrichs ist folgendes zu beachten:

a)   Der Schrägstrich gehört zu den nichtwiederholbaren Format-Beschreibern. Er braucht von anderen Format-Beschreibern nicht durch Kommata getrennt werden, sondern gilt selbst als Trennzeichen.

b)   Wird nach / kein Format-Beschreiber für Zeilenvorschubsteuerung angegeben, dann verwendet das Ausgabegerät hierfür das erste Zeichen der Größe, die als nächstes auszugeben ist (vgl. die Bemerkung f am Ende von Kap. 4.5.1). Davon ist jedoch dringend abzuraten!

c)   Man kann mehrere aufeinanderfolgende Schrägstriche verwenden und damit mehrere Zeilenvorschübe erreichen. Im einzelnen gilt dabei:

   • Zu jedem / , hinter dem ein weiterer / steht, gehört ein Zeilenvorschub.

   • Die Wirkung des letzten / richtet sich nach dem darauf folgenden Format-Beschreiber für Zeilenvorschub.

So ist beispielsweise /1H 0 gleichwertig mit //1H _ , in beiden Fällen erhält man
2 Zeilenvorschübe (= 1 Leerzeile).

d)   Die bisherigen Angaben über die Wirksamkeit des Schrägstrichs gelten für den Fall, daß
      er **zwischen** anderen Format-Beschreibern steht. Aber auch am Anfang sowie am Ende
      einer FORMAT-Anweisung können Schrägstriche stehen ; in diesem Fall gilt:

●   Jeder vorkommende / bewirkt einen Zeilenvorschub.

●   Steht hinter dem letzten / noch ein Format-Beschreiber für Zeilenvorschubsteuerung,
    so kommt dessen Wirkung (entsprechend der Tabelle in Kap. 4.5.1) noch hinzu.

Beispiel :   Jede der beiden nachstehenden FORMAT-Anweisungen bewirkt als erstes
                 3 Zeilenvorschübe:

```
FORMAT ( / / 1 H _ ,... )
FORMAT ( / 1 H 0 ,... )
```

4.5.3 Formatierte Eingabe

In vielen Fällen genügt READ* für die Eingabe. Dann sollte man es auch benutzen. Haben
jedoch die Eingabedaten ein Format, das nicht READ* entspricht, dann ist formatierte Eingabe
erforderlich. Da sie aber die Gefahr der Fehleranfälligkeit in sich birgt, sollte man ihre
Verwendung auf solche Fälle beschränken.

Die formatierte Eingabe ist analog zur formatierten Ausgabe aufgebaut: Sie verwendet eine
READ-Anweisung in Verbindung mit einer FORMAT-Anweisung. Dabei gilt:

READ-Anweisung für formatierte Eingabe

Form :   READ n [, eliste]

mit   n :   Anweisungsnummer einer FORMAT-Anweisung
                 (Vgl. Kap. 10.2, wo noch weitere Möglichkeiten für n angegeben werden)

           eliste :   Liste von Variablen
                      (Man kann außer Variablen auch noch andere Größen angeben, vgl.
                      den Hinweis a am Ende von Kap. 4.4)

Wirkung: a) Ist 'eliste' angegeben, so werden über das Standardeingabegerät Daten eingelesen und nacheinander den Elementen von 'eliste' zugewiesen. Die Eingabe
wird dabei durch die Format-Beschreiber in der durch 'n' bestimmten
FORMAT-Anweisung gesteuert.

b) Fehlt 'eliste', so werden nur die zuständigen Steuerangaben in der zugehörigen
FORMAT-Anweisung berücksichtigt.

Erläuterungen

a)   Zusätzlich zur READ-Anweisung benötigt formatierte Eingabe noch eine FORMAT-
Anweisung. Sie muß die Anweisungsnummer 'n' tragen. Für die FORMAT-Anweisung gilt
das in Kapitel 4.5.1 Gesagte.

b)   Für die Eingabe gibt es dieselben Format-Beschreiber, wie in 4.5.1 und 4.5.2 für die
Ausgabe angegeben. Ihre Wirkung bei Eingabe wird nachstehend beschrieben. Weitere
Beschreiber werden in Kapitel 10.7 angegeben, und in Anhang C sind sie alle zusammen-
gestellt.

c)   Während die formatierte Ausgabe spezielle Format-Beschreiber für Zeilenvorschub
braucht, gilt dies für die Eingabe nicht: Formatiertes READ beginnt stets auf der
nächsten Eingabezeile (ebenso wie READ*) und liest dort vom Anfang der Zeile an,
entsprechend den Angaben in der zugehörigen FORMAT-Anweisung.

Wir erläutern jetzt die Wirksamkeit einiger Format-Beschreiber bei Eingabe. Dann folgen
Beispiele zur formatierten Eingabe.

I-Beschreiber für die Eingabe von INTEGER-Zahlen

Form: I w   (z. B. I 5)

mit   w : positive ganze Zahl ohne Vorzeichen

Wirkung: Die nächsten w Zeichen werden gelesen (beginnend mit der aktuellen Leseposition) und als rechtsbündige INTEGER-Zahl interpretiert.

Beispiel

Format-Beschreiber	Datenfeld	gelesener Wert
I 3	384	384
I 3	_ - 2	- 2
I 4	+ 384	384
I 4	_ 384	384

Erläuterungen

a)   Durch w ist ein Datenfeld bestimmt, aus dem die Zahl entnommen wird. Ein Zwischenraum wird dabei gewöhnlich als Null interpretiert, auch zwischen Ziffern. Da letzteres aber nicht garantiert ist (s. Kap. 10.7.10, B-Beschreiber), empfiehlt es sich, Nullen innerhalb Zahlen stets anzugeben, während führende Nullen weggelassen werden können.

b)   Vor einer positiven Zahl kann, muß aber nicht, ein Pluszeichen stehen.

F-Beschreiber für die Eingabe von REAL-Zahlen

Form :   F w. d   (z. B.   F 6.3 , F 5.0)

mit   w : positive ganze Zahl ohne Vorzeichen

             d : ganze Zahl ohne Vorzeichen

Wirkung: Die nächsten w Zeichen werden gelesen (beginnend mit der aktuellen Leseposition) und als REAL-Zahl interpretiert. Dabei sind 3 Fälle zu unterscheiden:

Fall 1

Das gelesene Datenfeld enthält einen Dezimalpunkt. Dann wird angenommen, daß der Inhalt des Feldes die Form einer REAL-Zahl hat (in Festpunkt- oder in Gleitpunkt-Darstellung), und diese wird übernommen. (Die Angabe von d in F w. d ist in diesem Fall bedeutungslos, aber dennoch erforderlich.)

Fall 2

Das gelesene Datenfeld enthält keinen Dezimalpunkt und auch keinen Exponenten. Dann wird der Inhalt des Feldes als die Ziffern einer REAL-Zahl in Festpunkt-Darstellung aufgefaßt, bei der ein Dezimalpunkt so einzufügen ist, daß die d letzten Ziffern des Feldes gerade die Nachkommastellen bilden.

Fall 3

Das gelesene Datenfeld enthält keinen Dezimalpunkt, aber einen Exponenten. Dann wird der Inhalt des Feldes als REAL-Zahl in Gleitpunkt-Darstellung aufgefaßt, die den angegebenen Exponenten besitzt und für deren Mantisse die Ziffern vor dem Exponenten in entsprechender Weise wie bei Fall 2 interpretiert werden.

Bemerkungen

a)   Die Erläuterungen a) und b) zum I-Beschreiber gelten auch hier.

b)   Ein Exponent kann im Eingabefeld entweder in der auch sonst üblichen Form angegeben werden, z. B. durch E 26, oder ohne die Verwendung von E, nur durch eine mit Vorzeichen versehene (!) ganze Zahl, z. B. durch +26.

Beispiel

Format-Beschreiber	Datenfeld	gelesener Wert	Fall
F 6.2	_ -83.1	-83.1	1
F 6.1	_ 7.32 _	7.32	1
F 8.0	6.02E26 _	$6.02 \cdot 10^{26}$	1
F 5.2	76382	763.82	2
F 7.3	-_ 76382	-76.382	2
F 4.0	1234	1234.0	2
F 7.2	602E+26	$6.02 \cdot 10^{26}$	3
F 9.4	+60236E26	$6.0236 \cdot 10^{26}$	3
F 8.2	_ 6674-12	$66.74 \cdot 10^{-12}$	3

X-Beschreiber bei Eingabe

In Kapitel 4.5.2 diente der X-Beschreiber zur Positionierung bei der Ausgabe (und dadurch zur Erzeugung von Zwischenräumen). Entsprechende Bedeutung hat er auch bei formatierter Eingabe.

Form :   n X   (z. B.   5 X)

mit   n : positive ganze Zahl ohne Vorzeichen

Wirkung: Die n nächsten Zeichen (beginnend mit der aktuellen Leseposition) werden überlesen.

Bemerkung: Man beachte, daß eine Lochkarte 80 Spalten (= Lesepositionen) hat und ein
Bildschirm in der Regel auch.

Schrägstrich-Beschreiber (/) bei Eingabe

Der Schrägstrich-Beschreiber beendet das Lesen aus der aktuellen Eingabezeile (ein eventueller Rest wird dadurch überlesen). Anschließend wird von der nächsten Eingabezeile ab deren Anfang gelesen. Mehrere aufeinanderfolgende Schrägstriche führen entsprechend zum Überlesen ganzer Eingabezeilen.

Beispiele für formatierte Eingabe

a)   M , N und ANZ seien INTEGER-Variablen. Mit den Anweisungen

        READ 2000 , M , N , ANZ
    2000   FORMAT (2 I 5 , I 4)

werde die folgende Eingabezeile gelesen:

        + 3 2 0   - 7 6 1 2 3 4 5   7 8
        I 5   I 5   I 4

Unter der Eingabezeile ist angegeben, welche Zeichen durch die einzelnen Format-Beschreiber angesprochen werden. (Man beachte, daß die Zeichen nach der 4 nicht mehr gelesen werden!) Diese Eingabe hat das folgende Ergebnis:

        M   erhält den Wert   320
        N   erhält den Wert   -76
        ANZ   erhält den Wert   1234

Bei der folgenden FORMAT-Anweisung

    2000   FORMAT (2 I 5 / I 4)

hätte READ aus der Eingabezeile nur M und N gelesen (wie angegeben) und für ANZ die darauffolgende Eingabezeile (ab Zeilenanfang) herangezogen. Entsprechend würde READ mit

    2000   FORMAT (2 I 5 // I 4)

M und N wie angegeben lesen, dann die nächste Eingabezeile überlesen und ANZ aus den ersten 4 Positionen der übernächsten Eingabezeile lesen.

b)   Gegeben sei ein Stapel Lochkarten mit Personaldaten. Für eine Auswertung interessiere nur die Personalnummer, die in Spalte 1-6 steht, und ein Beschäftigungscode in Spalte 50-51; beides seien INTEGER-Zahlen. Dann liefert

        INTEGER PERS , TAET
        . . .
        READ 2000 , PERS , TAET
    2000   FORMAT (I 6 , 43 X, I 2)

das Gewünschte: Nachdem PERS gemäß I 6 aus den Spalten 1 - 6 gelesen wurde, ist 7 die aktuelle Leseposition. 43 X positioniert dann auf die Stelle 7+43 = 50, von wo ab anschließend im Format I 2 ein Wert für TAET gelesen wird.

4.6 Bauart eines FORTRAN-Programms

Mit den bis jetzt behandelten Anweisungen lassen sich bereits vollständige FORTRAN-Programme schreiben. Das Programm KUGEL in 4.3 - 4.5 ist ein Beispiel hierfür. Man braucht lediglich die passenden Anweisungen in einer logisch korrekten Reihenfolge anzugeben, wie es zur Lösung des zugrundeliegenden Problems erforderlich ist. In der Regel erhält man dies, wenn man nach der in Kapitel 1.5 angegebenen Vorgehensweise zur Entwicklung eines FORTRAN-Programms verfährt.

Daneben gibt es in der Syntax von FORTRAN einige Vorschriften darüber, in welcher Reihenfolge die Anweisungen eines FORTRAN-Programms stehen müssen. Diese Vorschriften stehen nicht im Widerspruch zu einer Reihenfolge, wie sie sich bei der oben geschilderten Vorgehensweise ergibt, sie enthalten aber darüber hinaus noch weitere Angaben, insbesondere über die Reihenfolge der nichtausführbaren Anweisungen. Eine Zusammenstellung all dieser Regeln enthält Anhang A ; diejenigen Regeln, die für uns zunächst Bedeutung haben, werden in diesem Kapitel angegeben.

Damit sind sämtliche Voraussetzungen geschaffen, um Programme - zumindest auf dem Papier - entwickeln zu können. Dies geschieht im nächsten Kapitel anhand einiger Beispiele. Ein weiterer Aspekt ist dann, die entwickelten Programme vom Computer ausführen zu lassen. Hierzu wurde bereits in Kapitel 2.3 Grundlegendes gesagt. Kapitel 4.8 enthält weitere Angaben hierzu, z. T. ergänzend zu 2.3, z. T. weiterführend.

Regeln für die Reihenfolge der Anweisungen in einem FORTRAN-Programm

— Die erste Anweisung eines Programms (genauer: eines Hauptprogramms ; diese Unterscheidung ist für uns aber erst ab Kapitel 7 von Bedeutung) ist die **PROGRAM-Anweisung** in der Form

PROGRAM name

Mit ihr wird 'name' als Name des Programms festgelegt. Diese Anweisung darf auch fehlen. Es empfiehlt sich jedoch, sie zu verwenden, weil dies ein bequemes Zitieren des Programms ermöglicht. Außerdem trägt es zur Klarheit der Programmstruktur bei, da der Unterschied zwischen Haupt- und Unterprogramm deutlich wird (vgl. Kap. 7.2).

— Anschließend kommen **Typanweisungen** für die Variablen und gegebenenfalls andere Größen. Wir werden später noch weitere Spezifikations-Anweisungen kennenlernen, die ebenfalls hier ihren Platz haben.

— Dann folgen **ausführbare Anweisungen** wie Wertzuweisung, Ein- und Ausgabeanweisung u. a. Sie sind in einer logisch korrekten Reihenfolge so anzugeben, wie es der zugrundeliegende Algorithmus erfordert.

— **FORMAT-Anweisungen** dürfen an beliebiger Stelle des Programms zwischen PROGRAM- und END-Anweisung stehen. Wir werden sie meistens unmittelbar nach der zugehörigen Ein-/Ausgabeanweisung angeben. Sonst werden sie auch gerne am Ende oder am Anfang eines Programms aufgelistet.

— Die beiden **letzten Anweisungen** im Programm sind die ausführbaren Anweisungen

STOP

END

Die STOP-Anweisung bewirkt das Ende der Programmausführung (dynamisches Ende des Programms). Sie kann auch an einer anderen Stelle des Programms stehen, doch sollte man davon möglichst keinen Gebrauch machen. Die END-Anweisung muß die letzte Anweisung sein ; sie zeigt das (statische) Ende der Programmniederschrift an. FORTRAN 77 gestattet auch, auf die STOP-Anweisung zu verzichten. Dann bewirkt die END-Anweisung das Ende der Programmausführung. Wir wollen aber davon keinen Gebrauch machen, da END eine andere Bedeutung als STOP hat.

— **Kommentarzeilen** und **Leerzeilen** können an beliebiger Stelle des Programms stehen. Sie dienen zur Kommentierung und Strukturierung des Programms und sollten in ausreichendem Maße benutzt werden, damit das Programm gut lesbar und verständlich wird.

Die Ausführung eines Programms

beginnt mit der ersten ausführbaren Anweisung. Davor stehen meistens noch nichtausführbare Anweisungen wie z. B. Typanweisung oder PARAMETER-Anweisung. Diese werden aber bereits bei der Übersetzung des Programms ausgewertet und sind deshalb schon berücksichtigt, wenn die Programmausführung beginnt. Bei dieser werden nur noch die ausführbaren Anweisungen abgearbeitet, und zwar entweder in der Reihenfolge ihrer Niederschrift oder - durch entsprechende Steueranweisungen bedingt - davon abweichend (z. B. bei einer Alternative). Dazwischenstehende FORMAT-Anweisungen beeinflussen diese Reihenfolge nicht (nur ausführbare Anweisungen werden abgearbeitet!) ; dasselbe gilt für Kommentarzeilen, die keine Bedeutung für die Programmausführung haben. Die Programmausführung endet, sobald die STOP-Anweisung (oder die END-Anweisung) erreicht wird.

4.7 Programmbeispiele

In diesem Kapitel wollen wir die in 4.1 - 4.6 angegebenen Anweisungen benutzen, um damit einige Programme zu entwickeln. Dabei handelt es sich um Programme, bei denen die ausführbaren Anweisungen in der Reihenfolge abgearbeitet werden, wie sie dastehen (Sequenz). Programme mit komplexeren Ablaufstrukturen werden in Kapitel 5 behandelt.

Beispiel 1 : Distanzermittlung bei Vermessungen

Bei Vermessungsarbeiten werden Punkte im Gelände durch rechtwinklige Koordinaten erfaßt. Für den Abstand d zwischen zwei Punkten (x_1 , y_1) und (x_2 , y_2) gilt dann die Distanzformel

$$d = \sqrt{(x_1 - x_2)^2 + (y_1 - y_2)^2} \qquad (1)$$

Aufgabe: Man ermittle den Abstand zwischen zwei Punkten, die durch ihre Koordinaten gegeben sind (in Meter, auf 1 mm genau).

Lösung

Bezeichnet man die Punkte wie oben angegeben, so liefert (1) unmittelbar den gewünschten Abstand. Berücksichtigt man ferner, daß auch die Ein- und Ausgabe der Daten erforderlich ist, so erhält man den folgenden

Algorithmus

     1. Eingabe von (x_1 , y_1) und (x_2 , y_2)
     2. Ermittlung von d nach (1)
     3. Ausgabe: (x_1 , y_1), (x_2 , y_2) sowie d

Dieser Algorithmus kann direkt in ein FORTRAN-Programm umgesetzt werden. Dabei braucht man allerdings noch geeignete Bezeichnungen für die auftretenden Variablen. Diese lehnen sich hier unmittelbar an die schon verwendeten Bezeichnungen der Größen an. Als Programmname wählen wir GEO 1, dabei soll GEO an Geodäsie erinnern, und die 1 weist darauf hin, daß später noch eine Fortführung dieses Programms unter dem Namen GEO 2 auftreten wird.

Programmbeschreibung

Abb. 4.7.1 zeigt das Programm. Die Zeilen 16 - 29 enthalten die Umsetzung des obigen Pseudocodes. Davor stehen die Typanweisungen sowie der Programmkopf. Neben den Ein- und

Ausgabegrößen werden die Hilfsvariablen DX und DY benutzt, damit der arithmetische Ausdruck für D (Zeile 22) einfacher wird. Die Eingabe erfolgt listengesteuert; das ist das bequemste. Bei listengesteuerter Ausgabe würde man jedoch eine unschöne Darstellung

```
 1          PROGRAM GEO1
 2     *---------------------------------------------------------------*
 3     * Ermittelt den Abstand zweier Punkte, die durch ihre Koordina- *
 4     *    ten gegeben sind.                                           *
 5     *                                                               *
 6     * Variablen : X1, X2 : Abzissen  der beiden Punkte              *
 7     *             Y1, Y2 : Ordinaten der beiden Punkte              *
 8     *             D      : Abstand                                  *
 9     *                                                               *
10     * Eingabe: X1, Y1 und X2, Y2 in Metern mit maximal 3 Nachkomma- *
11     *          stellen                                              *
12     *---------------------------------------------------------------*
13            REAL X1, X2, Y1, Y2, D
14            REAL DX, DY
15
16     * Eingabe
17            READ *, X1, Y1, X2, Y2
18
19     * Berechnung
20            DX = X1 - X2
21            DY = Y1 - Y2
22            D = SQRT(DX*DX + DY*DY)
23
24     * Ausgabe
25            PRINT 1000, 'Koordinaten von Punkt 1:', X1, ' ,', Y1
26     1000   FORMAT (1H0, 5X, A, F9.3, A, F9.3)
27            PRINT 1000, 'Koordinaten von Punkt 2:', X2, ' ,', Y2
28            PRINT 2000, 'Abstand:', D
29     2000   FORMAT (//, 1H , 5X, A, F9.3)
30
31            STOP
32            END
```

Abb. 4.7.1 Das Programm GEO 1 zur Berechnung des Abstandes zweier Punkte

erhalten, da man nur 3 Nachkommastellen braucht. Deshalb geschieht die Ausgabe formatiert. Dabei verwenden die PRINT-Anweisungen in Zeile 25 und 27 beide dieselbe FORMAT-Anweisung aus Zeile 26. So etwas ist zulässig und empfiehlt sich auch in diesem Fall, da beide PRINT-Anweisungen dieselben Formatangaben benötigen. Für das PRINT von Zeile 28 enthält die zugehörige FORMAT-Anweisung die Beschreiber // 1 H _ für die Vorschubsteuerung, was zu 3 Zeilenvorschüben, also 2 Leerzeilen, führt. Insgesamt erhält man eine Ausgabe, wie sie Abb. 4.7.2 zeigt.

```
Koordinaten von Punkt 1:    74.315 ,  126.528
Koordinaten von Punkt 2:   162.851 ,  134.793

Abstand:    88.921
```

Abb. 4.7.2 Ausgabe durch das Programm GEO 1 von Abb. 4.7.1

Kommentarzeilen werden in diesem Programm reichlich benutzt. Innerhalb des Programms geben sie den obigen Pseudocode wieder ; dadurch wird die Umsetzung des Pseudocodes in FORTRAN-Anweisungen deutlich, was die Verständlichkeit des Programms erhöht und deshalb grundsätzlich empfohlen wird. Hinzu kommen noch Leerzeilen, die das Programmbild auflockern und strukturieren. Es empfiehlt sich ferner, wie hier am Anfang eines Programms seine Bedeutung bzw. seine Funktion anzugeben, die wichtigsten Variablen aufzulisten und gegebenenfalls noch weitere Angaben zum Programm zu machen.

Beispiel 2 : Brechung eines Lichtstrahls

Fällt ein Lichtstrahl aus dem Vakuum unter dem Winkel α gegen das Einfallslot geneigt auf die Oberfläche eines Mediums mit dem Brechungsindex n, so wird er im Medium unter einem Winkel ß zum Einfallslot hin gebrochen. Dabei gilt das Brechungsgesetz

$$\frac{\sin\alpha}{\sin\text{ß}} = n \tag{2}$$

<u>Aufgabe</u>

Gewünscht ist ein Programm, das zu vorgegebenem Einfallswinkel $\bar{\alpha}$ (in Grad) und Brechungsindex n den Brechungswinkel $\bar{\text{ß}}$ (in Grad) ermittelt. Die Eingabe soll im Dialog erfolgen: Vor der Eingabe von $\bar{\alpha}$ bzw. n ist eine entsprechende Eingabeaufforderung auszugeben.

<u>Bemerkung zur Bezeichnungsweise</u>

Bei dieser Aufgabe kommen Winkel im Gradmaß und im Bogenmaß ins Spiel, da laut Aufgabenstellung die Ein- und Ausgabe im Gradmaß erfolgen soll, FORTRAN jedoch bei seinen Standardfunktionen zur Trigonometrie das Bogenmaß voraussetzt. Wir bezeichnen deshalb die Winkel im Gradmaß mit $\bar{\alpha}$ und $\bar{\text{ß}}$ und im Bogenmaß mit α und β .

Lösung

Aus (2) folgt

$$\text{ß} = \arcsin\left(\frac{\sin \alpha}{n}\right) \tag{3}$$

Die hier auftretenden trigonometrischen Funktionen stellt FORTRAN mit SIN und ASIN zur Verfügung (s. Kap. 3.8). Dabei werden die Winkel im Bogenmaß gemessen. Man braucht deshalb noch die Umwandlung von Gradmaß ($\bar{\alpha}$) in Bogenmaß (α) und umgekehrt. Hierfür gilt:

$$\alpha = \frac{\pi}{180°}\,\bar{\alpha} \tag{4}$$

Algorithmus

Unmittelbar angeben kann man die folgende grundsätzliche Struktur:

1. Eingabe von $\bar{\alpha}$ und n
2. Berechnung von $\bar{\text{ß}}$ mittels (3) und (4)
3. Ausgabe: $\bar{\alpha}$, $\bar{\text{ß}}$, n

Die Vorgabe, daß die Eingabe im Dialog erfolgen soll, führt zu einer Verfeinerung von 1. Eine Verfeinerung von 2. erhält man durch die obigen Überlegungen zum Lösungsgang. Damit ergibt sich der folgende Pseudocode:

1.1 Eingabeaufforderung und Eingabe von $\bar{\alpha}$
1.2 Eingabeaufforderung und Eingabe von n
2.1 $\bar{\alpha}$ in α wandeln mittels (4)
2.2 ß aus α und n berechnen nach (3)
2.3 ß in $\bar{\text{ß}}$ wandeln entsprechend (4)
3. Ausgabe: $\bar{\alpha}$, $\bar{\text{ß}}$, n mit Text

Programmbeschreibung

Abb. 4.7.3 zeigt das Programm. Es entspricht genau dem Pseudocode. Für π wird die Variable PI verwendet, und mittels BOG = PI / 180 (Zeile 15) vereinfacht sich die Umrechnung zwischen Grad- und Bogenmaß (Zeile 24 und 26) ; man spart sich die expliziten Zahlen an mehreren Stellen. Der Eingabeteil zeigt, wie eine einfache dialogorientierte Eingabe ein Wechselspiel von PRINT- und READ-Anweisungen ist. Bei der Ausgabe ist in der PRINT-Anweisung von Zeile 31 die Liste der Ausgabegrößen so groß, daß eine Programmzeile nicht ausreicht. Deshalb wird eine Fortsetzungszeile mit hinzugenommen (Zeile 32). Sie muß in Position 6 als solche gekennzeichnet werden (s. Kap. 4.8.1). Wir verwenden dafür das Zeichen $, das sonst in FORTRAN kaum gebraucht wird, um Verwechslungen mit anderen Teilen der Anweisung zu vermeiden. Ferner rücken wir die Fortsetzung der 'aliste' ein, dadurch bleibt die gesamte PRINT-Anweisung übersichtlich.

```
1              PROGRAM OPTIK1
2    *------------------------------------------------------------*
3    * Berechnung des Brechungswinkels eines Lichtstrahls beim    *
4    *   Uebergang vom Vakuum in ein optisch dichteres Medium.    *
5    * Version 1: Eingabe im Dialog                               *
6    *                                                            *
7    * Variablen :                                                *
8    *   GALFA, BALFA : Einfallswinkel in Grad (E) bzw. Bogenmass *
9    *   GBETA, BBETA : Brechungswinkel in Grad (A) bzw. Bogenmass*
10   *   N            : Brechungsindex des Mediums (E)            *
11   *------------------------------------------------------------*
12         REAL GALFA, GBETA, N
13         REAL BALFA, BBETA, PI, BOG
14         PI = 3.1415927
15         BOG = PI/180
16
17   * Eingabe
18         PRINT *, 'Geben Sie den Einfallswinkel in Grad an:'
19         READ *, GALFA
20         PRINT *, 'Geben Sie den Brechungsindex an:'
21         READ *, N
22
23   * Berechnung des Brechungswinkels
24         BALFA = GALFA * BOG
25         BBETA = ASIN ( SIN(BALFA/N) )
26         GBETA = BBETA / BOG
27
28   * Ausgabe
29         PRINT *, 'Einfallswinkel (Vakuum):', GALFA, 'Grad'
30         PRINT *
31         PRINT *, 'Brechungswinkel:', GBETA, 'Grad ',
32        $          'in Medium mit Brechungsindex', N
33
34         STOP
35         END
```

Abb. 4.7.3   Ein Programm zur Ermittlung des Brechungswinkels in der Optik

Der Programmkopf ist entsprechend den Empfehlungen in Beispiel 1 gestaltet ; Ein- und Ausgabegrößen sind bei der Beschreibung der Variablen durch (E) bzw. (A) gekennzeichnet. Die Kommentierung im Programm entspricht dem groben Pseudocode für den Algorithmus. Abb. 4.7.4 zeigt in der Form eines Ablaufprotokolls das, was bei einer Ausführung dieses Programms im Dialog auf dem Bildschirm erscheint. Sowohl die Ausgaben durch den Computer als auch die Eingaben durch den Benutzer sind protokolliert, wobei letztere durch Pfeile kenntlich gemacht sind.

```
  Geben Sie den Einfallswinkel in Grad an:
→ 78.6
  Geben Sie den Brechungsindex an:
→ 1.49
  Einfallswinkel (Vakuum):  78.600000    Grad

  Brechungswinkel:  52.751677    Grad
  in Medium mit Brechungsindex  1.4900000
```

Abb. 4.7.4   Ablaufprotokoll zu dem Programm OPTIK 1 aus Abb. 4.7.3

Beispiel 3 : Ausgabe einer Grafik

Dieses Programm soll demonstrieren, wie man in FORTRAN einfache graphische Darstellungen
erhalten kann. Im einfachsten Fall besteht ein solches Programm aus einer Menge von PRINT*-
Anweisungen, die eine Zeile der Grafik nach der anderen ausgeben. Abb. 4.7.5 zeigt das
Programm und Abb. 4.7.6 die Ausgabe durch dieses Programm.

```
 1        PROGRAM BILD
 2
 3        PRINT *, '      ~ ~          /----------\                    ~       '
 4        PRINT *, '                  /   o     o   \            ~          '
 5        PRINT *, '                /--------------\          /\           '
 6        PRINT *, '                |  [] [] []  |        /__\          '
 7        PRINT *, '                |            |        |  |          '
 8        PRINT *, '                | |¯| [] [] [] |        |[]|          '
 9        PRINT *, '  ---------------------------------------------------  '
10
11        STOP
12        END
```

Abb. 4.7.5   Programm zur Ausgabe einer Grafik

```
  ~ ~          /----------\
              /   o     o   \            ~
            /--------------\          /\
            |  [] [] []  |        /__\
            |            |        |  |
            | |¯| [] [] [] |        |[]|
  ---------------------------------------------------
```

Abb. 4.7.6   Ausgabe der Grafik durch das Programm von Abb. 4.7.5

4.8 Die Ausführung eines FORTRAN-Programms im Computer

4.8.1 Eingabe des Programms in den Computer

Damit ein Programm vom Computer ausgeführt werden kann, muß es zuerst in den Computer eingegeben werden. Dies kann so geschehen, wie in Kapitel 2.3 angegeben: entweder direkt über die Tastatur des Bildschirms oder mittels Lochkarten. In beiden Fällen wird das Programm Zeile für Zeile eingegeben. Dabei verlangt FORTRAN ein ganz bestimmtes

Format für die Eingabe einer Programmzeile

Für jede Zeile stehen genau 80 Positionen zur Verfügung: Entweder die Schreibpositionen einer Bildschirmzeile oder die Spalten einer Lochkarte. In diesen Positionen muß eine Programmzeile wie folgt angeordnet werden (vgl. hierzu die Beispiele in Abb. 4.8.1) :

Anweisungszeile

— Jede **Anweisung** des Programms muß auf einer neuen Zeile beginnen und **in die Positionen 7 - 72** geschrieben werden. Dort darf und sollte man die Anweisung genauso übersichtlich darstellen, unter Verwendung von Zwischenräumen, Einrücken usw., wie dies bei der Programmentwicklung geschah.

— **Position 73-80** hat keine Bedeutung für das FORTRAN-Programm und **wird ignoriert.** (Das ist historisch bedingt: Als man noch vorwiegend mit Lochkarten arbeitete, wurden sie hier durchnumeriert. Heute hat dies kaum noch Bedeutung ; u. U. kann man hier bei umfangreichen Programmen Angaben unterbringen, die der Dokumentation des Programms dienen, wie z. B. das Datum einer Änderung.)

Ein beliebter Fehler besteht darin, daß man beim Eingeben einer Anweisung über die Position 72 hinausschreibt. Das fehlt dann im eingegebenen Programm, welches dadurch selbst bei korrekter Vorlage fehlerhaft wird.

— Genügt eine Zeile für eine Anweisung nicht, so können die darauffolgenden Zeilen als **Fortsetzungszeilen** mitverwendet werden, ebenfalls innerhalb Position 7 - 72 (maximal 19 Zeilen). Dabei wird die Position 7 einer Fortsetzungszeile so behandelt, als käme sie unmittelbar nach Position 72 der davorstehenden Zeile.

— **Position 6** dient der Kennzeichnung der Zeilen :

  • Ist die Zeile **keine Fortsetzungszeile**, so muß Position 6 frei bleiben (also Leerzeichen) oder man gibt Ø an (dies ist eher verwirrend und deshalb weniger empfehlenswert).

● Ist die Zeile **Fortsetzungszeile,** so muß hier ein von _ und ∅ verschiedenes FORTRAN-Zeichen angegeben werden.

— **Position 1-5 :** hier sind die **Anweisungsnummern** anzugeben (z. B. bei FORMAT-Anweisungen).

Kommentarzeilen

müssen in Position 1 ein C oder * haben. Anschließend können beliebige im Computer darstellbare Zeichen folgen, bis Position 80.

Beispiel

Die nachfolgende Abbildung zeigt einige Möglichkeiten, wie Programmzeilen in FORTRAN gestaltet sein können. Dabei ist die Bedeutung der einzelnen Zeilen :

1 Leerzeile

2 Kommentarzeile mit Kommentarzeilenkennung * in Spalte 1

3 Anweisungszeile

4 Anweisungszeile (eingerückt)

5 Fortsetzungszeile mit Fortsetzungskennung $ in Spalte 6

6 Anweisungszeile mit Anweisungsnummer in Spalte 1 - 4

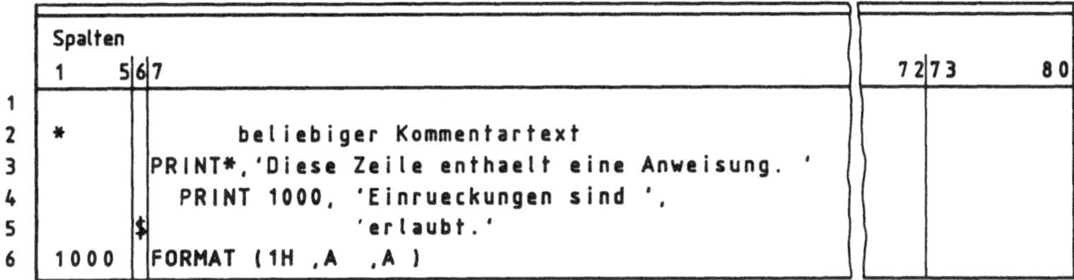

Abb. 4.8.1 Beispiele für die Gestaltung von Programmzeilen

Bemerkungen zu den Anweisungsnummern

a) Anweisungsnummern benötigt man für FORMAT-Anweisungen, zur Realisierung von Schleifen und (möglichst selten!) für die GOTO-Anweisung.

b) Es können ganze Zahlen zwischen 1 und 99999 verwendet werden, und sie müssen nicht lückenlos sein. Wir werden für FORMAT-Anweisungen vierstellige Zahlen verwenden, in den übrigen Fällen die Nummern 10, 20,30, ...

c)   Die Anweisungsnummern müssen eindeutig sein.

d)   Eine Fortsetzungszeile darf keine Anweisungsnummer haben.

4.8.2 Die Bedeutung des Betriebssystems

Nachdem ein FORTRAN-Programm in den Computer eingegeben wurde, kann dieser das Programm nicht sofort ausführen. Vielmehr müssen zuerst die FORTRAN-Anweisungen in die Maschinensprache des jeweiligen Computers übersetzt werden (s. Kap. 1.1). Dies besorgt ein eigenständiges Übersetzungsprogramm, der Compiler. Er wird allerdings nicht automatisch tätig, sobald ein Programm eingegeben wurde, sondern erst nachdem der Computer eine spezielle "Aufforderung" bekommen hat, den Compiler zu starten. Ebenso wird auch das übersetzte Programm erst dann ausgeführt, wenn eine spezielle Steueranweisung den Computer dazu "auffordert".

Man braucht somit zusätzlich zu einem FORTRAN-Programm noch einige Steueranweisungen, damit dieses Programm ausgeführt werden kann. Diese Steueranweisungen wenden sich an das **Betriebssystem**, ein übergeordnetes Programmsystem, das die einzelnen Teile des Computers wie Eingabegeräte, Zentraleinheit, Hintergrundspeicher usw. verwaltet. Diese Komponenten können von einem Benutzer nicht direkt angesprochen werden, sondern nur über das Betriebssystem. Will man z. B. ein Programm einlesen, so muß man dem Betriebssystem mit Hilfe einer Steueranweisung eine entsprechende Mitteilung machen, worauf es die Eingabe veranlaßt. Dasselbe gilt auch für andere Tätigkeiten des Computers, wie z. B. das Übersetzen eines Programms ; sie erfordern jeweils eine bestimmte Steueranweisung an das Betriebssystem.

Entsprechend den vielfältigen Aufgaben, die das Betriebssystem wahrnimmt, gibt es auch eine Vielzahl derartiger Steueranweisungen. Man bezeichnet ihre Gesamtheit als die **Kommandosprache** bzw. Job Control Language des jeweiligen Betriebssystems. Einzelheiten dazu sind anlagenspezifisch und können im entsprechenden Handbuch der Rechenanlage nachgelesen werden. Im folgenden wollen wir zeigen, welche Anweisungen erforderlich sind, damit ein FORTRAN-Programm zur Ausführung kommen kann.

4.8.3 Ausführung des Programms durch das Betriebssystem

Um die verschiedenen Formen, in denen ein Programm vorkommt, unterscheiden zu können, verwendet man die folgende

Bezeichnungsweise

- Als **Quellprogramm** bezeichnet man das, was wir bisher als Programm kennengelernt haben: Ein Programm in der Form, wie sie durch die Syntax der Programmiersprache festgelegt ist. Abb. 2.1 oder Abb. 4.4.1 enthalten Beispiele hierzu.

- Ein Quellprogramm muß zuerst übersetzt werden, ehe es der Computer ausführen kann. Diese übersetzte Form nennt man **Objektprogramm.**

Nachdem ein FORTRAN-Programm auf dem Papier erstellt wurde, sind in der Regel die folgenden Schritte vonnöten, um das Programm zur Ausführung zu bringen:

- Eingabe des Quellprogramms in den Computer

- Übersetzung des Quellprogramms durch den Compiler. Dieser erzeugt - falls das Programm syntaktisch korrekt ist - eine vorläufige Fassung des Objektprogramms.

- Aus dieser vorläufigen Fassung wird durch eine weitere Systemroutine, den Binder, die endgültige Fassung des Objektprogramms erstellt.

- Jetzt kann das Objektprogramm gestartet und ausgeführt werden. Hierzu sind, sofern das Programm Eingabeanweisungen enthält, die erforderlichen Eingabedaten zur Verfügung zu stellen.

Für diese Schritte gibt es geeignete Steueranweisungen an das Betriebssystem, wobei das Quellprogramm und eventuelle Eingabedaten an geeigneten Stellen hinzuzunehmen sind. Abb. 4.8.2 zeigt das prinzipielle Schema hierfür. Die mit * beginnenden Zeilen sind die Steueranweisungen. Was sie im einzelnen bewirken, wird nachstehend erläutert. Ihre genaue Bauart ist rechnerabhängig, * steht stellvertretend für ein Sonderzeichen, das je nach Computer entweder / / oder $ oder sonst etwas sein kann. Jede Steueranweisung steht in einer eigenen Eingabezeile ; beim Arbeiten mit Lochkarten spricht man von Steuerkarten.

Zum Aufruf des Compilers gehört die Angabe des FORTRAN-Programms. Dies kann auf zwei Arten geschehen. Im ersten Fall gibt man - wie in Abb. 4.8.2 - hinter dem Compileraufruf die einzelnen Programmzeilen an ; bei Lochkartenbetrieb ist hier das abgelochte FORTRAN-Programm einzufügen. Im anderen Fall wird das Quellprogramm - noch vor dem Compileraufruf - zuerst in eine Datei des Betriebssystems mittels entsprechender Steueranweisungen eingetragen. Dann entfällt die Angabe der einzelnen Programmzeilen nach dem Compileraufruf, und an ihre Stelle tritt ein Verweis auf die Datei mit dem Quellprogramm. In jedem Fall gilt für die Eingabe des Quellprogramms in den Computer das in 4.8.1 bzw. Kapitel 2.3 Gesagte.

*   **Aufruf des Compilers**

```
┌─────────────────────────────┐
│                             │
│   FORTRAN - Programm        │
│                             │
└─────────────────────────────┘
```

*   **Aufruf des Binders**

*   **Start des Programms**

```
┌─────────────────────────────┐
│                             │
│   1. Eingabedaten zum Programm │
│                             │
└─────────────────────────────┘
```

*   **Start des Programms**

```
┌─────────────────────────────┐
│                             │
│   2. Eingabedaten zum Programm │
│                             │
└─────────────────────────────┘
```

*   . . . . .

Abb. 4.8.2   Beispiel zur Übersetzung und Ausführung eines Programms durch das
Betriebssystem

Es folgt der Aufruf des Binders und danach eine Steueranweisung für den Programmstart. Nach
diesem werden die Eingabedaten für das Programm erwartet. Sie müssen vollständig und im
richtigen Format angegeben werden, so wie das die READ-Anweisungen des Programms
erwarten. Man beachte, daß diese Eingabedaten erst an dieser Stelle stehen! Auch die
Eingabedaten kann man - ebenso wie das FORTRAN-Programm - entweder unmittelbar an
dieser Stelle angeben oder mit Hilfe einer Datei, in die sie eingetragen wurden.

Grundsätzlich sind alle in Abb. 4.8.2 angegebenen Steueranweisungen für die Übersetzung
und Ausführung eines Programms vonnöten. Je nach Betriebssystem kann aber auch
der Aufruf des Compilers mit dem Aufruf des Binders zu einer Anweisung zusammengefaßt
sein, oder der Aufruf des Binders mit dem Start des Programms - man orientiere sich
am entsprechenden Handbuch des Computers. Welche Aktionen diese Steueranweisungen
im einzelnen auslösen, wird im folgenden beschrieben. Dabei ist zu beachten, daß in
der Regel mit diesen Aktionen auch Kommentare verbunden sind, die das Betriebssystem in
Form eines **Ablaufprotokolls** über die Standardausgabe ausgibt. So wird z. B. Erfolg oder
Mißerfolg beim Übersetzen protokolliert, und Entsprechendes gilt auch für die Wirksamkeit des

Binders. Ebenso erfolgt eine Meldung über den Start des Programms, nach der dann z. B. die durch die PRINT-Anweisungen des Programms verursachten Ausgaben stehen.

4.8.4 Beschreibung von Compiler, Binder und Programmstart

* Aufruf des Compilers

Der Compiler wird gestartet. Er liest das nachfolgende bzw. in einer Datei stehende Quellprogramm Zeile um Zeile ein und prüft es auf syntaktische Korrektheit : Haben alle Anweisungen die korrekte Bauart, sind die Namen und die Anweisungsnummern eindeutig usw. ? Findet er dabei einen Fehler, so gibt er in das Ablaufprotokoll eine entsprechende Fehlermeldung aus und versucht anschließend noch weiter zu prüfen, solange dies geht. Ist das Programm syntaktisch fehlerfrei, so wird ein Programm in Maschinencode erzeugt (vorläufiger Objektcode) ; war das Programm fehlerhaft, so unterbleibt dies, und die folgenden Steueranweisungen können nicht mehr erfolgreich ausgeführt werden.

In der Regel liefert der Compiler auch ein Protokoll des Programms über Bildschirm bzw. Schnelldrucker, sofern er durch entsprechende Angaben in der ihn aufrufenden Steueranweisung dazu aufgefordert wird. Dieses Protokoll hat beispielsweise die Form, wie sie in den Programmbeispielen dieses Buches zu finden ist. Auch fehlerhafte Programme werden auf diese Weise protokolliert und mit den entsprechenden Fehlermeldungen versehen. Sind allerdings die Syntaxfehler so gravierend, daß der Compiler nicht mehr "durchblickt", so endet i. allg. der Übersetzungsversuch vorzeitig und das Protokoll bleibt unvollständig.

* Aufruf des Binders

Das vom Compiler erzeugte vorläufige Objektprogramm ist noch nicht vollständig. Vielmehr müssen noch bestimmte Standardprogrammbausteine hinzugefügt werden, wie z. B. der Code für verwendete Standardfunktionen, für READ oder für PRINT usw. Diese Bausteine befinden sich in einer eigenen Programmbibliothek. Aus dieser holt sich der Binder, auch Montierer oder Mapper genannt, die benötigten Teile und fügt sie dem vorläufigen Objektcode hinzu. Dies ergibt das lauffähige Objektprogramm. Es wird an geeigneter Stelle des Computers gespeichert.

* Start des Programms

Zunächst wird ein bestimmter Bereich des Arbeitsspeichers bereitgestellt (im Arbeitsspeicher befinden sich gleichzeitig mehrere Programme, die z.T. parallel bearbeitet werden können) und dann das Objektprogramm dort gespeichert ("geladen"). Anschließend wird dieses Programm gestartet, d. h., das übersetzte FORTRAN-Programm wird (erst!) jetzt ausgeführt.

Man beachte, daß das, was in Kapitel 4.6 über die Ausführung eines Programms gesagt wurde, **erst jetzt** nach der Steueranweisung "Programmstart" geschieht: Die ausführbaren Anweisungen des FORTRAN-Programms (das selbst an einer früheren Stelle dieses Ablaufs steht) werden erst zu diesem Zeitpunkt abgearbeitet. Verlangt dabei eine Eingabeanweisung irgendwelche Daten, so müssen diese **hier** nach "Programmstart" in der erforderlichen Reihenfolge angegeben werden. Bei interaktiver Ausführung im Dialog hält das Programm an und erwartet hier, nach der Bildschirmzeile mit "Programmstart", eine Eingabe (gegebenenfalls nachdem an dieser Stelle eine entsprechende Eingabeaufforderung erfolgte, wie in Erläuterung a von 4.4 angegeben).

Man kann das übersetzte FORTRAN-Programm auch mehrmals mit verschiedenen Daten ausführen lassen. Für jeden solchen "Lauf" ist eine eigene Steueranweisung "Programmstart" zu verwenden, hinter der die zugehörigen Eingabedaten kommen müssen. In Abb. 4.8.2 ist dies für 2 Läufe dargestellt. Falls ein Programm gar keine Eingabedaten benötigt, wird es lediglich mit "Programmstart" gestartet, ohne nachfolgende Eingabedaten.

In Abb. 4.8.2 folgt auf die Eingabedaten jeweils eine Steueranweisung. Es kann nun vorkommen, daß aufgrund irgendwelcher Unregelmäßigkeiten - z. B. wenn dem Programm zu wenig Eingabedaten zur Verfügung gestellt werden - eine READ-Anweisung zum Lesen einer solchen Steueranweisung führt. Das Betriebssystem erkennt daran, daß die Eingabedaten erschöpft sind, interpretiert dies als "Datenende" und vermittelt dem Programm eine entsprechende "Datenendemeldung". Man kann auch die Eingabedaten mit einer speziellen Steueranweisung, der sog. "Datenendekennung", abschließen ; das Betriebssystem interpretiert sie dann in der gleichen Weise.

Hinweis :   Erhält das Programm während eines Einlesevorgangs eine Datenendemeldung, so führt dies gewöhnlich zum Abbruch der Programmausführung. Dies kann jedoch unerwünscht sein, wenn z. B. ein Programm alle Daten, bis sie zuende sind, einlesen und anschließend auswerten soll. Für solche Fälle gibt es eine Modifikation von READ, die es gestattet, eine Datenendemeldung in diesem Sinne zu interpretieren und das Programm anschließend fortzusetzen. Einzelheiten dazu enthält Kapitel 10.1.

Übungen zu Kapitel 4

Kontrollfragen

- Welche Möglichkeiten gibt es, den Typ einer Variablen oder benannten Konstanten festzulegen?

- Nach welchen Regeln kann man den Typ eines arithmetischen Ausdrucks ermitteln?

- Was bewirkt eine arithmetische Wertzuweisung? Welche Konsequenzen sind zu bedenken, wenn die rechte und die linke Seite einen unterschiedlichen Datentyp besitzen?

- Wann erfolgt bei der Abarbeitung der Anweisung PRINT* bzw. READ* ein Zeilenvorschub bzw. der Übergang auf die nächste Eingabezeile?

- Nach welchem Prinzip erfolgt die formatierte Ein- und Ausgabe in FORTRAN? Welche Bedeutung kommt der FORMAT-Anweisung und den Formatbeschreibern dabei zu?

- Beschreiben Sie den Aufbau einer FORTRAN-Anweisungszeile. Welche weiteren Zeilenarten gibt es?

Aufgaben

4.1 In einem FORTRAN-Programm werden durch

```
INTEGER K, XK
REAL   J, YJ
```

die Datentypen von 4 Variablen festgelegt. Danach wird jeder Variablen durch

```
 K = 1  +  (7*4)/6
 J = K  +  (7*4)/6.0
XK = J  -  ( 2.0 * 6.1)
XJ = J  -  ( (-XK) * 6.1)
```

ein Wert zugewiesen.

a) Welche Werte haben die Variablen jetzt?

b) Ändern sich die Werte dieser Variablen, wenn die Typanweisungen aus dem Programm gestrichen würden?

c) Bei welchen Wertzuweisungen in diesem Beispiel erfolgen Umwandlungen des Datentyps?

d) Was geschieht, wenn die zwei expliziten Typanweisungen durch die Anweisung

```
IMPLICIT LOGICAL (A-Z)
```

ersetzt würden?

4.2 Welche arithmetischen Ausdrücke sind jeweils gleichwertig? Man beachte die Datentypen der Konstanten. Alle vorkommenden Variablen sollen den Datentyp REAL besitzen.

a) (6.0 * Y + (22.5 - X)) / 3.0
b) 2.0 * Y + 7.5 - X / 3.0
c) (2.0 * (A + B) * (A-B)) / (4.0 * X * (A + B))
d) 0.5 * (A - B) / X

e)   (2.0 * (A*A - B*B)) / (4.0 * X * (A + B))
f)   5.0 * 9 / 5
g)   5.0 * (9 / 5) + 4.0

4.3 a) Übertragen Sie die folgenden mathematischen Formeln direkt in arithmetische Ausdrücke. Statt x**2.0 sollte dabei x*x geschrieben werden.

$$1)\quad w = \frac{a}{xyz} - 5x \qquad\qquad 2)\quad f = \frac{1}{2}\,gt^2 \qquad\qquad 3)\quad h = \ln\left(1 + \frac{1}{n}\right)^n$$

$$4)\quad t = \sin\left(\frac{a}{2} + x^2\right) \qquad 5)\quad p = (a^2)^k \qquad 6)\quad g = \frac{x}{\sqrt{x^2 + y^2}}$$

b) Übertragen Sie diesmal die folgenden Formeln unter Verwendung geeigneter Hilfsvariablen in arithmetische Ausdrücke. Zuvor sollten die Formeln durch Umformungen soweit wie möglich vereinfacht werden!

$$1)\quad \frac{\sin(x)+4k\cdot\cos(x)}{4k\cos(x)+1} \qquad 2)\quad \frac{\ln|x-4k+y|}{-y(4k-x-y)} \qquad 3)\quad \frac{\frac{2+xy}{2} + \frac{1}{2}\,xy - 1}{4x^2y^2 - 2}$$

Hinweis: Alle vorkommenden Variablen und Konstanten sollen den Datentyp REAL haben.

4.4 Die dreizehnstellige europaeinheitliche Artikelnummer (EAN) hat folgende Struktur:

Schreiben Sie ein Programm, das eine EAN aus der folgenden

Eingabezeile :   _ _ _ 1234567890123

einliest und dann die folgende Ausgabe erzeugt:

Landeskennung : XX   Firmenkennung : XXXXX
Prüfziffer :   X   Artikelnummer : XXXXX

4.5 In einem Programm stehen folgende Typanweisungen:

        INTEGER JAHR, MONAT, TAG, MREIHE
        REAL TEMP, DRUCK, PHWERT

Die Werte dieser Variablen stehen - nebst Erläuterungen - in folgenden Eingabezeilen:

        1. Zeile: _ 07/04/86 _ _ _ _ _ Messreihe Nr. _ 0004

        2. Zeile: _ PH-Wert: _ 5.12/DRUCK: _ 1027/TEMPERATUR: _ 181

Man schreibe entsprechende Einleseanweisungen und gebe die Werte dann nach dem folgenden Muster aus:

```
=============================================================
                        Meßprotokoll
-------------------------------------------------------------
Meßreihe Nr.      4                        vom 7.4.1986
-------------------------------------------------------------
Temperatur:       18.1 Grad Celsius
Druck     :       1027.HPA
pH-Wert   :       5.12
-------------------------------------------------------------
```

4.6 Man erweitere das Programm Kugel derart, daß zusätzlich zum Radius r noch Werte für die Variablen a, b, h eingelesen werden. Hieraus soll dann das Programm den Inhalt und die Oberfläche der Kugel bzw. der Kugelteile nach den angegebenen Formeln berechnen:

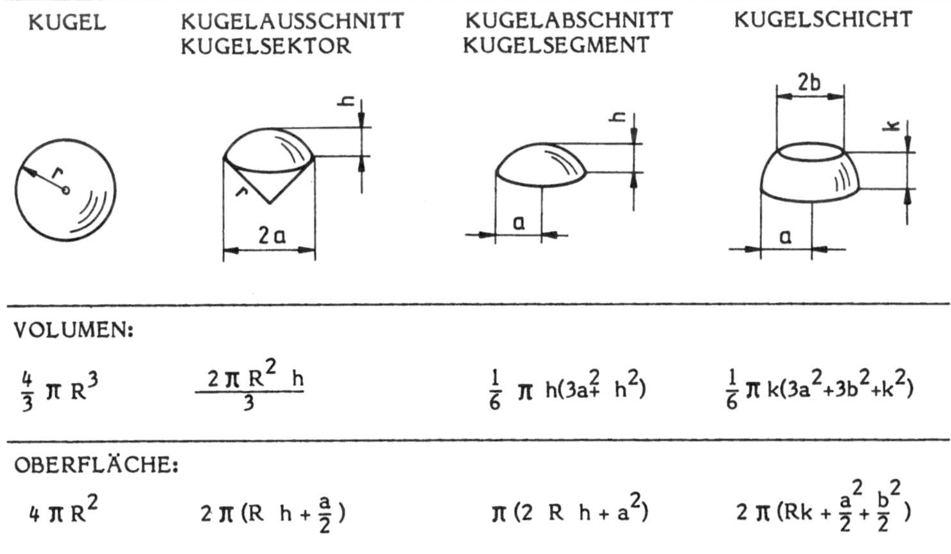

KUGEL	KUGELAUSSCHNITT KUGELSEKTOR	KUGELABSCHNITT KUGELSEGMENT	KUGELSCHICHT

VOLUMEN:

$$\frac{4}{3}\,\pi R^3 \qquad \frac{2\,\pi R^2\,h}{3} \qquad \frac{1}{6}\,\pi\,h(3a^2+h^2) \qquad \frac{1}{6}\,\pi\,k(3a^2+3b^2+k^2)$$

OBERFLÄCHE:

$$4\,\pi R^2 \qquad 2\,\pi(R\,h+\frac{a}{2}) \qquad \pi(2\,R\,h+a^2) \qquad 2\,\pi(Rk+\frac{a^2}{2}+\frac{b^2}{2})$$

Anschließend sollen alle Volumen- und Oberflächenwerte mit entsprechenden Erläuterungen ausgegeben werden.
Wie kann man mittels formatierter Ausgabe die Ergebnisse übersichtlich als Tabelle darstellen?

4.7 Man schreibe Programme, die folgende Figuren ausdrucken:

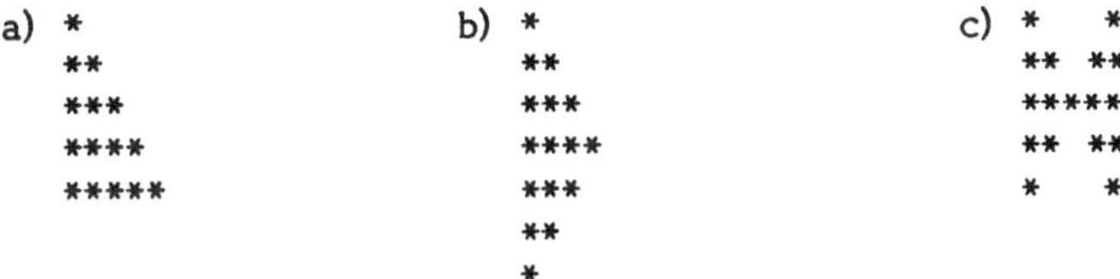

```
a) *            b) *              c) *     *
   **              **                **   **
   ***             ***               *****
   ****            ****              **   **
   *****           ***               *     *
                   **
                   *
```

5. Grundlegende Ablaufstrukturen

Die Ablaufstruktur eines Programms bzw. Algorithmus gibt an, in welcher Reihenfolge die Anweisungen ausgeführt werden. In den bisherigen Programmbeispielen war dies immer eine **Sequenz** gewesen: Die Anweisungen werden in der Reihenfolge ausgeführt, in der sie dastehen. In vielen Fällen reicht dies aber nicht aus. Bereits bei den Alltagsalgorithmen in Kapitel 1.2 begegnete uns die **Alternative.** Und die Notwendigkeit einer **Wiederholung** wird etwa bei dem Programm GEO 1 in Kapitel 4.7 deutlich. Will man hier die Distanz für mehrere Punktepaare ermitteln, so muß man dazu jedesmal das Programm neu starten. Angenehmer wäre es, wenn eine solche Wiederholung durch das Programm selbst gesteuert würde.

Das folgende Kapitel befaßt sich mit diesen Ablaufstrukturen Alternative und Wiederholung, und es wird gezeigt, wie sie in FORTRAN dargestellt werden können.

5.1 Die Alternative

5.1.1 Beispiele und Pseudocode

In Kapitel 1.2 begegnete uns das folgende Beispiel:

>   **WENN** akutes Krankheitsstadium
>   **DANN** stündlich 15 Tropfen
>   **SONST** 3mal täglich 25 Tropfen

Hier hat man die Wahl zwischen zwei alternativen Möglichkeiten, abhängig von der bei **WENN** angegebenen Bedingung. Deshalb heißt diese Ablaufstruktur **Alternative** oder auch **Auswahl.** In **Pseudocode** werden wir sie folgendermaßen angeben:

> **IF**   akutes Krankheitsstadium **THEN**
>   stündlich 15 Tropfen
> **ELSE**
>   3mal täglich 25 Tropfen
> **ENDIF**

Dies ist mit der obigen Form gleichwertig. Das **ENDIF** kennzeichnet das Ende der Alternative. Dadurch wird die Logik dieser Ablaufstruktur deutlicher.

Als weiteres Beispiel betrachten wir die Aufgabe, den Wert der gebrochen rationalen Funktion

$$y = \frac{x\,(\,x - 1.7\,)}{x - 3.2} \tag{1}$$

für ein gegebenes x zu berechnen. Diese Funktion ist für x = 3.2 undefiniert, sonst aber berechenbar; es ist also in Abhängigkeit vom Wert x zwischen diesen beiden Fällen zu unterscheiden. Somit ist auch dies eine Alternative; in Pseudocode lautet sie:

> **IF**   x $\neq$ 3.2 **THEN**
>   berechne y nach (1)
>   Ausgabe: x , y
> **ELSE**
>   Ausgabe: " Für x = 3.2 ist die Funktion nicht definiert! "
> **ENDIF**

Neu gegenüber dem vorhergehenden Beispiel ist hier, daß nach **THEN** mehr als eine Anweisung steht. Dies ist bei einer Alternative grundsätzlich möglich; ebenso können auch nach **ELSE** mehrere Anweisungen stehen. Somit gilt allgemein:

Darstellung der Alternative in Pseudocode

Bauart :   **IF** Bedingung   **THEN**
>   Anweisungsblock 1
> **ELSE**
>   Anweisungsblock 2
> **ENDIF**

Bedeutung: Ist die Bedingung erfüllt, so wird (nur) der Anweisungsblock 1 ausgeführt, ist sie nicht erfüllt, dann (nur) der Anweisungsblock 2.

Bemerkung: Wir werden die Anweisungen in einer Alternative stets einrücken (wie bisher schon geschehen), um die alternativen Blöcke deutlich zu machen.

5.1.2 Implementierung der Alternative in FORTRAN

Die Darstellung der Alternative in FORTRAN gleicht weitgehend der in Pseudocode. Das
Beispiel der gebrochen rationalen Funktion aus 5.1.1 sieht in FORTRAN folgendermaßen aus:

```
IF      ( X . NE . 3.2 )   THEN
        Y = X * ( X - 1.7 ) / ( X - 3.2 )
        PRINT * , ' Argument x :  ' , X
        PRINT * , ' Funktionswert y :  ' , Y
ELSE
        PRINT * , ' Für x = 3.2 ist die Funktion nicht definiert! '
END IF
```

wobei .NE. die Bedeutung von $\neq$ hat. Allgemein gilt:

Darstellung der Alternative in FORTRAN

```
Bauart:   IF      ( laus )   THEN
                  IF - Block
          ELSE
                  ELSE - Block
          END IF
```

mit   laus :   Bedingung.
                  Allgemein ist dies ein logischer Ausdruck (vgl. Kap. 8.2.5),
                  häufig hat er die Form eines Vergleichsausdrucks (s. Kap 5.1.3).

        IF - Block : eine oder mehrere Anweisungen

        ELSE-Block : eine oder mehrere Anweisungen

Wirkung: Ist die Bedingung 'laus' erfüllt (der logische Ausdruck hat dann den Wert "wahr"),
           so wird (nur) der IF-Block ausgeführt; ist die Bedingung nicht erfüllt (der logische
           Ausdruck hat dann den Wert "falsch"), so wird (nur) der ELSE-Block ausgeführt. In
           beiden Fällen wird das Programm anschließend hinter END IF fortgesetzt (falls
           nicht aus einem ausgeführten Block an eine andere Stelle des Programms gesprun-
           gen wurde).

Bemerkungen

a)   Man beachte, daß die Bedingung 'laus' in Klammern gesetzt werden muß.

b)   IF-Block und ELSE-Block können auch kompliziertere Anweisungen enthalten, z.B. eine
     DO-Schleife (s. Kap. 5.3) oder eine weitere Alternative (vgl. Kap. 9.3).

Empfehlung: Die Anweisungen von IF-Block und ELSE-Block sollte man immer einrücken, damit die Struktur der Alternative deutlich wird. Das Programm wird dadurch besser lesbar und leichter verständlich.

Hinweis: Die Elemente IF...THEN , ELSE und END IF gestatten zusammen mit ELSE IF noch weitere Strukturen, wie in Kapitel 9 gezeigt wird. Sie wurden in FORTRAN 77 neu geschaffen und stehen in früheren Versionen nicht zur Verfügung.

5.1.3 Vergleichsausdruck

Die Bedingung in einer Alternative hat häufig die Form eines Vergleichsausdrucks. Dabei werden entweder zwei arithmetische Ausdrücke miteinander verglichen (arithmetischer Vergleichsausdruck) oder Ausdrücke vom Typ CHARACTER (CHARACTER-Vergleichsausdruck, s. Kap. 8.1.7). Ein Beispiel für den ersten Fall begegnete uns in 5.1.2 in der Form

$$X \ .NE. \ 3.2$$

Allgemein gilt:

Arithmetischer Vergleichsausdruck

Form : $araus_1$ vop $araus_2$

mit $araus_1$, $araus_2$: arithmetische Ausdrücke

vop : einer der Vergleichsoperatoren aus der folgenden Tabelle

Vergleichs- operator 'vop'	Bedeutung	mathematische Notation
.EQ.	gleich ("equal")	$=$
.NE.	ungleich ("not equal")	$\neq$
.LT.	kleiner als ("less than")	$<$
.LE.	kleiner oder gleich ("less than or equal")	$\leq$
.GT.	größer als ("greater than")	$>$
.GE.	größer oder gleich ("greater than or equal")	$\geq$

Bedeutung :   Erfüllen '$araus_1$' und '$araus_2$' den durch 'vop' angegebenen Vergleich, so ist der Wert des Vergleichsausdrucks "wahr", andernfalls "falsch".

Beispiele

R .LT. 0.0	WERT .LT. KMIN / PROZ
N .GE. 50	ABS (XNEU - XALT) .LT. EPS
K .LE. N	K - N .LE. 0

Bemerkungen

a) Man kann somit **nicht** die mathematischen Vergleichssymbole verwenden, sondern nur die angegebenen Vergleichsoperatoren. Sie müssen mit einem Punkt beginnen und enden.

b) Der **Typ** von 'araus$_1$' und 'araus$_2$' kann INTEGER oder REAL sein (vgl. Kap. 4.1.4), aber auch DOUBLE PRECISION oder COMPLEX (s. Kap. 8.3 und 8.4). Bei COMPLEX darf nur auf .EQ. und .NE. verglichen werden.

c) Beim **Vergleichen von REAL-Größen** beachte man, daß diese mit Rundungsfehlern behaftet sein können (s. Kap. 4.1.3). Gleichheit läßt sich hier deshalb in den seltensten Fällen mit .EQ. feststellen. Vielmehr sollte man z.B. anstelle von

$$SUMME .EQ. 70.62$$

besser die Form

$$ABS (SUMME - 70.62) .LT.   EPS$$

verwenden, wobei ABS den Absolutbetrag liefert (s. Kap. 3.8) und EPS eine hinreichend kleine Fehlerschranke ist, z. B. 1.0 E - 6 .

Zusammengesetzte Bedingungen

Es kommt öfter vor, daß in einer Bedingung zwei Vergleiche erforderlich sind. Als Beispiel betrachten wir eine Modifikation der gebrochen rationalen Funktion aus 5.1.1:

$$y = \frac{x (x - 1.7)}{(x - 3.2)(x + 5.8)}$$

Hier ist der Funktionswert sowohl für $x = 3.2$ als auch für $x = - 5.8$ nicht definiert; die Alternative in 5.1.1 ist deshalb zu ändern in

IF $x \neq 3.2$ **und** $x \neq - 5.8$ **THEN**
   berechne y ...

In FORTRAN lautet dies:

```
IF ( ( X .NE. 3.2 ) .AND. ( X .NE. - 5.8) ) THEN
    Y = X * ( X - 1.7 ) / ( ( X - 3.2 ) * ( X + 5.8 ) )
    . . .
```

Man kann also Vergleichsausdrücke mit Hilfe von logischen Operatoren wie z.B. .AND. verknüpfen. (Im obigen Beispiel wurden dabei die Vergleichsausdrücke eingeklammert. Dies ist zwar nicht notwendig, aber zulässig und erhöht häufig die Lesbarkeit.) Es gibt folgende

Logische Operatoren

.AND.	für Konjunktion	(sowohl als auch)
.OR.	für Disjunktion	(inklusives oder)
.NOT.	für Negation	(nicht)

und noch einige weitere (s. Kap. 8.2.5). Man beachte, daß man nur **vollständige Vergleichsausdrücke** mit diesen Operatoren verknüpfen darf. **Nicht erlaubt** sind deshalb Formen wie

$$\text{IF (X .NE. 3.2 .AND. .NE. } - 5.8 \text{) THEN}$$

oder

$$\text{IF (X .NE. 3.2 .AND. } - 5.8 \text{) THEN}$$

die zwar aufgrund der Umgangssprache denkbar, aber **in FORTRAN falsch** sind. Mittels .NOT. kann man einen Vergleich umkehren:

$$\text{.NOT. (X .EQ. 3.2)} \quad \text{ist gleichwertig mit} \quad \text{(X .NE. 3.2)}$$

Als weiteres Beispiel betrachten wir

$$(- 5.2 \text{ .LT. X) .AND. (X .LE. 12.8)}$$

Diese Bedingung ist erfüllt (hat den Wert "wahr") für

$$- 5.2 < x \leq 12.8$$

Weitere Beispiele und Erläuterungen findet man in Kapitel 8.2.5.

5.1.4 Die einseitige Alternative

Bei einer Alternative hat man die Auswahl zwischen zwei verschiedenen Möglichkeiten. Ein Spezialfall davon ist, daß (nur) eine Möglichkeit zur Wahl steht, die in Abhängigkeit von einer Bedingung zur Ausführung kommen kann oder nicht. Will man z. B. Kaffee zubereiten, so muß man zuerst prüfen, ob noch genügend Kaffeepulver vorhanden ist, und in Abhängigkeit davon entweder neues Pulver besorgen oder nicht. Diese Situation bezeichnet man als **einseitige Alternative** ; demgegenüber heißt der bisher behandelte Fall auch zweiseitige Alternative. **In Pseudocode** läßt sich dieses Kaffeebeispiel so darstellen:

```
IF      das Kaffeepulver reicht nicht aus   THEN
            besorge neues Kaffeepulver
ENDIF
```

Dementsprechend gilt:

Darstellung der einseitigen Alternative in FORTRAN

Bauart :   IF   (laus)   THEN

                          IF-Block

                END IF

wobei die einzelnen Elemente dieselbe Bedeutung wie bei der Alternative in 5.1.2 haben. Ist die Bedingung 'laus' erfüllt, so wird der IF-Block ausgeführt, andernfalls nicht.

Beispiel

Wirft man einen Stein mit der Anfangsgeschwindigkeit v_o vom Erdboden aus senkrecht nach oben, so gilt für seine Höhe h nach t Sekunden (g sei die Erdbeschleunigung)

$$h = v_o\, t - \frac{1}{2}\, g\, t^2 \tag{2}$$

falls nicht (2) einen negativen Wert liefert; in diesem Fall gilt h = 0 (der Stein ist wieder zum Boden zurückgekehrt). Der folgende Algorithmus führt diese Berechnung von h aus:

$$h := v_o\, t - \frac{1}{2}\, g\, t^2$$

```
IF    h < 0    THEN
        h : = 0
ENDIF
```

5.1.5 Programmbeispiel

Wird ein in ausländischer Währung ausgestellter Euroscheck über die Euroscheckzentrale eingelöst, so sind als Gebühren 1.75 % des Scheckgegenwerts zu zahlen, mindestens aber 2.50 DM.

Aufgabe: Zu einem vorgegebenem Scheckgegenwert ermittle man die entstehenden Gebühren.

Lösung

Zunächst ermittelt man 1.75 % des Scheckgegenwerts. Ist dies größer als 2.50 DM, dann sind dies die Gebühren, andernfalls betragen sie 2.50 DM. Hierfür verwendet man eine einseitige Alternative. Zusammen mit Ein- und Ausgabe erhält man den folgenden

Algorithmus

     1. Eingabe: Scheckgegenwert
     2. Berechne Gebühr als 1.75 % des Scheckgegenwertes

3. **IF** Gebühr < 2.50   **THEN**

    Gebühr : = 2.50

ENDIF

4. Ausgabe: Scheckgegenwert, Gebühr

Programmbeschreibung

Abb. 5.1.1 zeigt das Programm. Es entspricht genau dem Pseudocode des Algorithmus.

```
 1          PROGRAM SCHEK1
 2     *---------------------------------------------------------------*
 3     * Programm zur Berechnung der Gebuehr fuer einen Euroscheck in  *
 4     *    auslaendischer Waehrung                                     *
 5     *                                                                *
 6     * Variablen :  WERT    : Scheckgegenwert (E)                     *
 7     *              KOSTEN  : Gebuehren fuer den Scheckeinzug (A)     *
 8     * Konstanten : KMIN  : Mindestgebuehr                            *
 9     *              PROZ  : Prozent'satz                              *
10     *---------------------------------------------------------------*
11          REAL KMIN, PROZ
12          PARAMETER ( KMIN = 2.50, PROZ = 0.0175 )
13          REAL WERT, KOSTEN
14
15     * Eingabe
16          READ *, WERT
17
18     * Berechnung der Gebuehr
19          KOSTEN = WERT*PROZ
20          IF ( KOSTEN .LT. KMIN ) THEN
21             KOSTEN = KMIN
22          ENDIF
23
24     * Ausgabe
25          PRINT *, 'Bei einem Scheckwert von', WERT, ' DM'
26          PRINT *, 'betraegt die Gebuehr    ', KOSTEN, ' DM.'
27
28          STOP
29          END
```

Abb. 5.1.1 Ein Programm zur Demonstration der (einseitigen) Alternative

Für die Problemkonstanten 2.50 (DM) und 1.75 (%) werden die Namen KMIN und PROZ verwendet. Dies hat den Vorteil, daß im Fall einer Änderung dieser Werte (etwa durch eine neue Gebührenordnung) nur die zugehörigen Wertzuweisungen geändert werden müssen. Die Wertzuweisung geschieht in einer PARAMETER-Anweisung; damit werden KMIN und PROZ zu benannten Konstanten. (Die PARAMETER-Anweisung ist ein Vorgriff auf Kapitel 6.10, ihre Verwendung wurde aber schon in Kapitel 3.6.3 erläutert.) Bei der Ausführung des Programms erhält man eine Ausgabe, wie sie Abb. 5.1.2 zeigt.

```
Bei einem Scheckwert von   150.00000    DM
betraegt die Gebuehr         2.6250000   DM.
```

Abb. 5.1.2 Ausgabe durch das Programm SCHEK 1 von Abb. 5.1.1

5.2 Wiederholung

Verschiedentlich ist es notwendig, einzelne Anweisungen mehrmals hintereinander auszuführen, z.B. wenn der Wert einer Funktion für mehrere Argumente zu berechnen ist oder wenn für alle Angehörigen eines Betriebs die Gehaltsabrechnung durchgeführt werden soll. Diese **Wiederholung** oder **Iteration** ist eine weitere Ablaufstruktur zur Formulierung von Algorithmen bzw. Programmen. Das Auftreten einer Wiederholung wird häufig als **Schleife** bezeichnet, und die wiederholt auszuführenden Anweisungen innerhalb der Schleife nennt man **Schleifenkörper** oder **Schleifenrumpf**. Wir werden diese Bezeichnungen auch verwenden.

FORTRAN hat für die Schleifenbildung eine eigene Anweisung, die DO-Anweisung. Sie wird in Kapitel 5.3 behandelt. Es gibt aber auch Situationen, wo eine DO-Schleife nicht geeignet ist; wir befassen uns in Kapitel 5.4 damit. Weitere Formen der Schleife werden in Kapitel 9 behandelt. Es hat sich nämlich in der Praxis als hilfreich erwiesen, eine Schleife auf verschiedene Weise darstellen zu können - auch wenn theoretisch eine davon genügt (vgl. Kap. 1.6). Man kann dann die Algorithmen und Programme verständlicher formulieren.

5.3   Schleifenbildung mit der DO-Anweisung

5.3.1 Programmbeispiel

Wir wollen die Bauart und die Wirkungsweise einer DO-Schleife zunächst anhand eines Beispiels kennenlernen.

Aufgabe: Temperaturangaben in Grad Celsius sollen in Grad Fahrenheit umgerechnet werden, und zwar für 0, 1, 2, ... , 40 Grad Celsius.

Lösung

Bedeutet C die Temperatur in Grad Celsius und F die in Grad Fahrenheit, so gilt die Beziehung:

$$F = 1.8 * C + 32.0 \qquad (1)$$

Diese Formel ist für C = 0, 1, ... , 40 zu berechnen.

Algorithmus

```
Ausgabe: Überschrift
DOFOR  C : = 0  TO  40  STEP 1
       berechne F nach (1)
       Ausgabe: C , F
ENDDO
```

Erläuterung der DO-Schleife

Die Schleife wird in Pseudocode durch die Symbole **DOFOR** und **ENDDO** begrenzt. Die dazwischen liegenden eingerückten Anweisungen bilden den Schleifenkörper; sie sind für die verschiedenen, nach **DOFOR** angegebenen Werte von C wiederholt auszuführen. In unserem Beispiel durchläuft C die Werte von 0 bis 40 mit Schrittweite 1. Anschließend wird mit der auf **ENDDO** folgenden Anweisung fortgesetzt.

```
 1         PROGRAM TEMP1
 2   *---------------------------------------------------------------*
 3   * Ermittelt fuer 0 Grad Celsius bis 40 Grad Celsius die ent-    *
 4   *    sprechende Temperatur in Grad Fahrenheit.                  *
 5   *    Ausgabe als Tabelle                                        *
 6   *                                                               *
 7   * Variablen : C : Temperatur in Grad Celsius                    *
 8   *             F : Temperatur in Grad Fahrenheit                 *
 9   *---------------------------------------------------------------*
10         INTEGER C
11         REAL F
12
13   * Ueberschrift
14         PRINT *, 'Temperatur-Umwandlungstabelle'
15         PRINT *
16         PRINT *, 'Grad Celsius        Grad Fahrenheit'
17         PRINT *
18
19   * Schleife
20         DO 10 C = 0, 40
21            F = 1.8*C + 32.0
22            PRINT *, C, '
23   10    CONTINUE
24
25         STOP
26         END
```

Abb. 5.3.1 Programm zur Umrechnung von Temperaturangaben, zur Demonstration der DO-Schleife

Programmbeschreibung

Abb. 5.3.1 zeigt das Programm. Die DO-Schleife wird durch die DO-Anweisung (Zeile 20) und CONTINUE (Zeile 23) begrenzt. Die dazwischen liegenden "Schleifenanweisungen" bilden den Schleifenkörper; er entspricht genau dem Pseudocode. In der DO-Anweisung steht hinter dem DO die Zahl 10, das ist die Anweisungsnummer des CONTINUE, das die Schleife abschließt (und das dem **ENDDO** des Pseudocodes entspricht). Die darauf folgende Angabe C = 0, 40 besagt, daß C nacheinander die Werte von 0 bis 40 annehmen soll (mit Schrittweite 1), und für jeden dieser Werte sind die anschließenden Schleifenanweisungen bis zum abschließenden CONTINUE auszuführen. Ist das geschehen, dann wird die nach der Schleife stehende STOP-Anweisung ausgeführt. Das CONTINUE dient nur zur Begrenzung der Schleife und bewirkt sonst keine Aktion (s. Kap. 5.4.2).

5.3.2 Die Bauart einer DO-Schleife

Eine DO-Schleife beginnt stets - wie in dem obigen Beispiel - mit einer DO-Anweisung, dann folgen die Schleifenanweisungen, und den Abschluß bildet CONTINUE. Somit gilt allgemein:

DO-Schleife

Bauart :

            DO n var = anf , end [, schr]
                Schleifenanweisungen
      n   CONTINUE

mit   n : Anweisungsnummer
       var : Laufvariable
             Dies ist eine Variable vom Typ INTEGER, REAL oder DOUBLE PRECISION.

     anf : Anfangswert
     end : Endwert   für die Laufvariable
   schr : Schrittweite

- Es sind arithmetische Ausdrücke, deren Typ zu 'var' passen muß.
- Fehlt 'schr' , so wird 'schr' = 1 verwendet.
- 'schr' = 0 ist verboten.

Wirkung (prinzipiell) :

'var' erhält nacheinander die Werte anf , anf + schr , anf + 2*schr , anf + 3*schr , ... usw. Für jeden dieser Werte werden die Schleifenanweisungen ausgeführt, bis 'var' den Endwert 'end' über- bzw. (bei negativer Schrittweite 'schr') unterschritten hat ; in diesem Fall erfolgt keine Ausführung mehr.

Ist der Endwert kleiner als der Anfangswert (bei positiver Schrittweite) bzw. (bei negativer Schrittweite) größer, so werden die Schleifenanweisungen nicht ausgeführt.

Bemerkungen

a)   Bei der Ausführung der DO-Anweisung läuft intern ein bestimmter Algorithmus ab, der in 5.3.4 angegeben wird. Dieser Algorithmus bewirkt, daß die DO-Schleife in der Weise ausgeführt wird, wie oben angegeben.

b)   In der folgenden Tabelle sind in den ersten beiden Spalten einige Beispiele für DO-Anweisungen und die zugehörigen Wertebereiche der Laufvariablen angegeben. (Auf die beiden letzten Spalten wird in Kap. 5.3.4 Bezug genommen.)

DO-Anweisung	Wertebereich der Laufvariablen K	anz	Wert der Laufvariablen K nach Beendigung
DO 10 K = 1, 4	1, 2, 3, 4	4	5
DO 40 K = 20, 30, 5	20, 25, 30	3	35
DO 20 K = 6, 20, 4	6, 10, 14, 18	4	22
DO 80 K = 6, 7, 2	6	1	8
DO 300 K = 6, 1, -2	6, 4, 2	3	0
DO 25 K = 4, 4, -1	4	1	3
DO 30 K = 6, 1, 2	-	0	6

Abb. 5.3.2   Beispiele zur DO-Anweisung

c)   Eine DO-Schleife wird nicht ausgeführt, wenn bei positiver (negativer) Schrittweite der Endwert kleiner (größer) als der Anfangswert ist (so daß man mit der Schrittweite 'schr' gar nicht vom Anfangswert 'anf' zum Endwert 'end' kommen kann). Ein Beispiel hierfür enthält die obige Tabelle in der letzten Zeile. Ein weiteres Beispiel ist

$$DO\ 20\ \ K = 5\ ,\ 25\ ,\ -5$$

In einem Programm wird man allerdings kaum solche Anweisungen verwenden. Enthalten die Schleifenparameter aber Variablen, dann kann dieser Fall der Nichtausführbarkeit durchaus vorkommen: entweder beabsichtigt, oder weil die Variablen infolge eines Fehlers unerwartete Werte erhalten haben. So wird z. B.

$$DO\ 10\ \ K = 10\ ,\ 2 * N\ ,\ 1$$

nicht ausgeführt, wenn N kleiner als 5 ist.

Empfehlungen

a)   Die Schleifenanweisungen sollten unbedingt eingerückt werden, damit die Schleifenstruktur auch optisch deutlich wird.

b)   Obwohl verschiedene Datentypen für die Laufvariable 'var' zugelassen sind, sollte man sich auf INTEGER beschränken, soweit dies möglich ist. Andernfalls kann infolge Rundung der Wertebereich von 'var' fehlerhaft werden (vgl. das Beispiel in 5.3.4).

5.3.3 Beispiele mit DO-Schleifen

Bevor wir im nächsten Kapitel einige Regeln angeben, die beim Gebrauch der DO-Schleife zu beachten sind, wollen wir hier zunächst anhand einiger Beispiele zeigen, wie man eine DO-Schleife verwenden kann und welche Möglichkeiten die DO-Anweisung beinhaltet.

Beispiel 1: Schrittweite = 1

Ist die Schrittweite = 1, so braucht man sie nicht anzugeben. In dem Beispiel von Kapitel 5.3.1 kam dies vor. Die DO-Anweisung lautet dort

```
DO  10   C = 0 , 40
```

und wird genau so ausgeführt wie

```
DO  10   C = 0 , 40 , 1
```

Beispiel 2: Schrittweite ≠ 1 und ganzzahlig

Für den Rundfunkempfang im Mittelwellenbereich soll eine Tabelle erstellt werden, die die Sendefrequenzen (in kHz) in die jeweiligen Wellenlängen (in m) umrechnet. Dabei gilt die Beziehung

$$\text{Frequenz} * \text{Wellenlänge} = 300\ 000$$

Die niedrigste Sendefrequenz bei Mittelwelle ist 513 kHz, die höchste etwa 1620 kHz. Da die Sender jeweils einen Abstand von 9 kHz haben, genügt es für die gewünschte Tabelle, nur die Frequenzen von 513 bis 1620 kHz mit Schrittweite 9 kHz zu betrachten. Dies besorgt ein Programm der folgenden Art:

```
INTEGER FREQ
REAL WELLAE

  ...
```

```
      DO  50  FREQ = 513 , 1620 , 9
              WELLAE = 300000.0 / FREQ
              PRINT ...
   50 CONTINUE
```

Beispiel 3: Zählschleife

Das Programm GEO 1 von Abb. 4.7.1 ist so zu modifizieren, daß das, was dort einmal gemacht wird (Eingabe der Koordinaten zweier Punkte, Berechnung ihres Abstandes, Ausgabe), jetzt 80 mal ausgeführt wird. Der folgende Ausschnitt aus einem Programm GEO 2 besorgt dies (K sei INTEGER) :

```
19  * Schleife
20        DO 10 K = 1, 80
21            READ *, X1, Y1, X2, Y2
22            DX = X1 - X2
23            DY = Y1 - Y2
24            D = SQRT( DX*DX + DY*DY )
25            PRINT 1000, X1, Y1, X2, Y2, D
26  1000      FORMAT(1H , 1X, 2F9.3, 2X, 2F9.3, 2X, F9.3)
27  10    CONTINUE
```

Dies ist eine DO-Schleife, die als Schleifenanweisungen diejenigen Anweisungen aus GEO 1 enthält, die 80 mal ausgeführt werden sollen. Die Laufvariable hat den Wertebereich K = 1 , 2 , ... , 80 . Für jeden dieser Werte werden die Schleifenanweisungen ausgeführt, also genau 80 mal, wie gewünscht.

Bemerkungen zu Beispiel 3

a)   Das Besondere an dieser Schleifenkonstruktion ist, daß die Laufvariable K in den Schleifenanweisungen gar nicht vorkommt. Sie hat nur die eine Aufgabe, dafür zu sorgen, daß die Schleife 80 mal wiederholt wird.

b)   Will man dieses Programm vom Computer ausführen lassen, so sind die Koordinaten der 80 Punktepaare nacheinander ninter der Steueranweisung für den Start des Programms anzugeben (s. Abb. 4.8.2). Dabei muß jedes Koordinatenpaar auf einer eigenen Eingabezeile stehen, da jeder Schleifendurchgang eine erneute Ausführung von READ * bewirkt und damit die Eingabe aus einer neuen Zeile.

c)   In entsprechender Weise kann man irgendeine beliebige Zahl von Wiederholungen erreichen, indem man diese Zahl als Endwert für die Laufvariable verwendet. Das darf auch eine Variable sein ; sie muß jedoch vor der Laufanweisung einen Wert bekommen haben. Mittels

```
READ * , N
DO  K = 1 , N
 . . .
```

kann man die Zahl der Wiederholungen in Abhängigkeit von dem eingelesenen Wert für N
variabel gestalten.

Beispiel 4:   Summenbildung

In einem Programm sollen N Zahlen eingelesen und addiert werden. Dies macht der folgende
Pseudocode:

```
1. Eingabe: N
2. SUMME : = 0
3. DOFOR  K : = 1 , 2 , ... , N
       Eingabe: ZAHL
       SUMME : = SUMME + ZAHL
   ENDDO
```

Dieses Vorgehen ist typisch für eine Summenbildung. Man benötigt eine Variable (SUMME), die
den Wert der Summe erhalten soll. Hierzu erhält sie zunächst den Wert 0 (Schritt 2), dann
werden in der Schleife nacheinander die eingelesenen Zahlen zu SUMME addiert (Schritt 3).
Damit enthält SUMME stets die Teilsumme aus den bisher gelesenen Summanden und nach
Beendigung der Schleife die gewünschte (Gesamt-)Summe aller Zahlen.

5.3.4 Regeln für DO-Schleifen

DO-Schleifen gestatten in vielen Situationen eine bequeme Realisierung einer Schleife. Es gibt
allerdings einige Regeln, die man bei der Benutzung von DO-Schleifen beachten muß. Sie haben
ihren Grund darin, daß die DO-Anweisung intern in ganz bestimmter Weise abläuft,
nämlich nach dem folgenden

Algorithmus zur Ausführung der DO-Anweisung

Wir legen die DO-Anweisung in der in 5.3.2 angegebenen Form zugrunde:

$$DO \ n \ var \ = \ anf \ , \ end \ , \ schr$$

Der Wert der Laufvariablen 'var' wird im folgenden mit v bezeichnet. Dann gilt:

1. Ermittle m_a , m_e und m_s als die Werte der Ausdrücke 'anf', 'end' und 'schr'
    (gegebenenfalls nach Anpassung an den Typ von 'var')

2. $v := m_a$

3.   Ermittle die Anzahl anz der Schleifendurchgänge (s. unten)

4.   Falls anz = 0, dann Fortsetzung bei 6. , sonst Fortsetzung bei 5.

5.   ● Die auf die DO-Anweisung folgenden Anweisungen werden ausgeführt bis einschließlich
          der Anweisung mit der Nummer n

        ● $v := v + m_s$

        ● anz : = anz - 1

        ● Wiederholung ab 4.

6.   Fortsetzung des Programms nach der Anweisung mit der Nummer n

Erläuterungen

a)   In Schritt 3 gilt für die **Ermittlung von anz :**

                3.1 Berechne q als den ganzzahligen Anteil von $(m_e - m_a + m_s) / m_s$

                3.2 **IF**   q < 0   **THEN**
                        anz : = 0
                ELSE
                        anz : = q
                ENDIF

b)   Ist 'var' und damit auch m_a , m_e und m_s vom Typ INTEGER, so verläuft die Rechnung
        in Schritt 3.1 exakt, und der Wert von q ist gleich dem ganzzahligen Anteil des mathematisch
        exakt berechneten Quotienten. Bei REAL oder DOUBLE PRECISION ist dies wegen
        möglicher Rundungsfehler nicht garantiert.

c)   Beispiele für den Wert von anz enthält die Tabelle von Abb. 5.3.2 in der dritten Spalte.

Bemerkungen

a)   Aus Schritt 5 geht hervor, daß auch die Anweisung mit der Nummer n zu den wiederholt
        ausgeführten Anweisungen der Schleife gehört. Solange dies die Leeranweisung
        CONTINUE ist (s. Kap. 5.4.2), ist die Wirkung von Schritt 5 so, als ob nur die Schleifenan-
        weisungen wiederholt würden.

b)   FORTRAN gestattet als Abschluß einer DO-Schleife auch noch einige andere Anweisun-
        gen, wie z. B. Wertzuweisung oder Eingabeanweisung. Doch davon wollen wir zugunsten
        einer klaren Programmlogik keinen Gebrauch machen und stets eine DO-Schleife mit
        CONTINUE abschließen.

Empfehlung: Man schließe eine DO-Schleife stets mit CONTINUE ab.

Hinweis: Dieser Algorithmus zur Ausführung der DO-Anweisung kann auch mit Hilfe einer WHILE-Schleife formuliert werden. Dies wird in Kapitel 9.4.1 gezeigt.

Regeln für DO-Schleifen

1. Es ist wirkungslos, in einer Schleifenanweisung die Parameter 'anf', 'end' oder 'schr' (nachträglich) zu ändern. Bei der Ausführung der DO-Schleife werden nämlich die Werte verwendet, die 'anf', 'end', 'schr' am Anfang haben ; spätere Änderungen finden keine Berücksichtigung mehr.

    Benötigt man z. B. in einer Schleife nach einigen Wiederholungen eine neue Schrittweite, so kann man dies nicht durch eine Änderung von 'schr' innerhalb der Schleife erreichen. Vielmehr ist die Schleife in zwei DO-Schleifen mit den verschiedenen Schrittweiten zu zerlegen.

2. Der Wert der Laufvariablen 'var' darf in den Schleifenanweisungen nicht verändert werden.

3. Nach Beendigung der DO-Schleife hat die Laufvariable den ihr zuletzt zugewiesenen Wert. Beispiele hierzu enthält die Tabelle in Abb. 5.3.2 in der letzten Spalte.

4. Man kann eine DO-Schleife mit Hilfe einer GOTO-Anweisung vorzeitig verlassen (s. Kap. 5.4.7). In diesem Fall behält die Laufvariable den Wert, den sie unmittelbar vorher hatte.

5. Es ist nicht zulässig, unter Umgehung der DO-Anweisung direkt in die DO-Schleife zu springen (mittels GOTO).

Abschließend betrachten wir ein Beispiel, bei dem die Laufvariable nicht vom Typ INTEGER ist. Dies zeigt, welche Komplikationen dabei auftreten können.

Beispiel: Schrittweite nichtganzzahlig, Laufvariable vom Typ REAL

Obwohl man für eine Laufvariable und ihren Wertebereich nach Möglichkeit den Datentyp INTEGER verwenden sollte, gibt es auch Situationen, wo Nichtganzzahligkeit vorliegt. So etwa bei einer Funktion, für die eine Wertetabelle zu erstellen ist. Sei z. B.

$$y = 1.2\, x^4 - 2.73\, x^3 - 7.68$$

und die Funktionswerte sollen für x = -2 bis x = 3 im Abstand 0.1 berechnet werden. Dies läßt sich auf folgende Weise erreichen:

```
          REAL  X , Y
          ...
          DO 40  X = - 2.0 , 3.0 , 0.1
                 Y = ( 1.2 * X - 2.73 ) * ( X * X * X ) - 7.68
                 ...
    40    CONTINUE
```

Hier wird Y berechnet für X = - 2.0 , - 1.9 , -1.8 , ... , 2.8 , 2.9 und vielleicht auch für X = 3.0 , vielleicht aber auch nicht mehr. Denn X ist REAL, weshalb die Berechnung von anz (die Zahl der Schleifendurchgänge) mittels REAL-Arithmetik geschieht:

$$(m_e - m_a + m_s) / m_s = (3.0 - (- 2.0) + 0.1) / 0.1 = 5.1 / 0.1$$

und dies kann 51.000001 ergeben oder auch 50.999999 . Im letzten Fall ist der ganzahlige Anteil 50, also anz = 50 , und die obige DO-Schleife endet mit X = 2.9 . Soll mit Sicherheit auch X = 3.0 behandelt werden, so kann man dies auf zwei Arten erreichen:

(1)   Man setze den Endwert in der DO-Anweisung etwas höher, z.B. 3.001 . Dann wird der kritische Quotient zu 5.101 / 0.1 , was sicher über 51 liegt.

(2)   Man verwende INTEGER-Größen für die Laufvariable und ihre Werte, und zwar so, daß sich X mühelos aus dem Wert der Laufvariablen ermitteln läßt:

```
          INTEGER  K
          REAL    X , Y
          ...
          DO 40  K = - 20 , 30 , 1
                 X = 0.1 * K
                 Y = ( 1.2 * X - 2.73 ) * ( X * X * X ) - 7.68
                 ...
    40    CONTINUE
```

5.3.5 Geschachtelte DO-Schleifen

In einer DO-Schleife darf unter den Schleifenanweisungen auch eine weitere DO-Schleife (oder mehrere) vorkommen. Sie muß dann ganz im Schleifenkörper der übergeordneten Schleife liegen. Dies bezeichnet man als geschachtelte DO-Schleifen.

Programmbeispiel: Vertreterstatistik

In einer Firma sind 18 Vertreter beschäftigt. Zu jedem Vertreter gibt es 5 Lochkarten mit den Einzelumsätzen (EINZEL) der 5 Arbeitstage einer Woche.

Aufgabe: Es ist eine Liste zu erstellen, die für jeden Vertreter den Gesamtumsatz (GESAMT) einer Woche angibt.

Lösung: Für jeden der 18 Vertreter sind seine 5 Einzelumsätze zu summieren und auszugeben.

Algorithmus

```
DOFOR  V : = 1    TO  18  STEP  1

    1.   Bilde für Vertreter V die Summe seiner 5 Einzelumsätze
    2.   Ausgabe: Vertreter V
                  Gesamtumsatz von V
ENDDO
```

Schritt 1 soll noch verfeinert werden. Hierzu kann man die Angaben über Summenbildung im Beispiel 4 des Kapitels 5.3.3 direkt übernehmen und erhält:

```
1.1   GESAMT : = 0.0
1.2   DOFOR  TAG : = 1  TO  5  STEP  1
          Eingabe: EINZEL
          GESAMT : = GESAMT + EINZEL
      ENDDO
```

Insgesamt erhält man dann den folgenden Pseudocode (ohne die Numerierung):

```
DOFOR  V : = 1  TO  18  STEP  1
    GESAMT : = 0.0
    DOFOR  TAG : = 1  TO  5  STEP  1
        Eingabe: EINZEL
        GESAMT : = GESAMT + EINZEL
    ENDDO
    Ausgabe:    Vertreter V
                GESAMT
ENDDO
```

<u>Programmbeschreibung</u>

Das Programm in Abb. 5.3.3 ist eine direkte Übertragung des Pseudocodes in FORTRAN-Anweisungen. Für die Zahl der Vertreter sowie der Arbeitstage werden benannte Konstanten verwendet. Innerhalb der DO-Schleife für V liegt die Schleife für TAG; ferner gehören noch die Wertzuweisung in Zeile 19, die Ausgabeanweisung in Zeile 28 und die darauffolgende FORMAT-Anweisung zu den Schleifenanweisungen dieser "V-Schleife". (Die Ausgabe erfolgt formatiert zugunsten einer ordentlichen Darstellung.) Durch Einrücken der Schleifenanweisungen, sowohl in der "äußeren" V-Schleife als auch in der "inneren" TAG-Schleife, wird die geschachtelte Struktur deutlich.

```
 1            PROGRAM DODO
 2     *-------------------------------------------------------------*
 3     * Ermittelt fuer die Vertreter einer Firma aus den Tagesumsaet- *
 4     *    zen die Wochenumsaetze.                                    *
 5     *                                                              *
 6     * Variablen : EINZEL : Tagesumsaetze (E)                       *
 7     *             GESAMT : Wochenumsaetze                          *
 8     * Konstanten : VERTR : Zahl der Vertreter; Vorgabe : 18        *
 9     *              WOTAG : Anzahl Tagesumsaetze pro Woche;         *
10     *                      Vorgabe : 5                             *
11     *-------------------------------------------------------------*
12            INTEGER VERTR, WOTAG
13            PARAMETER ( VERTR = 18, WOTAG = 5 )
14            INTEGER V, TAG
15            REAL EINZEL, GESAMT
16
17     * geschachtelte DO-Schleife
18            DO 50 V = 1, VERTR
19               GESAMT = 0.0
20
21     *          ---- Eingabe und Berechnung ----
22            DO 40 TAG = 1, WOTAG
23               READ *, EINZEL
24               GESAMT = GESAMT + EINZEL
25     40     CONTINUE
26
27     *          ---- Ausgabe -------------------
28            PRINT 100, 'Vertreter ', V,' Gesamtumsatz :', GESAMT
29     100    FORMAT(1H , A, I2, 10X, A, F10.3)
30     50     CONTINUE
31
32            STOP
33            END
```

Abb. 5.3.3 Beispiel eines Programms mit geschachtelten DO-Schleifen

Regeln für geschachtelte DO-Schleifen

1. Eine innere Schleife muß vollständig im Schleifenkörper der ihr übergeordneten Schleife liegen.

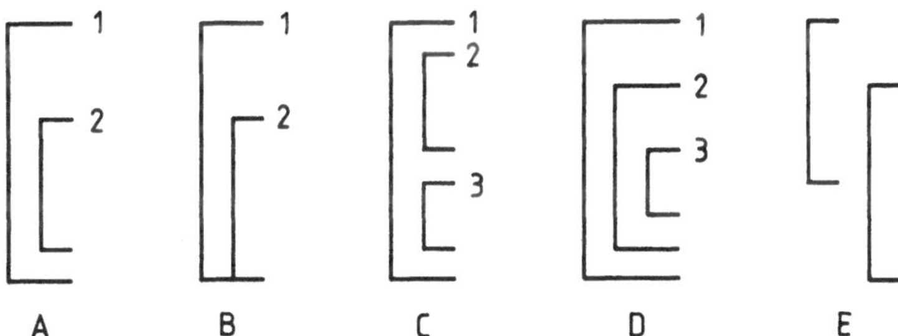

Abb. 5.3.4 Beispiele für geschachtelte DO-Schleifen

Abb. 5.3.4 zeigt verschiedene Situationen. Eine Klammer bedeutet dabei jeweils eine vollständige DO-Schleife. In A liegt dieselbe Struktur vor wie in dem obigen Beispiel der Vertreterstatistik. Bei B haben innere und äußere Schleife ein "gemeinsames" Ende; es empfiehlt sich aber, trotzdem für jede Schleife ein eigenes abschließendes CONTINUE zu verwenden, um die Schleifen sauber voneinander unterscheiden zu können. In C enthält die äußere Schleife zwei innere Schleifen, die nacheinander durchlaufen werden (ein Beispiel hierzu bringt Kap. 6.4). D ist eine mehrfache Schachtelung: Schleife 1 enthält die innere Schleife 2 und diese wiederum eine innere Schleife 3. E ist eine unzulässige Form, die FORTRAN nicht akzeptiert. Es gibt aber auch keine sinnvollen Aufgabenstellungen, die so etwas erfordern würden.

2. Bei einer Schachtelung muß jede DO-Schleife ihre eigene Laufvariable haben.

In Abb. 5.3.4 benötigt man bei A und B zwei Laufvariablen für die Schleifen 1 und 2, ebenso bei D, wo aber für Schleife 3 noch eine dritte Variable vonnöten ist. Bei C genügen zwei Laufvariablen, denn für Schleifen derselben "Schachtelungstiefe" (wie hier 2 und 3) kann man dieselbe Laufvariable verwenden.

3. Bei Schachtelungen ist ein Sprung (mittels GOTO) aus dem Bereich einer inneren Schleife in den Bereich einer übergeordneten Schleife erlaubt; verboten ist jedoch ein Sprung in eine untergeordnete Schleife.

5.4 Schleifen mit Abbruchbedingungen

DO-Schleifen sind nur begrenzt verwendbar. Denn bei ihnen ist die Zahl der Wiederholungen eine feste Größe, die von Anfang an durch die Vorgabe von Anfangswert, Endwert und Schrittweite für die Laufvariable bestimmt ist. Es gibt aber auch Schleifen, wo die Anzahl der Durchläufe nicht von vornherein bekannt ist, sondern davon abhängt, was in der Schleife gemacht wird.

Dies trifft z.B. auf eine Iteration zu, die so lange auszuführen ist, bis die zu berechnende Größe mit einer bestimmten Genauigkeit ermittelt worden ist. Dasselbe gilt auch für die wiederholte Berechnung des Abstandes zweier Punkte (s. Beispiel 3 in Kap. 5.3.3), wenn sie nicht 80 mal, sondern so lange wiederholt werden soll, bis alle Eingabedaten erschöpft sind oder bis ein bestimmtes Punktepaar eingelesen wird, welches das Ende der Eingabedaten anzeigt. Wir wollen dieses letzte Beispiel zunächst in Kapitel 5.4.1 behandeln und dabei zeigen, wie man solche Schleifen mit Abbruchbedingung bilden kann. Dabei benötigen wir einige neue Anweisungen, die in 5.4.2 bis 5.4.4 besprochen werden. Kapitel 5.4.5 behandelt die allgemeine Form einer Schleife mit Abbruchbedingung, sowohl in Pseudocode als auch in FORTRAN-Anweisungen. Kapitel 5.4.6 bringt als weiteres Programmbeispiel ein Iterationsverfahren, und 5.4.7 befaßt sich mit dem Fall, daß eine DO-Schleife zu beenden ist, noch ehe sie vollständig abgearbeitet wurde.

5.4.1 Programmbeispiel

Aufgabe

Das Programm GEO 1 in Abb. 4.7.1 ist in ein Programm GEO 3 zu erweitern, das so lange die Koordinaten von Punktepaaren einliest und ihren Abstand ermittelt, bis zwei Punkte mit denselben Koordinaten eingelesen worden sind.

Lösung

Es ist eine Schleife zu organisieren, die die Schritte Eingabe - Abstandsermittlung - Ausgabe so lange wiederholt, bis ein Punktepaar mit der Distanz 0 gelesen wird.

Algorithmus

```
        DOFOREVER
            1. Eingabe: Koordinaten zweier Punkte
            2. berechne Abstand der Punkte nach Distanzformel
            3. EXIT: IF    Abstand = 0
            4. Ausgabe: Koordinaten der Punkte
                        Abstand
        ENDDO
```

Erläuterung der DOFOREVER-Schleife

DOFOREVER und **ENDDO** sind in Pseudocode die begrenzenden Symbole für diese Art von Schleife. Dazwischen liegt (eingerückt!) der Schleifenkörper. Er wird so lange wiederholt, bis die hinter **EXIT: IF** stehende **Abbruchbedingung** erfüllt ist. Sie kann an beliebiger Stelle im Schleifenkörper stehen und wird dort bei jeder Wiederholung geprüft. Sobald sie erfüllt ist, endet die weitere Ausführung der Schleifenanweisungen, und der Algorithmus wird nach **ENDDO** fortgesetzt.

Programmbeschreibung

Das Programm in Abb. 5.4.1 läuft genau so wie der Algorithmus ab, nur wird zuerst noch eine "Überschrift" ausgegeben. Um die Schleife optisch hervorzuheben, verwenden wir zwei Kommentarzeilen, die wie im Pseudocode die begrenzenden Symbole DOFOREVER und ENDDO enthalten (Zeile 20 und 36). Die Anweisungen dazwischen realisieren die Schleife: GOTO 10 (Zeile 35) bewirkt einen Rücksprung vom Ende der Schleife an ihren Anfang (das ist die mit der Anweisungsnummer 10 versehene Leeranweisung CONTINUE in Zeile 21), was zur Wiederholung führt.

Zeile 30 enthält eine logische IF-Anweisung (s. Kap. 5.4.4) mit der Abbruchbedingung. (Da D vom Typ REAL ist, ist $D = 0$ mittels ABS $(D) < 10^{-6}$ zu prüfen. Hierfür genügt die Prüfung $D < 10^{-6}$, da D als Ergebnis von SQRT, s. Zeile 29, sicher nicht negativ ist.) Ist die Abbruchbedingung erfüllt, dann wird der Sprung GOTO 20 ausgeführt und das Programm in Zeile 37 nach der Schleife fortgesetzt; andernfalls Fortsetzung in Zeile 33. Die übrigen Teile des Programms sind größtenteils mit dem Programm GEO 1 in Abb. 4.7.1 identisch.

```
 1        PROGRAM GEO3
 2     *---------------------------------------------------------------*
 3     * Ermittelt solange den Abstand fuer Punktepaare, die durch     *
 4     *   ihre Koordinaten gegeben sind, bis zwei Punkte mit densel-   *
 5     *   ben Koordinaten eingelesen werden.                           *
 6     *                                                                *
 7     * Variablen : X1, X2 : Abzissen  eines Punktepaares              *
 8     *             Y1, Y2 : Ordinaten eines Punktepaares              *
 9     *             D      : Abstand                                   *
10     *                                                                *
11     * Eingabe : Paare (X1, Y1), (X2, Y2) auf jeweils einer Zeile     *
12     *---------------------------------------------------------------*
13        REAL X1, X2, Y1, Y2, D
14        REAL DX, DY
15
16     * Ausgabe Tabellenkopf
17        PRINT *, '          1. Punkt          2. Punkt
18       $              'Abstand'
```

```
19
20   *****  DOFOREVER
21   10     CONTINUE
22
23   *         ---- Eingabe ------------------
24            READ *, X1, Y1, X2, Y2
25
26   *         ---- Berechnung --------------
27            DX = X1 - X2
28            DY = Y1 - Y2
29            D = SQRT( DX*DX + DY*DY )
30         IF ( D .LT. 1E-6 ) GOTO 20
31
32   *         ---- Ausgabe ------------------
33            PRINT 1000, X1, Y1, X2, Y2, D
34   1000     FORMAT(1H , 1X, 2F9.3, 2X, 2F9.3, 2X, F9.3)
35         GOTO 10
36   *****  ENDDO
37   20     CONTINUE
38
39         STOP
40         END
```

Abb. 5.4.1 Programm zur wiederholten Berechnung des Abstandes zweier Punkte als Beispiel für eine Schleife mit Abbruchbedingung

5.4.2 Die Leeranweisung CONTINUE

Diese Anweisung ist eine ausführbare Anweisung, die praktisch keine Aktion des Computers bewirkt. Sie hat die

Form: CONTINUE

und bietet eine problemlose Möglichkeit, eine für den Programmablauf erforderliche Anweisungsnummer zu plazieren. Sie findet vor allem

Verwendung :   zur Realisierung und Verdeutlichung von Ablaufstrukturen, wie z. B.

- Ende einer DO-Schleife (s. Kap. 5.3.2),
- Schleife mit Abbruchbedingung (s. Kap. 5.4.1)
- bei weiteren Strukturen (s. Kap. 9)

5.4.3 Die GOTO-Anweisung

Die GOTO-Anweisung ist eine ausführbare Anweisung. Sie hat die allgemeine

Form: GOTO n

mit   n : Anweisungsnummer einer ausführbaren Anweisung

Wirkung: Das Programm wird bei der Anweisung mit der Nummer 'n' fortgesetzt.

Bedeutung und Gefahr von GOTO

Die GOTO-Anweisung gestattet es, in einem Programm von der Reihenfolge, in der die Anweisungen niedergeschrieben sind, abzuweichen. Dies kann zusätzlich vom Erfülltsein einer Bedingung abhängig gemacht werden. Damit erhält man eine Flexibilität bei der Programmgestaltung, die es gestattet, für die verschiedenartigsten Zwecke Programme zu entwickeln. Erst durch diese Flexibilität wurde es überhaupt möglich, daß der Computer zu einem so überaus fähigen und universellen Hilfsmittel werden konnte.

Allerdings birgt ein unkontrollierter Gebrauch von GOTO große Gefahren in sich. Da man an eine beliebige Stelle des Programms springen kann, können auch beliebige Ablaufstrukturen erzeugt und damit unübersichtliche und komplizierte Programme geschrieben werden, die unverständlich und fehlerhaft sind.

Genau das geschah in der Vergangenheit und führte u. a. in den sechziger Jahren zur sogenannten **Software-Krise:** Die Programme waren häufig unzuverlässig, fehleranfällig und kaum brauchbar. Bei den Überlegungen, wie man zu zuverlässigen und guten Programmen kommen könnte, war dann eine der wichtigsten Erkenntnisse, daß die Entwicklung eines Programms nach den Prinzipien der Strukturierten Programmierung erfolgen sollte (s. Kap. 1.6). Auch erkannte man, daß der unkontrollierte Gebrauch von GOTO wesentlich zu dieser Software-Krise beigetragen hatte. Aus diesen Erfahrungen resultiert die folgende

Empfehlung für den Gebrauch von GOTO

Man verwende die GOTO-Anweisung vorsichtig und mit großer Zurückhaltung und im wesentlichen nur dort, wo es zur Realisierung der Ablaufstrukturen der Strukturierten Programmierung erforderlich ist (z. B. für Schleifen oder zum Abbruch einer Schleife). Insgesamt achte man darauf, daß die Ablaufstruktur eines Programmes klar und übersichtlich bleibt.

5.4.4 Die logische IF-Anweisung

Das Programm in Abb. 5.4.1 enthält in Zeile 30 ein Beispiel einer logischen IF-Anweisung. Allgemein hat sie die

Form: IF (laus) anw

mit   laus : Bedingung (s. Kap. 5.1.2)

           anw : Ausführbare Anweisung (es sind allerdings nicht alle zugelassen, s. Bem. d)

Wirkung: Ist die Bedingung 'laus' erfüllt, dann wird 'anw' ausgeführt ; ist 'laus' nicht erfüllt, dann wird 'anw' nicht ausgeführt.

Bemerkungen

a)   Nach der Ausführung einer logischen IF-Anweisung fährt das Programm mit der danach stehenden Anweisung fort, falls nicht eine Ausführung von 'anw' die Fortsetzung an einer anderen Stelle zur Folge hat (etwa infolge GOTO).

b)   Diese Anweisung hat dieselbe Wirkung wie die einseitige Alternative (s. Kap. 5.1.4)

        IF (laus) THEN
             anw
        END IF

durch die man sie deshalb ersetzen kann.

c)   Das logische IF ist in der Regel dann **berechtigt,** wenn 'anw' eine der folgenden Anweisungen ist:

        GOTO-Anweisung (s. das Beispiel in Kap. 5.4.1)
        Eingabe- oder Ausgabeanweisung
        Wertzuweisung
        CALL-Anweisung (s. Kap. 7.3.3)

d)   Die folgenden Anweisungen dürfen für 'anw' **nicht verwendet** werden:

        logische IF-Anweisung
        DO-Anweisung
        END-Anweisung
        IF - THEN - ELSE - END IF - ELSE IF (s. Kap. 9.2)

5.4.5 Die Bauart einer Schleife mit Abbruchbedingung

Eine Schleife mit Abbruchbedingung (auch DOFOREVER-Schleife genannt) hat die folgende

Darstellung in Pseudocode

Bauart :   **DOFOREVER**
              Anweisungsblock 1
          EXIT: IF   Abbruchbedingung
              Anweisungsblock 2
          ENDDO

Bedeutung :   Der zwischen **DOFOREVER** und **ENDDO** stehende Schleifenkörper ist so lange
              zu wiederholen, bis die Abbruchbedingung erfüllt ist; dann Fortsetzung nach
              ENDDO (vgl. das Beispiel in Kap. 5.4.1).

Diesen Pseudocode kann man in der folgenden Weise direkt umsetzen in die entsprechende

Darstellung in FORTRAN

```
*****   DOFOREVER
n1      CONTINUE
            Anweisungsblock 1
        IF (Abbruchbedingung) GOTO n2
            Anweisungsblock 2
        GOTO n1
*****   ENDDO
n2      CONTINUE
```

Dabei dienen die beiden Kommentarzeilen mit DOFOREVER und ENDDO sowie das Einrücken der Anweisungen des Schleifenkörpers zur Verdeutlichung der Schleifenstruktur. Ein
Beispiel hierzu enthält Kapitel 5.4.1, ein weiteres folgt im nächsten Kapitel.

5.4.6 Programmbeispiel: Newton-Iteration (I)

Aufgabe

Man ermittle mit Hilfe des Newtonschen Näherungsverfahrens eine Nullstelle des Polynoms

$$f(x) = 1.2\,x^4 - 2.73\,x^3 - 7.68 \tag{1}$$

Lösung

Ist x_n eine Näherung für die Nullstelle, so liefert

$$x_{n+1} = x_n - \frac{f(x_n)}{f'(x_n)} \tag{2}$$

eine bessere Näherung (unter gewissen Bedingungen, die hier erfüllt sind), wobei

$$f'(x) = 4.8\,x^3 - 8.19\,x^2 \tag{3}$$

ist. Mit einer geeigneten Anfangslösung x_o erhält man dann durch wiederholte Anwendung von (2) eine Folge von Näherungen, die gegen die gesuchte Nullstelle konvergiert.

Algorithmus

Beginnend mit einem (einzulesenden) Startwert (XANF), berechnet man mittels (2) einen besseren Wert (XNEU). Dann wird dieser und danach immer wieder der zuletzt erhaltene Wert in (2) eingesetzt. Dies wird so lange wiederholt, bis sich zwei aufeinanderfolgende Näherungen genügend wenig unterscheiden. Anschließend erfolgt die Ausgabe des Ergebnisses.

Dies ist ein typisches Beispiel einer Iteration. Sie läßt sich als DOFOREVER-Schleife darstellen. Ein grober Pseudocode des Algorithmus ist:

1.	Eingabe:	XANF
2.	Iteration:	beginnend mit XANF
		unter Verwendung von (2)
		so lange, bis die gewünschte Genauigkeit erreicht ist
3.	Ausgabe:	Nullstelle

Die erzielbare Genauigkeit hängt u. a. von der Darstellung der Zahlen im Computer ab. Im allg. kann man mindestens eine relative Genauigkeit von 10^{-6} erreichen, der gewünschte Wert EPSREL werde am Anfang des Programms eingelesen. Außerdem geben wir - als "Protokoll" der Iteration - am Anfang den Wert von XANF aus und während der Iteration jede neu berechnete Näherung. Damit wird der Algorithmus zu

1.1	Eingabe:	XANF, EPSREL
1.2	Ausgabe:	XANF
2.1	Initialisierung:	XALT : = XANF
	DOFOREVER	
2.2	berechne XNEU aus XALT mittels (2), (1), (3)	
2.3	Ausgabe: XNEU	
2.4	**EXIT: IF** relative Genauigkeit < EPSREL	

2.5   XALT : = XNEU

ENDDO

3.   Ausgabe: XNEU, Fehlerschranke

Hier übernimmt XALT die Rolle des x_n in (2), und XNEU entspricht x_{n+1} . In 2.1 erhält XALT den eingelesenen Startwert, und in 2.5 wird die zuletzt erhaltene Näherung XNEU zu XALT für den nächsten Iterationsschritt. 1.2 und 2.3 besorgen das "Protokoll" der Iteration.

Eine weitere Verfeinerung ist nur noch bei den Schritten 2.4 und 3. erforderlich:

2.4   **EXIT: IF** $| (XNEU - XALT) / XNEU | < EPSREL$

zu 3:   Fehlerschranke = EPSREL $*$ $| XNEU |$

Damit läßt sich der Pseudocode direkt in FORTRAN übertragen.

Programmbeschreibung

Abb. 5.4.2 zeigt das Programm. Es ist eine direkte Umsetzung des Pseudocodes, wobei die DOFOREVER-Schleife genau nach der "Vorschrift" des Kapitels 5.4.5 behandelt wurde. Schritt 2.2 entspricht im Programm den Zeilen 23-25: Die Verwendung der Hilfsvariablen F und FSTR vereinfacht die Berechnung von (2) und macht sie weniger fehleranfällig. Bei der GOTO-Anweisung achte man darauf, daß das Sprungziel die Anweisung mit der **Anweisungsnummer** 10 bzw. 20 ist und **nicht** etwa die Programmzeile mit dieser Nummer!

Dieses Programm läßt sich mühelos auf die Nullstellenermittlung von anderen Funktionen erweitern. Hierzu sind nur die Zeilen 23 und 24 entsprechend zu ändern. Man kann auch auf sie

```
 1          PROGRAM ITER1
 2  *--------------------------------------------------------------*
 3  * Ermittelt iterativ nach Newton eine Nullstelle des Polynoms  *
 4  *      y = 1.2 * (x**4) - 2.73 * (x**3) - 7.68                  *
 5  *                                                              *
 6  * Variablen : XANF    : Startwert (E)                          *
 7  *             XALT    : bisherige Naeherung                    *
 8  *             XNEU    : verbesserte Naeherung (A)              *
 9  *             EPSREL : relative Genauigkeit (E)                *
10  *--------------------------------------------------------------*
11          REAL XANF, XALT, XNEU, EPSREL
12          REAL F, FSTR
13
14  * Eingabe
15          READ *, XANF, EPSREL
16          PRINT *, 'Ausgangsnaeherung : ', XANF
17
```

```
18   * Iteration
19         XALT = XANF
20
21   ***** DOFOREVER
22   10    CONTINUE
23           F = (1.2*XALT-2.73) * (XALT**3) - 7.68
24           FSTR = (4.8*XALT-8.19) * XALT * XALT
25           XNEU = XALT - F/FSTR
26           PRINT *, XNEU
27         IF ( ABS( (XNEU-XALT)/XNEU ) .LT. EPSREL ) GOTO 20
28           XALT = XNEU
29         GOTO 10
30   ***** ENDDO
31
32   20    CONTINUE
33
34   * Ausgabe
35         PRINT *, 'Nullstelle      :', XNEU
36         PRINT *, 'Fehlerschranke :', EPSREL * ABS(XNEU)
37
38         STOP
39         END
```

Abb. 5.4.2 Programm für ein Iterationsverfahren als Anwendung der DOFOREVER-Schleife

ganz verzichten und die Berechnung der Funktionswerte f(x) und f'(x) in Funktionsunterprogramme (Kap. 7.4) oder Anweisungsfunktionen (Kap. 7.5) "auslagern". Diese Möglichkeit wird in 12.4.2.3 genauer ausgeführt.

5.4.7 DO-Schleifen mit Abbruchbedingung

Die Ausführung einer DOFOREVER-Schleife wird mit Hilfe einer Abbruchbedingung beendet.
Auch bei DO-Schleifen gibt es Situationen, in denen eine Abbruchbedingung sinnvoll
eingesetzt werden kann. Dann nämlich, wenn die DO-Schleife - abhängig von den Operationen
im Schleifenkörper - gar nicht für den gesamten Wertebereich der Laufvariablen wiederholt zu
werden braucht, sondern vorzeitig beendet werden kann. Wir betrachten hierzu zwei Beispiele.

Beispiel 1 : Primzahlermittlung

<u>Aufgabe:</u>   Für eine natürliche Zahl n ist zu prüfen, ob sie eine Primzahl ist.

<u>Lösung:</u>   Dies kann durch sukzessives Dividieren von n durch i = 2 , 3 , 4 , ... , $\sqrt{n}$ (ganzzahliger
            Anteil !) geschehen; sobald eine solche Division "aufgeht", ist n keine Primzahl, und das
            Verfahren kann beendet werden.

```
 1          PROGRAM PRIM1
 2   *-------------------------------------------------------------*
 3   * Pruefung, ob eine eingegebene Zahl N eine Primzahl ist.     *
 4   *                                                             *
 5   * Variablen : GRENZ : groesster der zu ueberpruefenden moeg-  *
 6   *                      lichen Teiler von N                    *
 7   *             I     : Laufvariable der moeglichen Teiler      *
 8   *-------------------------------------------------------------*
 9          INTEGER N, GRENZ, I
10          REAL QUOT, DIFF
11
12   * Eingabe der Zahl
13          READ *, N
14
15   * Untersuchung auf Primzahl
16          GRENZ = SQRT( 1.0 * N )
17          DO 10 I = 2, GRENZ
18             QUOT = 1.0 * N / I
19             DIFF = QUOT - N/I
20          IF ( ABS(DIFF) .LT. 1E-6 ) GOTO 20
21      10 CONTINUE
22
23      20 CONTINUE
24
25   * Ausgabe
26          IF ( I .GT. GRENZ ) THEN
27             PRINT *, N, ' ist Primzahl'
28          ELSE
29             PRINT *, N, ' ist keine Primzahl'
30          ENDIF
31
32          STOP
33          END
```

Abb. 5.4.3 Dieses Programm prüft, ob eine Zahl Primzahl ist. Hierbei verwendet es eine DO-Schleife mit Abbruchbedingung.

Algorithmus und Programm

Sicher läßt sich dieses Verfahren als DOFOREVER-Schleife formulieren; es ist jedoch einfacher, eine DO-Schleife mit der Laufvariablen i zu verwenden und im Schleifenkörper eine Abbruchbedingung mit Aussprung aus der Schleife hinzuzunehmen.

Das Programm in Abb. 5.4.3 verfährt in dieser Weise. Zuerst wird eine ganze Zahl N eingelesen und diese dann durch 2 , 3 , ... dividiert. Dies besorgt die DO-Schleife in den Zeilen 17-21. Sie enthält in Zeile 20 die Möglichkeit eines vorzeitigen Abbruchs, falls eine Division "aufgeht".

Erläuterungen zum Programm

a)   Grundsätzlich ist ein Aussprung aus einer DO-Schleife wie in Zeile 20 zulässig. Nicht zulässig ist dagegen, in eine DO-Schleife hineinzuspringen (s. Kap. 5.3.4, Regel 4 und 5).

b)   Beim Abbruch in Zeile 20 darf man nicht auf das Ende der Schleife in Zeile 21 springen, sondern darüber hinaus. Andernfalls bleibt man innerhalb der Schleifenorganisation, und die Schleife wird mit dem nächsten Wert der Laufvariablen wiederholt. (Man beachte, daß die Anweisung GOTO 20 in Zeile 20 einen Sprung zu der Anweisung mit der **Anweisungsnummer** 20, also zu dem CONTINUE in Zeile 23, und **nicht** zu der Zeile mit der Nummer 20 bedeutet!)

c)   Wie bei jedem GOTO muß man auch hier beim Aussprung aus der DO-Schleife vorsichtig sein und auf klare Programmstruktur achten. Wie bei der DOFOREVER-Schleife ist das Sprungziel ein CONTINUE, das sich unmittelbar nach der Schleife befindet (Zeile 23).

d)   Wird die DO-Schleife vollständig abgearbeitet, so gibt es keine Teiler von N, und N ist prim. In diesem Fall hat die Laufvariable I anschließend den Wert GRENZ+1 (s. Kap. 5.3.4). Wird dagegen die Schleife vorzeitig verlassen (N ist dann nicht prim), so behält I seinen aktuellen Wert, der $\leq$ GRENZ ist. Somit kann am Wert von I erkannt werden, ob N Primzahl ist. Dies besorgt die Alternative in Zeile 26-30.

      Empfehlung: Es ist besser, die Primzahleigenschaft nicht anhand des Wertes der Laufvariablen zu beurteilen, sondern unter Verwendung einer logischen Variablen. Diese Möglichkeit wird in Kapitel 8.2.4 ausgeführt. (Häufig ist nämlich in Programmiersprachen der Wert einer Laufvariablen nach Beendigung der DO-Schleife undefiniert.)

e)   Um zu erkennen, ob eine Division von N durch I "aufgeht", wird diese Division sowohl in REAL-Arithmetik ausgeführt (Zeile 18) als auch in INTEGER-Arithmetik (Zeile 19). Anschließend folgt eine Prüfung, ob die beiden Resultate gleich sind, d. h., ob ihr Unterschied DIFF - wegen möglicher Rundungsfehler - "genügend klein" ist (Zeile 20).

      Hinweis: Eine elegantere Möglichkeit für diese Prüfung bietet die Standardfunktion MOD (s. Kap. 7.6.2, Anwendung a).

Beispiel 2 : Begrenzung der Iterationsschritte

Bei Iterationen kann es vorkommen, daß die Abbruchbedingung nie eintritt, weil entweder das Verfahren nicht konvergiert oder eine zu kleine Fehlerschranke vorgegeben wurde. Dann hat man eine Endlosschleife, die erst durch einen "gewaltsamen" Programmabbruch beendet wird. Es ist deshalb ratsam, eine Iteration stets nach einer angemessenen Zahl von Iterationen zu beenden. Man kann dies auf zwei Arten erreichen:

1. Möglichkeit

In der DOFOREVER-Schleife verwendet man einen Iterationszähler ITER und setzt ITER = 0 vor der Schleife und ITER = ITER+1 in der Schleife. Damit zählt ITER die Zahl der Iterationen. Die Abbruchbedingung modifiziert man dahingehend, daß auch dann abgebrochen wird, wenn ITER einen bestimmten Maximalwert (z. B. ITMAX) erreicht hat. In der Regel erhält man dadurch eine zusammengesetzte Bedingung. Für das Programm von Abb. 5.4.2 würde sie wie folgt aussehen (in Zeile 27):

```
( ABS ( ( XNEU - XALT ) / XNEU ) .LT. EPSREL ) .OR. ( ITER .GT. ITMAX )
```

2. Möglichkeit

Man gestalte die Iteration mit Hilfe einer DO-Schleife, deren Laufvariable ITER nacheinander die Werte 1 , 2 , ... bis zur zulässigen Maximalzahl von Iterationen annimmt. Die Schleifenanweisungen dieser DO-Schleife sind ansonsten gleich mit dem Schleifenkörper, den die Iteration als DOFOREVER-Schleife hat. Es handelt sich dann um eine DO-Schleife mit Abbruchbedingung.

Für das Beispiel aus Kapitel 5.4.6 wird diese zweite Möglichkeit in Abb. 5.4.4 gezeigt. Die Iteration, die in Abb. 5.4.2 mittels einer DOFOREVER-Schleife ausgeführt wird, ist hier als DO-Schleife organisiert.

```
21   * Iteration
22         XALT = XANF
23         DO 10 ITER = 1, ITMAX
24           F = (1.2*XALT - 2.73) * (XALT**3) - 7.68
25           FSTR = (4.8*XALT - 8.19) * XALT*XALT
26           XNEU = XALT - F/FSTR
27           PRINT *, XNEU
28         IF ( ABS( (XNEU-XALT)/XNEU ) .LT. EPSREL ) GOTO 20
29           XALT = XNEU
30      10 CONTINUE
31
32      20 CONTINUE
```

Abb. 5.4.4 Iteration aus Abb. 5.4.2, als DO-Schleife organisiert, mit einem Iterationszähler als Laufvariable

Übungen zu Kapitel 5

Kontrollfragen

- Welche zwei Formen der Alternative unterscheidet man? Wie können diese Formen in FORTRAN realisiert werden? Wann kann die logische IF-Anweisung zur Realisierung einer Alternative verwandt werden, wann nicht?

- Welche Rolle kann bei der Alternative einem arithmetischen Vergleichsausdruck zukommen? Wie ist ein solcher Vergleichsausdruck aufgebaut?

- Welche Bedeutung haben Schleifen in Programmen? Wie werden die verschiedenen Schleifenarten im Pseudocode bzw. in FORTRAN notiert und wodurch unterscheiden sie sich? Welche zwei Umsetzungen der DOFOREVER-Schleife in FORTRAN-Anweisungen sind möglich?

- Was versteht man unter geschachtelten Schleifen? Welche Regeln sind für geschachtelte DO-Schleifen zu beachten?

- Mit welchen FORTRAN-Anweisungen kann man vom sequentiellen Ablauf der Programme abweichen und den Ablauf selbst steuern? Welche dieser Anweisungen sollte nur dort benutzt werden, wo es zur Realisierung der Ablaufstrukturen der Strukturierten Programmierung erforderlich ist, und warum?

Aufgaben

5.1   a) Die internationale Höhenformel gibt einen Zusammenhang zwischen der Höhe ü.d.M. und dem Luftdruck an. Bei einem Luftdruck von 101,325 kPa und 15°C am Erdboden gilt für Höhen bis zu 10.000 m folgende Beziehung:

$$P = 101,325 * \left(1 - \frac{6,5 \cdot H}{288}\right)^{5,255} \quad kPa$$

Man schreibe ein Programm, das die Höhe H einliest, und dann entweder den resultierenden Luftdruck P oder - bei Eingabe einer Zahl größer als 10.000 - eine Fehlermeldung ausgibt.

b) Erweitern Sie das Programm so, daß auch Eingaben von negativen Zahlen für die Höhe als Fehler erkannt werden.

5.2   Mit einer Formel ist es möglich, aus einem Datum den entsprechenden Wochentag zu bestimmen:

$$W = \left(T + \left\lfloor\frac{(M+1)*26}{10}\right\rfloor + \left\lfloor\frac{5\,R}{4}\right\rfloor + \left\lfloor\frac{H}{4}\right\rfloor - 2\,H - 1\right) \text{ MOD } 7$$

Dabei haben die benutzten Variablen folgende Bedeutung:

T = Tag
M = Monat
H = Jahrhundert (z. B. 19 bei 1987)
R = Jahreszahl ohne Jahrhundert (z. B. 87 bei 1987)
W = Wochentag ($\emptyset$ bedeutet Sonntag, 1 Montag, 2 Dienstag etc.)
$\lfloor X \rfloor$ ist die Gaußklammer und bedeutet bei positivem X den ganzzahligen Anteil von X

Die o. a. Formel gilt für die Monate März bis Dezember. Für Januar und Februar kann die o. a. Formel auch benutzt werden, wenn man 12 zum Monat addiert und 1 vom Jahr subtrahiert.
Man schreibe ein Programm, das ein Datum in der Form   tt.mm.jjjj   einliest und dafür den Wochentag bestimmt und ausgibt.

5.3 Welche Zahlen werden durch die folgenden Programme ausgedruckt?

a)

```
    INTEGER I, J, K
    K = 1
    DO 10 I=1, 10, 2
       J = K + 1
       PRINT *, J
       K = 5 - J
10  CONTINUE
    STOP
    END
```

b)

```
    INTEGER I, K
    K = 0
    DO 10 I=1, 21,7
       PRINT *, K
       K = K + 1
10  CONTINUE
    PRINT *, I
    STOP
    END
```

c)

```
    REAL X, Y
    DO 10 X=0.1, 1.5, 0.3
       PRINT *,10.0*X
       DO 20 Y=X*10.0, 8.0, -0.5*X
          PRINT *, Y
20     CONTINUE
10  CONTINUE
    PRINT *, X, Y
    STOP
    END
```

Zuerst beantworte man die Frage aus der Theorie. Danach sollten die Antworten mit den konkreten Ergebnissen des Rechners verglichen werden.

5.4 a) In Kapitel 5.3.4 wird angegeben, wie bei einer DO-Schleife die Anzahl der Schleifendurchgänge berechnet wird. Schreiben Sie ein Programm, das 3 Zahlenwerte für den Anfangs-, den Endwert und die Schrittweite einliest, hieraus die Anzahl der Schleifendurchgänge berechnet und ausgibt.

b) Erweitern Sie das Programm aus a) so, daß für 2- oder 3fach geschachtelte DO-Schleifen bestimmt wird, wie oft die innerste Schleife durchlaufen wird. Dazu muß für jede der DO-Schleifen der Anfangs-, der Endwert und die Schrittweite eingelesen werden.

5.5 In Zeitschriften finden sich Rätsel der folgenden Art:

Man suche 7 verschiedene Ziffern ungleich Null, so daß die folgende Gleichung erfüllt ist:

$$\det \begin{pmatrix} aab & aab \\ aab & aac \end{pmatrix} = defg$$

Dabei steht jeder Buchstabe a, b, c, d, e, f und g für eine Ziffer ungleich Null.

Man entwickle ein Programm, das systematisch alle Möglichkeiten abprüft und nur die 5 Lösungen ausgibt.

5.6 Die rekursiv definierte Folge

$$a_{n+1} = \left(a_n + \frac{K}{a_n} \right) / 2 \quad , \quad a_1 = 1$$

konvergiert gegen der Wert $\sqrt{K}$. Man schreibe ein Programm, das $\sqrt{K}$ auf 3 bzw. 5 Nachkommastellen genau berechnet.

5.7 Ganzzahlige Lösungen der Gleichung $a^2 + b^2 = c^2$ heißen pythagoreische Zahlentripel. Ein Beispiel ist (3, 4, 5), da $3^2 + 4^2 = 5^2$ ist. Wie sieht ein Programm aus, das alle pythagoreischen Zahlentripel mit $c \leq 100$ ausdruckt?

5.8 Die Fibonacci-Zahlen sind rekursiv definiert durch:

(1) $\quad a_1 = a_2 = 1, \qquad a_n = a_{n-1} + a_{n-2} \quad$ für $\quad n \geq 3$

Bemerkenswerterweise gilt die Beziehung

(2) $\quad a_n = \dfrac{\left(\dfrac{1+\sqrt{5}}{2}\right)^n - \left(\dfrac{1-\sqrt{5}}{2}\right)^n}{\sqrt{5}} \quad$ für $n \geq 1.$

Schreiben Sie ein Programm, das die ersten Fibonacci-Zahlen unter Verwendung von (1) bzw. (2) berechnet und ausgibt. Das Programm soll beendet werden, wenn der Zahlenbereich für INTEGER-Größen ausgeschöpft ist. Welche Vor- und Nachteile hat das jeweilige Vorgehen?

6. Felder und ihre Verarbeitung

Bisher stand vor allem die Frage nach der **Entwicklung eines Programms** im Vordergrund: Welche Anweisungen gibt es, und wie kann man geeignete Ablaufstrukturen realisieren? Die verwendeten **Daten** spielten dabei eine eher untergeordnete Rolle; meistens waren es einzelne REAL- oder INTEGER-Zahlen. Es gibt aber auch den Fall, daß große Datenmengen zu bearbeiten sind, etwa bei der statistischen Auswertung einer Meßreihe oder bei der Lösung eines linearen Gleichungssystems. Häufig sind dabei die Daten in einer bestimmten Weise strukturiert, wie z. B. die Koeffizientenmatrix des Gleichungssystems oder die zu einem Vektor zusammengefaßten Werte der Meßreihe.

Für eine bequeme Behandlung derartiger Daten gibt es in FORTRAN das **Feld** als geeignete **Datenstruktur.** Es ist mit einem Vektor oder einer Matrix in der Mathematik vergleichbar. Die Bedeutung des Feldes für FORTRAN wird zunächst in Kapitel 6.1 anhand einer Beispielaufgabe verdeutlicht. In Kapitel 6.2 wird dann gezeigt, wie man Felder vereinbart, und in Kapitel 6.3, wie man sie im Programm verwenden kann. Kapitel 6.4 enthält eine Programmentwicklung für die Aufgabe aus Kapitel 6.1. Ein Feld hat in FORTRAN stets eine feste Größe. Wie man trotzdem auch Felder variabler Größe verwenden kann, zeigt Kapitel 6.5. Felder in zwei und mehr Dimensionen werden in Kapitel 6.6 eingeführt, und Kapitel 6.7 behandelt die Ein- und Ausgabe von Feldern. In Kapitel 6.8 - 6.10 werden einige Elemente von FORTRAN behandelt (implizite DO-Liste, DATA- und PARAMETER-Anweisung), die gerade bei Feldern, aber auch sonst sehr nützlich sind. Nach einigen Hinweisen auf die Verwendungsmöglichkeiten von Feldern (Kap. 6.11) bringt Kapitel 6.12 abschließend noch zwei weitere Programmbeispiele.

6.1 Bedeutung des Feldes

Wir betrachten zunächst die folgende

Aufgabe: Bei einer Versuchsreihe wurden 1000 Meßwerte x_1 , ... , x_{1000} für eine physika-
lische Größe ermittelt. Hierzu sollen Mittelwert $\bar{x}$ und Standardabweichung s
berechnet werden.

Aus der Statistik ist bekannt, daß

$$\bar{x} = \frac{1}{1000} \left(x_1 + \dots + x_{1000} \right) \tag{1}$$

ist, sowie $s = \sqrt{s^2}$ $\qquad\qquad$ (2)

mit $\qquad s^2 = \frac{1}{1000} \left((x_1 - \bar{x})^2 + (x_2 - \bar{x})^2 + \dots + (x_{1000} - \bar{x})^2 \right) \, . \tag{3}$

Die Berechnung dieser Formeln ist mit den bis jetzt behandelten Anweisungen grundsätzlich möglich: Für Summen wie in (1) oder (3) gilt das zu Beispiel 4 in Kapitel 5.3.3 Gesagte, und die sonstige Arithmetik wurde in Kapitel 3.7 bzw. 3.8 behandelt.

Schwierigkeiten entstehen aber beim Ansprechen der 1000 Meßwerte. Für (1) würde es zwar noch genügen, alle x_i nacheinander auf eine Variable X einzulesen und zu addieren, so wie das in Beispiel 4 von Kapitel 5.3.3 geschieht, aber in (3) braucht man alle x_i ein weiteres Mal. (Wir wollen davon absehen, daß man s^2 auch noch auf eine etwas einfachere Weise berechnen kann.) Die x_i müssen deshalb gespeichert werden, was mit den bisher bekannten Möglichkeiten 1000 Variablen, z. B. X1 , X2 , ... , X1000 , erfordern würde. Das ist aber viel zu umständlich!

FORTRAN bietet für solche Situationen eine andere Möglichkeit: die Verwendung von Feldern (Arrays). Ein Feld ist eine Zusammenfassung mehrerer Werte desselben Datentyps unter einem gemeinsamen Namen, dem Feldnamen. Die Elemente des Feldes - das sind die einzelnen Werte - werden durch einen (ganzzahligen) Index unterschieden. Ein Feldelement wird angesprochen, indem man den Feldnamen und dahinter den in runde Klammern gesetzten Index angibt.

In dem obigen Beispiel kann man z. B. ein Feld namens X verwenden, das die 1000 Meßwerte aufnimmt. Dann sind die einzelnen Meßwerte über die Feldelemente X(1) , X(2) , ... , X(1000) ansprechbar; durch

$$\text{SUM = SUM + X (3)}$$

wird z. B. der dritte Meßwert zu dem (bisherigen) Wert von SUM addiert.

Ein Feld repräsentiert eine Datenstruktur, die einem Vektor in der Mathematik entspricht. So ist z. B.

$$\mathbf{a} = (3, 8, 5)$$

ein Vektor namens $\mathbf{a}$, dessen Komponenten die Werte 3, 8 und 5 haben. Diese Komponenten werden auch mit a_1 , a_2 , a_3 bezeichnet und durch ihre Indizes 1, 2, 3 unterschieden. Entsprechend kann man in FORTRAN in einem Feld namens A die Werte 3, 8, 5 speichern und über die Feldelemente A(1), A(2), A(3) ansprechen.

6.2 Vereinbarung eines Feldes

Will man in einem Programm ein Feld verwenden, so sind dazu die folgenden Angaben erforderlich:

- Feldname   (irgendein Name, wie in Kap. 3.4 behandelt)

- Typ des Feldes   (d. h. der Datentyp seiner Elemente: INTEGER, REAL oder sonst eine der Möglichkeiten aus Kap. 8)

- Indexbereich   (ein ganzzahliger Bereich, der von einer unteren Grenze bis zu einer oberen Grenze geht ; vgl. auch Bemerkung c)

Hierzu dient die Vereinbarung des Feldes. Sie ist auf zwei Arten möglich: entweder durch eine Typanweisung oder mit Hilfe der Anweisung DIMENSION.

1. Möglichkeit: Feldvereinbarung in einer Typanweisung

- Wie bei der expliziten Vereinbarung einer Variablen gibt man den Feldnamen in einer Typanweisung an und dahinter in runden Klammern die untere und die obere Grenze des Indexbereichs, getrennt durch Doppelpunkt.

- Ist die untere Indexgrenze 1, so kann man auf ihre Angabe verzichten, und es reicht die Angabe der oberen Grenze.

Beispiele

a)   REAL X (1 : 1000)

vereinbart das Feld X mit den Elementen X(1) , X(2) , ... , X(1000) vom Typ REAL.
Da die untere Indexgrenze 1 ist, kann das Feld auch einfach durch

      REAL X (1000)

vereinbart werden.

b)   INTEGER H (30 : 90)

Das Feld H hat die INTEGER-Elemente H (30) , H (31) , ... , H (90)

c)   REAL A (0 : 4)

dient z. B. zum Aufnehmen der Koeffizienten A (0) , A (1) , ... , A (4) eines Polynoms 4. Grades.

d)   INTEGER TEMP (-20 : 80)

kann z. B. verwendet werden, um zu zählen, wie häufig die Temperaturen -20 , -19 , ... , 79 , 80 Grad in einer Meßreihe vorkommen.

Bemerkungen

a)   In einer Typanweisung dürfen auch mehrere Felder vom selben Typ vereinbart werden. Man kann etwa Beispiel a) und c) zusammenfassen zu

   REAL   X (1 : 1000) , A (0 : 3)

b)   Es ist zulässig, in einer Typanweisung gleichzeitig Felder und Variablen zu vereinbaren.

c)   Als Grenzen des Indexbereiches darf man außer INTEGER-Zahlen auch benannte Konstanten vom Typ INTEGER verwenden (s. Kap. 3.6.3 bzw. 6.10) sowie mit diesen Größen gebildete arithmetische Ausdrücke. Auf die Bedeutung dieser Möglichkeit wird in Kapitel 6.5 eingegangen.

2. Möglichkeit : Verwendung von DIMENSION

Der Gebrauch von DIMENSION wird nicht empfohlen. Er wird hier nur erwähnt, weil man u. U. bei der Analyse von in der Vergangenheit geschriebenen Programmen auf DIMENSION stoßen kann.

Aus früheren Versionen von FORTRAN hat sich die Möglichkeit erhalten, den **Indexbereich** eines Feldes mittels DIMENSION angeben zu können. Dies setzt allerdings voraus, daß für den **Typ** des Feldes schon eine Festlegung getroffen worden ist, entweder durch Angabe des Feldnamens in einer Typanweisung (aber ohne die Indexgrenzen!) oder durch gar keine Angabe, wodurch FORTRAN-Konvention gilt (s. Kap. 4.1.2). In der DIMENSION-Anweisung stehen dann hinter dem Wort DIMENSION der Feldname und die Indexgrenzen, ganz entsprechend der 1. Möglichkeit.

Beispiele

a)   DIMENSION X (1000)

Dies entspricht dem obigen Beispiel a) ; wird für X keine weitere Angabe gemacht, so ist das Feld vom Typ REAL.

b)   INTEGER H
           DIMENSION H (30 : 90)

Die Wirkung ist dieselbe wie im obigen Beispiel b).

Empfehlung: DIMENSION begünstigt die Inanspruchnahme der FORTRAN-Konvention, die jedoch vermieden werden sollte. Wird eine Typanweisung benutzt, so ist es besser, dort gleich auch die Indexgrenzen anzugeben und nicht erst an anderer Stelle des Programms in einer DIMENSION-Anweisung. Zugunsten eines verständlichen und zuverlässigen Programms sollten deshalb Felder stets in einer Typanweisung vollständig vereinbart werden, wie unter 1. angegeben, und nicht mit Hilfe von DIMENSION.

6.3 Verwendung eines Feldes

Die Elemente eines Feldes können in derselben Weise verwendet werden wie Variablen, z. B. in einem arithmetischen Ausdruck oder in einer Ein- bzw. Ausgabeanweisung. Dabei gilt für die

Angabe eines Feldelements

Form :   fname (index)

mit   fname :   Feldname

            index :   arithmetischer Ausdruck vom Typ INTEGER (vgl. Kap. 4.1.4), z. B. INTEGER-Zahl oder -Variable oder auch INTEGER-Feldelement
(Bei mehrdimensionalen Feldern sind es mehrere solcher Ausdrücke, durch Kommata getrennt, s. Kap. 6.6)

Beispiele: X (147)   A (K)   WERT (NR (J))   H (2 * N - 1)

Achtung! Der Wert des Indexausdrucks muß innerhalb des Indexbereichs des Feldes liegen. Wird dies nicht beachtet, so merkt der Computer dies i. allg. nicht schon bei der Übersetzung des Programms, sondern erst bei dessen Ausführung. Die Reaktion auf solch ein "undefiniertes" Feldelement ist je nach Rechner verschieden. Im einfachsten Fall bricht das Programm mit einer entsprechenden Fehlermeldung ab. Es sind aber auch verheerende Folgen denkbar, z. B. daß der Rechner bei dem Versuch, diesem Feldelement einen Wert zuzuweisen, in einen falschen Speicherbereich gerät und dort Informationen zerstört.

Die Wertzuweisung an ein Feldelement

kann - wie bei einer Variablen, vgl. Kapitel 3.5 - auf mehrere Arten geschehen:

- durch eine arithmetische Wertzuweisung (bei dieser darf links vom Gleichheitszeichen auch ein Feldelement stehen), z. B.

  H (24) = H (24) + 1

- durch Eingabe (s. Kap. 6.7.1), wie etwa

  READ * , X (I)

- mittels DATA (s. Kap. 6.9)

Dieselben Möglichkeiten hat man auch, wenn ein ganzes Feld mit Werten belegt werden soll; es muß dann jedes einzelne Feldelement einen Wert erhalten. Ist z. B. durch

  INTEGER TEMP (-20 : 80)

ein Feld vereinbart, das zunächst die Werte 0 erhalten soll, so ist dieser Wert jedem einzelnen Feldelement zuzuweisen, etwa durch die folgende DO-Schleife:

```
      DO 15  K = -20 , 80
          TEMP ( K ) = 0
   15 CONTINUE
```

6.4 Programmbeispiel

Wir wollen jetzt für das Beispiel aus Kapitel 6.1 ein Programm entwickeln.

Aufgabe: 1000 Meßwerte x_1 , x_2 , ... , x_{1000} seien gegeben. Hierzu sind Mittelwert $\bar{x}$ und Standardabweichung s zu berechnen.

Lösung

Die Berechnung von $\bar{x}$ geschieht nach der Formel (1) in Kapitel 6.1; für s gelten (2) und (3).

Algorithmus

Prinzipieller Ablauf: 1. Eingabe der Meßwerte

2. Berechnung von $\bar{x}$

3. Berechnung von s

4. Ausgabe: $\bar{x}$, s

Bei der Verfeinerung berücksichtigen wir, daß man die 1000 Meßwerte in einem Feld X speichern und dann mittels X(I) auf x_i zugreifen kann. Der Pseudocode wird zunächst zu:

1. Eingabe: $\quad x_1, x_2, \dots, x_{1000}$

2. Berechne $\quad \bar{x} := (x_1 + \dots + x_{1000}) / 1000$

3. Berechne $\quad s^2 := ((x_1 - \bar{x})^2 + \dots + (x_{1000} - \bar{x})^2) / 1000$

$$s := \sqrt{s^2}$$

4. Ausgabe: $\quad \bar{x}, s$ mit Text

Für die Eingabe in Schritt 1 empfiehlt sich eine DO-Schleife. Die Summen in Schritt 2 und 3 bildet man so wie in Beispiel 4 von Kapitel 5.3.3 angegeben. Dies ergibt:

1. **DOFOR** $i := 1$ **TO** 1000 **STEP** 1
   Eingabe: x_i
   ENDDO

2. sum $:= 0$
   DOFOR $i := 1$ **TO** 1000 **STEP** 1
   sum $:=$ sum $+ x_i$
   ENDDO
   $\bar{x} :=$ sum $/ 1000$

3. sum $:= 0$
   DOFOR $i := 1$ **TO** 1000 **STEP** 1
   sum $:=$ sum $+ (x_i - \bar{x})^2$
   ENDDO
   sum $:=$ sum $/ 1000$
   $s := \sqrt{\text{sum}}$

4. Ausgabe: $\bar{x}, s$ mit Text

```
 1        PROGRAM FELD1
 2   *-----------------------------------------------------------------*
 3   * Berechnung des Mittelwertes und der Standardabweichung von      *
 4   *   1000 einzulesenden Messwerten.                                 *
 5   *                                                                 *
 6   * Variablen : MWX   :  Mittelwert (A)                             *
 7   *             STRX  :  Standardabweichung (A)                     *
 8   *             X     :  ein Feld fuer die 1000 Messwerte (E)       *
 9   *-----------------------------------------------------------------*
10        INTEGER I
11        REAL MWX, STRX, SUM, DIF
12        REAL X( 1:1000 )
```

```
13
14    * Eingabe
15          DO 10 I = 1, 1000
16             READ *, X(I)
17       10 CONTINUE
18
19    * Berechnung des Mittelwertes MWX
20          SUM = 0.0
21          DO 20 I = 1, 1000
22             SUM = SUM + X(I)
23       20 CONTINUE
24          MWX = SUM/1000.0
25
26    * Berechnung der Standardabweichung STRX
27          SUM = 0.0
28          DO 30 I = 1, 1000
29             DIF = X(I) - MWX
30             SUM = SUM + DIF*DIF
31       30 CONTINUE
32          STRX = SQRT( SUM/1000.0 )
33
34    * Ausgabe
35          PRINT *, 'Mittelwert = ', MWX, ' Standardabweichung = ',
36        $           STRX
37
38          STOP
39          END
```

Abb. 6.4.1 Ein Programm zur Berechnung statistischer Größen als Beispiel zur Verwendung
eines Feldes

Programmbeschreibung

Der letzte Pseudocode kann unmittelbar in FORTRAN-Anweisungen umgesetzt werden ;
Abb. 6.4.1 zeigt das Programm. Die Vereinbarung des Feldes erfolgt in einer Typanweisung
(Zeile 12), die am Anfang des Programms stehen muß. Die Feldelemente X(I) werden jeweils in
DO-Schleifen angesprochen und so behandelt, als ob sie Variablen wären. Ihre Eingabe erfolgt
durch wiederholtes READ * (Zeile 16) ; die Werte für die einzelnen Feldelemente müssen
deshalb in eigenen Eingabezeilen stehen (vgl. Beispiel 3 in Kap. 5.3.3). (Eine andere Möglich-
keit für die Eingabe ist die Benutzung einer impliziten DO-Liste, s. Bsp. 1 in 6.7.3. In diesem
Fall müssen die Werte für die einzelnen Feldelemente nicht in eigenen Eingabezeilen stehen.)

Dieses Programm enthält auch einige Beispiele für effiziente, d. h. rechenzeitsparende
Programmierung. So wird z. B. bei der Berechnung von STRX das Quadrieren durch wieder-
holtes Multiplizieren ausgeführt (Zeile 30); der Rechenaufwand hierfür ist bei den meisten
Computern geringer als für Potenzieren. Ebenso dient auch die Hilfsvariable DIF zur

Reduktion des Rechenaufwandes. Ohne sie stünde in Zeile 30 der Summand (X(I) - MWX) * (X(I) - MWX) und damit X(I) zweimal in dieser Schleife. Durch die Verwendung von DIF kommt dagegen X(I) nur einmal in der Schleife vor, und in Zeile 30 stehen nur Variablen. Der Zugriff auf diese erfolgt aber wesentlich rascher als auf solche Feldelemente, die als Index eine Variable haben. (Die durch diese Maßnahmen erzielte Zeitersparnis fällt bei diesem kleinen Beispiel sicher nicht sehr ins Gewicht. Bei größeren Beispielen und umfangreichen Schleifen empfiehlt es sich aber, derartige Überlegungen zu berücksichtigen.)

Zur weiteren Steigerung der Effizienz könnte man auch noch die DO-Schleifen für die Eingabe und für die Berechnung von MWX zusammenlegen. Hierauf wurde aber verzichtet, damit die Programmlogik klar bleibt und dem Pseudocode entspricht. Grundsätzlich ist zu beachten, daß die Effizienz eines Programms seiner Klarheit und Verständlichkeit nachgeordnet ist.

6.5 Felder variabler Größe

In dem Programm von Kapitel 6.4 werden 1000 Meßwerte mit Hilfe eines Feldes X verarbeitet, das genau 1000 Elemente aufnehmen kann. Will man Mittelwert und Streuung für eine andere Anzahl n von Meßwerten berechnen, so kann man dies mit demselben Programm machen, sofern man überall die Zahl 1000 durch die aktuelle Anzahl n ersetzt. Bei mehrmaliger Verwendung des Programms mit unterschiedlichen Werten von n muß man es dann allerdings jedesmal an verschiedenen Stellen ändern, was unbequem und fehleranfällig ist. Es bietet sich deshalb an, überall im Programm an entsprechender Stelle gleich die Variable N zu verwenden und ihren Wert am Anfang des Programms einzulesen.

Dies ist dann möglich, wenn die Anzahl n in einer ausführbaren Anweisung vorkommt, und dort empfiehlt es sich auch, so zu verfahren (z. B. in der DO-Anweisung als Endwert für die Laufvariable). Bei der Feldvereinbarung für X kann man dies allerdings nicht machen, da sie vor den ausführbaren Anweisungen stehen muß und damit vor dem Einlesen von N. Trotzdem gibt es Möglichkeiten, ein Programm für verschiedene Feldgrößen zu verwenden:

- Das Programm aus Kapitel 6.4 kann stets benutzt werden, solange nicht mehr als 1000 Meßwerte zu bearbeiten sind. Hierzu braucht man nur, wie oben ausgeführt, die Größe 1000 an den entsprechenden Stellen durch die Variable N zu ersetzen und den Wert von N am Anfang einzulesen. Das Feld X bleibt wie vereinbart und kann stets $n \leq 1000$ Meßwerte aufnehmen; gegebenenfalls wird es eben nicht voll genutzt.

- In entsprechender Weise kann man auch in sonstigen Programmen verfahren: Bei der Verarbeitung der Feldelemente verwendet man für ihre Anzahl eine Variable N, deren Wert vorher einzulesen ist. Benötigte Felder vereinbart man so groß, daß sie für alle in Frage kommenden Werte von N ausreichen. (Es empfiehlt sich, N zuerst hierauf zu prüfen, z. B. nachdem es eingegeben wurde, und - falls der Wert N zu groß ist - das Programm nach einer Fehlermeldung zu beenden. Ein Beispiel hierzu enthält das Programm in Kap. 6.12.2.)

- Eine gewisse Flexibilität bei der Feldvereinbarung gestattet die Verwendung von benannten Konstanten (s. Kap. 3.6.3), da man diese als Indexgrenzen verwenden darf. Hierzu müssen diese Konstanten zuvor in einer PARAMETER-Anweisung einen Wert erhalten (s. Kap. 6.10). Im Beispiel des Kapitels 6.4 könnte dies folgendermaßen aussehen:

```
INTEGER  GRENZE
PARAMETER ( GRENZE  =  2000 )
REAL  X ( 1 : GRENZE )
```

Das Feld X besitzt jetzt 2000 Elemente. Durch Änderung dieses Wertes in der PARAMETER-Anweisung erhält man eine andere Feldgröße, allerdings ist dazu das Programm erneut zu übersetzen.

- Eine weitere Möglichkeit besteht darin, das Programm als SUBROUTINE-Unterprogramm zu formulieren (vgl. Kap. 7.3). In diesem kann man mit variablen Feldgrenzen arbeiten (s. Kap. 12.4.1.1, b).

6.6 Mehrdimensionale Felder

Felder ermöglichen es, in einem Programm mit indizierten Größen zu arbeiten. In den bis jetzt betrachteten Fällen waren dies Größen mit nur einem Index. Es gibt aber auch Größen mit 2 oder mehr Indizes, etwa die Koeffizienten a_{ij} eines linearen Gleichungssystems. Für derartige Fälle sieht FORTRAN mehrdimensionale Felder vor; ihre Elemente haben 2 oder mehr Indizes (maximal 7).

Die Vereinbarung mehrdimensionaler Felder und der Aufruf ihrer Elemente geschieht analog zum bisher Gesagten, nur sind für jede Dimension bzw. jeden Index entsprechende, durch Kommata getrennte, Angaben zu machen.

Beispiele

a)   REAL A (1 : 20 , 1 : 30)   bzw.   REAL A (20 , 30)

vereinbart ein zweidimensionales Feld, das z. B. als Matrix mit 20 Zeilen und 30 Spalten interpretiert werden kann. Mit

$$A (5 , J)$$

wird dann dasjenige Element angesprochen, dessen erster Index den Wert 5 und dessen zweiter Index den Wert von J hat; J muß zuvor einen Wert (zwischen 1 und 30 !) zugewiesen bekommen haben. Das entsprechende Matrixelement steht in Zeile 5 und Spalte J.

b)   INTEGER HAEUF (1 : 4 , 21 : 75)   bzw.   INTEGER HAEUF (4 , 21 : 75)

Bedeutung analog zu a) ; die 55 Spalten sind von 21 bis 75 "durchnumeriert". Man beachte, daß dieses Feld z. B. kein Element HAEUF (1 , 1) hat; sein "erstes" Element ist HAEUF (1, 21).

Empfehlung: Der Rechenaufwand für den Zugriff auf ein Feldelement wächst mit der Zahl der Dimensionen. Man verwende deshalb keine Felder mit mehr Dimensionen, als es für das Problem erforderlich ist.

6.7 Ein- und Ausgabe von Feldern

Die Ein- und Ausgabe von Feldern geschieht in derselben Weise wie bei Variablen:

- entweder **listengesteuert** mit READ * bzw. PRINT * (vgl. Kap. 4.3 und 4.4)
- oder **formatiert** wie in Kapitel 4.5 beschrieben

Hierzu gibt man in der 'eliste' bzw. 'aliste' der READ- bzw. PRINT-Anweisung die Größen an, die ein- bzw. auszugeben sind. Man kann dies auf drei Arten tun:

- Angabe **einzelner Feldelemente.** Dann werden diese Elemente übertragen (vgl. 6.7.1).

- Angabe eines **Feldnamens.** Dann werden sämtliche Elemente dieses Feldes übertragen (vgl. 6.7.2).

- Angabe einer **impliziten DO-Liste.** Hiermit kann man sowohl Teile eines Feldes als auch ein ganzes Feld übertragen (vgl. 6.7.3 und Kap. 6.8).

6.7.1 Ein- und Ausgabe einzelner Feldelemente

Erscheint ein Feldelement in einer 'eliste', so wird ihm der eingelesene Wert zugewiesen. Umgekehrt wird ein in einer 'aliste' aufgeführtes Feldelement ausgegeben.

Beispiele

a)   In dem Programm von Abb. 6.4.1 wird in Zeile 16 der Wert des Feldelements X(I) eingelesen durch

        READ * , X(I)

b)   PRINT * , X(14) , LAENGE (8) , MAXEL , A(2 , 3)

c)   PRINT 1000 , 'MAXIMUM : ' , FELD (MAXPOS)
        1000 FORMAT (1 H Ø , A , F 9.3)

Man beachte, daß bei formatierter Ausgabe für jedes einzelne Feldelement ein Format-Beschreiber erforderlich ist, der zum Typ des Feldelements paßt.

6.7.2 Ein- und Ausgabe ganzer Felder

Man kann in einer 'eliste' einen Feldnamen angeben. Dann werden so lange Daten eingelesen und den einzelnen Feldelementen zugewiesen, bis jedes einen Wert erhalten hat. Erscheint der Feldnahme in einer 'aliste' so werden alle Elemente dieses Feldes ausgegeben. Die Reihenfolge, in der die Feldelemente dabei nacheinander angesprochen werden, ist dieselbe, in der die Elemente im Computer gespeichert sind; sie heißt deshalb **Speicherreihenfolge.** Sie ist wie folgt festgelegt:

— Reihenfolge beim eindimensionalen Feld

- Der Index läuft vom niedrigsten bis zum höchsten Wert.

    Beispiel

            REAL B (1 : 20)
            READ * , B
            PRINT * , B

    Hier erhalten B(1), B(2), ... , B(20) nacheinander einen Wert. Anschließend werden die Feldelemente in derselben Reihenfolge ausgegeben.

— Reihenfolge beim mehrdimensionalen Feld

Beispiel

```
REAL  A ( 1 : 3 , 1 : 4 )
READ * , A
PRINT * , A
```

Betrachtet man eine Anordnung der Feldelemente wie in Abb. 6.7.1, so werden die Elemente **spaltenweise** übertragen, d. h. zuerst die erste Spalte, dann die zweite usw. Das ergibt die Reihenfolge

$$A (1 , 1), A(2 , 1), A (3 , 1), A (1 , 2), A (2 , 2), \ldots , A (3 , 4)$$

Somit gilt

- Die einzelnen Indizes laufen jeweils vom niedrigsten bis zum höchsten Wert.

- Bei einem zweidimensionalen Feld läuft der erste Index "schneller" als der zweite.

- Bei drei- und mehrdimensionalen Feldern läuft entsprechend der erste Index "schneller" als der zweite, dieser "schneller" als der dritte usw.

$$
\begin{array}{cccc}
A(1,1) & A(1,2) & A(1,3) & A(1,4) \\
A(2,1) & A(2,2) & A(2,3) & A(2,4) \\
A(3,1) & A(3,2) & A(3,3) & A(3,4)
\end{array}
$$

Abb. 6.7.1 Matrixdarstellung des Feldes A

Neben dieser Festlegung der Reihenfolge ist zusätzlich noch zu beachten:

— bei listengesteuerter Ein-/Ausgabe

PRINT * beginnt auf einer neuen Zeile und gibt hintereinander sämtliche Feldelemente aus. Am Ende einer Zeile erfolgt automatisch Übergang zur nächsten Zeile.

READ * liest ab Anfang der nächsten Eingabezeile nacheinander die daraufstehenden Werte. Bei Bedarf liest es auf der nächsten Zeile weiter und wiederholt dies, solange noch Feldelemente zu "versorgen" sind. Findet es nicht genügend Werte für sämtliche Feldelemente, so führt dies zu einem Fehler bei der Programmausführung.

— bei formatierter Ein-/Ausgabe

PRINT n   erwartet für jedes Element des Feldes einen Format-Beschreiber. Die Ausgabe beginnt mit Zeilenvorschub entsprechend der ersten Angabe in der FORMAT-Anweisung. Für weitere erforderliche Zeilenvorschübe verwendet man den Schräg-strich-Beschreiber.

READ n   beginnt vom Anfang der nächsten Eingabezeile an zu lesen entsprechend den Angaben in der FORMAT-Anweisung. Ein Übergang auf weitere Zeilen wird mit Hilfe des Schrägstrichs / erreicht. Zu jedem Feldelement bedarf es eines FORMAT-Beschreibers in der FORMAT-Anweisung.

Beispiel zu formatierter Ausgabe

Das durch REAL A (1 : 3 , 1 : 4) vereinbarte Feld A wird mit

```
        PRINT 1000 , A
   1000  FORMAT ( 1 H _ , 3 F 10.3 / 1 H _ , 3 F 10.3
      $         / 1 H _ , 3 F 10.3 / 1 H _ , 3 F 10.3 )
```

in einer Form ausgegeben, wie sie Abb. 6.7.2 zeigt. Jedes Element erscheint dabei im Format F 10.3.

```
A ( 1 , 1 )    A ( 2 , 1 )    A ( 3 , 1 )
A ( 1 , 2 )    A ( 2 , 2 )    A ( 3 , 2 )
A ( 1 , 3 )    A ( 2 , 3 )    A ( 3 , 3 )
A ( 1 , 4 )    A ( 2 , 4 )    A ( 3 , 4 )
```

Abb. 6.7.2 Transponierte Darstellung der Matrix aus Abb. 6.7.1

6.7.3 Verwendung einer impliziten DO-Liste

Mit einer impliziten DO-Liste lassen sich mehrere Feldelemente übertragen. Die Liste kann allein oder auch mit anderen Größen zusammen in einer 'eliste' oder 'aliste' stehen. Wir wollen in diesem Kapitel zunächst einige Beispiele hierzu angeben; die allgemeine Form der impliziten DO-Liste wird in Kapitel 6.8 behandelt, zusammen mit weiteren Beispielen.

Beispiel 1   READ * , (X (K) , K = 1 , 1000)

Eine implizite DO-Liste wird in runde Klammern eingeschlossen. Sie besagt in diesem Beispiel, daß K wie bei einer DO-Anweisung die Werte von 1 bis 1000 durchläuft, dabei werden die dazugehörigen X(K) übertragen. Die Wirkung ist also dieselbe, als ob die einzelnen Feldelemente X(1) , X(2) , ... , X(1000) angegeben worden wären.

Beispiel 2

Entsprechend sind die beiden folgenden Anweisungen gleichwertig:

$$PRINT * , (A (2 , K) , K = 1 , 4)$$

$$PRINT * , A (2 , 1) , A (2 , 2) , A (2 , 3) , A (2 , 4)$$

Deshalb bewirkt

```
      DO  10  J = 1 , 3
          PRINT * , ( A ( J , K ) , K = 1 , 4 )
   10 CONTINUE
```

eine Ausgabe des durch REAL A (1 : 3 , 1 : 4) vereinbarten Feldes A in der Form von Abb. 6.7.1 (jeder Schleifendurchgang bewirkt ein neues PRINT * und damit eine neue Zeile).

Beispiel 3

Implizite DO-Listen dürfen auch geschachtelt werden wie in

$$READ * , ((A (J , K) , K = 1 , 4) , J = 1 , 3)$$

Dabei wird eine innere Laufvorschrift vor einer äußeren ausgeführt, sie läuft also "schneller" (und öfter) als die äußere. Somit werden zuerst alle A(1 , K), dann alle A(2 , K) usw. übertragen. Man erhält damit eine **zeilenweise** Eingabe des Feldes von Abb. 6.7.1, während sie bei alleiniger Angabe des Feldnamens **spaltenweise** geschieht.

Bemerkung: Für die in einer impliziten DO-Liste verwendeten Laufvariablen (wie J und K in den obigen Beispielen) ist ebenso eine Festlegung des Typs erforderlich wie für andere Variablen.

6.8 Implizite DO-Listen

Implizite DO-Listen sind eine bequeme Möglichkeit für die Ein- und Ausgabe von Feldern. Mit Hilfe einer Laufvariablen, die wie in der DO-Anweisung einen bestimmten Wertebereich durchläuft (vgl. Kap. 5.3.2), wird eine Liste von Datenelementen zur Verfügung gestellt. Außer in Ein- und Ausgabeanweisungen werden implizite DO-Listen auch noch in der DATA-Anweisung benutzt (s. Kap. 6.9). Allgemein gilt für eine

Implizite DO-Liste

Form :   (doliste , var = anf , end $[$, schr $]$)

mit   var :   Laufvariable
             anf :   Anfangswert
             end :   Endwert   } für die Laufvariable
             schr :   Schrittweite

Die weitere Bedeutung der einzelnen Elemente hängt davon ab, wo die implizite DO-Liste benutzt wird:

<u>Bei der Ein- und Ausgabe</u>

        var :   ist vom Typ INTEGER, REAL oder DOUBLE PRECISION

        anf , end , schr : sind arithmetische Ausdrücke von einem zu 'var' passenden Typ

        doliste :   bei Eingabe: eine Liste, die Elemente einer 'eliste' enthalten kann (Variablen, Feldelemente, Feldnamen) sowie selbst implizite DO-Listen

                    bei Ausgabe: eine Liste, die Elemente einer 'aliste' enthalten kann (Variablen, Feldelemente, Feldnamen, arithmetischer oder anderer Ausdruck) sowie selbst implizite DO-Listen

<u>Innerhalb DATA</u>

        var :   muß vom Typ INTEGER sein

        anf , end , schr : sind arithmetische Ausdrücke, die nur Konstanten und benannte Konstanten vom Typ INTEGER enthalten dürfen sowie (INTEGER-)Laufvariablen von übergeordneten impliziten DO-Listen.

        doliste :   ist eine Liste, die Feldelemente und implizite DO-Listen enthalten kann.

Wirkung: 'var' durchläuft genauso wie bei der DO-Anweisung den angegebenen Wertebereich. Für jeden dieser Werte werden dabei alle Elemente von 'doliste' (mit entsprechender Ersetzung von 'var') zur Verfügung gestellt.

Erläuterungen

a) Zur Verdeutlichung wird in der nachstehenden Tabelle gezeigt, wie die impliziten DO-Listen in den Beispielen von 6.7.3 mit der oben angegebenen allgemeinen Form übereinstimmen:

Kap. 6.7.3 Beispiel Nr.	implizite DO-Liste	doliste	var = anf , end
1	(X (K) , K = 1 , 1000)	X (K)	K = 1 , 1000
2	(A (J , K) , K = 1 , 4)	A (J , K)	K = 1 , 4
3	((A (J , K) , K = 1 , 4) , J = 1 , 3)	(A (J , K) , K = 1 , 4)	J = 1 , 3

b) Die obigen Angaben kann man kurz wie folgt zusammenfassen: Wird eine DO-Liste bei der Ein-/Ausgabe benutzt, so gelten für die Laufvariable und ihren Wertebereich dieselben Bestimmungen wie bei einer DO-Anweisung. Innerhalb DATA sind dagegen nur INTEGER-Größen zulässig.

> **Empfehlung:** Auch bei der Ein-/Ausgabe beschränke man sich auf den Typ INTEGER, soweit dies möglich ist, da andere Datentypen in gleicher Weise wie bei der DO-Schleife zu Problemen führen können (s. das Beispiel in 5.3.4).

c) Man beachte, daß eine implizite DO-Liste in runde Klammern eingeschlossen werden muß. Ein solches Element kann dann selbst wieder in einer 'doliste' vorkommen (s. das Beispiel 3 in obiger Tabelle).

Beispiele

1. Bei einer Erhebung wurden für 800 Neugeborene das Geburtsgewicht G und die Länge L bestimmt. Für eine statistische Auswertung sollen die Daten in zwei Felder G (1 : 800) und L (1 : 800) eingelesen werden. Dies kann mit folgender Anweisung geschehen:

```
READ * , ( G ( J ) , L ( J ) , J = 1 , 800 )
```

Man beachte, daß hier nur **ein** READ * ausgeführt wird, das G(1) , L(1) , G(2) , L(2) , ... , G(800) , L(800) in seiner Eingabeliste hat. Als Eingabedaten müssen für jedes Kind die Werte für Gewicht und Länge paarweise aufeinander folgen.

2.
```
        DO    90     J = 1 , 3
               PRINT 1100 , 'Zeile' , J , ( A ( J , K ) , K = 1 , 4 )
 1100          FORMAT ( 1 H _ , A , I 3 , 4 F 10.3 )
     90 CONTINUE
```

Bei diesem Beispiel besteht die Eingabeliste von PRINT aus einer Zeichenkonstanten, der Laufvariablen J und einer impliziten DO-Liste. Insgesamt erhält man eine Ausgabe von A wie in Abb. 6.7.1 ; zusätzlich steht am Anfang einer jeden Zeile noch das Wort "Zeile" , gefolgt von der Zeilennummer.

3.   Man kann das Beispiel 2 auch ohne eine DO-Schleife gestalten und dafür geschachtelte DO-Listen verwenden. Etwa in der Art

```
        PRINT 1200 , ( ' Zeile ' , J , ( A ( J , K ) , K = 1 , 4 ) , J = 1 , 3 )
        1200 FORMAT ( 3 ( 1 H _ , A , I 3 , 4 F 10.3 / ) )
```

Aber hierbei läuft man sehr rasch Gefahr, komplizierte und schwer verständliche Gebilde zu erzeugen, die leicht fehleranfällig sind. Dagegen ist eine DO-Schleife wie im Beispiel 2 relativ einfach zu durchschauen. Deshalb die

Empfehlung: Man verzichte bei der Verwendung von impliziten DO-Listen auf komplizierte Konstruktionen und Schachtelungen (auch wenn FORTRAN sie zuläßt) zugunsten einer klar verständlichen Form.

4.   In der 'doliste' braucht die Laufvariable selbst gar nicht vorzukommen. So bewirkt z. B.

```
        PRINT * , ( ' - ' , K = 1 , M )
```

die Ausgabe einer Zeile mit M Minus-Zeichen, wobei M zuvor einen Wert erhalten haben muß. Derartiges kann man mit Vorteil bei graphischen Darstellungen verwenden.

5.   Mit den Anweisungen

```
        PRINT 1300 , ( K * 0.1 , K = 10 , 20 )
        1300 FORMAT ( 1 H _ , 11 F 5.1 )
```

erhält man die Ausgabe einer Zeile, in der die Werte 1.0 , 1.1 , 1.2 , ... , 2.0 aufeinander folgen.

6.9 Zuweisung von Anfangswerten mittels DATA

Bedeutung von DATA

Für die Zuweisung von Werten an Variablen oder Feldelemente gibt es neben der (arithmetischen) Wertzuweisung und der Eingabeanweisung auch noch die DATA-Anweisung. Etwa in der Form

$$DATA \quad PI \: / \: 3.14159 \: / \: , R \: / \: 1.2 \: /$$

was dieselbe Wirkung wie entsprechende Wertzuweisungen hat: PI bzw. R erhalten die in Schrägstrichen angegebenen Werte zugewiesen. Trotzdem besteht ein wesentlicher

Unterschied zwischen einer Wertzuweisung und DATA

Eine Wertzuweisung ist eine ausführbare Anweisung. Sie wird bei der Ausführung des Programms wirksam und kann bei Bedarf auch wiederholt ausgeführt werden, etwa in einer Schleife. Demgegenüber ist DATA eine nichtausführbare Anweisung. Sie wird bei der Übersetzung des Programms ausgewertet, noch ehe die Programmausführung beginnt, und dann nicht mehr.

Verwendung

DATA ist eine bequeme Möglichkeit, Variablen oder Feldern Anfangswerte zu geben ; sie haben sie dann bereits zu Beginn der Programmausführung, noch bevor eine ausführbare Anweisung abgearbeitet wurde. Steht man z. B. vor der Aufgabe, Variablen mit bestimmten Werten vorzubesetzen (**Initialisierung**), wie etwa

$$SUM = 0.0$$

in dem Programm FELD 1 von Abb. 6.4.1 in Zeile 20, so könnte man dies auch durch

$$DATA \quad SUM \: / \: 0.0 \: /$$

erreichen. SUM hat dann bereits beim Start des Programms diesen Wert und benötigt deshalb die Zuweisung in Zeile 20 nicht mehr. Die anschließende DO-Schleife für MWX verändert allerdings den Wert von SUM. Deshalb braucht man für die darauffolgende Summenbildung zur Berechnung von STRX die erneute Initialisierung von SUM durch die Wertzuweisung in Zeile 27. DATA wird nur einmal am Anfang wirksam. Insofern sollte man DATA für Initialisierungen von Schleifen nur mit äußerster Vorsicht benutzen.

Mit DATA könnte man auch eine Variable mit einem konstanten Wert, der sich während der ganzen Programmausführung nicht ändert, vorbesetzen, wie etwa PI in dem Beispiel am Anfang dieses Kapitels. Es ist aber besser, hierfür benannte Konstanten zu verwenden, die durch die PARAMETER-Anweisung ihre Werte erhalten (s. Kap. 6.10). Allerdings gibt es diese Möglichkeit erst seit FORTRAN 77, weshalb man früher auch bei konstanten Werten auf DATA angewiesen war.

Eine DATA-Anweisung hat ihren

Platz im Programm

hinter den Typanweisungen (und sonstigen Spezifikationsanweisungen). Weitere Einschränkungen macht die Norm nicht, doch empfiehlt es sich, die in Anhang A angegebene Reihenfolge der Anweisungen einzuhalten. Obwohl DATA auch zwischen ausführbaren Anweisungen stehen darf, ist es doch besser, sie davor zu plazieren, da sie ja vor ihnen wirksam wird.

Allgemein gilt :

DATA-Anweisung

Form :   DATA   nliste / cliste / $\big[\, [,] \,$ nliste / cliste / $\big]$ ...

mit   nliste : Liste von Variablen, Feldelementen, Feldnamen, implizite DO-Listen oder Teilketten (s. Kap. 8.1.6)

            cliste : Konstantenliste, deren Elemente die Form c oder r*c haben. Dabei ist c eine Konstante oder benannte Konstante und r ein Wiederholungsfaktor (vorzeichenlose positive Konstante bzw. benannte Konstante vom Typ INTEGER)

Wirkung: Die in einer 'nliste' aufgeführten Größen werden nacheinander mit den entsprechenden Werten der zugehörigen 'cliste' vorbesetzt. Dies geschieht vor Beginn der Programmausführung.

Beispiele

a)   ANZ sei INTEGER und KOEFF REAL. Dann bewirkt

            DATA ANZ / 0 / , KOEFF / 1.0 /

ebenso wie

            DATA ANZ , KOEFF / 0 , 1.0 /

daß ANZ = 0 und KOEFF = 1.0 wird. Dasselbe erreicht man auch mit

            DATA ANZ / 0 /
            DATA KOEFF / 1.0 /

b)   J , K und ANZ seien INTEGER. Dann besetzt

            DATA J , K , ANZ / 0 , 0 , 0 /

alle drei Variablen mit dem Wert 0. Gleichwertig dazu ist

            DATA J , K , ANZ / 3 * 0 /

Bedingungen für die Verwendung von DATA

a) Für jedes Element einer 'nliste' muß die zugehörige 'cliste' genau einen Wert bereitstellen. Enthält 'nliste' einen Feldnamen, so benötigt man hierfür aus der 'cliste' so viele Werte, wie das Feld Elemente enthält.

b) Die Elemente von 'nliste' und die ihnen aus 'cliste' zugeordneten Werte müssen im Typ zusammenpassen. Bei arithmetischen Größen erfolgt gegebenenfalls eine Typanpassung.

c) In einem FORTRAN-Programm (d. h. in einem Hauptprogramm und in sämtlichen zugehörigen Unterprogrammen, s. Kap. 7.2) darf einer Größe höchstens einmal mittels DATA ein Anfangswert zugewiesen werden.

Beispiele für DATA bei Feldern

a) Das durch   INTEGER TEMP (-20 : 80)   vereinbarte Feld wird durch

   DATA TEMP / 101 * 0 /

mit den Werten 0 vorbesetzt.

b) Sei durch   REAL A (1 : 3 , 1 : 4)

ein zweidimensionales Feld vereinbart (vgl. Kap. 6.7.2). Dann erhält es durch

   DATA A / 3 * 1.0 , 9 * 0.0 /

1.0	0.0	0.0	0.0
1.0	0.0	0.0	0.0
1.0	0.0	0.0	0.0

eine Vorbesetzung wie nebenstehend angegeben ; dabei seien die Feldelemente wie in Abb. 6.7.1 angeordnet.

Allgemein gilt : Steht in 'nliste' (nur) der Name eines Feldes, so werden bei der Zuweisung der Werte aus 'cliste' die Feldelemente in der Speicherreihenfolge (s. Kap. 6.7.2) angesprochen.

c) Soll das Feld A aus b) in der ersten Zeile mit 1.0 und sonst mit 0.0 besetzt werden, so gelingt dies mit

   DATA A / 1.0 , 2 * 0.0 , 1.0 , 2 * 0.0 , 1.0 , 2 * 0.0 , 1.0 , 2 * 0.0 /

Das ist ziemlich umständlich. Einfacher wird es bei Verwendung einer impliziten DO-Liste:

   DATA ((A (J , K) , K = 1 , 4) , J = 1 , 3) / 4 * 1.0 , 8 * 0.0 /

Hier werden die A (J , K) in der durch die DO-Liste festgelegten Reihenfolge angesprochen, also zeilenweise bez. obiger Anordnung.

Hinweis: Mit DATA kann man auch Größen vorbesetzen, die einen von INTEGER oder REAL verschiedenen Datentyp haben. Darauf wird in Kapitel 8 eingegangen.

Bemerkung

Verschiedene Compiler gestatten auch eine Verbindung von Typanweisung und Anfangswertzuweisung in der folgenden Form:

$$\text{INTEGER ANZ / 0 /}$$

Dies entspricht aber nicht der Norm, deshalb sollte man **davon auf keinen Fall Gebrauch machen.** Denn ein Abweichen von der Norm birgt die Gefahr in sich, daß man das Programm nicht ohne Änderungen durch einen anderen Computer ausführen lassen kann.

6.10 Die PARAMETER-Anweisung

Bedeutung

Die PARAMETER-Anweisung wurde in FORTRAN 77 neu geschaffen. Sie hat eine ähnliche Funktion wie DATA, jedoch definiert sie gleichzeitig eine "benannte Konstante", deren Wert im ganzen Programm nicht mehr geändert werden kann. Man verwendet deshalb PARAMETER vor allem dazu, um konstanten Werten (wie 3.14159) einen Namen zu geben (z. B. PI), den man dann anstelle des expliziten Wertes verwendet. (Früher gab es auch hierfür nur DATA; jetzt macht man dies zweckmäßiger mit PARAMETER.)

Darüber hinaus hat PARAMETER noch eine weitere Bedeutung: benannte Konstanten darf man auch bei der Festlegung von Feldgrenzen (s. Kap. 6.2 und 6.6) und in der DATA-Anweisung verwenden. Damit erhält man eine größere Flexibilität in der Programmgestaltung.

Beispiele

a)   Ist PI vom Typ REAL, so entspricht

$$\text{PARAMETER (PI = 3.14159)}$$

dem eingangs erwähnten Fall.

b) In früheren Programmbeispielen wurde die PARAMETER-Anweisung schon verschiedentlich verwendet: im Programm SCHEK 1 in Abb. 5.1.1 und im Programm DODO in Abb. 5.3.3.

c) Im Programm OPTIK 1 von Abb. 4.7.3 empfiehlt es sich, die Wertzuweisungen in den Zeilen 14 und 15 durch

$$\text{PARAMETER (PI = 3.1415927 , BOG = PI / 180)}$$

zu ersetzen, da es sich hier um Programmkonstanten handelt.

Das Beispiel c) zeigt, daß in einer PARAMETER-Anweisung auch ein arithmetischer Ausdruck verwendet werden darf, während bei DATA nur Konstanten zugelassen sind. Allgemein gilt:

PARAMETER-Anweisung

Form :   PARAMETER (name = ausdr [, name = ausdr] ...)

mit   name : Name (s. Kap. 3.4)

           ausdr : Ausdruck, der zum Typ von 'name' paßt und nur Konstanten und benannte Konstanten (die bereits früher definiert wurden) enthält

Wirkung: ● In diesem Programm ist 'name' der Name einer benannten Konstanten.

           ● Sie erhält als Wert den Wert des zugehörigen Ausdrucks 'ausdr'.

           ● Im weiteren Programm kann der Wert dieser benannten Konstanten nicht mehr geändert werden.

Erläuterungen

a) Äußerlich sieht man es einem Namen wie z. B. PI nicht an, ob es sich um eine Variable oder um eine benannte Konstante handelt. Letzteres ist PI dann, und nur dann, wenn PI in einer PARAMETER-Anweisung als 'name' vorkommt.

b) Sei PI vom Typ REAL, dann weist sowohl

$$\text{DATA PI / 3.14159 /}$$

als auch

$$\text{PARAMETER (PI = 3.14159)}$$

PI den Wert 3.14159 zu. Im ersten Fall kann aber dieser Wert auch noch geändert werden, im zweiten Fall nicht mehr.

Bemerkungen

a)   Zu 'name' gehört auch ein Datentyp. Es empfiehlt sich, diesen vorher explizit zu vereinbaren, um die Gefahren der FORTRAN-Konvention zu vermeiden. Vergleiche das untenstehende Beispiel.

b)   Die PARAMETER-Anweisung ist eine nichtausführbare Anweisung. Sie kann vor, zwischen oder nach den Typanweisungen (und sonstigen Spezifikationsanweisungen) stehen, muß aber vor DATA stehen. Es empfiehlt sich, die in Anhang A angegebene Reihenfolge der Anweisungen einzuhalten: zuerst die Typanweisungen für die benannten Konstanten, dann PARAMETER, dann die restlichen Typanweisungen einschließlich der Feldvereinbarungen.

Beispiel

Der folgende Programmausschnitt zeigt, wie benannte Konstanten für eine flexible Programm-gestaltung eingesetzt werden können:

```
1         INTEGER GRENZE, ANZ
2         PARAMETER ( ANZ = 4 )
3         PARAMETER (  GRENZE = ANZ * (ANZ + 1) / 2  )
4         REAL FELD ( 1:GRENZE )
5         DATA FELD / GRENZE * 1.0 /
```

Hier wird ein Feld namens FELD vereinbart, dessen Größe GRENZE von einem Parameter ANZ abhängt. Anschließend wird es durch DATA mit den Werten 1.0 vorbesetzt, wobei die benannte Konstante GRENZE als Wiederholungsfaktor dient. Während man die Feldvereinbarung auch ohne GRENZE direkt mittels

$$REAL\ FELD\ (\ 1:ANZ*(ANZ+1)/2\ )$$

hätte erreichen können, ist in der DATA-Anweisung GRENZE erforderlich, weil dort ein entsprechender arithmetischer Konstantenausdruck nicht zugelassen ist.

Hinweis: Man beachte, daß die PARAMETER-Anweisung trotz der Namensgleichheit nichts mit Parametern von Unterprogrammen zu tun hat (s. Kap. 7) !

6.11 Verwendungsmöglichkeiten von Feldern

Felder werden häufig benutzt, da sie in vielen Situationen die geeignete Datenstruktur darstellen. Dies trifft immer dann zu, wenn Daten in Form einer Matrix oder eines Vektors vorliegen bzw. als Tabelle gegeben sind. Beispiele hierfür sind

- die Koeffizienten eines linearen Gleichungssystems oder eines linearen Optimierungsproblems

- Kurstabellen für verschiedene Währungen

- die Verwaltung der Bildpunkte eines Bildschirms in der graphischen Datenverarbeitung

Felder sind im Arbeitsspeicher des Computers untergebracht. Dies hat zur Folge, daß auf die einzelnen Feldelemente direkt und in kurzer Zeit zugegriffen wird. Dieser Aspekt fällt besonders stark bei der Verarbeitung sehr großer Felder ins Gewicht, etwa bei der Lösung eines Systems von 200 Gleichungen mit 200 Unbekannten oder wenn für die Ausgabe einer Grafik 300 x 700 Bildschirmpunkte zu berechnen sind. (Demgegenüber sind Dateien - eine weitere Möglichkeit zur Speicherung großer Datenmengen, vgl. Kap. 11 - außerhalb des Arbeitsspeichers untergebracht, wodurch der Zugriff auf ihre Elemente wesentlich länger dauert.)

Bei der Bearbeitung von Feldern gibt es einige typische Aufgabenstellungen:

- Durchsuchen nach einem bestimmten Element
- Ermitteln des größten oder kleinsten Elements
- Sortieren der Feldelemente

Grundsätzlich bieten Felder eine bequeme Möglichkeit, Datenelemente, deren Zahl sehr groß sein kann, in einfacher Weise zu verwalten und auf gleiche Art zu behandeln. Zwei Beispiele hierzu folgen im nächsten Kapitel.

6.12 Programmbeispiele

6.12.1 Ermittlung des Maximums von n Elementen (I)

Aufgabe

Wir betrachten n Elemente a_1 , ... , a_n , die in einem Feld abgespeichert sind. Gesucht ist ihr Maximum. Dabei soll nicht nur der Wert des größten Elements ermittelt werden, sondern auch sein Index, d. h., an welcher Stelle im Feld es steht. Falls mehrere Elemente den maximalen Wert annehmen, interessiert nur dasjenige mit dem niedrigsten Index.

Lösung

Zunächst ermittelt man das Maximum von a_1 und a_2 ; max sei sein Wert und posmax sein Index. Dann vergleicht man max nacheinander mit a_3 , a_4 , a_5 ... usw. Jedesmal, wenn dabei ein a_i größer ist als das bisherige Maximum max, nimmt es die Stelle von max ein, und sein Index wird zu posmax. Damit ist max stets das Maximum der bis dahin betrachteten Elemente und posmax sein Index.

Der folgende Algorithmus verfährt auf diese Weise. Er enthält aber noch eine kleine Modifikation: Man braucht am Anfang keine eigenen Anweisungen, um das Maximum von a_1 und a_2 zu ermitteln. Vielmehr genügt es, wenn man zunächst a_1 als Maximum nimmt und dann a_2 genauso behandelt wie a_3 , a_4 , ... usw.

Algorithmus

```
max : = a
        1
posmax : = 1
DOFOR i : = 2 TO n STEP 1
    IF a  > max THEN
        i
        max : = a
                i
        posmax : = i
    ENDIF
ENDDO
```

Programmbeschreibung

Das Programm in Abb. 6.12.1 erhält man durch unmittelbares Umsetzen des Pseudocodes in FORTRAN-Anweisungen. Hinzu kommt noch am Anfang die Eingabe der Elemente a_1 , ... , a_n und am Ende die Ausgabe des Maximums und seiner Position. Das Maximum max wird im Programm mit MAXA bezeichnet, um Verwechslungen zu vermeiden, da es in FORTRAN eine Standardfunktion namens MAX gibt (s. Anhang B2). Die Speicherung der Elemente geschieht in einem Feld mit 1000 Plätzen; die Anzahl n kann also beliebig zwischen 1 und 1000 liegen (vgl. Kap. 6.5). Ist n nicht größer als 1000, so erfolgt die Eingabe der n Elemente mittels einer impliziten DO-Liste (Zeile 23) ;   READ * , A wäre hier nicht brauchbar, da hiermit immer 1000 Elemente eingelesen würden. Als erstes wird allerdings n eingelesen und mit 1000 verglichen; falls es zu groß ist, erfolgt nach einer Fehlermeldung die vorzeitige Beendigung des Programms.

Eine solche vorzeitige Beendigung des Programms (auch Programmabbruch oder BREAK genannt) ist verschiedentlich in Algorithmen oder Programmen erforderlich : An irgendeiner Stelle - evtl. auch an mehreren - kann es sich ergeben, daß eine Fortsetzung des Programms nicht mehr sinnvoll ist; dies wird z. B. aufgrund einer entsprechenden Prüfung deutlich. Dann ist das Programm zu beenden. Das kann folgendermaßen geschehen: Wie in Abb. 6.12.1

(Zeile 21) springt man an das Ende des Programms. Dies bedeutet zwar die Verwendung einer zusätzlichen GOTO-Anweisung, doch beeinträchtigt das die Klarheit der Programmstruktur nicht. Das STOP am Programmende erhält hierzu eine ausgezeichnete Anweisungsnummer; wir wählen dafür 999. Damit enthält das ganze Programm immer nur **eine** STOP-Anweisung, und diese am Ende des Programms, an dem damit auch stets die Programmausführung endet. Überdies kann man am Vorkommen der ausgezeichneten Anweisungsnummer (999) erkennen, daß das Programm ein BREAK enthält.

```
1            PROGRAM MAX1
2     *-------------------------------------------------------*
3     * Ermittelt das Maximum von N Elementen, die in ein Feld einge- *
4     *    lesen werden, sowie seine Position im Feld          *
5     *                                                        *
6     * Variablen : N        : Anzahl der Elemente (E)         *
7     *             A        : Feld, das die Elemente aufnimmt *
8     *             MAXA     : Maximum (A)                      *
9     *             POSMAX : Position des Maximums in diesem Feld (A) *
10    *                                                        *
11    * Beschraenkung : N <= 1000                              *
12    *-------------------------------------------------------*
13          INTEGER I, N, POSMAX
14          REAL MAXA
15          REAL A( 1:1000 )
16
17    * Eingabe von N und den Elementen
18          READ *, N
19          IF ( N .GT. 1000 ) THEN
20             PRINT *, '**** Es sind zu viele Elemente !'
21             GOTO 999
22          ENDIF
23          READ *, ( A(I), I = 1,N )
24
25    * Ermittlung des Maximums
26          MAXA = A(1)
27          POSMAX = 1
28          DO 10 I = 2, N
29             IF ( A(I) .GT. MAXA ) THEN
30                MAXA = A(I)
31                POSMAX = I
32             ENDIF
33       10 CONTINUE
34
35    * Ausgabe
36          PRINT *, 'Das maximale Element ist ', MAXA, ' auf Platz ',
37         $          POSMAX
38
39      999 STOP
40          END
```

Abb. 6.12.1 Programm zur Ermittlung des größten Elements in einem Feld, einschließlich seiner Position im Feld

6.12.2 Berechnung von Werten eines Polynoms

Aufgabe

Für ein Polynom vom Grade n

$$a_n x^n + a_{n-1} x^{n-1} + \ldots + a_1 x + a_o$$

soll der Funktionswert an einer beliebigen Stelle x berechnet werden. Das Programm ist so zu organisieren, daß zuerst n eingelesen wird und dann die Koeffizienten a_n , a_{n-1} , $\ldots$, a_1 , a_o, die in einem Feld abzuspeichern sind. Anschließend ist nach Eingabe von x der zugehörige Polynomwert zu berechnen und dies so lange zu wiederholen, bis x = 0 eingegeben wird. Die Eingabe erfolge im Dialog.

Lösung

Den Polynomwert kann man nach der folgenden Formel (Horner-Schema) berechnen:

$$y = (\ldots ((a_n x + a_{n-1}) x + a_{n-2}) x + \ldots + a_1) x + a_o \tag{1}$$

Da man die Koeffizienten in einem Feld speichern wird, darf n einen maximalen Wert (maxgr) nicht überschreiten; man wird deshalb zunächst n mit maxgr vergleichen und gegebenenfalls das Programm beenden. Die wiederholte Berechnung der Polynomwerte geschieht zweckmäßigerweise in einer DOFOREVER-Schleife. Die Eingabe im Dialog erfolgt entsprechend dem Programm OPTIK 1 in Abb. 4.7.3.

Algorithmus

```
    (jeder Eingabe geht eine entsprechende Eingabe-Aufforderung voraus)

    Eingabe: n
    IF n  > maxgr THEN
        Fehlermeldung und Programmabbruch
    ENDIF
    Eingabe: a_n , a_{n-1} , ... , a_o
    DOFOREVER
        Eingabe: x
    EXIT: IF x= 0.0
        berechne y nach (1)
        Ausgabe: x , y
    ENDDO
```

Für die Berechnung von y überlegt man sich noch, daß in (1) immer wieder der Inhalt einer Klammer mit x multipliziert und ein a_i dazu addiert wird, beginnend mit a_n als erstem "Klammerinhalt", bis schließlich a_0 addiert wurde. Dies bedeutet, daß (1) durch die folgende Schleife realisiert werden kann :

$$s := a_n$$
$$\textbf{DOFOR } i := n-1 \textbf{ TO } 0 \textbf{ STEP } -1$$
$$s := s * x + a_i$$
$$\textbf{ENDDO}$$

Programmbeschreibung

Das in Abb. 6.12.2 angegebene Programm ist eine direkte Übertragung des Pseudocodes. MAXGR wird in einer PARAMETER-Anweisung festgelegt und kann dort bei Bedarf mühelos geändert werden. Die Polynomkoeffizienten werden nach fallender Ordnung angesprochen (Zeile 37 und 46) ; dies ist ein Beispiel für eine Laufvorschrift mit negativer Schrittweite.

```
 1          PROGRAM POLYN
 2    *-----------------------------------------------------------*
 3    * Ermittelt solange den Wert eines Polynoms fuer verschiedene *
 4    *    Argumente X, bis  X = 0  eingegeben wird.                *
 5    *                                                            *
 6    * Variablen : N : Grad des Polynoms (E)                      *
 7    *             A : Feld fuer die Koeffizienten des Polynoms   *
 8    *                 (Eingabe nach fallenden Potenzen)          *
 9    *             X : Argument (E)                               *
10    *             Y : Polynomwert (A)                            *
11    *                                                            *
12    * Beschraenkung : N <= 20. Bei Bedarf Aenderung des Wertes fuer *
13    *          den Maximalgrad (MAXGR) in der Parameteranweisung. *
14    *-----------------------------------------------------------*
15          INTEGER MAXGR
16          PARAMETER ( MAXGR = 20 )
17          INTEGER I, N
18          REAL X, Y, S
19          REAL A( 0:MAXGR )
20
21    * Eingabe der Polynomdaten
22          PRINT *, 'Geben Sie den Grad des Polynoms ein (max',
23         $          MAXGR, '):'
24         READ *, N
25         IF ( N .GT. MAXGR ) THEN
26             PRINT *, 'Der Grad ist zu hoch !'
27             PRINT *, 'Kann nur bearbeitet werden nach Programmaen',
28         $           'derung.'
29             PRINT *, 'Daher wird die Ausfuehrung des Programms ',
30         $           'jetzt beendet.'
31            GOTO 999
32          ENDIF
```

```
33            PRINT *, 'Geben Sie die Koeffizienten des Polynoms nach ',
34        $           'fallenden Potenzen '
35            PRINT *, 'geordnet ein. Ein Koeffizient = 0 ist auch ',
36        $           'anzugeben !'
37            READ *, ( A(I), I = N, 0, -1 )
38
39   * Eingabe von X, Berechnung von Y und Ausgabe, solange bis X=0
40   ***** DOFOREVER
41   10     CONTINUE
42            PRINT *, 'Geben Sie das Argument ein :'
43            READ *, X
44        IF ( ABS(X) .LT. 1E-6 ) GOTO 30
45            S = A(N)
46            DO 20 I = N-1, 0, -1
47              S = S*X + A(I)
48   20       CONTINUE
49            Y = S
50            PRINT *, ' Argument :', X, '      Polynomwert :', Y
51          GOTO 10
52   ***** ENDDO
53   30     CONTINUE
54
55   999    STOP
56          END
```

Abb. 6.12.2 Programm zur Berechnung von Werten eines Polynoms, dessen Koeffizienten zuvor eingelesen werden

Abb. 6.12.3 zeigt ein Ablaufprotokoll dieses Programms. Die Eingaben sind dabei mit einem Pfeil markiert. Anhand eines solchen Protokolls kann man über Möglichkeiten zur Verbesserung des Programms nachdenken. In Abb. 6.12.3 fällt der plötzliche Abbruch der Ausgabe auf: Wird nach der Eingabeaufforderung für x der Wert 0.0 eingegeben, so endet das Programm ohne irgendwelchen Kommentar. Besser wäre es, dann noch eine "Schlußbemerkung" (z. B. "Programmende") auszugeben. Im Programm kann man diese nach Zeile 53 einfügen. Ferner könnten Leerzeilen das Bild etwas auflockern, etwa vor jeder Eingabeaufforderung für x. Auch das läßt sich mühelos bewerkstelligen, indem man vor Zeile 42 ein PRINT * einfügt.

```
    Geben Sie den Grad des Polynoms ein (max          20):
 -> 4
    Geben Sie die Koeffizienten des Polynoms nach fallenden Potenzen
    geordnet ein. Ein Koeffizient = 0 ist auch anzugeben !
 -> 1.2
 -> -2.73
 -> 0
 -> 0
 -> -7.68
    Geben Sie das Argument ein :
 -> -2
```

```
     Argument : -2.0000000        Polynomwert :  33.360000
  Geben Sie das Argument ein :
→ -1.5
     Argument : -1.5000000        Polynomwert :  7.6087499
  Geben Sie das Argument ein :
→ 2
     Argument :  2.0000000        Polynomwert : -10.320000
  Geben Sie das Argument ein :
→ -1.2231
     Argument : -1.2231000        Polynomwert :  .67460537-003
  Geben Sie das Argument ein :
→ 2.6277
     Argument :  2.6277000        Polynomwert : -.83404779-003
  Geben Sie das Argument ein :
→ 0.0
```

Abb. 6.12.3 Ablaufprotokoll zur Ausführung des Programms von Abb. 6.12.2

Übungen zu Kapitel 6

Kontrollfragen

- Was versteht man unter dem Begriff "Feld"? Wie können in FORTRAN Felder vereinbart werden, und wo werden Dimension und Größe des Feldes festgelegt?

- Wie können in einem Programm Felder bzw. einzelne Feldelemente mit Werten vorbesetzt werden? Wie lassen sich diese Werte später wieder ansprechen und verändern?

- In welcher Reihenfolge werden Feldelemente eingelesen bzw. ausgegeben, wenn nur der Feldname in der Ein-/Ausgabeanweisung angegeben ist? Durch welche Maßnahmen kann man die Reihenfolge selbst festlegen?

- Wenn die Größe eines Feldes zu Beginn des Programms festgelegt wurde, ist es dann noch möglich, die Feldgröße später im Programm zu manipulieren?

- Wodurch unterscheidet sich die DATA- von der PARAMETER-Anweisung? Welche Verwendungsmöglichkeit hat die eine, welche die andere Anweisung?

- Was versteht man unter einer ausführbaren bzw. nichtausführbaren Anweisung? Man erläutere den Unterschied und die Konsequenzen am Beispiel der DATA-Anweisung und der Wertzuweisung.

Aufgaben

6.1 Schreiben Sie das Programm aus Abb. 6.4.1 so um, daß es je nach Bedarf zwischen 10 und 1500 Meßwerte einlesen kann und für diese die statistischen Größen ermittelt (vgl. Kap. 6.5).

6.2 a) Man schreibe ein Programm, das einen DM-Betrag, der kleiner als 100,- DM sein soll, einliest und dann berechnet, mit welchen Scheinen und Münzen dieser Betrag ausgezahlt werden kann. Gesucht ist eine Lösung, die mit minimaler Anzahl von Münzen und Scheinen auskommt. Dabei wird vorausgesetzt, daß unbeschränkt viele Scheine und Münzen jeder Sorte zur Verfügung stehen.

b) Wie ändert sich der Algorithmus und das Programm, wenn von jeder Sorte nur wenige, evtl. auch keine Stücke vorhanden sind?

6.3 a) Es ist eine Statistik zu erstellen, der eine Klasseneinteilung nach einem numerischen Merkmal zugrunde liegt. Bis zu 15 verschiedene Klassen sind vorgesehen. Entwickeln Sie ein Programm, das zuerst die Anzahl der Klassen und danach zu jeder einzelnen Klasse die absolute Häufigkeit einliest. Aus den absoluten Häufigkeiten sollen dann die relativen Häufigkeiten in Prozenten errechnet werden. Gewünscht ist schließlich eine Übersichtsdarstellung als Balkendiagramm in der folgenden Form:

Klasse 1	xxxxx	20,0	1713
Klasse 2	xxxxxxxxxxxxxx	60,0	5138
.			
.			
.			
Klasse n	x	3,0	257
	20 40 60 80 100	relative Häufigkeit in Prozenten	absolute Häufigkeit

b) Verändern Sie das Programm aus a) so, daß die einzelnen Klassen im Balkendiagramm nach der Häufigkeit aufsteigend (absteigend) sortiert ausgegeben werden.

6.4 a) Schreiben Sie ein neues Programm für die Aufgabe "Vertreterstatistik" aus Kap. 5.3.5. Diesmal sollen die Einzelumsätze der 5 Arbeitstage für alle 18 Vertreter in ein zweidimensionales Feld eingelesen werden. Erst nach der vollständigen Eingabe aller Daten erfolgt dann die Bestimmung und Ausgabe der Wochenumsätze.

b) Erweitern Sie das Programm aus a) so, daß zusätzlich zum Wochenumsatz folgende Angaben ermittelt und ausgegeben werden:

1. Mittlerer Umsatz am Montag, Dienstag, ... usw.
2. Höchster Tagesumsatz eines Vertreters in der Woche
3. Umsatzstärkster Wochentag

6.5 a) Für reelle 3x3-Matrizen schreibe man ein Programm, das zuerst zwei Matrizen, A und B, einliest. Dann soll - abhängig von der Wahl des Benutzers - eine der drei folgenden Operationen ausgeführt werden:

$$1. \quad A + B$$
$$2. \quad A \cdot B$$
$$3. \quad c \cdot A$$

wobei $c \in R$ ein ebenfalls einzulesender Skalar ist. Das Programm soll mit der Ausgabe der Ergebnismatrix enden.

b) Man modifiziere das Programm so, daß es n x n-Matrizen verarbeiten kann, wenn $n \leq 15$ ist.

6.6 Man schreibe ein Programm, das eine Multiplikationstabelle für das große Einmaleins (bis 20) ausdruckt, und zwar

- unter Benutzung von Feldern, aber ohne implizite DO-Schleife
- unter Benutzung von impliziten DO-Schleifen, aber ohne Felder

6.7   Eine 10x10-Matrix soll in einem Programm so mit Werten vorbesetzt werden, daß in der ersten Zeile (Spalte) lauter Einsen, in der zweiten Zeile (Spalte) Zweien stehen, usw. Geben Sie hierfür DATA-Anweisungen an.

7. Unterprogramme

Unterprogramme benutzt man aus zwei Gründen. Zum einen gestatten sie, einen Programmteil, der an verschiedenen Stellen des Programms benötigt wird, einmal zu erstellen und dann bei Bedarf aufzurufen und zu aktivieren. Hier dienen Unterprogramme der Ökonomie beim Programmieren. Kapitel 7.1 führt diesen Aspekt genauer aus. Zum anderen kann man Unterprogramme auch dazu verwenden, das gesamte Programm zu gliedern und es in kleinere, überschaubare Einheiten aufzuteilen, die weitgehend unabhängig voneinander sind. Dabei steht weniger der ökonomische Aspekt als vielmehr die Übersichtlichkeit und Verständlichkeit eines Programms im Vordergrund. Damit befaßt sich Kapitel 7.7. Kapitel 7.2 bringt einen Überblick über die verschiedenen Formen von Unterprogrammen, die es in FORTRAN gibt; sie werden in 7.3 und 7.4 genauer beschrieben. Kapitel 7.5 behandelt Anweisungsfunktionen und Kapitel 7.6 bringt - ergänzend zu Kapitel 3.8 - nähere Angaben zu Standardfunktionen.

7.1 Beispiele zur Verwendung von Unterprogrammen

In Kapitel 5 wurde gezeigt, wie man eine Gruppe von Anweisungen mit Hilfe einer Schleife mehrmals hintereinander ausführen lassen kann. Benötigt man aber diese Anweisungen an verschiedenen Stellen des Programms, so helfen Schleifen nicht weiter, vielmehr sind dann die Anweisungen an jeder benötigten Stelle des Programms erneut anzugeben.

Abb. 7.1.1 zeigt ein Beispiel hierzu. Das Programm OPTIK 2 ist eine Modifikation des Programms OPTIK 1 aus Abb. 4.7.3 dahingehend, daß die Eingabedaten vor der weiteren Verarbeitung zuerst überprüft werden. Dabei wird vorausgesetzt, daß nur ein Einfallswinkel zwischen 0 und 90 Grad sinnvoll ist und daß der Brechungsindex zwischen 1.0 und 5.0 liegen muß. Die Eingabe und die Prüfung der Daten geschieht in zwei DOFOREVER-Schleifen (Zeilen 17 - 26 und 29 - 38). Sind die Daten nicht korrekt, so erfolgt jeweils eine Fehlermeldung und eine erneute Eingabeaufforderung. Dies wird so lange wiederholt, bis die Eingabe fehlerfrei ist. Ansonsten ist das Programm mit OPTIK 1 identisch, ausgenommen die Wertzuweisungen an PI und BOG mittels PARAMETER (Zeile 12).

```
 1            PROGRAM OPTIK2
 2      *-------------------------------------------------------------*
 3      * Berechnung des Brechungswinkels eines Lichtstrahles.        *
 4      * Version 2: Mit Pruefung der Eingabedaten und Fehlermeldung   *
 5      *                                                             *
 6      * Variablen :                                                 *
 7      *    GALFA, BALFA : Einfallswinkel in Grad (E) bzw. Bogenmass *
 8      *    GBETA, BBETA : Brechungswinkel in Grad (A) bzw. Bogenmass*
 9      *    N            : Brechungsindex des Mediums (E)            *
10      *-------------------------------------------------------------*
11            REAL PI, BOG
12            PARAMETER ( PI = 3.1415927, BOG = PI / 180 )
13            REAL GALFA, GBETA, N, BALFA, BBETA
14
15      * Eingabe
16
17      ***** DOFOREVER
18      10      CONTINUE
19              PRINT *, 'Geben Sie den Einfallswinkel in Grad an :'
20              READ *, GALFA
21            IF (( 0.0 .LE. GALFA ) .AND. ( GALFA .LE. 90.0 )) GOTO 20
22              PRINT *, 'Die Groesse liegt ausserhalb des zulaessigen',
23          $            ' Bereichs.'
24              PRINT *, 'Bitte wiederholen Sie die Eingabe :'
25            GOTO 10
26      ***** ENDDO
27      20      CONTINUE
28
29      ***** DOFOREVER
30      30      CONTINUE
31              PRINT *, 'Geben Sie den Brechungsindex an :'
32              READ *, N
33            IF (( 1.0 .LE. N ) .AND. ( N .LE. 5.0 )) GOTO 40
34              PRINT *, 'Die Groesse liegt ausserhalb des zulaessigen',
35          $            ' Bereichs.'
36              PRINT *, 'Bitte wiederholen Sie die Eingabe :'
37            GOTO 30
38      ***** ENDDO
39      40      CONTINUE
40
41      * Berechnung des Brechungswinkels
42            BALFA = GALFA * BOG
43            BBETA = ASIN ( SIN(BALFA/N) )
44            GBETA = BBETA / BOG
45
46      * Ausgabe
47            PRINT *, 'Einfallswinkel (Vakuum) :', GALFA, ' Grad'
48            PRINT *
49            PRINT *, 'Brechungswinkel :', GBETA, ' Grad'
50            PRINT *, 'in Medium mit Brechungsindex ', N
51
52            STOP
53            END
```

Abb. 7.1.1 Das Programm aus Abb. 4.7.3 mit zusätzlicher Überprüfung der Eingabedaten

Bemerkung

Dies ist ein Beispiel für Zuverlässigkeit und "Benutzerfreundlichkeit" eines Programms: Die eingegebenen Daten werden vor der weiteren Verarbeitung zuerst überprüft, fehlerhafte Daten nicht bearbeitet (es kämen ja doch nur unbrauchbare Ergebnisse heraus) und der Benutzer auf den Fehler hingewiesen. Dann wird die Eingabeaufforderung wiederholt.

Man beachte aber, wie sehr durch diese Maßnahmen das Programm gegenüber OPTIK 1 "aufgebläht" wird. Das läßt sich jedoch nicht vermeiden, sondern ist vielmehr der Preis für die Zuverlässigkeit und Benutzerfreundlichkeit eines Programms.

Die Fehlermeldung erfolgt an zwei Stellen des Programms; an jeder stehen die beiden zugehörigen PRINT-Anweisungen (Zeilen 22-24 und 34-36). Das ist hier sicher kein sonderlicher Aufwand. Sind es aber jeweils nicht 2, sondern 20 Anweisungen, und werden diese auch noch an anderen Stellen des Programms benötigt, so wäre es angenehm, wenn man dieses Programmstück nur einmal zu formulieren bräuchte und dann überall dort, wo man es benötigt, etwa durch Angabe eines Namens aktivieren könnte. Entsprechendes gilt auch, wenn eine Funktion an verschiedenen Stellen eines Programms zu berechnen ist. Handelt es sich dabei nicht um eine Standardfunktion (s. Kap. 3.8), so wird der Programmieraufwand erheblich. Es sei denn, man kann die Funktion an einer Stelle des Programms niederschreiben und dann mit einem geeigneten Funktionsnamen an den gewünschten Stellen aufrufen, wie bei Standardfunktionen.

```
 1         PROGRAM OPTIK3
 2   *-------------------------------------------------------------------*
 3   * Berechnung des Brechungswinkels eines Lichtstrahls.               *
 4   * Version 3: Mit Pruefung der Eingabedaten; Fehlermeldung durch     *
 5   *            eine parameterlose Subroutine.                         *
 6   *                                                                   *
 7   * Variablen :                                                       *
 8   *    GALFA, BALFA : Einfallswinkel in Grad (E) bzw. Bogenmass       *
 9   *    GBETA, BBETA : Brechungswinkel in Grad (A) bzw. Bogenmass      *
10   *    N            : Brechungsindex des Mediums (E)                  *
11   *                                                                   *
12   * Unterprogramm : TEXT3 : Ausgabe der Fehlermeldung                 *
13   *-------------------------------------------------------------------*
14         REAL PI, BOG
15         PARAMETER ( PI = 3.1415927, BOG = PI / 180 )
16         REAL GALFA, GBETA, N, BALFA, BBETA
17
18   * Eingabe
19
20   ***** DOFOREVER
21   10      CONTINUE
22           PRINT *, 'Geben Sie den Einfallswinkel in Grad an :'
23           READ *, GALFA
24         IF (( 0.0 .LE. GALFA ) .AND. ( GALFA .LE. 90.0 )) GOTO 20
25         CALL TEXT3
26         GOTO 10
27   ***** ENDDO
```

```
28   20      CONTINUE
29
30   ***** DOFOREVER
31   30      CONTINUE
32            PRINT *, 'Geben Sie den Brechungsindex an :'
33            READ *, N
34           IF (( 1.0 .LE. N ) .AND. ( N .LE. 5.0 )) GOTO 40
35            CALL TEXT3
36           GOTO 30
37   ***** ENDDO
38   40      CONTINUE
39
40   * Berechnung des Brechungswinkels
41           BALFA = GALFA * BOG
42           BBETA = ASIN ( SIN(BALFA/N) )
43           GBETA = BBETA / BOG
44
45   * Ausgabe
46           PRINT *, 'Einfallswinkel (Vakuum) :', GALFA, ' Grad'
47           PRINT *
48           PRINT *, 'Brechungswinkel :', GBETA, ' Grad'
49           PRINT *, 'in Medium mit Brechungsindex', N
50
51           STOP
52           END
53
54
55           SUBROUTINE TEXT3
56   *-------------------------------------------------------------*
57   * Ausgabe einer Fehlermeldung                                 *
58   *-------------------------------------------------------------*
59           PRINT *, 'Die Groesse liegt ausserhalb des zulaessigen ',
60         $           'Bereichs.'
61           PRINT *, 'Bitte wiederholen Sie die Eingabe :'
62
63           RETURN
64           END
```

Abb. 7.1.2 Das Programm aus Abb. 7.1.1 in der Form eines Hauptprogramms mit einem parameterlosen SUBROUTINE-Unterprogramm

Etwas Derartiges ist mit Hilfe von Unterprogrammen möglich. Wie dies für das Programm OPTIK 2 aussieht, zeigt Abb. 7.1.2. Hier besteht das Programm aus zwei Teilen: einem Hauptprogramm mit dem Namen OPTIK 3 (ab Zeile 1) und einem Unterprogramm namens TEXT 3 (ab Zeile 55). Das **Unterprogramm** enthält in Zeile 59 - 61 die Fehlermeldung aus OPTIK 2, also gerade diejenigen Anweisungen, die dort an mehreren (d. h. an zwei) Stellen vorkamen. Davor steht die Anweisung SUBROUTINE TEXT 3, danach folgt der Abschluß durch RETURN und END. Das **Hauptprogramm** OPTIK 3 ist identisch mit OPTIK 2, nur daß überall dort, wo in OPTIK 2 die Fehlermeldung stand, jetzt die Anweisung CALL TEXT 3 steht.

Die Ausführung dieses Programms beginnt mit OPTIK 3 und läuft dann genauso ab wie bisher. Dabei wirken die (ausführbaren) Anweisungen CALL TEXT 3 in Zeile 25 und 35 so, als stünden dort die Anweisungen von Zeile 59 - 61, also die Anweisungen des Unterprogramms TEXT 3 (außer den "einrahmenden" Anweisungen von Zeile 55 und 63, 64). Somit werden insgesamt dieselben Anweisungen ausgeführt wie im Programm OPTIK 2, und das Programm in Abb. 7.1.2 hat dieselbe Funktion wie OPTIK 2.

Bereits dieses Beispiel macht deutlich, welche **Vorteile** die Verwendung von Unterprogrammen hat:

- übersichtlichere Programmgestaltung
- geringere Fehleranfälligkeit
- kürzere Programme

Abb. 7.1.3 zeigt noch ein Ablaufprotokoll, das sowohl zu OPTIK 2 wie auch zu OPTIK 3 gehört; beide Programme machen dasselbe. Die Eingabedaten sind dabei mit einem Pfeil markiert.

```
     Geben Sie den Einfallswinkel in Grad an :
 —→ 90.5
     Die Groesse liegt ausserhalb des zulaessigen Bereichs.
     Bitte wiederholen Sie die Eingabe :
     Geben Sie den Einfallswinkel in Grad an :
 —→ 35.8
     Geben Sie den Brechungsindex an :
 —→ .49
     Die Groesse liegt ausserhalb des zulaessigen Bereichs.
     Bitte wiederholen Sie die Eingabe :
     Geben Sie den Brechungsindex an :
 —→ 1.49
     Einfallswinkel (Vakuum) :   35.800000     Grad

     Brechungswinkel :   24.026845     Grad
     in Medium mit Brechungsindex    1.4900000
```

Abb. 7.1.3 Ablaufprotokoll zu dem Programm OPTIK 2 von Abb. 7.1.1 bzw. OPTIK 3 von Abb. 7.1.2

7.2 Hauptprogramm, Unterprogramme und Programmeinheiten

Solange keine Unterprogramme ins Spiel kommen, besteht ein FORTRAN-Programm aus einer Folge von Anweisungen, die mit einer PROGRAM-Anweisung beginnen kann und mit der END-Anweisung abschließt (vgl. Kap. 4.6). Diese Form hat auch das Hauptprogramm in Abb. 7.1.2, und genaugenommen ist das, was wir bisher als "Programm" bezeichnet hatten, ein Hauptprogramm. Daneben kann es noch Unterprogramme geben. Dann gilt :

Ein FORTRAN-Programm

- besteht entweder nur aus einem Hauptprogramm, so wie das in den Beispielen der früheren Kapitel der Fall war

- oder es besteht aus einem Hauptprogramm und einem oder mehreren Unterprogrammen, wie etwa das Programm in Abb. 7.1.2

Dabei ist - in schematischer Form - die

Bauart eines Hauptprogramms

PROGRAM-Anweisung
Vereinbarungen und weitere nichtausführbare Anweisungen
Ausführbare Anweisungen
STOP
END

Hinweis: Einzelheiten über die Reihenfolge der Anweisungen findet man in Anhang A.

Ein **Unterprogramm** besteht aus einer Gruppe von Anweisungen, die einen Namen trägt. Dieser Name kann im Hauptprogramm - oder auch in einem anderen Unterprogramm - angegeben werden. Ein solcher **Aufruf des Unterprogramms** bewirkt dann, daß bei der Programmausführung an der Stelle des Aufrufs die ausführbaren Anweisungen des Unterprogramms ausgeführt werden.

Man unterscheidet zwei Arten von Unterprogrammen:

SUBROUTINE - Unterprogramm
FUNCTION - Unterprogramm

Abb. 7.1.2 enthält ein Beispiel für ein **SUBROUTINE-Unterprogramm** (Zeile 55 ff.). Es dient dort zur Ausgabe einer Fehlermeldung. Grundsätzlich kann ein SUBROUTINE-Unterprogramm beliebige Aufgaben ausführen. Sie werden bei der **Definition** des Unterprogramms festgelegt (s. Kap. 7.3.2). Der **Aufruf** eines SUBROUTINE-Unterprogramms geschieht mittels der CALL-Anweisung (s. Kap. 7.3.3), wie etwa durch

CALL   TEXT 3

in dem Programm von Abb. 7.1.2 .

Ein **FUNCTION-Unterprogramm** dient speziell zur Berechnung eines einzelnen (Funktions-)Wertes. Ansonsten ist es ähnlich wie ein SUBROUTINE-Unterprogramm aufgebaut (s. Kap. 7.4.2). Im Gegensatz zu diesem wird aber ein FUNCTION-Unterprogramm nicht mittels CALL aufgerufen, sondern durch Angabe seines Namens direkt in einem Ausdruck, ähnlich wie bei Standardfunktionen. An der Stelle des Aufrufs wird dann der Funktionswert bereitgestellt.

Ein FORTRAN-Programm kann mehrere Unterprogramme enthalten. Sie können stets nach dem Hauptprogramm angegeben werden, wobei die Reihenfolge der Unterprogramme untereinander beliebig ist. Damit ergibt sich die folgende

Bauart eines FORTRAN-Programms mit mehreren Unterprogrammen

Hauptprogramm
erstes Unterprogramm
zweites Unterprogramm
. . . . .
letztes Unterprogramm

FORTRAN behandelt das Hauptprogramm und jedes (SUBROUTINE- oder FUNCTION-)Unterprogramm als eigenständige **Programmeinheit.** Eine Programmeinheit ist ein selbständiger, abgeschlossener Teil, der auch für sich, unabhängig von den anderen, übersetzt werden kann. Eine Ausführung ist jedoch nicht selbständig möglich, sondern nur unter der Regie eines Hauptprogramms.

Die **Ausführung** eines FORTRAN-Programms beginnt stets mit der ersten ausführbaren Anweisung des Hauptprogramms. Im weiteren Verlauf kann dann auch ein Unterprogramm an die Reihe kommen, indem es entweder vom Hauptprogramm oder von einem anderen Unterprogramm aufgerufen wird.

7.3 SUBROUTINE-Unterprogramme

7.3.1 Bedeutung und Beispiel

Ein SUBROUTINE-Unterprogramm (kurz auch Subroutine genannt) bietet die Möglichkeit, an mehreren Stellen eines Programms dasselbe "Programmstück" verwenden zu können. Hierzu wird dieses Programmstück einmal als SUBROUTINE-Unterprogramm formuliert und kann dann an den gewünschten Stellen durch Aufruf aktiviert werden. Das Programm in Abb. 7.1.2 ist ein Beispiel hierfür.

Wir wollen dieses Programm noch etwas erweitern : Im Fall inkorrekter Eingabedaten soll mit der Fehlermeldung zusätzlich noch ausgegeben werden, in welchem Bereich die Daten liegen müssen. Dieser Bereich ist aber von der Eingabegröße abhängig: Bei GALFA beträgt er 0 bis 90 Grad, und N muß zwischen 1 und 5 liegen. Deshalb kann dieser Bereich nicht fest im Unterprogramm vorgegeben werden, sondern muß diesem beim Aufruf "mitgeteilt" werden, ebenso wie man einer Standardfunktion das Argument, für das ein Funktionswert zu berechnen ist, "mitteilt".

Abb. 7.3.1 zeigt das derart veränderte Programm. Sein Hauptprogramm OPTIK 4 ist mit OPTIK 3 in Abb. 7.1.2 identisch, mit Ausnahme der beiden Unterprogrammaufrufe, die jetzt mit Parametern versehen sind. Durch

$$\text{CALL TEXT 4 (0.0 , 90.0)}$$

in Zeile 25 erfährt das Unterprogramm die für diesen Aufruf zuständigen Bereichsgrenzen 0.0 und 90.0 und verwendet sie im Fehlerfall zur Ausgabe des zulässigen Bereichs. Entsprechendes gilt für den Aufruf in Zeile 35 mit den Parametern 1.0 und 5.0.

```
 1           PROGRAM OPTIK4
 2      *-----------------------------------------------------------*
 3      * Berechnung des Brechungswinkels eines Lichtstrahls.       *
 4      * Version 4: Mit Pruefung der Eingabedaten; Fehlermeldung durch *
 5      *            eine Subroutine mit Parametern.                 *
 6      *                                                           *
 7      * Variablen :                                               *
 8      *    GALFA, BALFA : Einfallswinkel in Grad (E) bzw. Bogenmass *
 9      *    GBETA, BBETA : Brechungswinkel in Grad (A) bzw. Bogenmass *
10      *    N            : Brechungsindex des Mediums (E)           *
11      *                                                           *
12      * Unterprogramm : TEXT4 : Fehlermeldung mit Angabe der Grenzen *
13      *-----------------------------------------------------------*
14            REAL PI, BOG
15            PARAMETER ( PI = 3.1415927, BOG = PI / 180 )
16            REAL GALFA, GBETA, N, BALFA, BBETA
17
```

```
18     * Eingabe
19
20     ***** DOFOREVER
21     10      CONTINUE
22             PRINT *, 'Geben Sie den Einfallswinkel in Grad an :'
23             READ *, GALFA
24         IF (( 0.0 .LE. GALFA ) .AND. ( GALFA .LE. 90.0 )) GOTO 20
25             CALL TEXT4 ( 0.0, 90.0 )
26         GOTO 10
27     ***** ENDDO
28     20      CONTINUE
29
30     ***** DOFOREVER
31     30      CONTINUE
32             PRINT *, 'Geben Sie den Brechungsindex an :'
33             READ *, N
34         IF (( 1.0 .LE. N ) .AND. ( N .LE. 5.0 )) GOTO 40
35             CALL TEXT4 ( 1.0, 5.0 )
36         GOTO 30
37     ***** ENDDO
38     40      CONTINUE
39
40     * Berechnung des Brechungswinkels
41             BALFA = GALFA * BOG
42             BBETA = ASIN ( SIN(BALFA/N) )
43             GBETA = BBETA / BOG
44
45     * Ausgabe
46             PRINT *, 'Einfallswinkel (Vakuum) :', GALFA, ' Grad'
47             PRINT *
48             PRINT *, 'Brechungswinkel :', GBETA, ' Grad'
49             PRINT *, 'in Medium mit Brechungsindex ', N
50
51             STOP
52             END
53
54
55             SUBROUTINE TEXT4 ( UGR, OGR )
56     *--------------------------------------------------------------*
57     * Ausgabe einer Fehlermeldung sowie der Grenzen UGR und OGR,   *
58     *   zwischen denen der eingegebene Wert liegen muss.           *
59     *--------------------------------------------------------------*
60             REAL UGR, OGR
61
62             PRINT *, 'Die Groesse liegt ausserhalb des zulaessigen ',
63        $            'Bereichs.'
64             PRINT *, 'Sie muss zwischen', UGR, ' und', OGR, ' liegen.'
65             PRINT *, 'Bitte wiederholen Sie die Eingabe :'
66
67             RETURN
68             END
```

Abb. 7.3.1 Das modifizierte Programm aus Abb. 7.1.2. Es überprüft die Eingabedaten und gibt im Fehlerfall eine Fehlermeldung aus, sowie die Grenzen, innerhalb derer die Eingabedaten liegen müssen.

Das Unterprogramm TEXT 4 ist entsprechend zu TEXT 3 (Abb. 7.1.2) aufgebaut. Gegenüber diesem kommt noch die Angabe der Parameter UGR und OGR hinter dem Unterprogrammnamen TEXT 4 (Zeile 55) sowie eine Typanweisung für diese Parameter (Zeile 60) hinzu. Dann folgen die Ausgabeanweisungen wie in TEXT 3, erweitert um die Ausgabe des zulässigen Bereichs (Zeile 64).

Die Parameter werden im Unterprogramm mit UGR und OGR bezeichnet. Diese Namen stehen stellvertretend für die aktuellen Werte (z. B. 0.0 und 90.0), die bei einem Aufruf gelten. Man nennt die bei einem Aufruf geltenden aktuellen Werte (wie 0.0 oder 90.0) **aktuelle Parameter**, während ihre Stellvertreter im Unterprogramm (wie UGR oder OGR) **formale Parameter** heißen. Im Unterprogramm wird stets mit den formalen Parametern gearbeitet und mit ihnen stellvertretend das gemacht, was im Fall eines Aufrufs mit den aktuellen Parametern geschehen soll. Dementsprechend erfolgt die Ausgabe des zulässigen Bereichs in TEXT 4 (Zeile 64) mit Hilfe der formalen Parameter:

     PRINT * , ' Sie muß zwischen ' , UGR , ' und ' , OGR , ' liegen '

Bei einem Aufruf werden dann die formalen Parameter durch die entsprechenden aktuellen Parameter ersetzt, so daß durch

     CALL TEXT4 (0.0 , 90.0)

die Zeile 64 als

     PRINT * , ' Sie muß zwischen ' , 0.0 , ' und ' , 90.0 , ' liegen '   (1)

ausgeführt wird. Entsprechendes gilt für einen Aufruf mit anderen aktuellen Parametern, wie etwa

     CALL TEXT 4 (1.0 , 5.0)

was zur Ausführung der folgenden Anweisung führt:

     PRINT * , ' Sie muß zwischen ' , 1.0 , ' und ' , 5.0 , ' liegen '   (2)

Das Programm in Abb. 7.3.1 wird in der gleichen Weise ausgeführt wie das Programm in Abb. 7.1.2. Dies gilt auch für die Unterprogramm-Aufrufe, nur wird dabei jetzt zusätzlich noch die Anweisung (1) bzw. (2) ausgeführt. Damit macht OPTIK 4 dasselbe wie OPTIK 3, nur daß im Fehlerfall zusätzlich noch die Grenzen für die Eingabedaten angegeben werden. Dies ist aber genau das, was gewünscht war.

Zur Verdeutlichung der Begriffe "aktueller" und "formaler Parameter" zeigt Abb. 7.3.2 noch einmal in schematischer Form das Programm aus Abb. 7.3.1.

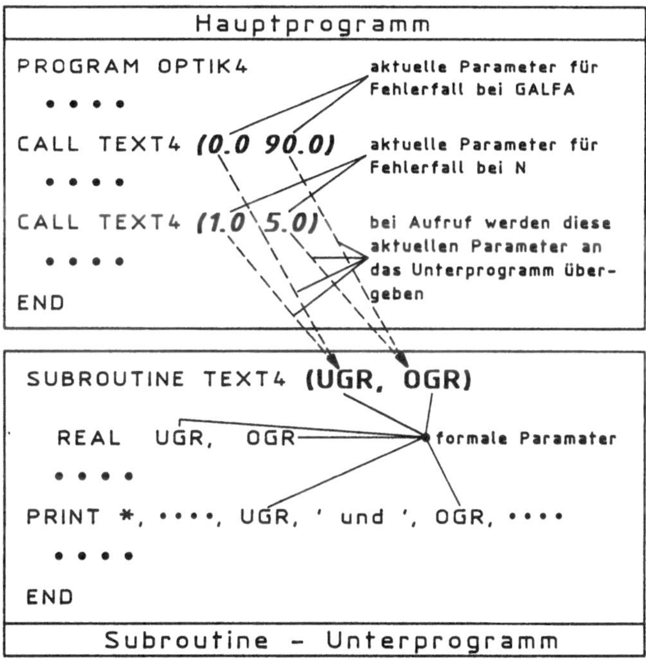

Abb. 7.3.2 Verwendung von aktuellen und formalen Parametern, dargestellt anhand des Programms von Abb. 7.3.1

7.3.2 Definition eines SUBROUTINE-Unterprogramms

Ein SUBROUTINE-Unterprogramm enthält ein "Programmstück", das bestimmte Aufgaben ausführen soll. Es gibt fast keine Beschränkungen, was dabei gemacht werden darf. Auch Eingaben oder die Verwendung anderer SUBROUTINE- oder FUNCTION-Unterprogramme sind möglich. Nicht zulässig ist jedoch, daß ein SUBROUTINE-Unterprogramm sich selbst aufruft (Rekursion), sei es direkt oder indirekt (d. h. vermittelst eines anderen Unterprogramms).

Die Definition eines SUBROUTINE-Unterprogramms besteht aus der Angabe des gewünschten "Programmstücks", zu dem noch einige Anweisungen hinzukommen, wie dies schon in den behandelten Beispielen der Fall war. In schematischer Form ist die

Bauart eines SUBROUTINE-Unterprogramms

SUBROUTINE-Anweisung

Vereinbarung der formalen Parameter

Vereinbarung sonstiger Größen
ausführbare Anweisungen   } "Programmstück"

RETURN

END

Erläuterungen

a) Die SUBROUTINE-Anweisung wird anschließend beschrieben.

b) Die Vereinbarung der formalen Parameter entfällt bei einer parameterlosen Subroutine wie in Abb. 7.1.2. Ansonsten ist für jeden formalen Parameter, der einen Datentyp hat (z. B. Variable, Feld), eine entsprechende Festlegung erforderlich. Geschieht dies nicht explizit durch eine Typanweisung, so gilt die FORTRAN-Konvention, die aber vermieden werden sollte. Deshalb die

   Empfehlung: Jeder formale Parameter, der einen Datentyp hat, wird durch eine Typanweisung explizit vereinbart.

c) Wird ein SUBROUTINE-Unterprogramm in einer anderen Programmeinheit aufgerufen, so bewirkt dies dort einen Sprung in das Unterprogramm, das daraufhin ausgeführt wird. Die Ausführung beginnt dabei mit der ersten ausführbaren Anweisung des "Programmstücks" und endet bei (dem erstmaligen Auftreten von) RETURN. Dieses bewirkt einen Rücksprung in die aufrufende Programmeinheit, und zwar an diejenige ausführbare Anweisung, die unmittelbar dem Unterprogrammaufruf folgt. Abb. 7.3.3 zeigt dies in schematischer Form für das Programm von Abb. 7.3.1.

d) RETURN darf in FORTRAN 77 auch fehlen. Wird dann die END-Anweisung erreicht, so wirkt diese wie RETURN. Wir wollen aber davon keinen Gebrauch machen, da END das statische Ende eines Unterprogramms ist, während RETURN die Beendigung seiner Ausführung bedeutet (dies entspricht der Unterscheidung von END und STOP in einem Hauptprogramm, vgl. Kap. 4.6).

e) In einer Subroutine darf RETURN auch mehrmals vorkommen. Doch davon wollen wir ebenfalls keinen Gebrauch machen, sondern wie in dem obigen Schema genau ein RETURN am Ende der Subroutine verwenden. Damit ist eine Subroutine ein "Programmbaustein" mit genau einem Eingang und einem Ausgang, wie es der Strukturierten Programmierung entspricht (vgl. Kap. 1.6).

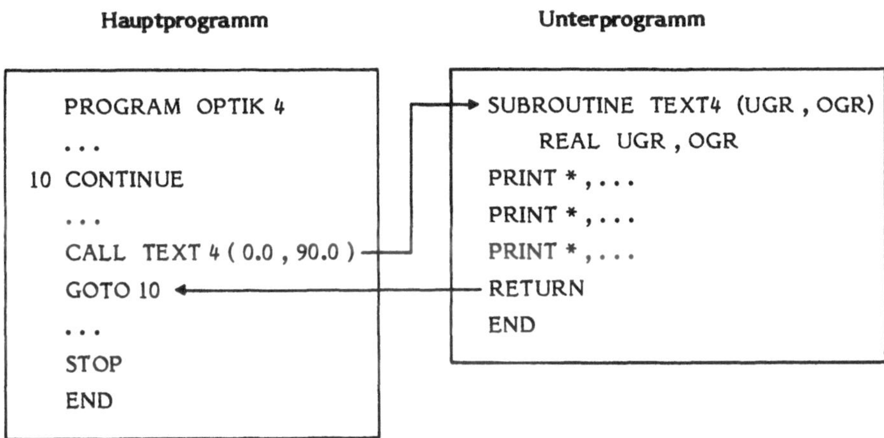

Abb. 7.3.3 Ablauf des Programms von Abb. 7.3.1 beim Aufruf des Unterprogramms

Die SUBROUTINE-Anweisung hatte in den Programmen von Abb. 7.1.2 und Abb. 7.3.1 das folgende Aussehen:

SUBROUTINE TEXT3

bzw.   SUBROUTINE TEXT 4 (UGR , OGR)

Dementsprechend gilt allgemein :

SUBROUTINE-Anweisung

Form :   SUBROUTINE subname   [(fpliste)]

mit   subname :   Name des SUBROUTINE-Unterprogramms

             fpliste :   Liste der formalen Parameter. Das können Variablen, Feldnamen, Unterprogrammnamen oder * sein.

Erläuterungen

a)   Die SUBROUTINE-Anweisung ist eine nichtausführbare Anweisung

b)   Der Unterprogrammname ist frei wählbar. Er ist eine **globale Größe**, d. h., er muß bezüglich des **gesamten** FORTRAN-Programms eindeutig sein (da er ja in anderen Programmeinheiten beim Aufruf dieses Unterprogramms verwendet wird).

c)   Die Namen der formalen Parameter sind dagegen **lokal,** d. h., sie brauchen nur in diesem Unterprogramm eindeutig zu sein (da sie nur für dieses Bedeutung haben). Man darf deshalb diese Namen in einer anderen Programmeinheit erneut zur Bezeichnung anderer Größen verwenden.

d)   Für die formalen Parameter gilt das in Kapitel 7.3.1 Gesagte: Sie dienen als **Stellvertreter** für die aktuellen Parameter, die beim Aufruf dieser Subroutine angegeben werden.

e)   Als formale Parameter kommen außer Variablen auch Felder, Unterprogrammnamen und * in Frage. Auf diese Möglichkeiten wird in Kapitel 12.4 näher eingegangen, ferner enthalten 7.3.4 und 7.4.4 Beispiele, in denen ein Feld an ein Unterprogramm übergeben wird.

7.3.3 Aufruf eines SUBROUTINE-Unterprogramms

Ein SUBROUTINE-Unterprogramm wird in einer Programmeinheit dort, wo es wirksam werden soll, mittels der CALL-Anweisung aufgerufen. Hierzu gibt man hinter CALL den Namen der Subroutine an und - falls erforderlich - die in runde Klammern gesetzten aktuellen Parameter. Beispiele hierfür sind in Abb. 7.1.2 und 7.3.1 :

          CALL TEXT3
          CALL TEXT4 (1.0 , 5.0)
Allgemein gilt:

CALL-Anweisung

Form :   CALL subname   [(apliste)]

mit   subname : Name des SUBROUTINE-Unterprogramms

            apliste :   Liste der aktuellen Parameter. Ein aktueller Parameter kann ein Ausdruck, ein Feldname sowie weitere Möglichkeiten sein (vgl. Bem. c).

Wirkung: ● Gibt es aktuelle Parameter, die Ausdrücke sind, so werden diese zuerst ausgewertet,

            ● dann werden die formalen Parameter in der Subroutine 'subname' durch die entsprechenden aktuellen Parameter ersetzt

- und mit diesen schließlich das SUBROUTINE-Unterprogramm 'subname' ausgeführt.

- Anschließend Fortsetzung des Programms bei der ersten ausführbaren Anweisung nach CALL (falls nicht aus dem Unterprogramm an eine andere Stelle
  zurückgesprungen wurde, vgl. Kap. 12.4.3).

Voraussetzung: Für alle formalen Parameter der Subroutine 'subname' sind bei CALL aktuelle
Parameter anzugeben. Sie müssen in Anzahl, Reihenfolge und Typ mit den
entsprechenden formalen Parametern übereinstimmen.

Bemerkungen

a)   Die CALL-Anweisung ist eine ausführbare Anweisung.

b)   Hat ein aktueller Parameter einen anderen Datentyp als der entsprechende formale
Parameter, so führt dies in der Regel zu einem Fehler, da es **keine Typanpassung** wie
etwa in der arithmetischen Wertzuweisung gibt.

c)   Ist ein formaler Parameter eine Variable, so kann er aktuell mit einem Ausdruck besetzt
werden. Im Fall eines arithmetischen Ausdrucks ist dies beispielsweise eine Variable oder
eine Konstante, ein Feldelement, ein Funktionsaufruf oder ein zusammengesetzter
Ausdruck (vgl. Kap. 3.7). Neben dem arithmetischen Ausdruck gibt es auch noch den
CHARACTER-Ausdruck und den logischen Ausdruck (s. Kap. 8.1.6 bzw. 8.2.5).

Ein formaler Parameter, der ein Feldname ist, kann aktuell mit einem Feldnamen
besetzt werden. Weitere Möglichkeiten werden in Kapitel 12.4.1 behandelt, und eine
Zusammenstellung sämtlicher Möglichkeiten enhält Anhang D.

7.3.4 Programmbeispiel: Ermittlung des Maximums (II)

Aufgabe

Das Programm MAX 1 aus Kapitel 6.12.1 soll so modifiziert werden, daß die Ermittlung des
Maximums (Zeilen 25-33 in Abb. 6.12.1) durch ein SUBROUTINE-Unterprogramm geschieht.
Die sonstigen Aufgaben von MAX 1 erledige das Hauptprogramm.

Lösung

Die Zeilen 25-33 in Abb. 6.12.1 werden zum "Programmstück" des SUBROUTINE-Unterprogramms, das ansonsten die in Kapitel 7.3.2 angegebene Bauart hat. Das restliche Programm in

Abb. 6.12.1 wird zum Hauptprogramm, zuzüglich des Unterprogrammaufrufs anstelle der Zeilen 25-33.

Alle Größen, die zwischen Haupt- und Unterprogramm übergeben werden müssen, werden zu formalen Parametern. Dies betrifft

- das im Hauptprogramm eingelesene Feld A sowie die Anzahl N seiner Elemente, innerhalb der das Unterprogramm das Maximum ermittelt,

- das im Unterprogramm ermittelte Maximum MAXA und seine Position POSMAX, die im Hauptprogramm ausgegeben werden.

```
 1          PROGRAM MAX2
 2   *--------------------------------------------------------------*
 3   * Ermittelt wie in Programm MAX1 das Maximum von  N  Elementen  *
 4   *    und dessen Position im Feld, aber mit Hilfe eines SUBROU-   *
 5   *    TINE - Unterprogramms.                                      *
 6   *                                                               *
 7   * Variablen : N        : Anzahl der Elemente (E)                 *
 8   *             A        : Feld, das die Elemente aufnimmt (E)     *
 9   *             MAXA     : Maximum (A)                             *
10   *             POSMAX : Position des Maximums in diesem Feld (A)  *
11   *                                                               *
12   * Unterprogramm : MAXI2 : ermittelt das Maximum in einem Feld    *
13   *                         und dessen Position                    *
14   *                                                               *
15   * Beschraenkung : N <= 1000                                      *
16   *--------------------------------------------------------------*
17          INTEGER I, N, POSMAX
18          REAL MAXA
19          REAL A( 1:1000 )
20
21   * Eingabe von N und den Elementen
22          READ *, N
23          IF ( N .GT. 1000 ) THEN
24             PRINT *, '**** Es sind zu viele Elemente !'
25             GOTO 999
26          ENDIF
27          READ *, ( A(I), I = 1,N )
28
29   * Ermittlung des Maximums mit Subroutine-Unterprogramm
30          CALL MAXI2 ( A, N, MAXA, POSMAX )
31
32   * Ausgabe
33          PRINT *, 'Das maximale Element ist', MAXA, ' auf Platz',
34        $           POSMAX
35
36    999 STOP
37          END
```

```
38
39
40            SUBROUTINE MAXI2 ( B, N, MAXEL, MPOS )
41    *-----------------------------------------------------------*
42    * Ermittelt in dem Feld B unter den ersten N Elementen das  *
43    *   Maximum und seinen Platz.                                *
44    *                                                           *
45    * Parameter : N     :  Anzahl der Elemente (E)              *
46    *             B     :  Feld mit 1000 Elementen (E)          *
47    *             MAXEL :  Maximum (A)                          *
48    *             MPOS  :  Position des Maximums in Feld B (A)  *
49    *                                                           *
50    * Beschraenkung : N <= 1000                                 *
51    *-----------------------------------------------------------*
52            INTEGER N, MPOS
53            REAL MAXEL
54            REAL B( 1:1000 )
55          INTEGER K
56
57          MAXEL = B(1)
58          MPOS = 1
59          DO 10 K = 2, N
60            IF ( B(K) .GT. MAXEL ) THEN
61                MAXEL = B(K)
62                MPOS = K
63            ENDIF
64     10 CONTINUE
65
66          RETURN
67          END
```

Abb. 7.3.4 Das Programm aus Abb. 6.12.1 in der Form als Hauptprogramm mit SUB-
ROUTINE-Unterprogramm

Programmbeschreibung

Abb. 7.3.4 zeigt das Programm. Das Hauptprogramm ist identisch mit MAX 1, ausgenommen
die Zeilen 25-33 dort, an deren Stelle jetzt der Unterprogrammaufruf tritt (Zeile 30). Das
Unterprogramm trägt den Namen MAXI 2 und hat die oben angegebenen formalen Parameter.
Deren Bezeichnung wurde z. T. geändert: das Feld heißt B, das Maximum MAXEL und seine
Position MPOS. N bedeutet dagegen jedesmal die Anzahl der Elemente.

Das Unterprogramm ist genau nach dem in Kapitel 7.3.2 angegebenen Schema aufgebaut. Nach
der SUBROUTINE-Anweisung folgen in Zeile 52-54 die Vereinbarungen der formalen Parameter. Für das Feld B hat diese Vereinbarung die auch sonst übliche Form. Die Indexgrenzen
sind dabei fest vorgegeben entsprechend dem Feld A des Hauptprogramms, mit dem B aktuell
besetzt wird. In der Regel kann man immer so verfahren. Ansonsten gibt es noch weitere

Möglichkeiten für die Festlegung der Indexgrenzen ; sie werden in Kapitel 12.4.1 im einzelnen angegeben. Den Vereinbarungen schließt sich das "Programmstück" mit der eigentlichen Aufgabe dieses Unterprogramms an : die Ermittlung des Maximums innerhalb der N ersten Elemente des Feldes B. Die Zeilen 57-64 sind dabei eine Kopie der Zeilen 26-33 von MAX 1 (wenn man von den z. T. geänderten Bezeichnungen der Größen absieht). Den Abschluß bilden RETURN und END.

Die Ausführung dieses Programms beginnt mit der ersten ausführbaren Anweisung des Hauptprogramms und verläuft dann ebenso wie bei MAX 1. In Zeile 30 wird das Unterprogramm aufgerufen und dessen Anweisungen von Zeile 57-64 ausgeführt (aber mit den durch die aktuellen Parameter angegebenen Größen), bis RETURN (Zeile 66) den Rücksprung nach Zeile 33 bewirkt, wo die Ausgabe erfolgt. Mit STOP (Zeile 36) endet die Ausführung, die damit insgesamt identisch mit der von MAX 1 ist.

Das Unterprogramm enthält in Zeile 55 noch die Vereinbarung einer Variablen K. Es ist die Laufvariable der DO-Schleife (Zeilen 59 ff.). Für sie kann man **nicht** die Variable I aus dem Hauptprogramm verwenden, da diese nur dem Hauptprogramm bekannt ist. Man muß deshalb im Unterprogramm eine eigene Variable verwenden (und vereinbaren), die hier K heißt. Grundsätzlich kann ein Unterprogramm neben den formalen Parametern noch verschiedene andere Größen verwenden, für die dann eine entsprechende Vereinbarung im Unterprogramm erforderlich wird. Diese Größen gelten **lokal** für das Unterprogramm und sind **außerhalb** (z. B. im Hauptprogramm) **nicht bekannt** bzw. ansprechbar. Entsprechendes gilt für die im Hauptprogramm vereinbarten Größen.

Die Namen der formalen Parameter wurden in diesem Programm gegenüber den entsprechenden Größen im Hauptprogramm z. T. geändert. Das ist nicht zwingend, da die Namen der formalen Parameter für das Unterprogramm lokal sind. Unterschiedliche Bezeichnungen können aber von Vorteil sein, weil dadurch z. B. der Unterschied zwischen den aktuellen (Zeile 30) und den formalen Parametern (Zeile 40) deutlicher wird. Bei der Anzahl N herrscht allerdings Namensgleichheit. Man beachte aber, daß N im Hauptprogramm trotzdem etwas anderes ist als N im Unterprogramm: Im Hauptprogramm ist N die Anzahl der eingelesenen Elemente. Im Unterprogramm bedeutet dagegen N die Zahl der Feldelemente, innerhalb derer das Maximum ermittelt wird. Diese Zahl wird zwar durch den Aufruf

CALL MAXI 2 (A , N , MAXA , POSMAX)

gleichgesetzt mit der (gleichlautenden) Anzahl der eingelesenen Elemente ; möglich wäre aber auch ein Aufruf

CALL MAXI 2 (A , N/2 , MAXA , POSMAX)

wodurch nur noch das Maximum innerhalb der N/2 ersten Elemente von A ermittelt würde.

Die Kommunikation zwischen Haupt- und Unterprogramm geschieht über die Parameter. Man teilt dabei die Parameter in der folgenden Weise ein:

- **Eingabeparameter** dienen der Übergabe von Werten an das Unterprogramm. In unserem Beispiel sind dies das Feld B und die Anzahl N.

- **Ausgabeparameter** erhalten dagegen im Unterprogramm einen Wert zugewiesen, der dadurch an das Hauptprogramm (bzw. die aufrufende Programmeinheit) zurückgegeben wird. In dem Beispiel sind dies das Maximum MAXEL und seine Position MPOS.

- Daneben gibt es auch Parameter mit beiden Funktionen, wie z. B. ein Feld, das an das Unterprogramm übergeben, dort sortiert und anschließend zurückgegeben wird.

Zur Illustration dient Abb. 7.3.5. Es enthält in schematischer Form das Programm aus Abb. 7.3.4 und zeigt den Zusammenhang zwischen Aufruf und Definition des Unterprogramms MAXI 2 sowie die Übergabe von Werten durch Ein- bzw. Ausgabeparameter.

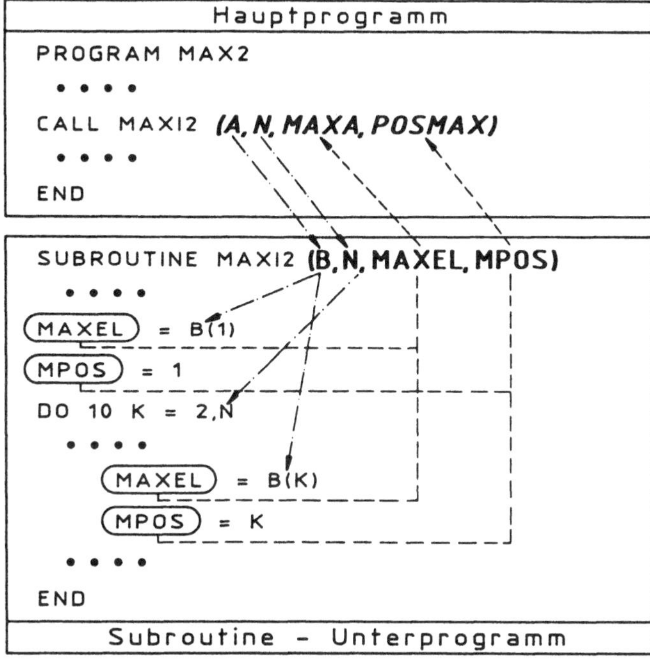

Abb. 7.3.5 Verwendung von Ein- und Ausgabeparametern bei Unterprogrammen, dargestellt anhand des Programms aus Abb. 7.3.4

7.3.5 Globale und lokale Größen

Solange ein FORTRAN-Programm nur aus einem Hauptprogramm besteht, sind alle Größen wie Variablen, Felder oder benannte Konstanten, die in diesem Programm vorkommen, im gesamten Programm "bekannt", d. h., sie können über ihren Namen angesprochen und benutzt werden. Dies ändert sich, sobald Unterprogramme ins Spiel kommen und das Programm aus mehreren Programmeinheiten besteht. Dann ist in der Regel eine Variable nur noch innerhalb einer bestimmten Programmeinheit "bekannt", während sie außerhalb derselben "unbekannt" ist. Entsprechendes gilt auch für Felder und benannte Konstanten. Ein Beispiel hierzu enthält das Programm von Abb. 7.3.4: Hier kann man als Laufvariable in dem Unterprogramm MAXI 2 **nicht** die im Hauptprogramm vereinbarte Variable I verwenden, da diese nur im Hauptprogramm ansprechbar ist. Deshalb wird im Unterprogramm eigens die Variable K hierfür vereinbart, die nun umgekehrt nur im Unterprogramm, nicht aber im Hauptprogramm bekannt ist.

Andererseits gibt es auch Größen, die überall im Programm bekannt sind und die in jeder Programmeinheit unmittelbar benutzt werden können. Dies gilt beispielsweise für den Namen eines Unterprogramms. Dementsprechend unterscheidet man zwischen globalen und lokalen Größen eines Programms:

- Eine Größe heißt **global**, wenn sie im gesamten Programm "bekannt" ist und wenn man in jeder Programmeinheit unmittelbar auf sie zugreifen kann.

- Eine Größe heißt **lokal**, wenn sie nur innerhalb einer bestimmten Programmeinheit bekannt ist und wenn außerhalb dieser Programmeinheit kein direkter Zugriff auf diese Größe möglich ist.

Bemerkung: Wesentlich bei dieser Einteilung ist, ob auf eine Größe ein **unmittelbarer** bzw. **direkter** Zugriff mit Hilfe ihres Namens möglich ist. Davon zu unterscheiden ist ein **mittelbarer** Zugriff, etwa mit Hilfe von Parametern.

Globale Größen in FORTRAN

sind :   der Name des Hauptprogramms

Namen von SUBROUTINE-Unterprogrammen

Namen von FUNCTION-Unterprogrammen

Namen benannter COMMON-Blöcke (s. Kap. 12.3.3)

Namen von BLOCK DATA-Unterprogrammen (s. Kap. 12.3.4)

Diese Namen müssen eindeutig im Hinblick auf das gesamte FORTRAN-Programm sein.

Lokale Größen in FORTRAN

sind :   Variablen

Felder

benannte Konstanten

Namen von Anweisungsfunktionen (s. Kap. 7.5)

formale Parameter, die Variablen, Felder oder Unterprogramme bedeuten

Diese Größen sind jeweils nur in der Programmeinheit bekannt, in der sie vereinbart werden. Ihre Namen brauchen nur im Hinblick auf diese Programmeinheit eindeutig zu sein, und man darf sie in einer anderen Programmeinheit erneut zur Bezeichnung anderer lokaler Größen benutzen.

Auf eine lokale Größe ist ein unmittelbarer Zugriff nur in derjenigen Programmeinheit möglich, zu der sie gehört. Will man die Größe auch in einer anderen Programmeinheit benutzen, so hat man folgende Möglichkeiten:

- Übergabe der Größe an die andere Programmeinheit mit Hilfe eines Parameters. Dies geschieht in der Weise, wie in den Kapiteln 7.3.1 - 7.3.4 angegeben.

- Angabe der Größe in einer COMMON-Anweisung. Dadurch wird es möglich, aus verschiedenen Programmeinheiten auf diese Größe zuzugreifen. Einzelheiten dazu findet man in Kapitel 12.3.

7.4 FUNCTION-Unterprogramme

Benötigt man in einem Programm eine Funktion, die nicht schon als Standardfunktion vorgegeben ist, so kann man sie durch ein FUNCTION-Unterprogramm selbst definieren. Das geschieht ähnlich wie bei einem SUBROUTINE-Unterprogramm. Wir wollen dies zunächst in Kapitel 7.4.1 an einem Programmbeispiel zeigen, um dann in 7.4.2 und 7.4.3 die Definition und den Aufruf eines FUNCTION-Unterprogramms anzugeben. Kapitel 7.4.4 enthält ein weiteres Programmbeispiel.

7.4.1 Programmbeispiel

Aufgabe

Das Programm SCHEK 1 aus Kapitel 5.1.5 ist so umzuschreiben, daß die Berechnung der Scheckgebühren durch ein FUNCTION-Unterprogramm erfolgt. Die Ein- und Ausgabe soll das zugehörige Hauptprogramm besorgen.

Lösung

In SCHEK 1 (Abb. 5.1.1) werden die Zeilen 18-22 (Berechnung der Gebühren) herausgenommen und als FUNCTION-Unterprogramm formuliert. Der Rest von SCHEK 1 wird zum Hauptprogramm.

Programmbeschreibung

Abb. 7.4.1 zeigt das Programm. Das **FUNCTION-Unterprogramm** (Zeilen 25 ff.) ist genauso aufgebaut wie ein SUBROUTINE-Unterprogramm, nur daß es mit einer FUNCTION-Anweisung

REAL FUNCTION GEBUE (BETRAG)

beginnt. Diese legt den Typ des Funktionswertes fest (REAL), gibt den Funktionsnamen an (GEBUE) sowie den bzw. die formalen Parameter (BETRAG). Es folgt die Vereinbarung des formalen Parameters in Zeile 36 sowie eine Vereinbarung weiterer lokaler Größen (Zeile 37), die in Zeile 38 als benannte Konstanten festgelegt werden. Dann schließt sich die Berechnung der Gebühren an (Zeilen 40-44); sie ist identisch mit den Zeilen 18-22 des Programms SCHEK 1, ausgenommen die Namensänderung: Der formale Parameter BETRAG übernimmt die Rolle von WERT, und die ermittelten Gebühren werden dem Funktionsnamen GEBUE zugewiesen. Das Unterprogramm endet wieder mit RETURN und END.

Gegenüber einem SUBROUTINE-Unterprogramm unterscheidet sich dieses FUNCTION-Unterprogramm außer in der FUNCTION-Anweisung nur noch darin, daß der Funktionsname GEBUE eine Wertzuweisung erfährt (Zeile 41 und Zeile 43). Dies muß in einem FUNCTION-Unterprogramm mindestens einmal geschehen; dadurch wird ein Funktionswert festgelegt, der dann im Hauptprogramm (bzw. in der aufrufenden Programmeinheit) unter Nennung des Funktionsnamens zur Verfügung steht. Gibt es mehrere solche Wertzuweisungen, so bestimmt die vor RETURN letzte ausgeführte Wertzuweisung den Funktionswert.

Die eigentliche Aufgabe des Unterprogramms - die Berechnung der Scheckgebühren - geschieht in den Zeilen 37-44. Sie enthalten in Zeile 37 und 38 die Zeilen 11 und 12 von SCHEK 1. Da

```
 1           PROGRAM SCHEK2
 2     *-------------------------------------------------------------*
 3     * Ermittelt wie Programm SCHEK1 die Gebuehr fuer einen Euro-  *
 4     *    scheck in auslaendischer Waehrung, aber mit Hilfe eines  *
 5     *    FUNCTION-Unterprogrammes.                                *
 6     *                                                             *
 7     * Variablen : WERT : Scheckgegenwert (E)                      *
 8     *                                                             *
 9     * Unterprogramm : GEBUE :  berechnet die Gebuehr             *
10     *-------------------------------------------------------------*
11           REAL WERT
12           REAL GEBUE
13
14     * Eingabe
15           READ *, WERT
16
17     * Ausgabe
18           PRINT *, 'Bei einem Scheckwert von', WERT, ' DM'
19           PRINT *, 'betraegt die Gebuehr    ', GEBUE(WERT), ' DM.'
20
21           STOP
22           END
23
24
25           REAL FUNCTION GEBUE ( BETRAG )
26     *-------------------------------------------------------------*
27     * Berechnung der Gebuehr fuer einen Euroscheck in auslaendi-  *
28     *    scher Waehrung.                                          *
29     *                                                             *
30     * Parameter : BETRAG : Scheckgegenwert                        *
31     *                                                             *
32     * Beschraenkungen und Konstanten :                            *
33     *    KMIN : Mindestgebuehr 2.50 DM                            *
34     *    PROZ : Prozentsatz 1.75%                                 *
35     *-------------------------------------------------------------*
36            REAL BETRAG
37           REAL KMIN, PROZ
38           PARAMETER ( KMIN = 2.50, PROZ = 0.0175 )
39
40     *  Berechnung der Gebuehr
41          GEBUE = BETRAG * PROZ
42          IF ( GEBUE .LT. KMIN ) THEN
43             GEBUE = KMIN
44          ENDIF
45
46          RETURN
47          END
```

Abb. 7.4.1 Das Programm aus Abb. 5.1.1 in der Form eines Hauptprogramms mit
FUNCTION-Unterprogramm zur Berechnung der Gebühren

dies Festlegungen sind, die nur zur Gebührenberechnung gebraucht werden, wurden sie als lokale Größen in das Unterprogramm aufgenommen und nicht in das Hauptprogramm.

Das **Hauptprogramm** SCHEK 2 ist gegenüber SCHEK 1 relativ kurz, da ein wesentlicher Teil von SCHEK 1 in das Unterprogramm verlagert wurde. Der verbleibende Rest von SCHEK 1 ist identisch mit SCHEK 2, mit zwei Modifikationen :

- Zum einen steht in der Ausgabeanweisung (in Zeile 19) anstelle der Variablen KOSTEN der Funktionsaufruf GEBUE(WERT). Dies hat zur Folge, daß bei der Ausführung dieser PRINT-Anweisung zuerst der Funktionswert GEBUE(WERT) ermittelt wird, bevor seine Ausgabe erfolgt. Die Berechnung der Gebühren durch das Unterprogramm geschieht somit erst zu diesem Zeitpunkt, "während" der Ausführung von PRINT *.

- Zum andern enthält die Zeile 12 eine explizite Typvereinbarung für den Funktionsnamen. Dies ist notwendig, falls nicht die FORTRAN-Konvention gelten soll. Denn über den Funktionsnamen wird der Funktionswert übermittelt, welcher einen Datentyp hat.

7.4.2 Definition eines FUNCTION-Unterprogramms

FUNCTION- und SUBROUTINE-Unterprogramme sind in vieler Hinsicht gleichartig. So gilt für die

Bauart eines FUNCTION-Unterprogramms

FUNCTION-Anweisung
Vereinbarung der formalen Parameter

Vereinbarung sonstiger Größen
ausführbare Anweisungen
    (darunter Wertzuweisung an
    den Funktionsnamen)
        } Berechnung des Funktionswerts

RETURN
END

Bemerkungen

a)   Die Erläuterungen in Kapitel 7.3.2 zur Bauart eines SUBROUTINE-Unterprogramms gelten hier entsprechend.

b)   Ein FUNCTION-Unterprogramm dient zur Berechnung eines Funktionswertes, der (beim Aufruf) über den Funktionsnamen (das ist der Name des FUNCTION-Unterprogramms) übermittelt wird. Deshalb muß mindestens eine der ausführbaren Anweisungen dem Funktionsnamen einen Wert zuweisen. Die vor RETURN zuletzt ausgeführte derartige Wertzuweisung bestimmt den Funktionswert.

Die FUNCTION-Anweisung hatte in dem Beispiel von Abb. 7.4.1 das folgende Aussehen:

$$\text{REAL FUNCTION GEBUE (BETRAG)}$$

Allgemein gilt :

FUNCTION-Anweisung

Form :   [typ] FUNCTION fkname ([fpliste])

mit   typ : INTEGER , REAL oder sonst einer der in Kapitel 8 behandelten Datentypen

               fkname : Name des FUNCTION-Unterprogramms (auch "Funktionsname" genannt)

               fpliste : Liste von formalen Parametern. Dies können Variablen, Feldnamen oder Unterprogrammnamen sein.

Erläuterungen

a)   Die FUNCTION-Anweisung ist eine nichtausführbare Anweisung.

b)   'typ' legt den Datentyp des Funktionswertes fest. (Man kann dies auch als Typangabe für 'fkname' ansehen.) Fehlt 'typ' , so wird FORTRAN-Konvention wirksam, bezogen auf 'fkname' . Da man dies vermeiden sollte, gilt die

      Empfehlung: Den Typ des Funktionswertes gebe man stets in der FUNCTION-Anweisung explizit an.

c)   Man kann auch eine Funktion ohne Parameter definieren (wenn z. B. Daten mit Hilfe eines COMMON-Blocks an das Unterprogramm übergeben werden, so daß keine Parameter mehr vonnöten sind, vgl. Kap. 12.3). Dann entfällt 'fpliste' (und damit auch die Vereinbarung der formalen Parameter). In diesem Fall muß aber ein (leeres) Paar runder Klammern hinter 'fkname' angegeben werden, wie z. B. in

$$\text{REAL FUNCTION EIN ( )}$$

d)   Die Erläuterungen zur SUBROUTINE-Anweisung in Kapitel 7.3.2 gelten auch hier entsprechend: 'fkname' ist eine globale Größe für das ganze Programm, während die Namen der formalen Parameter für das Unterprogramm lokal sind. Man beachte, daß - im Gegensatz zu SUBROUTINE-Unterprogrammen - bei FUNCTION-Unterprogrammen ein * als formaler Parameter nicht zugelassen ist.

e)   In einem FUNCTION-Unterprogramm wird durch den Funktionsnamen der Funktionswert an die aufrufende Programmeinheit zurückgegeben. Der Funktionsname übernimmt somit die Aufgabe, die sonst ein Ausgabeparameter hat.

f)   Ein FUNCTION-Unterprogramm hat die Aufgabe, genau einen (Funktions-)Wert zu berechnen, der dann mittels des Funktionsnamens übergeben wird. Darüber hinaus sollte ein FUNCTION-Unterprogramm keine weiteren Ausgabeparameter haben, sondern nur Eingabeparameter. Demgegenüber kann ein SUBROUTINE-Unterprogramm auch mehrere Werte berechnen und diese durch mehrere Ausgabeparameter übergeben.

7.4.3 Aufruf eines FUNCTION-Unterprogramms

Ein FUNCTION-Unterprogramm wird aufgerufen, indem man den Funktionsnamen zusammen mit den in Klammern eingeschlossenen aktuellen Parametern angibt. In dem Programm von Abb. 7.4.1 war dies

GEBUE (WERT)

in der PRINT-Anweisung von Zeile 19. (Man beachte, daß vom Aussehen her hier kein Unterschied zu einem Feldelement besteht! Der Computer erkennt aber den Unterschied daran, daß es zum einen für GEBUE keine Feldvereinbarung in der Programmeinheit des Aufrufs gibt und daß zum andern ein FUNCTION-Unterprogramm gleichen Namens existiert.) Allgemein hat der Aufruf die

Form :   fkname   ([apliste])

mit   fkname : Name des FUNCTION-Unterprogramms

            apliste : Liste der aktuellen Parameter. Ein aktueller Parameter kann ein Aus-
                       druck, ein Feldname oder weitere Möglichkeiten sein.

Wirkung: • Gibt es aktuelle Parameter, die Ausdrücke sind, so werden diese zunächst
            ausgewertet,

          • dann die formalen Parameter in dem FUNCTION-Unterprogramm 'fkname' durch
            die entsprechenden aktuellen Parameter ersetzt,

          • dann dieses FUNCTION-Unterprogramm ausgeführt

- und schließlich der dabei ermittelte Funktionswert an der Stelle des Aufrufs verwendet.

Voraussetzung: Für alle formalen Parameter müssen aktuelle Parameter angeben worden sein, die in Anzahl, Reihenfolge und Typ mit den entsprechenden formalen Parametern übereinstimmen.

Bemerkungen

a) Die Bemerkungen zur CALL-Anweisung in Kapitel 7.3.3 gelten entsprechend. (Im Gegensatz zu CALL ist allerdings ein Funktionsaufruf keine Anweisung, sondern Bestandteil eines Ausdrucks.)

b) In der Programmeinheit, die 'fkname' aufruft, muß eine Vereinbarung des Typs von 'fkname' erfolgen, die mit dem Datentyp übereinstimmt, der bei der Definition dieses FUNCTION-Unterprogramms festgelegt wurde.

Empfehlung Diese Typenvereinbarung geschehe explizit mittels einer Typanweisung.

c) Auch bei FUNCTION-Unterprogrammen ist ein rekursiver Aufruf nicht zulässig: Das Unterprogramm darf sich nicht selbst aufrufen, weder direkt noch indirekt.

7.4.4 Programmbeispiel: Ermittlung des Maximums (III)

Das SUBROUTINE-Unterprogramm MAXI 2 in Abb. 7.3.4 ermittelt das Maximum von n Elementen sowie dessen Position. Wird nur das Maximum, nicht aber seine Position benötigt, so genügt es, nur diesen Wert zu ermitteln. Das kann dann auch durch ein FUNCTION-Unterprogramm geschehen. In diesem Sinne soll das Programm in Abb. 7.3.4 geändert werden:

Aufgabe

Das SUBROUTINE-Unterprogramm MAXI 2 aus Abb. 7.3.4 ist in ein FUNCTION-Unterprogramm MAXI 3 zu ändern, das als Funktionswert das Maximum der n Elemente liefert (und seine Position außer acht läßt). Das Hauptprogramm ist entsprechend anzupassen.

Lösung

Die Subroutine in Abb. 7.3.4 kann größtenteils übernommen werden ; MPOS ist dabei überall zu entfernen. Der formale Parameter MAXEL entfällt ebenfalls, seine Rolle übernimmt der Funktionsname MAXI 3, dem der maximale Wert zuzuweisen ist. Im Hauptprogramm entfällt die CALL-Anweisung in Zeile 30 ; der Funktionsaufruf kann direkt in der Ausgabeanweisung für das Maximum stehen (analog zum Hauptprogramm SCHEK 2 in Abb. 7.4.1).

Programmbeschreibung

Abb. 7.4.2 zeigt das Programm. Das **Unterprogramm** MAXI 3 entspricht der Subroutine MAXI 2 aus Abb. 7.3.4 mit den oben geschilderten Änderungen. Es verbleiben noch die beiden formalen Parameter B und N ; sie sind Eingabeparameter (FUNCTION-Unterprogramme sollten nur Eingabeparameter haben).

Zur Maximumermittlung wird die lokale Variable MAXB verwendet (Zeile 47 und 49) und deren Wert dann vor RETURN dem Funktionsnamen MAXI 3 zugewiesen (Zeile 51). Anstelle MAXB könnte man auch überall gleich MAXI 3 verwenden; der Rechenaufwand wäre dann aber etwas höher, da der interne Zugriff auf einen Parameter länger dauert als auf eine lokale Variable. Beim Vergleich der einzelnen Feldelemente mit dem bisher größten Element (Zeile 49) wird anstelle der einseitigen Alternative, die in MAXI 2 benutzt wurde, die logische IF-Anweisung verwendet, da sich der gesamte IF-Block auf eine einzige Wertzuweisung reduziert.

```
 1           PROGRAM MAX3
 2    *------------------------------------------------------------*
 3    * Ermittelt wie in Programm MAX1 das Maximum von  N  Elementen, *
 4    *    aber mit Hilfe eines FUNCTION-Unterprogrammes.           *
 5    *                                                            *
 6    * Variablen : N : Anzahl der Elemente (E)                     *
 7    *             A : Feld, das die Elemente aufnimmt (E)         *
 8    *                                                            *
 9    * Unterprogramm : MAXI3 : ermittelt das Maximum in einem Feld *
10    *                                                            *
11    * Beschraenkung : N <= 1000                                  *
12    *------------------------------------------------------------*
13           INTEGER I, N
14           REAL MAXI3
15           REAL A( 1:1000 )
16
17    * Eingabe von N und den Elementen
18           READ *, N
19           IF ( N .GT. 1000 ) THEN
20              PRINT *, '**** Es sind zu viele Elemente !'
21              GOTO 999
22           ENDIF
23           READ *, ( A(I), I = 1,N )
24
25    * Ausgabe des Maximums
26           PRINT *, 'Das maximale Element ist', MAXI3 ( A, N )
27
28    999    STOP
29           END
30
```

```
31
32            REAL FUNCTION MAXI3 ( B , N)
33     *----------------------------------------------------------*
34     * Funktion zur Ermittlung des Maximums unter den ersten N Ele-  *
35     *    menten des Feldes B.                                    *
36     *                                                           *
37     * Parameter : N : Anzahl der Elemente                       *
38     *                 B : Feld mit 1000 Elementen (E)           *
39     *                                                           *
40     * Beschraenkung : N <= 1000                                 *
41     *----------------------------------------------------------*
42            INTEGER N
43            REAL B( 1:1000 )
44          INTEGER K
45          REAL MAXB
46
47          MAXB = B(1)
48          DO 10 K = 2, N
49             IF ( B(K) .GT. MAXB ) MAXB = B(K)
50     10 CONTINUE
51          MAXI3 = MAXB
52
53          RETURN
54          END
```

Abb. 7.4.2 Modifikation des Programms aus Abb. 7.3.4. Es ermittelt das Maximum mit Hilfe eines FUNCTION-Unterprogramms.

Das **Hauptprogramm** MAX 3 entsteht aus MAX 2 von Abb. 7.3.4 durch die oben angegebenen Änderungen. Die Variable POSMAX aus MAX 2 entfällt dabei. Ebenso auch MAXA, dessen Rolle der Funktionsaufruf MAXI 3 (A , N) übernimmt. Wesentlich ist auch die explizite Vereinbarung von MAXI 3 in Zeile 14, die man auf keinen Fall vergessen darf. Andernfalls gilt für den Typ von MAXI 3 die FORTRAN-Konvention, und der Funktionsaufruf in Zeile 26 würde den durch das Unterprogramm berechneten REAL-Wert als INTEGER interpretieren. Das Ergebnis wäre dann nicht Anpassung bzw. Konvertierung des Datentyps, sondern ein völliger Unsinn.

7.5 Anweisungsfunktionen

Neben FUNCTION-Unterprogrammen kann man in FORTRAN auch Anweisungsfunktionen verwenden, um selbst Funktionen zu definieren. Dies ist eine besonders einfache Möglichkeit, die allerdings voraussetzt, daß sich die zu definierende Funktion durch **eine einzige Anweisung** darstellen läßt.

Beispiele

a) Für den Gesamtwiderstand R_{12} zweier parallel geschalteter Ohmscher Widerstände R_1 und R_2 gilt

$$R_{12} \;=\; \frac{R_1 \cdot R_2}{R_1 + R_2}$$

Zur Berechnung von R_{12} kann man eine Anweisungsfunktion namens WID wie folgt definieren:

$$\text{WID (R1 , R2)} = \text{(R1 * R2) / (R1 + R2)}$$

Sie wird nach ihrer Definition in gleicher Weise wie eine Standardfunktion oder ein FUNCTION-Unterprogramm aufgerufen, beispielsweise durch

$$\text{WID (1 E 5 , R X)}$$

b) Der Abstand d zwischen zwei Punkten des Raumes berechnet sich zu

$$d \;=\; \sqrt{(x_1 - x_2)^2 + (y_1 - y_2)^2 + (z_1 - z_2)^2}$$

wo (x_1 , y_1 , z_1) und (x_2 , y_2 , z_2) die Koordinaten der beiden Punkte bedeuten. Die folgende Anweisungsfunktion besorgt diese Berechnung:

```
ABST ( X1 , Y1 , Z1 , X2 , Y2 , Z2 ) = SQRT (( X1 - X2 ) * ( X1 - X2 )
                                 + ( Y1 - Y2 ) * ( Y1 - Y2 )
                                 + ( Z1 - Z2 ) * ( Z1 - Z2 ))
```

(Man beachte, daß sich wie in diesem Fall eine Anweisung auch über mehrere Zeilen erstrecken kann, wofür dann Fortsetzungszeilen benötigt werden.)

Allgemein gilt:

Definition einer Anweisungsfunktion

Form :   afkname   ([fpliste]) = aus

mit   afkname : Name der Anweisungsfunktion

           fpliste : Liste der formalen Parameter. Es kommen nur Variablen in Frage.

           aus : arithmetischer oder logischer oder CHARACTER-Ausdruck

Bedeutung: Es wird eine Funktion mit dem Namen 'afkname' zur Verfügung gestellt, die die Berechnung des Ausdrucks 'aus' durchführt.

Bemerkungen

a)   Die Definition einer Anweisungsfunktion zählt zu den nichtausführbaren Anweisungen.

b)   Durch die Definition einer Anweisungsfunktion wird - im Gegensatz zu einem FUNCTION-Unterprogramm - keine eigene Programmeinheit geschaffen. Deshalb sind Anweisungsfunktionen in jeder Programmeinheit, in der sie benutzt werden sollen, zu definieren. Dies muß unmittelbar vor der ersten ausführbaren Anweisung geschehen.

c)   Der Funktionsname 'afkname' sowie die formalen Parameter haben einen Datentyp. Für sie ist eine entsprechende Festlegung erforderlich, zweckmäßigerweise durch Typanweisungen (die vor der Anweisungsfunktion stehen müssen, vgl. Anhang A).

d)   'aus' ist ein Ausdruck, der außer den formalen Parametern auch noch andere Größen enthalten kann. Zum Zeitpunkt des Aufrufs der Anweisungsfunktion müssen dann diese Größen Werte erhalten haben.

Eine Anweisungsfunktion wird in derselben Weise wie auch ein FUNCTION-Unterprogramm aufgerufen, indem man den Funktionsnamen zusammen mit den in Klammern eingeschlossenen aktuellen Parametern in einem Ausdruck angibt (vgl. das obige Beispiel a). Allgemein gilt:

Aufruf einer Anweisungsfunktion

Form :   afkname ([apliste])

mit   afkname : Name der Anweisungsfunktion

              apliste :   Liste der aktuellen Parameter. Ein aktueller Parameter ist ein Ausdruck vom selben Typ wie der zugehörige formale Parameter.

Wirkung: Es gelten die Ausführungen in Kapitel 7.4.3 zur Wirkung eines FUNCTION-Unterprogrammaufrufs entsprechend.

Bemerkungen

a)   Die aktuellen Parameter sind Ausdrücke, d. h., es können z. B. einzelne Variablen oder Konstanten oder zusammengesetzte Ausdrücke sein.

b)   Man beachte jedoch, daß ein aktueller Parameter auf keinen Fall ein Feldname oder der Name eines Unterprogramms sein darf (vgl. Anhang D).

Programmbeispiel

Abb. 7.5.1 zeigt ein Programm, das für ein Polynom dritten Grades eine Wertetabelle ausgibt.
Die Berechnung der Funktionswerte geschieht mit Hilfe einer Anweisungsfunktion namens
POL. Zeile 22 enthält deren Definition; die Typanweisung in Zeile 19 legt den Datentyp des
Funktionswertes fest. Der Aufruf erfolgt in Zeile 31. Zuvor wird dafür gesorgt, daß den
Elementen des Feldes A, das in der Anweisungsfunktion benutzt wird, Werte zugewiesen
werden (Zeile 25).

```
 1            PROGRAM POL1
 2     *-----------------------------------------------------------*
 3     * Programm zur Erstellung einer Wertetabelle eines Polynoms *
 4     *    dritten Grades mit Hilfe einer Anweisungsfunktion       *
 5     *                                                           *
 6     * Variablen : X       : Argument                            *
 7     *             XANF    : 1. Argument der Wertetabelle (E)    *
 8     *             XEND    : letztes Argument der Wertetabelle (E) *
 9     *             XSCHR   : Differenz benachbarter Argumente in der *
10     *                       Wertetabelle (E)                    *
11     *             A       : Feld zur Aufnahme der Koeffizienten der *
12     *                       Funktion (E)                        *
13     *             Y       : Wert der Funktion an der Stelle X   *
14     *                                                           *
15     * Anweisungsfunktion : POL                                  *
16     *-----------------------------------------------------------*
17           REAL X, XANF, XEND, XSCHR, Y
18           REAL A ( 0:3 )
19           REAL POL
20
21     * Anweisungsfunktion
22           POL(X) = ( ( A(3)*X + A(2) )*X + A(1) )*X + A(0)
23
24     * Eingabe
25           READ *, A, XANF, XEND, XSCHR
26
27     * Berechnung der Werte und Ausgabe in Tabellenform
28           PRINT *, '        X ','             POL(X) '
29           PRINT *
30           DO 10 X = XANF, XEND, XSCHR
31              Y = POL(X)
32              PRINT *, X, Y
33     10     CONTINUE
34
35           STOP
36           END
```

Abb. 7.5.1 Programm zur Verwendung einer Anweisungsfunktion

7.6 Standardfunktionen

7.6.1 Bedeutung

FORTRAN stellt für verschiedene Zwecke Standardfunktionen (engl.: intrinsic function) zur
Verfügung, die nicht mehr eigens definiert zu werden brauchen (vgl. Kap. 3.8). Sie können im
gesamten FORTRAN-Programm aufgerufen und benutzt werden. Dabei gilt für den

Aufruf einer Standardfunktion

- Er erfolgt in gleicher Weise wie bei FUNCTION-Unterprogrammen: Man gibt den
  Funktionsnamen an, gefolgt von der in Klammern gesetzten Liste der aktuellen
  Parameter.

- Als aktuelle Parameter kommen nur arithmetische Ausdrücke in Frage (bzw.
  CHARACTER-Ausdrücke bei einigen CHARACTER-Standardfunktionen, s. Kap. 8.1.9).

- Der Typ eines aktuellen Parameters muß mit dem des entsprechenden Arguments
  übereinstimmen, da es keine Typanpassung gibt. (Anhang B gibt für die einzelnen
  Standardfunktion an, welcher Typ dies jeweils ist.)

- Anders als bei FUNCTION-Unterprogrammen gilt: Wird eine Standardfunktion in einer
  Programmeinheit benutzt, so braucht und darf dort für ihren Namen keine
  Typvereinbarung erfolgen!

Bemerkungen

a) In FORTRAN gibt es eine große Zahl von Standardfunktionen. Einige davon wurden
    bereits in Kapitel 3.8 angegeben. Eine vollständige Liste mit allen wichtigen Angaben
    enthält Anhang B.

b) Für die Standardfunktionen gibt es sogenannte **spezifische Namen,** mit denen sie aufge-
    rufen werden können. Bei Verwendung eines solchen Namens müssen die Argumente
    jeweils von einem ganz bestimmten Datentyp sein (s. die Angaben in den Tabellen des
    Anhangs B).

c) Verschiedentlich gehört zu einer bestimmten Funktion eine ganze Gruppe von Standard-
    funktionen mit verschiedenen spezifischen Namen, die alle diese Funktion berechnen,
    aber für verschiedene Datentypen.

    Beispiel

    Für die Berechnung der Exponentialfunktion e^x gibt es drei Standardfunktionen,
    mit den spezifischen Namen EXP , DEXP und CEXP. Je nachdem, welchen Typ

das Argument x hat, ist eine dieser Standardfunktionen zuständig, und zwar

EXP	für	REAL
DEXP	für	DOUBLE PRECISION
CEXP	für	COMPLEX

Der Funktionswert ist dann vom selben Typ wie das jeweilige Argument.

Zur Vereinfachung gibt es zu einer solchen Gruppe auch einen **Gattungsnamen,** der gemeinsam anstelle der spezifischen Namen benutzt werden darf.

Beispiel

Für die Exponentialfunktion e^x gibt es den Gattungsnahmen EXP (er stimmt mit dem zu REAL gehörigen spezifischen Namen überein). Er darf für alle obengenannten Datentypen benutzt werden, und es wird jeweils ein Funktionswert vom selben Typ wie das Argument geliefert. Dies bedeutet insbesondere:

EXP(X)   ist

für X vom Typ   DOUBLE PRECISION   bzw. COMPLEX

gleichwertig mit   DEXP (X)   bzw. CEXP (X)

d)   Bei einem Gattungsnamen kann man Argumente verschiedenen Typs verwenden. Der Typ des Funktionswerts ist dann jeweils gleich dem des Arguments. Von dieser Regel weichen allerdings die folgenden Standardfunktionen ab und bilden damit eine

Ausnahme: ABS bei komplexem Argument
NINT
die Funktionen zur Typumwandlung

e)   Gattungsnamen gestatten eine vereinfachte Handhabung der Standardfunktionen. Sie wurden in FORTRAN 77 neu eingeführt und sollen bei der weiteren Entwicklung der Sprache die spezifischen Namen ganz ersetzen. Letztere wurden nur noch aus Gründen der Kompatibilität mit FORTRAN IV beibehalten. Deshalb gilt die

Empfehlung: Gibt es für eine Standardfunktion einen Gattungsnahmen, so sollte man nur diesen benutzen.

Hinweis: Es gibt jedoch eine Situation, in der man den spezifischen Namen einer Standardfunktion verwenden muß, auch wenn es einen Gattungsnamen gibt: Wenn die Standardfunktion als aktueller Parameter bei einem Unterprogrammaufruf benutzt wird (vgl. Kap. 12.4.2.1).

7.6.2 Anwendungsmöglichkeiten

Für viele Standardfunktionen ergeben sich Verwendungsmöglichkeiten unmittelbar aus ihrer Bedeutung. Dies gilt z. B. für "klassische" mathematische Funktionen, wie sie in den Kapiteln 3 bis 7 schon vorkamen, oder für die Standardfunktionen zu bestimmten Datentypen, die in Kapitel 8 angesprochen werden. Daneben gibt es aber auch arithmetische Hilfsfunktionen, für die die Anwendungsmöglichkeiten nicht so offenkundig sind. Einige von ihnen werden im folgenden etwas erläutert.

ABS (x)

Mittels ABS kann man den Betrag einer Zahl erhalten. Eine besondere Bedeutung hat diese Funktion beim Vergleichen mit REAL-Größen, wie dies bereits in Kapitel 5.1.3 ausgeführt wurde.

SIGN (x, y)

Diese Funktion liefert $+ |x|$ bzw. $- |x|$, je nachdem ob $y \geq 0$ oder $y < 0$ ist. Es wird also gewissermaßen das Vorzeichen von y an den Absolutwert (Betrag) von x angehängt; das Vorzeichen von x spielt dabei keine Rolle, ebensowenig die Größe von y.

Verschiedentlich geht das Vorzeichen einer Zahl y in Form von +1 oder -1 als Faktor in einen arithmetischen Ausdruck ein. Hierfür kann man SIGN (1 , y) verwenden, denn es ist

$$\text{SIGN} (1 , y) = \begin{cases} + 1 & \text{wenn } y \geq 0 \\ - 1 & \text{wenn } y < 0 \end{cases}$$

Falls für $y = 0$ der Wert 0 gewünscht ist und ansonsten +1 bzw. -1 für $y > 0$ bzw. $y < 0$, so kann man dies mit

$$\text{SIGN} (0.5 , y) - \text{SIGN} (0.5 , - y)$$

erreichen.

MOD (x, y)

Diese Funktion liefert den Divisionsrest, wenn x durch y geteilt wird: Ist k der ganzzahlige Anteil des Quotienten x/y , so gilt

$$x = k * y + \text{MOD} (x , y)$$

Beispiele

a)   MOD (7 , 4) = MOD (15 , 4) = MOD (3 , 4) = 3
     MOD (9 , 4) = MOD (6 , 5) = MOD (11 , 10) = 1
     MOD (20 , 4) = MOD (49 , 7) = 0

b)   MOD (1.7 , 1.2) = MOD (6.5 , 1.2) = MOD (0.5 , 1.2) = 0.5

c)   MOD (- 1 , 4) = - 1

    MOD (- 3 , 4) = MOD (- 7 , 4) = - 3

Anwendungen

a)   MOD (x , y) hat den Wert Null, wenn x durch y teilbar ist. Man kann dies in dem Programm von Abb. 5.4.3 verwenden, wo die Primzahleigenschaft einer natürlichen Zahl N untersucht wird. In den Zeilen 18-20 dieses Programms wird mittels

```
18              QUOT = 1.0 * N / I
19              DIFF = QUOT - N/I
20        IF ( ABS(DIFF) .LT. 1E-6 ) GOTO 20
```

geprüft, ob N durch I teilbar ist. Eine einfachere Möglichkeit hierfür ist

$$IF (MOD (N , I) .EQ. 0) GOTO 20$$

b)   In der Mathematik heißen a und b "kongruent modulo m" (a, b, m seien ganze Zahlen), in Zeichen

$$a \equiv b (mod\ m) \tag{3},$$

wenn a - b durch m teilbar ist. Dies ist genau dann erfüllt, wenn

$$MOD (a - b , m) .EQ. 0 \tag{4}$$

gilt. Sind a und b beide positiv bzw. beide negativ, so kann man (3) auch mittels

$$MOD (a , m) = MOD (b , m) \tag{5}$$

nachprüfen, vgl. die obigen Beispiele.

c)   Ist m eine positive ganze Zahl, so bezeichnet man alle ganzen Zahlen, die nach (3) zueinander kongruent modulo m sind, als Restklasse modulo m. Es gibt dann genau m verschiedene Restklassen, nämlich zu $r = 0 , 1 , 2 , ... , m - 1$ jeweils eine, und MOD (a , m) liefert zu einer ganzen Zahl a eben diesen Wert der Restklasse, zu der a gehört.

d)   Bei einem Iterationsverfahren kann es zweckmäßig sein, Zwischenergebnisse zu protokollieren. Soll dies z. B. nur im 10., 20., 30., ... Iterationsschritt geschehen, so läßt sich dies mittels MOD bequem steuern: Sei ITER ein Iterationszähler (vgl. Kap. 5.4.7), dann ist die Bedingung

$$MOD (ITER , 10) .EQ. 0$$

genau dann erfüllt, wenn ITER die Werte 0, 10, 20, 30, ... annimmt. Analog lassen sich Vielfache einer anderen natürlichen Zahl kontrollieren.

e)   Mittels MOD kann man Teile von ganzen Zahlen ausblenden. So liefert beispielsweise MOD (1987, 100) die Jahreszahl 87. Oder bei der Verschlüsselung des Datums 03.04.1988 in der Form DATUM = 880403 liefert MOD (DATUM , 100) den Tag 03, und mit Hilfe von MOD (DATUM / 100 , 100) erhält man den Monat 04 (DATUM muß dabei INTEGER sein).

Hinweis: Interne Dateien sind eine weitere Möglichkeit, um in bequmer Weise ein derart verschlüsseltes Datum zu entschlüsseln (s. Kap. 12.1).

7.7 Modularisierung

Bei der Entwicklung umfangreicher Programme zur Lösung komplexer Aufgabenstellungen empfiehlt es sich, zuerst das gesamte Problem in überschaubare Teilprobleme zu zerlegen. Diese können dann in der Regel weitgehend selbständig und unabhängig voneinander behandelt werden, da es gewöhnlich nur wenige Beziehungen zwischen ihnen gibt. Dieses Vorgehen bezeichnet man als Modularisierung und die Teilprobleme bzw. ihre Lösungen als Module.

Für die Umsetzung dieser Vorgehensweise stehen die Unterprogramme zur Verfügung. In FORTRAN werden die Lösungen der Teilprobleme gewöhnlich als SUBROUTINE-Unterprogramme formuliert. Die Module bilden damit abgeschlossene Programmeinheiten, die über die Parameter Beziehungen zu anderen Modulen unterhalten können (eventuell auch über COMMON-Bereiche, vgl. Kap. 12).

Eine Modularisierung hat verschiedene Vorteile:

- Kleinere Teilprobleme sind überschaubarer und damit leichter zu lösen als das Gesamtproblem. Auch der Programmtext eines Moduls ist kürzer und damit übersichtlicher als ein umfangreiches Gesamtprogramm.

- Durch den geringeren Umfang der einzelnen Module ist der Testaufwand geringer. Da SUBROUTINE-Unterprogramme eigenständige Programmeinheiten sind, kann jedes Modul einzeln übersetzt werden. Dabei wird das Verhalten eines Moduls nicht durch Fehler aus anderen Modulen beeinflußt.

- Die Programmentwicklung für die einzelnen Teilprobleme kann weitgehend unabhängig von den anderen erfolgen. Dadurch ist es möglich, mit mehreren Personen ohne Aufgabenüberschneidungen an einem größeren Programmsystem zu arbeiten.

- Müssen Änderungen durchgeführt werden, so betreffen sie häufig nicht das gesamte Programm, sondern nur wenige Module. Dann brauchen nur diese geändert werden. Und Erweiterungen der Problemstellung lassen sich u. U. einfach in Form zusätzlicher Module einbauen.

Übungen zu Kapitel 7

Kontrollfragen

- Wozu braucht man Unterprogramme? Welche 2 Arten von Unterprogrammen gibt es in FORTRAN und wodurch unterscheiden sie sich?

- Wie ist ein Unterprogramm aufgebaut? An welchen Stellen werden die formalen Parameter notiert und welche Aufgaben haben sie? Was sind Ein- bzw. Ausgabeparameter, und gibt es noch weitere Parameterarten?

- Welche Vor- und Nachteile hat es, daß in FORTRAN jedes Unter- und Hauptprogramm für sich allein übersetzt werden kann? Was passiert z. B., wenn sich die aktuellen und die zugehörigen formalen Parameter in Bezug auf den Datentyp unterscheiden?

- Was haben Standardfunktionen mit FUNCTION-Unterprogrammen gemein, was unterscheidet sie? Was zeichnet das in FORTRAN 77 neu eingeführte Konzept der Gattungsnamen für Funktionen gegenüber den spezifischen Namen aus, die es schon in FORTRAN IV gab?

- Wie kann ein Unterprogramm zur Ausführung kommen? Welche Rolle spielen dabei die aktuellen Parameter und die RETURN-Anweisung?

- Was sind Anweisungsfunktionen und wozu kann man sie gebrauchen? Wo und wie werden Anweisungsfunktionen definiert und danach aufgerufen?

Aufgaben

7.1 Schreib en Sie eine Subroutine Tausch(X, Y), die bewirkt, daß die Werte der Variablen X und Y getauscht werden. Prüfen Sie die korrekte Arbeitsweise der Subroutine mit einem geeigneten Hauptprogramm.

7.2 Schreiben Sie in Anlehnung an das SUBROUTINE-Unterprogramm aus Abb. 7.3.4 weitere Unterprogramme zur Berechnung statistischer Größen, wie z. B. Standardabweichung, Mittelwert, Median, Varianz usw.

7.3 a) Eine Uhrzeit, z. B. 21.15h, läßt sich als vierstellige INTEGER-Zahl, also 2115, im Computer darstellen. Man schreibe ein FUNCTION-Unterprogramm, das aus gegebener Anfangs- und Endzeit die Differenz berechnet und diese in Stunden und Minuten ausgibt.

Ist es einfacher, statt einer vierstelligen INTEGER-Zahl für die Uhrzeit zwei Variablen STUNDE und MINUTE zu benutzen?

b)   Man löse das zu a) analoge Problem für ein Anfangs- und Enddatum in der Form 'ttmmjj' , d. h., wenn die Daten verschlüsselt als sechsstellige Integerzahlen vorliegen. Hier entspricht also z. B. dem 17.04.88 die INTEGER-Zahl 170488. Es soll der Zeitraum zwischen Anfangs- und Enddatum in Tagen ausgegeben werden. Schalttage müssen bei der Lösung berücksichtigt werden (vgl. auch Aufgabe 9.3).

7.4   Mit den in FORTRAN vorgesehenen Datentypen ist es nicht möglich, Bruchzahlen direkt in der Form mit Zähler und Nenner darzustellen. Man kann jedoch zwei INTEGER-Zahlen für die Darstellung des Zählers und Nenners benutzen und so einen Bruch angeben. Entwickeln Sie ein Programm, das zwei Brüche einliest und dann addiert (subtrahiert, multipliziert, dividiert) und wieder in Form von Zähler und Nenner vollständig gekürzt ausgibt.

7.5   a)   Schreiben Sie FUNCTION-Unterprogramme für die Berechnung der folgenden Ausdrücke:

1) $F = \begin{cases} e^x & \text{für } x \geq 0 \\ \dfrac{1}{x} & \text{für } x < 0 \end{cases}$
   2) $G = \begin{cases} \dfrac{1}{\sin x} & \text{für } 0 < x < 2\pi,\ x \neq \pi \\ \text{nicht definiert} & \text{für } x \leq 0,\ x \geq 2\pi,\ x = \pi \end{cases}$

3) $SQ = w^2 + x^2 + y^2 + z^2$

4) $H = \cos(3*F(x)) + 3x^2 - \dfrac{1}{x}$ für $x \neq 0$

   $F(x)$ soll dabei die in a) definierte Funktion sein.

5) $FELDMX = \max \left\{\ |a_i|\ \Big|\ i=1,\ldots,n\right\}$

   Die Werte a_1 sollen dabei in einem Feld A mit n Elementen vorliegen.

Testen Sie jedes der FUNCTION-Unterprogramme für geeignete Werte. Es soll eine Fehlermeldung ausgegeben werden, wenn ein Argument für die betreffende Funktion unzulässig ist.

b)   Danach schreibe man ein Hauptprogramm, daß unter Verwendung der o. g. FUNCTION-Unterprogramme, die folgenden Ausdrücke berechnet:

1) $\dfrac{1}{\sin(e^{0.5})}$
   2) $\dfrac{1}{\sqrt{0.51^2 + 6.2^2 + 4.5^2 + 6.1^2}}$

3) $\max \dfrac{1}{\sin a_i}$; $a_1 = \pi/2 * 0.1$, $a_2 = \pi/2 * 0.2$, ... , $a_9 = \pi/2 * 0.9$

4) $\cos(3*e^\pi) + 3\pi^2 - \dfrac{1}{\pi}$

7.6   Schreiben Sie ein Funktionsunterprogramm, das für den Eingabeparameter "Anzahl der Buchungen im Monat" die Kontoführungsgebühr bei einem Postscheckkonto berechnet. Hier gilt folgende Preisstaffelung:

weniger als 10	Buchungen im Monat	1,30 DM
11 bis 25	Buchungen im Monat	3,00 DM
26 bis 50	Buchungen im Monat	4,00 DM
51 bis 250	Buchungen im Monat	8,00 DM

```
251 bis 1000    Buchungen im Monat    15,00 DM
mehr als 1000   Buchungen im Monat    30,00 DM
```

(vergleiche mit dem Programm aus Abb. 7.4.1)

7.7 Schreiben Sie FUNCTION- oder SUBROUTINE-Unterprogramme für folgende Aufgaben bei der Bildschirmsteuerung:

LOESCH	Bildschirm löschen
LZEILE(i)	i Leerzeilen ausgeben
STRICH (i , j)	Ausgabe eines Striches von Position i bis Position j
RUECK (i , j)	i Leerzeilen ausgeben und dann auf Position j der aktuellen Zeile vorrücken

7.8 Ein Handwerksbetrieb bietet folgende Leistungen an (Auszug):

Lieferung und Einbau von Vollkunststoffenstern mit verdeckt liegenden Beschlägen und Stahlausstufung nach statischen Erfordernissen in folgenden Größen:

Pos. 1   bis max 120 x 130 cm
           1-tlg. Drehkippfenster   642,-

Pos. 2   bis max 250 x 150 cm
           3-tlg. Fensterelemente mit einem mittleren,   1.260,-
           größeren Drehflügel sowie je 1 äußeren,
           kleineren Drehkippflügel

Pos. 3   bis max. 400 x 220 cm
           3-tlg. Fürelement bestehend aus einer   1.413,-
           Drehkipptür sowie 2 festen Seitenteilen

Lieferbare Farben: weiß/Mahagoni/Kiefer/Eiche

<u>Mehrpreise:</u>

1.	Für abschließbare Griffe je Stück		26.00
2.	Für Phonstop-Isolierglasscheiben der Schallschutzklasse 3 (38 dB)	zu Pos 1:	29.00
		zu Pos 2:	41.00
		zu Pos 3:	65.00

Bei den genannten Preisen handelt es sich um Netto-Preise. 14 % MWSt ist zu berücksichtigen.

Schreiben Sie in Programmsysteme, das es ermöglicht Kostenvoranschläge und Rechnungen zu erstellen. Bei der Entwicklung dieses Programms beachte man insbesondere die Technik der Modularisierung.

Hinweis: Zur Lösung dieser Aufgabe könnten auch Dateien (vgl. Kap. 11) herangezogen werden.

8. Weitere Datentypen

Bis jetzt benutzten wir nur die Datentypen INTEGER und REAL. In vielen Fällen reicht dies auch aus. Es gibt aber auch Anwendungen, bei denen man noch weitere Datentypen mit Vorteil verwenden könnte, z. B. bei numerischen Berechnungen, für die eine höhere Genauigkeit notwendig ist, als REAL sie bietet, oder in der Elektrotechnik, wo sich verschiedene Probleme bequemer behandeln lassen, wenn man dabei komplexe Zahlen verwenden kann. Entsprechendes gilt bei der Textverarbeitung, wenn Texte - also Zeichenfolgen - analysiert und manipuliert werden. FORTRAN stellt für derartige Erfordernisse eine Reihe weiterer Datentypen zur Verfügung:

DOUBLE PRECISION   gestattet es, reelle Arithmetik mit erhöhter Genauigkeit durchzuführen

COMPLEX   ermöglicht das Rechnen mit komplexen Zahlen

CHARACTER   dient für nichtnumerische Anwendungen und stellt Zeichenfolgen (z. B. Wörter oder Texte) als Daten zur Verfügung

LOGICAL   vereinfacht das Arbeiten mit Bedingungen. Bei diesem Datentyp gibt es nur die beiden Wahrheitswerte "wahr" und "falsch". Dies ermöglicht die Anwendung der Aussagenlogik.

Diese Datentypen werden im vorliegenden Kapitel behandelt. Dabei ist es durchaus möglich, daß die Einzelheiten nicht für alle Leser von gleichem Interesse sind. So mag COMPLEX für Anwender aus der Elektrotechnik größere Bedeutung haben als für jemanden, der in seinem Programm mit Texten arbeiten möchte und dafür eher den Typ CHARACTER braucht. Je nach Interessenlage genügt es deshalb, manches nur zu überfliegen. Es ist aber empfehlenswert, sich in jedem Fall mit CHARACTER zu befassen, da dieser Datentyp sehr viele nützliche Anwendungen hat. Auch die grundlegenden Fakten von LOGICAL sollte man sich aneignen, weil man damit verschiedentlich ein Programm übersichtlicher und verständlicher gestalten kann. Dementsprechend werden auch diese beiden Datentypen zuerst behandelt, gefolgt von DOUBLE PRECISION und COMPLEX.

8.1 Der Datentyp CHARACTER - zur Bearbeitung von Zeichenfolgen

8.1.1 Bedeutung des Datentyps CHARACTER

Texte verwendet man in Programmen häufig für Mitteilungen an den Benutzer, oder um eine
Ausgabe verständlich zu gestalten. Hierzu gibt man in der 'aliste' einer PRINT-Anweisung
den betreffenden Text in Form einer Zeichenkonstanten an, wie dies auch in den Beispielen der
früheren Kapitel geschah.

Es gibt aber noch weitere Situationen, wo die Verwendung eines Textes im Programm
angezeigt ist. Werden z. B. einem Benutzer verschiedene Dienstleistungen eines Programms
zur Wahl angeboten, so wäre es für den Benutzer angenehm, wenn er seine Wahl direkt durch
Eingabe einer geeigneten Bezeichnung für die Dienstleistung zum Ausdruck bringen könnte. Ein
anderer Fall von "Textverarbeitung" ist die automatische Serienbrieferstellung, bei der das
Programm einen vorgefertigten Standardbrief ausgibt, in den zuvor noch eine eingelesene
Anschrift eingetragen worden ist.

Für derartige Anwendungen gibt es in FORTRAN den Datentyp CHARACTER. Er ermöglicht
es, Texte in Variablen zu speichern und zu verarbeiten. Allgemein kann eine Größe vom Typ
CHARACTER eine Folge von Zeichen aufnehmen. Diese Zeichenfolge ist dann der **Wert** der
CHARACTER-Größe, und die Anzahl der Zeichen wird als ihre **Länge** bezeichnet.

Konstanten vom Typ CHARACTER wurden bereits in Kapitel 3.6.2 behandelt; es sind die
Zeichenkonstanten (auch CHARACTER-Konstanten genannt), wie z. B. die Konstante 'JANUAR' ,
die den Wert JANUAR und die Länge 6 hat. Eine **Variable** vom Typ CHARACTER kann als
Wert verschiedene Zeichenfolgen von einer festen Länge annehmen. Das gilt ebenso für die
Elemente eines **Feldes** vom Typ CHARACTER. Auch ein **FUNCTION-Unterprogramm** kann vom
Typ CHARACTER sein und liefert dann Funktionswerte dieses Typs.

Als Zeichen dürfen beliebige im Rechner darstellbare Zeichen verwendet werden. Es empfiehlt sich aber, auf diese Allgemeinheit zu verzichten und nur solche Zeichen zu benutzen, die
in möglichst vielen Computern vorhanden sind. Andernfalls kann man in Schwierigkeiten
geraten, wenn man das Programm durch einen anderen Computer ausführen lassen will. Da
viele Computer entweder den Zeichenvorrat des ASCII-Codes oder den des EBCDI-Codes
haben, gilt folgende

Empfehlung: Für eine Größe vom Typ CHARACTER verwende man nur diejenigen Zeichen,
die sowohl im ASCII-Code als auch im EBCDI-Code enthalten sind, d. h.

- alle Zeichen des FORTRAN-Zeichensatzes (s. Kap. 3.2)
- zuzüglich der Kleinbuchstaben
- sowie die Zeichen ; ! ? < > " _ % & # @

8.1.2 Vereinbarung des Datentyps CHARACTER

Soll eine Variable oder ein Feld vom Typ CHARACTER sein, so ist hierfür

- eine explizite Vereinbarung durch eine Typanweisung erforderlich
- unter Verwendung der Typangabe CHARACTER
- mit zusätzlicher Angabe der Länge (das ist die Anzahl Zeichen, die die Variable bzw. ein Feldelement aufnehmen kann). Die Längenangabe hat die Form * lae und wird entweder direkt hinter CHARACTER oder hinter der betreffenden Größe angegeben.

Beispiele

$$\begin{array}{ll}
\text{CHARACTER * 20 NAME , ORT} & (1) \\
\text{CHARACTER BUCHST} & (2) \\
\text{CHARACTER * 9 MONAT (1 : 12)} & (3)
\end{array}$$

Erläuterungen

a)   Eine Längenangabe 'lae' hinter CHARACTER gilt für alle die Größen der zugehörigen Liste, die keine eigene Längenangabe haben (vgl. d). In Beispiel (1) werden auf diese Weise NAME und ORT als zwei CHARACTER-Variablen der Länge 20 festgelegt.

b)   Fehlt eine Längenangabe, wie bei (2), so gilt die Länge 1. Die Variable BUCHST kann also nur ein Zeichen aufnehmen.

c)   Außer Variablen können auch **Felder vom Typ CHARACTER** sein. (3) vereinbart das Feld MONAT, dessen Feldelemente MONAT (1), ... , MONAT (12) jeweils 9 Zeichen aufnehmen können (vgl. Kap. 6.2).

d)   Eine Längenangabe 'lae' kann auch unmittelbar hinter einem Variablennamen bzw. einer Feldangabe stehen und bezieht sich dann nur auf diese Größe. Für sie haben dann irgendwelche Angaben hinter CHARACTER keine Gültigkeit mehr, diese gelten für alle Größen ohne eine eigene Längenangabe. So ist z.B.

$$\text{CHARACTER * 20 NAME , ORT , BUCHST * 1} \qquad (4)$$

bzw.

$$\text{CHARACTER NAME * 20 , ORT * 20 , BUCHST} \qquad (5)$$

gleichwertig mit (1) und (2), und (1), (2), (3) kann man zusammenfassen zu

$$\text{CHARACTER * 20 NAME , ORT , BUCHST * 1 , MONAT (1 : 12) * 9} \qquad (6)$$

e)   Eine **Längenangabe** 'lae' kann sein :

- eine INTEGER-Zahl (wie in den obigen Beispielen)

- eine benannte Konstante vom Typ INTEGER, eingeschlossen in runde Klammern
- ein Ausdruck, der nur INTEGER-Zahlen und benannte Konstanten vom Typ INTEGER enthält, eingeschlossen in runde Klammern

jeweils mit positivem Wert

- ein in runde Klammern eingeschlossener Stern (*) (nur bei benannten Konstanten, s. 8.1.3, bei formalen Parametern, s. 8.1.10, und bei FUNCTION-Unterprogrammen vom Typ CHARACTER)

Beispiel: INTEGER LAE
PARAMETER (LAE = 20)
CHARACTER * (LAE) NAME , ORT , STRASS * (LAE + 5) , BUCHST * 1

Dies ist gleichwertig mit (4), zuzüglich der Vereinbarung einer Variablen STRASS der Länge 25.

8.1.3 Zuweisung von Werten

Für CHARACTER-Variablen und -Feldelemente gibt es grundsätzlich dieselben Möglichkeiten, einen Wert zu erhalten, wie auch für Variablen von anderem Datentyp. Analog zur arithmetischen Wertzuweisung gibt es die

CHARACTER-Wertzuweisung

Form :   cvar = caus

mit   cvar :   CHARACTER-Variable oder -Feldelement oder Teilkette (s. 8.1.6)

caus :   CHARACTER-Ausdruck (dies ist z. B. eine CHARACTER-Variable oder -Konstante; weitere Möglichkeiten: s. 8.1.6)

Wirkung: Der Wert des CHARACTER-Ausdrucks wird ermittelt und 'cvar' zugewiesen. Dabei wird der Ausdruck linksbündig in 'cvar' gespeichert. Ist seine Länge größer als die von 'cvar', so werden rechts die überzähligen Zeichen ignoriert; ist sie kleiner, so wird 'cvar' linksbündig mit dem Wert des Ausdrucks belegt und rechts mit Leerzeichen aufgefüllt.

Beispiel

Die Variable TEXT habe die Länge 6. Die folgende Tabelle gibt an, welchen Wert TEXT bei verschiedenen Wertzuweisungen erhält:

Wertzuweisung	Wert von TEXT	Bemerkung
TEXT = ' WASSER '	WASSER	identische Übernahme
TEXT = ' FEUERWEHR '	FEUERW	"abschneiden"
TEXT = ' FEUER '	FEUER_	Anfügen eines Zwischenraums

Für die Zuweisung eines Wertes gibt es ferner die folgenden Möglichkeiten:

a)   durch Eingabeanweisung (s. 8.1.4.1)

b)   mittels DATA (vgl. Kap. 6.9). Für die Zuweisung des Wertes an die CHARACTER-Größe gelten dabei dieselben Regeln wie bei der oben angegebenen CHARACTER-Wertzuweisung.

Beispiel: Im obigen Beispiel hätte DATA TEXT / ' FEUER ' / dieselbe Wirkung wie die Anweisung in der dritten Zeile der Tabelle.

c)   mittels PARAMETER für benannte Konstanten (vgl. Kap. 6.10). Die Zuweisung erfolgt dabei nach denselben Regeln wie bei der CHARACTER-Wertzuweisung.

Beispiel: CHARACTER * 2 DOPP

PARAMETER (DOPP = ' / / ')

Dadurch wird DOPP zur benannten Konstanten mit dem Wert / / .

Für benannte Konstanten ist auch die Längenangabe (*) zulässig; die Länge der Konstanten ist dann gleich der Länge der zugewiesenen Größe. Beispielsweise bewirkt

CHARACTER * (*) HERR , FRAU

PARAMETER (HERR = ' MR. ' , FRAU = ' MRS. ')

daß HERR die Länge 3 und FRAU die Länge 4 bekommt.

8.1.4 Ein- und Ausgabe von CHARACTER-Größen

Für das Verständnis der Ein- und Ausgabe von CHARACTER-Größen beachte man die folgenden

Voraussetzungen:

a)   CHARACTER-Größen können ebenso wie Größen eines anderen Datentyps entweder listengesteuert oder formatiert ein- und ausgegeben werden. Dabei gelten die grundsätzlichen Ausführungen zur listengesteuerten Ein-/Ausgabe (Kap. 4.3 und 4.4) bzw. zur formatierten E/A (Kap. 4.5) auch hier. Was darüber hinaus noch im besonderen gilt, wird nachstehend angegeben.

b)   Im folgenden steht CHV stellvertretend für eine Größe vom Typ CHARACTER. Es kann eine Variable, ein Feldelement oder eine Teilkette sein ; bei der Ausgabe kommt auch ein CHARACTER-Ausdruck in Betracht. Die Länge von CHV sei 'lae' .

c)   Wie in den Kapiteln 4.3 - 4.5 bedeutet

      'eliste' :   eine zu einer READ-Anweisung gehörende Eingabeliste

      'aliste' :   eine zu einer PRINT-Anweisung gehörende Ausgabeliste

d)   Eine Eingabe bezieht sich im folgenden stets auf eine in 'eliste' angegebene CHARACTER-Größe CHV. Entsprechend soll bei einer Ausgabe die in 'aliste' angegebene Größe CHV auszugeben sein.

8.1.4.1 Eingabe von CHARACTER-Größen

Listengesteuerte Eingabe mittels READ *

- Es muß eine **CHARACTER-Konstante** eingegeben werden (also eine Zeichenfolge einschließlich der begrenzenden Apostrophe!).

- CHV erhält als Wert den Wert dieser Konstanten (also die Zeichenfolge ohne die begrenzenden Apostrophe!)

- Falls CHV und die Konstante verschiedene Längen haben, erfolgt eine Anpassung wie bei der CHARACTER-Wertzuweisung (s. Kap. 8.1.3).

Beispiel zur listengesteuerten Eingabe

Programmausschnitt: CHARACTER * 7   TEXT 1 , TEXT 2

                           READ * , TEXT 1 , TEXT 2

Enthält die Eingabezeile hintereinander die durch Zwischenraum getrennten Konstanten

                    ' WASSER '   ' FEUERWEHR '

dann erhält TEXT 1 bzw. TEXT 2 den Wert WASSER_ bzw. FEUERWE zugewiesen.

Formatierte Eingabe

Es wird der A-Beschreiber benutzt, wobei es zwei Möglichkeiten gibt:

a) Form: A

    Wirkung: Beginnend mit der aktuellen Leseposition werden die nächsten 'lae' Zeichen gelesen und CHV als Wert zugewiesen.

b) Form: A w   (z. B. A 6 , A 1)

    Wirkung: Beginnend mit der aktuellen Leseposition werden die nächsten w Zeichen gelesen und CHV zugewiesen. Dabei gilt:

        w = 'lae' :   die gelesenen w Zeichen ergeben den Wert von CHV

        w < 'lae' :   CHV erhält linksbündig die w gelesenen Zeichen und wird rechts mit Leerzeichen aufgefüllt

        w > 'lae' :   von den gelesenen w Zeichen wird nur der rechte Teil ('lae' Zeichen) an CHV übergeben, die davor stehenden Zeichen werden ignoriert.

Beispiel zur formatierten Eingabe

Programmausschnitt: CHARACTER Q * 6 , B * 3 , C * 5 , D * 3
                                     READ 1000 , Q , B , C , D
                     1000 FORMAT (A 5 , A 3 , A , A 4)

Liest READ bei der Ausführung des zugehörigen Programms die

Eingabezeile: TEMPERATUR-ANGABE

                 A 5   A 3   A   A 4

(unter der Eingabezeile ist angegeben, welche Teile davon durch die einzelnen Format-Beschreiber angesprochen werden ; dabei gehört der Beschreiber A zur Variablen C mit der Länge 5), dann hat dies dieselbe

Wirkung wie: Q =   ' TEMPE _ '
                     B =   ' RAT '
                     C =   ' UR - AN '
                     D =   ' ABE '

Bemerkungen

Auf die folgenden Besonderheiten und Unterschiede sei besonders hingewiesen:

a)   Unterschiedlich wird bei listengesteuerter bzw. formatierter Eingabe der Fall behandelt, daß CHV nicht alle gelesenen Zeichen aufnehmen kann: Bei READ * werden dann die letzten Zeichen "abgeschnitten" - ebenso wie bei der CHARACTER-Wertzuweisung -, bei formatierter Eingabe dagegen die ersten Zeichen. Im obigen Beispiel trifft dies auf die Variable D mit der Länge 3 zu, für die gemäß A 4 die Zeichen GABE eingelesen werden: D erhält den Wert ABE. Dagegen hätte die Wertzuweisung

$$D = ' GABE '$$

D den Wert GAB zugewiesen.

b)   Im Gegensatz zu a) wird der Fall, daß CHV mehr als die eingelesenen Zeichen aufnehmen kann, überall gleich behandelt (auch bei CHARACTER-Wertzuweisung): linksbündige Ablage der Zeichen und rechts Auffüllen mit Leerzeichen.

c)   Bei READ * müssen die einzulesenden Zeichen in Apostrophe gesetzt sein, während bei formatierter Eingabe dies gerade nicht sein darf.

d)   Die Formatbeschreiber A und A 1 dürfen nicht verwechselt werden: A 1 liest genau ein Zeichen ein, A dagegen 'lae' Zeichen.

8.1.4.2 Ausgabe von CHARACTER-Größen

Listengesteuerte Ausgabe mittels PRINT *

- Der Wert von CHV wird (ohne begrenzende Apostrophe) ausgegeben.

- Die Ausgabe erfolgt in die nächsten 'lae' (Druck-)Positionen, beginnend mit der aktuellen Ausgabeposition.

Hier wird also der Wert von CHV in derselben Weise ausgegeben, wie sonst PRINT * eine Zeichenkonstante ausgibt.

Formatierte Ausgabe

Es wird der A-Beschreiber benutzt, wobei es zwei Möglichkeiten gibt:

a)   Form: A

      Wirkung: wie bei PRINT * (s.o.)

b)   Form: A w   (z. B. A 5 , A 2)

      Wirkung: Der Wert von CHV wird in ein Feld der Breite w ausgegeben, beginnend mit der aktuellen Ausgabeposition. Dabei gilt:

'lae' = w :   sämtliche Zeichen von CHV füllen das Ausgabefeld

'lae' < w :   rechtsbündige Ausgabe von CHV in das Feld, links auffül-
                len mit Leerzeichen

'lae' > w :   die linken w Zeichen von CHV werden in das Feld
                übertragen und die restlichen Zeichen ignoriert

Beispiel zur formatierten Ausgabe

Q , B , C seien die CHARACTER-Variablen aus dem obigen Beispiel zur formatierten Eingabe
und mit den dort angegebenen Werten belegt. Dann führt die Anweisung

$$PRINT \quad 1100 , Q , B , C , B$$
$$1000 \ FORMAT \ (\ 1 \ H \_ \ ' , A \ 5 , A , A \ 2 , A \ 4)$$

zu folgender Ausgabezeile:

$$T \ E \ M \ P \ E \ R \ A \ T \ U \ R \_ R \ A \ T$$

        A 5   A   A 2   A 4

8.1.5 Programmbeispiel: Name in Text einfügen (I)

Aufgabe

Der Satz "Wir begrüßen N.N. in unserer Mitte" soll ausgegeben werden, wobei N.N. ein zuvor
eingelesener Name sei.

Lösung

Für N.N. verwendet man eine CHARACTER-Variable NAME, auf die zuerst mittels READ *
ein Name eingelesen wird. Die Ausgabe des Satzes kann mit PRINT * erfolgen, wobei als erstes
"Wir begrüßen" , dann die Variable NAME, dann "in unserer Mitte" auszugeben ist. Damit
ergibt sich der folgende

Algorithmus: 1.   Eingabe: NAME
                    2.   Ausgabe: "Wir begrüßen" , NAME , "in unserer Mitte"

Programmbeschreibung

Das Programm in Abb. 8.1.1 entspricht dem Algorithmus. Für den Namen sind maximal
25 Zeichen vorgesehen. Bei der Ausgabe wird die benannte Konstante GRUSS benutzt ; als

```
 1            PROGRAM TEXT1
 2     *------------------------------------------------------------*
 3     * Liest einen Namen ein und gibt ihn innerhalb eines Satzes  *
 4     *    wieder aus.                                              *
 5     *                                                            *
 6     * Variablen : NAME : einzulesender und auszugebender Name    *
 7     *------------------------------------------------------------*
 8            CHARACTER*15 GRUSS
 9            PARAMETER ( GRUSS = 'Wir begruessen ' )
10            CHARACTER*25 NAME
11
12            READ *, NAME
13            PRINT *, GRUSS, NAME, ' in unserer Mitte.'
14
15            STOP
16            END
```

Abb. 8.1.1 Programm zur Textverarbeitung. Es gibt einen Satz aus, in den ein eingelesener
Name eingetragen wurde.

Wert hat sie den Text "Wir begruessen _ ". Die Verwendung von GRUSS ist hier nicht zwingend
und geschieht nur, um auch diese Möglichkeit zu demonstrieren; ebensogut hätte man auch

PRINT * , ' Wir begruessen ' , Name , ' in unserer Mitte. '

nehmen können. Die Ausführung des Programms liefert eine Ausgabe wie in Abb. 8.1.2; man
beachte, daß der Name als CHARACTER-Konstante (d. h. eingeschlossen in Apostrophe)
eingegeben werden muß.

```
Wir begruessen Herrn Eugen Schmidt           in unserer Mitte.
```

Abb. 8.1.2 Die von dem Programm in Abb. 8.1.1 erzeugte Ausgabe nach Eingabe von
' Herrn Eugen Schmidt '

8.1.6 Operationen mit CHARACTER-Größen: Teilkette und arithmetischer Ausdruck

Die Ausgabe, die das Programm von Abb. 8.1.1 erzeugt, hat einen Schönheitsfehler: Die
Variable NAME belegt immer 25 Ausgabepositionen, unabhängig davon, wie lang der eingelesene Name tatsächlich ist. Besteht der Name z. B. nur aus 19 Zeichen wie in Abb. 8.1.2, so
werden rechts vom Namen 6 störende Zwischenräume ausgegeben. Will man diese Zwischenräume vermeiden, so muß man sie in der Variablen NAME lokalisieren können. Dazu ist es

erforderlich, einzelne Zeichen oder Zeichengruppen einer CHARACTER-Größe ansprechen zu können.

Dies ist möglich mit Hilfe von Teilketten. Hierzu denke man sich die einzelnen Zeichenpositionen einer CHARACTER-Größe durchnumeriert mit 1 , 2 , ... , 'lae' . Dann gilt für eine

Teilkette

Form :   cvar $([p_1] : [p_2])$

mit   cvar : Variable oder Feldelement vom Typ CHARACTER (aber **keine** benannte Konstante!)

p_1 :   Anfangsposition $\Big\}$ der Teil-Zeichenfolge
p_2 :   Endposition

wobei gilt :   • p_1 , p_2 sind arithmetische Ausdrücke vom Typ INTEGER

• $1 \leqslant p_1 \leqslant p_2 \leqslant$ 'lae'

• $p_1 = 1$,   falls eine Angabe fehlt

• $p_2 =$ 'lae' , falls eine Angabe fehlt

Bedeutung: Die Teilkette besteht aus den Zeichen, die in 'cvar' von Position p_1 bis einschließlich Position p_2 stehen. Die Teilkette hat den Datentyp CHARACTER und die Länge $p_2 - p_1 + 1$.

Beispiele

a)   Hat die CHARACTER-Variable HOLZ den Wert BAUMSTAMM, dann gilt:

Die Teilkette	hat den Wert
HOLZ (1 : 3) bzw. HOLZ (: 3)	BAU
HOLZ (3 : 4)	UM
HOLZ (5 : 9) bzw. HOLZ (5 :)	STAMM

b)   Hat das Feldelement TAG (2) den Wert DIENSTAG, so gilt:

Die Teilkette	hat den Wert
TAG (2) (1 : 2) bzw. TAG (2) (: 2)	DI
TAG (2) (1 : 1) bzw. TAG (2) (: 1)	D
TAG (2) (5 : 7)	STA

Die Verwendung von Teilketten

ist überall dort möglich, wo Variablen oder Feldelemente vom Typ CHARACTER vorkommen können, z. B.

- auf der linken Seite einer CHARACTER-Wertzuweisung
- in der 'eliste' einer Eingabeanweisung
- in der 'nliste' einer DATA-Anweisung (aber nicht in deren 'cliste' !)

Ebenso kann eine Teilkette an all den Stellen verwendet werden, wo ein CHARACTER-Ausdruck stehen kann, z. B.

- auf der rechten Seite einer CHARACTER-Wertzuweisung
- in der 'aliste' einer Ausgabeanweisung
- als aktueller Eingabeparameter in einem Unterprogramm

In einer PARAMETER-Anweisung darf jedoch eine Teilkette nirgends vorkommen, ebenso auch nicht in der 'cliste' einer DATA-Anweisung.

Beispiel: Hat die CHARACTER-Variable MONAT den Wert JUNI, so ändert die Wertzuweisung

$$MONAT (3 : 3) = 'L'$$

diesen Wert in JULI. Man beachte, daß durch diese Zuweisung nur das 3. Zeichen in MONAT angesprochen und verändert wird; die restlichen Zeichen bleiben unverändert.

Ein CHARACTER-Ausdruck

ist im einfachsten Fall eine Größe vom Typ CHARACTER ; dies kann eine Konstante oder benannte Konstante sein, eine Variable, ein Feldelement, eine Teilkette oder ein Funktionsaufruf. Mit Hilfe des Verkettungs- oder Konkatenationsoperators // und runder Klammern kann man zusammengesetzte Ausdrücke aus solchen Elementen bilden.

Für die Verknüpfung von CHARACTER-Größen gibt es nur den einen Operator // . Die Verkettung CHV 1 // CHV 2 ergibt eine CHARACTER-Größe CHV 3, deren Wert gleich der Aneinanderfügung der Werte der beiden Größen CHV 1 und CHV 2 ist.

Beispiel: Hat die CHARACTER-Variable ART den Wert OBSTBAUM, dann gilt:

Der CHARACTER-Ausdruck	hat den Wert
ART (5 :) // ' SCHULE '	BAUMSCHULE
ART // ' SCHNITT '	OBSTBAUMSCHNITT
ART (1 : 4) // '-UND_GEMUESE // ART (5 : 7)	OBST-UND GEMUESEBAU
(ART (1 : 4) // '-UND ') // ('_GEMUESE // ART (5 : 7))	OBST-UND GEMUESEBAU

Achtung ! Bei einer CHARACTER-Wertzuweisung

$$cvar \ = \ caus$$

darf in 'cvar' keine Zeichenposition angesprochen werden, die auch in 'caus' angesprochen wird. Soll etwa im obigen Beispiel die Variable ART den Wert BIRNBAUM erhalten, so kann dies **nicht** mittels

$$ART = ' \, BIRN \, ' \, // \, Art \, (\, 5 : 9 \,)$$

geschehen, da die Zeichenpositionen 5 bis 9 von ART auf beiden Seiten vorkommen.

8.1.7 Vergleich von CHARACTER-Größen

Nicht nur arithmetische Ausdrücke, sondern auch CHARACTER-Ausdrücke kann man miteinander vergleichen. Hierzu gibt es den CHARACTER-Vergleichsausdruck, der entsprechend einem arithmetischen Vergleichsausdruck aufgebaut ist, nur daß CHARACTER-Ausdrücke miteinander verglichen werden. Somit gilt:

CHARACTER-Vergleichsausdruck

Form : $caus_1$ vop $caus_2$

mit $caus_1$, $caus_2$: CHARACTER-Ausdrücke

        vop : einer der Vergleichsoperatoren .EQ. , .NE. , .LT. , .LE. , .GT. , .GE. (vgl. Kap. 5.1.3)

Ausführung des Vergleichs:

- Die Werte der beiden CHARACTER-Ausdrücke werden von links nach rechts, Zeichen für Zeichen, miteinander verglichen; bei ungleicher Länge werden an den kürzeren Wert noch Leerzeichen angehängt.

- Sind die Zeichen jeweils gleich, so liegt Gleichheit vor.

- Andernfalls ist das erste Paar ungleicher Zeichen maßgebend: derjenige Operand ist größer (kleiner), dessen Zeichen dabei das "größere" ("kleinere") ist.

- Der Größenvergleich der Zeichen untereinander orientiert sich dabei an der sogenannten

Sortierfolge

Für diese ist durch die Norm festgelegt:

$$0 < 1 < 2 < \ldots < 8 < 9 \qquad\qquad (7)$$

$$A < B < C < \ldots < Y < Z \qquad\qquad (8)$$

$$\_ < 0 \quad \text{und} \quad \_ < A \qquad\qquad (9)$$

Was darüber hinaus gilt, hängt von dem benutzten Computer ab. Hat dieser den Zeichenvorrat des ASCII- oder den EBCDI-Codes, so stehen auch Kleinbuchstaben zur Verfügung, und es ist

$$a < b < c < \ldots < y < z \qquad\qquad (10)$$

Ferner gilt

bei ASCII :   _ < Ziffern < Großbuchstaben < Kleinbuchstaben
bei EBCDI :   _ < Kleinbuchstaben < Großbuchstaben < Ziffern

(Die vollständige Sortierfolge für ASCII- sowie für EBCDI-Code ist in Anhang E angegeben.)

Beispiel: Unabhängig vom benutzten Computer gilt stets:

```
' EMILIA '  <   ' EMILIE '
' EMIL '    <   ' EMILIA '
' AFFE '    <   ' AST '
' AFFE '    <   ' EMIL '
' _ P ' < ' P ' < ' P0 ' < ' P 2 '
' _ _ 2 ' < ' _ _ 23 ' < ' _ 2 ' < ' _ 250 ' < ' 002 ' < ' 02 ' < ' 2 ' < ' 20 '
```

Es ist nicht möglich, für die Auswertung eines CHARACTER-Vergleichsausdrucks eine eigene Sortierfolge zu definieren. Man kann jedoch die vollständige Sortierfolge des ASCII-Codes verwenden (vgl. Anhang E) - falls die in (7)-(9) angegebenen Relationen nicht genügen - und damit im Hinblick auf CHARACTER-Vergleiche das Programm unabhängig vom benutzten Computer machen. Hierzu stellt FORTRAN die in der nachstehenden Tabelle angegebenen Standardfunktionen zur Verfügung (s. auch Anhang B4).

Standardfunktion	für Vergleich auf
LGE (c , d)	$c \geq d$
LGT (c , d)	$c > d$
LLE (c , d)	$c \leq d$
LLT (c , d)	$c < d$

Diese Funktionen können in Bedingungen benutzt werden (s. Kap 5.1.2 und 5.4.4) und liefern dort den Wert "wahr" , wenn der zugehörige Vergleich zutrifft.

Beispiel

ZEICH sei eine CHARACTER-Variable der Länge 1 und enthalte ein Zeichen. Dann ist

$$('A' .LE. ZEICH) .AND. (ZEICH .LE. 'Z')$$

erfüllt, falls das Zeichen ein Buchstabe ist. Gleichwertig damit ist

$$LLE ('A' , ZEICH) .AND. LLE (ZEICH , 'Z')$$

8.1.8 Programmbeispiel: Name in Text einfügen (II)

Aufgabe

Programm TEXT 1 in Abb. 8.1.1 ist so zu modifizieren, daß bei der Ausgabe des Namens hinter diesem keine überflüssigen Leerzeichen mehr auftreten.

Lösung

Hierzu darf man nur die zum Namen gehörigen Zeichen ausgeben und die danach folgenden Leerzeichen nicht mehr. Das j-te Zeichen von NAME erhält man durch NAME (j : j). Besteht der Name aus ANZ Zeichen, so lassen sich diese durch eine implizite DO-Liste

$$(NAME (J : J) , J = 1 , ANZ)$$

nacheinander ansprechen und innerhalb von PRINT * ausgeben. Die Anzahl ANZ findet man, indem man die Zeichen von NAME von hinten nach vorne so lange durchgeht, bis zum ersten Mal ein vom Leerzeichen verschiedenes Zeichen auftritt.

Algorithmus

Aus den obigen Überlegungen folgt:

1. Eingabe: NAME
2. Ermittlung von ANZ
3. Ausgabe des Satzes unter Verwendung der impliziten DO-Liste

Schritt 1 verläuft wie im Programm TEXT 1. Für 2. kann man eine DO-Schleife verwenden, die von der letzten bis zur ersten Position von NAME läuft und abbricht, sobald NAME (J : J) kein Leerzeichen (mehr) ist. Dann hat J den Wert ANZ. Besteht NAME aus 25 Zeichen, so wird 2. zu

```
DOFOR   J : = 25  TO    1    STEP - 1
   EXIT :  IF     NAME ( J : J ) ≠ '_'
ENDDO
ANZ : = J
```

Schritt 3 ist eine PRINT *-Anweisung, die neben den Zeichenkonstanten die oben angegebene implizite DO-Liste enthält.

Programmbeschreibung

Das Programm in Abb. 8.1.3 entspricht dem angegebenen Algorithmus mit folgender Modifikation: Als Laufvariable in Schritt 2 wurde ANZ genommen. Es hat dann beim Abbruch der Schleife gerade den gesuchten Wert. Ferner wird für die Länge von NAME die benannte Konstante LAE verwendet (Zeile 9-11); dies ist vorteilhaft, da diese Größe auch in der Laufanweisung vorkommt.

```
1              PROGRAM TEXT2
2      *--------------------------------------------------------------*
3      * Hat dieselbe Funktion wie das Programm TEXT1, unterdrueckt   *
4      *    jedoch die Ausgabe ueberfluessiger Leerzeichen.           *
5      *                                                              *
6      * Variablen : NAME : einzulesender und auszugebender Name      *
7      *             ANZ  : Laenge des Namens                         *
8      *--------------------------------------------------------------*
9              INTEGER LAE
10             PARAMETER ( LAE = 25 )
11             CHARACTER*( LAE ) NAME
12             INTEGER J, ANZ
13
14     * Eingabe des Namens
15             READ *, NAME
16
17     * Ermittlung der Namenslaenge
18             DO 10 ANZ = LAE, 1, -1
19                IF ( NAME(ANZ:ANZ) .NE. ' ' )  GOTO 20
20     10       CONTINUE
21
22     20       CONTINUE
23
24     * Ausgabe der Begruessung
25             PRINT *, 'Wir begruessen ', (NAME(J:J), J = 1, ANZ),
26        $               ' in unserer Mitte.'
27
28             STOP
29             END
```

Abb. 8.1.3 Das Programm aus Abb. 8.1.1 in einer Form, bei der keine überflüssigen Leerzeichen nach dem Namen stehen.

Die Ausgabe durch das Programm hat jetzt die gewünschte Form. Dies zeigt Abb. 8.1.4, bei dem dieselben Eingabedaten zugrunde liegen wie bei Abb. 8.1.2.

```
Wir begruessen Herrn Eugen Schmidt in unserer Mitte.
```

Abb. 8.1.4 Eine Ausgabe des Programms von Abb. 8.1.3

Erhält das Programm keine korrekte Eingabe, so wird diese trotzdem "wörtlich" ausgegeben, d. h. alle Zeichen von NAME, aber ohne die abschließenden Leerzeichen. Erfolgt eine "leere Eingabe" (z. B. indem bei einer Eingabeaufforderung am Bildschirm gleich die RETURN-Taste gedrückt wird), so enthält NAME nur Leerzeichen. In diesem Fall wird die DO-Anweisung vollständig abgearbeitet und anschließend hat ANZ den Wert 0. Dieser Wert wird dann in der impliziten DO-Liste als Endwert für J verwendet, die daraufhin gar nicht ausgeführt wird. Die Ausgabe besteht in diesem Fall nur aus dem Satz:

Wir begruessen in unserer Mitte.

8.1.9 Standardfunktionen zur Verarbeitung von CHARACTER-Größen

In Kapitel 8.1.7 wurden bereits einige Standardfunktionen für den Vergleich von Zeichen angegeben. Weitere Standardfunktionen für die Verarbeitung von CHARACTER-Größen enthält Anhang B4. Sie werden im folgenden kurz erläutert.

LEN (cha) liefert die Länge der CHARACTER-Größe 'cha'. Dies ist im Fall eines Ausdrucks von Bedeutung sowie bei einem Unterprogramm, das einen CHARACTER-Parameter mit der Längenangabe (*) hat (s. Kap. 8.1.10).

INDEX gestattet, ein Zeichen bzw. eine Teilkette in einem CHARACTER-Ausdruck zu lokalisieren.

Beispiele

INDEX ('SAHARA' , 'A')   liefert 2 als die Position des ersten A in SAHARA

INDEX ('SONNTAG' , 'TAG')   liefert 5 als Startposition von TAG in SONNTAG

INDEX ('SAMSTAG' , 'SO')   liefert 0, da SO in SAMSTAG nicht vorkommt.

ICHAR und **CHAR**

ermöglichen Beziehungen zwischen den in einem Computer darstellbaren Zeichen und ihrer internen Numerierung. Anwendungsmöglichkeiten gibt es z. B. in der Kryptographie. Die Benutzung ist rechnerabhängig und u. U. nicht auf andere Computer übertragbar.

8.1.10 Übergabe von CHARACTER-Größen an Unterprogramme

Benutzt ein Unterprogramm **formale Parameter** vom Typ CHARACTER, so ist für diese Parameter nach der SUBROUTINE- bzw. FUNCTION-Anweisung eine entsprechende Vereinbarung erforderlich.

Beispiele   a)   SUBROUTINE TEXT (NAME)
               CHARACTER * 25 NAME

           b)   INTEGER FUNCTION ENDE (WORT)
               CHARACTER * (*) WORT

           c)   SUBROUTINE LISTE (ZEILE)
               CHARACTER * 80 ZEILE (65)

Erläuterungen

zu a)   Hier hat der formale Parameter eine feste Länge (25). In solch einem Fall **muß** der aktuelle Parameter mindestens dieselbe Länge haben. Er darf aber auch länger sein; dann werden nur seine ersten Zeichen bis zur Länge des formalen Parameters verwendet.

zu b)   Man kann für einen formalen Parameter auch eine variable Länge angeben, so wie in diesem Beispiel. Dann wird ein aktueller Parameter stets in voller Länge übernommen.

zu c)   In diesem Beispiel ist der formale Parameter ein Feld und entsprechend zu vereinbaren. Die Länge der Feldelemente ist hier fest (80); sie kann aber auch variabel angegeben werden wie in

               CHARACTER * (*) ZEILE (65)

Formale Parameter vom Typ CHARACTER kann man mit dazu passenden **aktuellen Parametern** vom Typ CHARACTER besetzen. Hier kommen Variablen, Konstanten, CHARACTER-Ausdrücke u. a. in Frage. Einzelheiten hierzu enthält Anhang D.

Programmbeispiel

<u>Aufgabe</u>

Das Programm TEXT 1 aus Abb. 8.1.1 ist umzuschreiben in ein SUBROUTINE-Unterprogramm, das NAME als Parameter erhält und den gewünschten Satz ausgibt.

<u>Programmbeschreibung</u>

Abb. 8.1.5 zeigt das Programm, das im wesentlichen aus der PRINT-Anweisung mit dem "Unterprogrammrahmen" besteht. NAME ist mit variabler Länge vereinbart. Dadurch braucht man nicht auf die Länge eines aktuellen Namens zu achten; er wird stets ganz übernommen und ausgegeben.

```
13          SUBROUTINE UPTEX1 ( NAME )
14    *------------------------------------------------------------*
15    * Subroutinen - Unterprogramm, das einen als Parameter ueberge- *
16    *    benen Namen innerhalb eines Satzes wieder ausgibt.       *
17    *------------------------------------------------------------*
18          CHARACTER *(*) NAME
19
20          PRINT *, 'Wir begruessen ', NAME, ' in unserer Mitte.'
21
22          RETURN
23          END
```

Abb. 8.1.5 Das Programm aus Abb. 8.1.1 in der Form eines SUBROUTINE-Unterprogramms

Dies sieht man in Abb. 8.1.6. Sie enthält ein Hauptprogramm, das die Subroutine aus Abb. 8.1.5 wiederholt aufruft, jeweils mit verschieden langen Namen. Die Ausgabe durch das Programm ist ebenfalls angegeben.

```
 1          PROGRAM HPTEX1
 2    *------------------------------------------------------------*
 3    * Hauptprogramm zur Subroutine UPTEX1                        *
 4    *------------------------------------------------------------*
 5          CALL UPTEX1 ('Herrn Eugen Schmidt')
 6          CALL UPTEX1 ('Ute')
 7          CALL UPTEX1 ('Karl Friedrich Emanuel Bach')
 8
 9          STOP
10          END
```

```
Wir begruessen Herrn Eugen Schmidt in unserer Mitte.
Wir begruessen Ute in unserer Mitte.
Wir begruessen Karl Friedrich Emanuel Bach in unserer Mitte.
```

Abb. 8.1.6 Hauptprogramm zu der Subroutine von Abb. 8.1.5 sowie die zugehörige Ausgabe

8.1.11 Programmbeispiel: Name in Text einfügen (III)

Aufgabe

Das Programm in Abb. 8.1.3 soll dahingehend erweitert werden, daß zusätzlich noch der Satz

und wünschen *** einen angenehmen Abend

ausgegeben wird. Dabei soll für *** das Wort "ihr" bzw. "ihm" stehen, je nachdem ob NAME eine Frau oder einen Mann betrifft. Hierzu soll der eingegebene Name stets mit der Anrede "Frau" bzw. "Herrn" beginnen.

Lösung

Zunächst ist zu klären, mit welcher Anrede NAME beginnt. Hierüber gibt NAME (1 : 4) Auskunft. Sodann verwendet man für *** eine CHARACTER-Variable, z. B. IHRIHM. Sie erhält mittels einer Alternative den Wert IHR bzw. IHM, in Abhängigkeit von NAME (1 : 4). Damit läßt sich der gewünschte Zusatz ausgeben.

Algorithmus

Man könnte die gesamte Programmerweiterung einfach als "Fortsetzung" an das bisherige Programm anfügen. Es ist aber besser, die beiden Sätze nicht an verschiedenen Stellen des Programms auszugeben, sondern beieinander. Dies führt zu dem folgenden Algorithmus, der eine Erweiterung des in Kapitel 8.1.8 angegebenen Algorithmus ist.

```
1. Eingabe :   NAME
2. Ermittlung von ANZ
3. IF  NAME ( 1 : 4 ) = ' Frau '  THEN
       IHRIHM : = ' ihr '
   ELSE
       IHRIHM : = ' ihm '
   ENDIF
4. Ausgabe des 1. Satzes
5. Ausgabe :   ' und wünschen ' , IHRIHM , ' einen angenehmen Abend '
```

Dieser Algorithmus löst die gestellte Aufgabe - allerdings nur dann, wenn die Eingabedaten korrekt sind. Denn die Alternative in 3. prüft nur, ob die Anrede "Frau" ist; ist sie dies nicht, dann wird angenommen, sie sei "Herr". Das ist bei korrekten Eingabedaten auch richtig, bei inkorrekten aber nicht. Wird z. B. zuerst (versehentlich) ein Zwischenraum und dann "Frau" eingegeben, so hat NAME (1 : 4) den Wert _Fra , und IHRIHM erhält den Wert ihm. Man muß deshalb NAME (1 : 4) zusätzlich auch auf "Herr" prüfen und für eine fehlerhafte Eingabe eine eigene Behandlung vorsehen.

Dies kann mit Hilfe einer weiteren Alternative innerhalb des ELSE-Blocks von 3. geschehen (eine andere Möglichkeit wird in Kap. 9.1 angegeben). 3. wird damit zu

```
3*.   IF      NAME ( 1 : 4 ) = ' Frau '  THEN
              IHRIHM : = ' ihr '
      ELSE
          IF  NAME ( 1 : 4 ) = ' Herr '  THEN
              IHRIHM : = ' ihm '
          ELSE
              Fehlerfall
          ENDIF
      ENDIF
```

Auf diese Weise erhält IHRIHM nur noch bei korrekten Eingabedaten den entsprechenden Wert. Allerdings ist es nicht unbedingt ratsam, im obigen Algorithmus 3. einfach durch 3*. zu ersetzen. Denn bei inkorrekten Eingabedaten führt 3*. auf die Anweisung "Fehlerfall". Was soll aber in diesem Fall geschehen? Die Ausgabe, die durch 4. und 5. besorgt wird, ist dann jedenfalls nicht mehr angezeigt, sondern entweder ein Abbruch des Programms (wie in dem Beispiel von 6.12.1) oder eine Wiederholung der Eingabe. Wir wollen die zweite Möglichkeit weiter verfolgen und dabei berücksichtigen, daß eine Ermittlung von ANZ (Schritt 2) erst dann einen Sinn hat, wenn die Eingabe korrekt ist. Deshalb empfiehlt sich das folgende Vorgehen: Nach der Eingabe wird zuerst geprüft, ob sie korrekt ist. Ist sie das nicht, dann wird das Einlesen des Namens so lange wiederholt, bis die Eingabe einwandfrei ist. Anschließend erfolgt die Ermittlung von ANZ und die Ausgabe der beiden Sätze.

Das führt zu einer DOFOREVER-Schleife, wie sie beispielsweise in dem Programm OPTIK 2 (Abb. 7.1.1) auch vorkommt. Sie hat ihren Platz am Anfang des Algorithmus, der damit die folgende Form annimmt (3*. steht dabei für die oben angegebene geschachtelte Alternative):

```
DOFOREVER
      Eingabe:  NAME
      3 *.  (IHRIHM in Abhängigkeit von NAME ( 1 : 4 ) festlegen bzw.
            Ausgabe einer Fehlermeldung im Fehlerfall)
```

EXIT : IF   IHRIHM hat den Wert IHR oder IHM

ENDDO

Ermittlung von ANZ

Ausgabe des ersten Satzes

Ausgabe des zweiten Satzes

Dies läßt sich noch vereinfachen. Für die Abbruchbedingung in der Schleife braucht man nämlich gar nicht den Wert von IHRIHM, sondern es reicht der von NAME (1 : 4). IHRIHM wird dann erst außerhalb der Schleife festgelegt, und dabei genügt wieder die einfachere Form 3. der Alternative (denn die Schleife wird erst dann verlassen, wenn der Wert von Name (1 : 4) entweder Frau oder Herr ist). Damit wird der Algorithmus zu:

DOFOREVER

        Eingabe: NAME

EXIT : IF   NAME (1 : 4) hat den Wert Frau oder Herr

        Fehlermeldung

ENDDO

IF   NAME (1 : 4) = ' Frau ' **THEN**

        IHRIHM : = ' ihr '

ELSE

        IHRIHM : = ' ihm '

ENDIF

Ermittlung von ANZ

Ausgabe: ' Wir begrüßen ' , (NAME (J : J) , J = 1 , ANZ) , ' in unserer Mitte '

Ausgabe: ' und wünschen ' , IHRIHM , ' einen angenehmen Abend '

Programmbeschreibung

Die Anweisungen dieses Pseudocodes lassen sich mühelos in FORTRAN-Anweisungen umsetzen. Abb. 8.1.7 enthält das zugehörige Programm. Abb. 8.1.8 zeigt ein Ablaufprotokoll für

```
 1          PROGRAM TEXT3
 2     *---------------------------------------------------------------*
 3     * Modifikation von Programm TEXT2 um einen zusaetzlichen Satz    *
 4     *    mit einem von der Eingabe abhaengenden Pronomen             *
 5     *                                                               *
 6     * Variablen : NAME    : einzulesender und auszugebender Name     *
 7     *             ANZ     : Laenge des Namens                        *
 8     *             IHRIHM  : erhaelt ´ihr´ oder ´ihm´ als Wert        *
 9     *---------------------------------------------------------------*
10          INTEGER LAE
11          PARAMETER ( LAE = 25 )
12          CHARACTER  NAME*(LAE), IHRIHM*3
13          INTEGER J, ANZ
```

```
14
15     * Eingabe des Namens
16     ***** DOFOREVER
17     10     CONTINUE
18            READ *, NAME
19            IF ((NAME(1:4) .EQ. 'Frau') .OR. (NAME(1:4) .EQ. 'Herr'))
20       $    GOTO 20
21            PRINT *, 'Die Eingabe ist nicht korrekt. Bitte wieder',
22       $             'holen :'
23            GOTO 10
24     ***** ENDDO
25     20     CONTINUE
26
27     * Festlegung des Pronomens
28            IF ( NAME(1:4) .EQ. 'Frau' ) THEN
29               IHRIHM = 'ihr'
30            ELSE
31               IHRIHM = 'ihm'
32            ENDIF
33
34     * Ermittlung der Namenslaenge
35            DO 30 ANZ = LAE, 1, -1
36               IF ( NAME(ANZ:ANZ) .NE. ' ' ) GOTO 40
37     30     CONTINUE
38     40     CONTINUE
39
40     * Ausgabe der Begruessung
41            PRINT *, 'Wir begruessen ', (NAME(J:J), J = 1, ANZ),
42       $             ' in unserer Mitte'
43            PRINT *, 'und wuenschen ', IHRIHM, ' einen angenehmen ',
44       $             'Abend.'
45
46            STOP
47            END
```

Abb. 8.1.7 Erweiterung des Programms aus Abb. 8.1.3

dieses Programm. Die Eingabedaten sind dabei mit einem Pfeil markiert; unmittelbar darunter steht jeweils die Ausgabe.

```
→ 'Frau Brigitte Mueller'
   Die Eingabe ist nicht korrekt. Bitte wiederholen :
→ 'Frau Brigitte Mueller'
   Wir begruessen Frau Brigitte Mueller in unserer Mitte
   und wuenschen ihr einen angenehmen Abend.
```

Abb. 8.1.8 Ablaufprotokoll zur Ausführung des Programms von Abb. 8.1.7

8.2 Der Datentyp LOGICAL - für die Verwendung logischer Größen

Die Bedeutung des Datentyps LOGICAL liegt vor allem darin, daß Bedingungen, wie sie z. B. in der Alternative vorkommen (s. Kap. 5.2), Größen dieses Datentyps sind. Man benutzt deshalb Variablen, Konstanten usw. vom Typ LOGICAL (kurz: logische Größen) häufig in Verbindung mit Bedingungen, um auf diese Weise den Ablauf eines Programms zu steuern. So kann man z. B. den "Wert" einer Bedingung in einer logischen Variablen speichern und zu einem späteren Zeitpunkt im Programm auswerten. Oder man verwendet logische Variablen, um eine Bedingung einfacher darzustellen.

8.2.1 Konstanten und Variablen vom Typ LOGICAL

Eine Bedingung stellt eine logische Größe dar. Nun hat eine Bedingung die Eigenschaft, daß sie entweder erfüllt ist oder nicht ; eine weitere Möglichkeit gibt es nicht. Dementsprechend kann auch eine logische Größe nur zwei Werte annehmen, nämlich die beiden Wahrheitswerte "wahr" und "falsch".

Bezeichnung der Wahrheitswerte

Im folgenden bezeichnen wir die beiden Wahrheitswerte mit

        T   für   "wahr"   (engl. "true")
        F   für   "falsch"   (engl. "false")

Für die beiden Werte gibt es zwei

Logische Konstanten: .TRUE.   mit dem Wert   T
                                .FALSE.   mit dem Wert   F

   (Man beachte, daß diese Konstanten mit einem Punkt beginnen und enden müssen, genauso wie Vergleichsoperatoren, z. B. .NE.)

Soll eine **Variable** vom Typ LOGICAL sein, so muß sie explizit durch eine Typanweisung unter Angabe des Typs LOGICAL vereinbart werden. Dasselbe gilt für **Felder** und für **benannte Konstanten.** Auch ein **FUNCTION-Unterprogramm** kann vom Typ LOGICAL sein; man muß hierzu nur bei der Definition des Unterprogramms diesen Typ in der FUNCTION-Anweisung angeben.

Beispiele
        LOGICAL DRUCK , BED
        LOGICAL MERK (1 : 20)
        LOGICAL FUNCTION PRIM (ZAHL)

8.2.2 Zuweisung von Werten

Für logische Größen gibt es dieselben Möglichkeiten, einen Wert zu erhalten, wie auch für Größen eines anderen Datentyps. An die Stelle der arithmetischen (bzw. CHARACTER-)Wertzuweisung tritt dabei die

Logische Wertzuweisung

Form :   lvar   = laus

mit   lvar :   Variable oder Feldelement vom Typ LOGICAL

          laus :   logischer Ausdruck (s. Kap. 8.2.5)

               z. B. logische Konstante, logische Variable oder Vergleichsausdruck

Wirkung: Der Wert (T bzw. F) des logischen Ausdrucks 'laus' wird ermittelt und 'lvar' zugewiesen.

Beispiel

DRUCK und BED seien logische Variablen, MERK ein logisches Feld und N vom Typ INTEGER.

a)   DRUCK   =   .TRUE.

b)   MERK (4)   =   DRUCK

c)   BED   =   N .GE. 50

In a) erhält DRUCK den Wert T, in b) MERK (4) den Wert, den DRUCK zum Zeitpunkt der Zuweisung hat, und in c) erhält BED den Wert F, solange N kleiner als 50 ist ; ist N größer oder gleich 50, so erhält BED den Wert T.

Weitere Möglichkeiten für die Zuweisung von Werten sind:

- Eingabeanweisung (s. Kap. 8.2.3)

- DATA (s. Kap. 6.9)

  Beispiel: LOGICAL MERK (1 : 20)
  DATA MERK / 20 * .FALSE. /

  Alle Elemente des logischen Feldes MERK werden mit Werten F vorbesetzt.

- PARAMETER für benannte logische Konstanten (s. Kap. 6.10).

  Beispiel: LOGICAL DRUCK
  PARAMETER (DRUCK = .TRUE.)

  Hierdurch wird DRUCK zu einer benannten Konstanten mit dem Wert T.

8.2.3 Ein- und Ausgabe von logischen Größen

Die Ein- und Ausgabe von logischen Größen wird selten benötigt, eventuell beim Testen eines Programms. Sie kann listengesteuert oder formatiert erfolgen.

Listengesteuerte Eingabe mittels READ *

Es gelten die Ausführungen in Kapitel 4.4. Als Eingabedaten für eine logische Größe kommen in Frage:

- T oder .TRUE. für den Wert T
- F oder .FALSE. für den Wert F

Beispiel:	LOGICAL DRUCK , MERK (1 : 20)
	READ * , DRUCK , MERK
Eingabedaten:	.TRUE. , 20 * F
Ergebnis:	DRUCK erhält den Wert T und das ganze Feld MERK wird mit Werten F gefüllt.

Formatierte Eingabe

Es gelten die Ausführungen in Kapitel 4.5.3. Dabei ist für logische Größen der **L-Beschreiber** zuständig in der

Form :   L w   (z. B. L 1 , L 6)

Wirkung: Beginnend mit der aktuellen Leseposition werden die nächsten w Zeichen gelesen. Sind dann die ersten vom Leerzeichen verschiedenen Zeichen T oder .T (bzw. F oder .F), so ist der eingelesene Wahrheitswert T (bzw. F).

Empfehlung: Gibt es keine zwingenden Gründe für eine formatierte Eingabe logischer Größen, so sollte man READ * benutzen mit T und F oder .TRUE. und .FALSE. als Eingabedaten.

Listengesteuerte Ausgabe mittels PRINT *

Es gelten die Ausführungen in Kapitel 4.3. Hat die auszugebende Größe den Wert T (bzw. F), so wird der Buchstabe T (bzw. F) ausgegeben.

Formatierte Ausgabe

Es gelten die Ausführungen in Kapitel 4.5.1. Das Ausgabeformat bei logischen Größen wird durch den **L-Beschreiber** festgelegt in der

Form: L w   (z. B. L 1 , L 4)

Wirkung: Beginnend mit der aktuellen Ausgabeposition wird in ein Feld der Breite w rechtsbündig T bzw. F ausgegeben.

8.2.4 Programmbeispiel

Aufgabenstellung

Das Programm PRIM 1 in Abb. 5.4.3 ermittelt in einer DO-Schleife, ob eine eingelesene Zahl N eine Primzahl ist. Es erkennt dies anhand des Wertes, den die Laufvariable I im Anschluß an die DO-Schleife hat. Dies ist zwar ein korrektes, aber auch ein etwas unbefriedigendes Vorgehen. Denn man benötigt dabei detaillierte Kenntnisse über die interne Organisation der DO-Schleife (s. Kap. 5.3.4), um anhand von I die Primzahleigenschaft beurteilen zu können. Weitaus besser ist es, das Programm so zu gestalten, daß diese Beurteilung auch ohne Kenntnisse von Interna unmittelbar möglich ist.

Lösung

Dies läßt sich mit Hilfe einer logischen Variablen (sie heiße PRIM) erreichen: PRIM erhält zunächst vor der DO-Schleife den Wert T. Sobald in der Schleife ein Teiler von N gefunden wird, erhält PRIM den Wert F, und die Schleife wird - wie bisher - (vorzeitig) beendet; tritt dieser Fall nicht ein, so bleibt der Wert von PRIM T. Damit kann man nach der DO-Schleife anhand des Wertes von PRIM eindeutig beurteilen, ob N eine Primzahl ist oder nicht.

Programmbeschreibung

Das Programm PRIM 2 in Abb. 8.2.1 verfährt in dieser Weise. Es ist eine Modifikation des Programms PRIM 1 und unterscheidet sich von diesem in den folgenden Punkten:

a)   Die Prüfung, ob N durch I teilbar ist, geschieht mit Hilfe der Standardfunktion MOD (Zeile 19), wie in Kapitel 7.6.2 angegeben.

b)   Der Aussprung aus der DO-Schleife wird nicht mit einer logischen IF-Anweisung, sondern durch eine einseitige Alternative realisiert (Zeile 19-23). Das ist diesmal notwendig, da im Fall des Abbruchs der Schleife mehrere Anweisungen auszuführen sind (Zeile 20-22), beim logischen IF aber nur eine Anweisung möglich ist.

c)   Wie oben ausgeführt, erhält die logische Variable PRIM vor der DO-Schleife zunächst den Wert T (Zeile 17). Ihre Änderung in F erfolgt innerhalb der einseitigen Alternative (Zeile 20). Bei der Ausgabe des Ergebnisses durch die Alternative in den Zeilen 29-33 genügt es dann, nur PRIM als Bedingung anzugeben.

```
 1           PROGRAM PRIM2
 2    *-----------------------------------------------------------------*
 3    * Pruefung, ob eine eingegebene Zahl N eine Primzahl ist.         *
 4    *                                                                 *
 5    * Variablen : GRENZ : groesster der zu ueberpruefenden moeg-      *
 6    *                     lichen Teiler von N                         *
 7    *               I   : Laufvariable der moeglichen Teiler          *
 8    *-----------------------------------------------------------------*
 9           INTEGER N, GRENZ, I
10           LOGICAL PRIM, DRUCK
11
12    * Eingabe der Zahl
13           READ *, N, DRUCK
14
15    * Untersuchung auf Primzahl
16           GRENZ = SQRT( 1.0 * N )
17           PRIM  = .TRUE.
18           DO 10 I = 2, GRENZ
19              IF ( MOD(N, I) .EQ. 0 ) THEN
20                 PRIM = .FALSE.
21                 IF ( DRUCK ) PRINT*, I, ' ist Teiler von ', N
22                 GOTO 20
23              ENDIF
24       10 CONTINUE
25
26       20 CONTINUE
27
28    * Ausgabe
29           IF ( PRIM ) THEN
30              PRINT *, N, ' ist Primzahl'
31           ELSE
32              PRINT *, N, ' ist keine Primzahl'
33           ENDIF
34
35           STOP
36           END
```

Abb. 8.2.1 Modifikation des Programms aus Abb. 5.4.3. Es benutzt die logische Variable PRIM bei der Prüfung, ob eine Zahl Primzahl ist.

d)   Das Programm benutzt noch eine weitere logische Variable DRUCK. Wird für sie der Wert T eingegeben (nach der Eingabe von N, Zeile 13), so wird ein möglicherweise gefundener Teiler von N ausgegeben (Zeile 21). Falls DRUCK den Wert F erhält, unterbleibt diese Ausgabe. So führt z. B. die Eingabe

$$1234567 , T$$

zu der Ausgabe

```
    127 ist Teiler von        1234567
1234567 ist keine Primzahl
```

Bemerkung

Entsprechend zu d) kann man beim Testen eines Programms durch Anweisungen der Art

IF (TEST) PRINT * , . . .

an geeigneten Stellen des Programms Kontrollausgaben (z. B. Zwischenergebnisse) mit Hilfe einer logischen Variablen TEST steuern. Solange Kontrollausgaben gewünscht sind, erhält TEST (zuvor) den Wert T, andernfalls F. Durch Verwendung verschiedener solcher logischer Variablen in verschiedenen Teilen des Programms kann man diese Teile auch unabhängig voneinander testen.

8.2.5 Logischer Ausdruck

Eine Bedingung, wie sie z. B. in der Alternative oder in einer logischen IF-Anweisung vorkommt, ist häufig ein (arithmetischer oder CHARACTER-)Vergleichsausdruck. Allgemein hat sie die Form eines logischen Ausdrucks.

Ein logischer Ausdruck

ist in seiner einfachsten Form eine Konstante oder eine benannte Konstante, eine Variable, ein Feldelement oder ein Funktionsaufruf, jeweils vom Typ LOGICAL. Ebenso kann es ein arithmetischer oder CHARACTER-Vergleichsausdruck sein. Mit Hilfe von logischen Operatoren und runden Klammern kann man aus solchen Elementen zusammengesetzte logische Ausdrücke bilden. Dabei gibt es folgende

Logische Operatoren

Operator	Bedeutung	
.NOT.	Negation	nicht
.AND.	Konjunktion	sowohl als auch
.OR.	Disjunktion	inklusives oder
.EQV.	Äquivalenz	äquivalent, identisch
.NEQV.	Antivalenz	exklusives oder

(vgl. Kap. 5.1.3). Ihre Bedeutung ist in der nachstehenden Tabelle angegeben; sie entspricht dem üblichen Gebrauch in der Aussagenlogik bzw. in der Booleschen Algebra.

X Y	.NOT.X	X.AND.Y	X.OR.Y	X.EQV.Y	X.NEQV.Y
T T	F	T	T	T	F
T F	F	F	T	F	T
F T	T	F	T	F	T
F F	T	F	F	T	F

Bei der Auswertung eines logischen Ausdrucks werden die logischen Operationen in der Reihenfolge ausgeführt, in der sie in der obigen Tabelle stehen; .EQV. und .NEQV. sind dabei gleichrangig. Stehen gleichrangige Operationen hintereinander, so werden sie von links nach rechts ausgeführt. Falls Klammern vorkommen, werden diese zuerst ausgewertet. Insgesamt hat ein logischer Ausdruck entweder den Wert T oder F.

Logische Ausdrücke werden in vielen Fällen zur Formulierung geeigneter Bedingungen verwendet. Daneben kommen sie auch in logischen Wertzuweisungen auf der rechten Seite vor, oftmals, um damit Bedingungen einfacher und verständlicher formulieren zu können.

Beispiele

a)   Häufig benötigt man eine Verknüpfung zweier Vergleichsausdrücke mittels .AND. oder .OR. , wie etwa in dem Programm OPTIK 2 (Abb. 7.1.1, Zeile 33)

$$(1.0 \ .LE. \ N) \ .AND. \ (N \ .LE. \ 5.0) \tag{1}$$

oder im Programm TEXT 3 (Abb. 8.1.7, Zeile 19):

$$(NAME (1 : 4) .EQ. \ 'FRAU') .OR. (NAME (1 : 4) .EQ. \ 'HERR') \tag{2}$$

Der logische Ausdruck (1) hat den Wert T, falls $1.0 \leq N \leq 5.0$ gilt, andernfalls F. Dies folgt aus der Definition von .AND. (ebensogut aber auch aus der Überlegung, für welche Werte von N die beiden durch .AND. verknüpften Bedingungen erfüllt bzw. nicht erfüllt sind). Entsprechendes gilt bei (2).

b)   Das Programm ITER 1 aus Abb. 5.4.2 enthält in Zeile 27 die Abbruchbedingung

$$ABS ((XNEU - XALT) / XNEU) .LT. EPSREL \tag{3}$$

Will man dieses Programm so modifizieren, daß die Iteration beendet wird, sobald ein Iterationszähler ITER einen Maximalwert ITMAX erreicht hat, so ist (3) mittels .OR. zu verknüpfen mit

$$ITER \ .GE. \ ITMAX \tag{4}$$

Geschieht dies in der Form

$$(ABS ((XNEU - XALT) / XNEU) .LT. EPSREL) .OR. (ITER .GE. ITMAX) \tag{5}$$

so ist dies zwar korrekt, aber unschön. Hier empfiehlt es sich, eine zusätzliche logische Variable, z. B. GENAU, zu verwenden, der zuvor der Wert von (3) zugewiesen wird:

$$GENAU = ABS ((XNEU - XALT) / XNEU) .LT. EPSREL \qquad (6)$$

Dann läßt sich (5) übersichtlicher schreiben in der Form

$$GENAU .OR. (ITER .GE. ITMAX) \qquad (7)$$

Durch die logische Wertzuweisung (6) erhält GENAU den Wert T oder F, je nachdem ob der Vergleich (3) zutrifft oder nicht. Der logische Ausdruck (7) hat damit denselben Wert wie (5).

c)   Wir nehmen an, daß während eines Iterationsverfahrens bei jedem 5. Iterationsschritt eine Ausgabe gewünscht wird, allerdings erst vom 40. Iterationsschritt an. Diese Bedingungen erfüllt

$$(MOD (IT , 5) .EQ. 0) .AND. (IT .GE. 40) \qquad (8)$$

(dabei zähle IT die Iterationen). Will man zusätzlich die Möglichkeit einbeziehen, daß die Ausgabe bei Bedarf auch unterdrückt werden kann, so läßt sich dies mit Hilfe einer logischen Variablen DRUCK erreichen in der Form:

$$DRUCK .AND. (MOD (IT , 5) .EQ. 0) .AND. (IT .GE. 40) \qquad (9)$$

Hat hier DRUCK den Wert F, dann hat (9) auch stets den Wert F, und eine Ausgabe unterbleibt. Ist dagegen der Wert von DRUCK T, so ist (9) genau dann T, wenn dies auch für (8) gilt, und eine Ausgabe erfolgt unter den dort angegebenen Bedingungen.

d)   Wir betrachten noch einige Variationen des Beispiels in c). Die Bedingung

$$(MOD (IT , 5) .EQ. 0) .OR. (IT .GE. 40) \qquad (10)$$

bewirkt, daß bis zur 40. Iteration in jedem 5. Schritt und danach bei jedem Iterationsschritt eine Ausgabe erfolgt. Mittels

$$(DRUCK .AND. (MOD (IT , 5) .EQ. 0)) .OR. (IT .GE. 40) \qquad (11)$$

wird gegenüber (10) bis zur 40. Iteration nur dann jeder 5. Schritt protokolliert, falls DRUCK den Wert T hat (während nach der 40. Iteration weiterhin jeder Iterationsschritt protokolliert wird, unabhängig von DRUCK). Schließlich ist

$$(DRUCK .OR. (IT .GE. 40)) .AND. (MOD (IT , 5) .EQ. 0) \qquad (12)$$

bei jeder 5. Iteration erfüllt, falls DRUCK den Wert T hat bzw. - unabhängig von DRUCK - nach der 40. Iteration.

In den angegebenen logischen Ausdrücken wurden öfter runde Klammern benutzt, die für die Auswertung des Ausdrucks nicht vonnöten sind. Ihre Verwendung empfiehlt sich aber stets dann, wenn dadurch die Struktur des Ausdrucks deutlicher wird. Auch kann man Zweifelsfälle damit umgehen.

e)   In den bei c) und d) betrachteten Beispielen lassen sich die Bedingungen jeweils einfacher schreiben, wenn man die Werte der Vergleichsausdrücke z. B. mittels

$$\text{ITER 5} \quad = \text{ MOD (IT , 5) .EQ. 0} \tag{13}$$
$$\text{ITER 40} = \text{ IT .GE. 40} \tag{14}$$

den logischen Variablen ITER 5 und ITER 40 zuweist und diese Variablen dann in (8)-(12) verwendet. Dabei muß man allerdings darauf achten, daß sich der Wert von IT zwischen der Wertzuweisung nach (13) bzw. (14) und der Verwendung von ITER 5 bzw. ITER 40 in einer Bedingung nicht mehr ändert, denn sonst . . .

f)   Mittels logischer Variablen lassen sich Bedingungen nicht nur einfacher, sondern auch verständlicher schreiben. So z. B., wenn man anstelle der Bedingung

$$\text{GESCHL .EQ. 'W'}$$

die logische Variable FRAU benutzt, die mittels

$$\text{FRAU = GESCHL .EQ. 'W'}$$

ihren Wert erhalten hat.

Empfehlung für den Gebrauch logischer Ausdrücke

Es ist denkbar, beliebig komplizierte logische Ausdrücke zu konstruieren. In den meisten Fällen ist dies aber nicht sinnvoll. Vielmehr empfiehlt es sich, möglichst einfache und durchschaubare Gebilde zu verwenden und durch zusätzliche Klammern die Struktur zu verdeutlichen.

8.3 Der Datentyp DOUBLE PRECISION - zum Rechnen mit erhöhter Genauigkeit

Reicht bei numerischen Rechnungen die Genauigkeit (d. h. die Anzahl der signifikanten Stellen) oder der Wertebereich von REAL-Zahlen nicht aus, so kann man den Datentyp DOUBLE PRECISION verwenden. Er stellt eine höhere Genauigkeit sowie einen größeren Wertebereich zur Verfügung ; man bezeichnet dies kurz als "doppelte Genauigkeit". Einzelheiten hierzu lassen sich allerdings nicht allgemein angeben. Sie hängen vom benutzten Computer ab und können im zugehörigen FORTRAN-Handbuch nachgeschlagen werden.

Man kann jedoch davon ausgehen (die Norm schreibt dies vor), daß gegenüber REAL mindestens der doppelte Speicherplatz für eine DOUBLE PRECISION-Zahl zur Verfügung steht. Das bedeutet mehr signifikante Stellen für die Zahl (etwa doppelt soviel wie bei REAL) und einen größeren Bereich für ihre Werte. Als Beispiel zeigt die folgende Tabelle die Verhältnisse bei dem Computer SPERRY UNIVAC 1100.

	REAL	DOUBLE PRECISION
signifikante Stellen	8 - 9	17 - 18
Wertebereich	10^{-38} - 10^{38}	10^{-308} - 10^{308}

Da eine Rechnung in doppelter Genauigkeit exakter ist, könnte man auf den Gedanken kommen, nur noch DOUBLE PRECISION zu benutzen. Doch davon ist abzuraten, da die Rechenzeit etwa zweimal so hoch ist wie bei REAL. Man sollte deshalb doppeltgenaue Berechnungen auf solche Fälle beschränken, in denen REAL tatsächlich nicht ausreicht.

8.3.1 DOUBLE PRECISION-Arithmetik

Berechnungen in doppelter Genauigkeit verlaufen im wesentlichen genauso wie mit REAL-Größen, nur daß eben DOUBLE PRECISION-Größen benutzt werden. Eine

Konstante vom Typ DOUBLE PRECISION

stellt dabei eine doppeltgenaue Zahl dar. Sie hat dieselbe Bauart wie eine REAL-Zahl in Gleitpunkt-Darstellung (s. Kap. 3.3), nur muß anstelle von E ein D für den Exponenten angegeben werden. Somit ist ihre allgemeine

Form: entweder   Dezimalbruch D ganze Zahl (z. B. 5.83 D 2)
          oder   ganze Zahl   D ganze Zahl (z. B. 583 D 0)

Beispiele

Konstante	numerischer Wert
3.14159 26535 898 D0	3,14159 26535 898
1.6019 D-19	$1,6019 \cdot 10^{-19}$
1 D 0	1
1 D - 6	10^{-6}

keine DOUBLE PRECISION-Konstante ist	Begründung	korrekt wäre
5.123456789012	D fehlt	5.123456789012 D 0
D 90	Mantisse fehlt	1 D 90
7.2 D	Exponent fehlt	7.2 D 0

Variablen, Felder und benannte Konstanten

vom Typ DOUBLE PRECISION müssen unter Angabe dieses Typs explizit durch eine Typanweisung vereinbart werden.

Beispiele: DOUBLE PRECISION   X 1 , X 2 , Y
DOUBLE PRECISION   R (1 : 100)

Zuweisung von Werten

Eine Größe vom Typ DOUBLE PRECISION kann auf dieselbe Weise einen Wert erhalten wie eine REAL-Größe:

- durch arithmetische Wertzuweisung (s. unten)

- mittels   DATA (s. Kap. 6.9)

  Beispiel: DOUBLE PRECISION   NENNER , A (1 : 50 , 1 : 80)
  DATA NENNER / 3 D 0 / , A / 4000 * 0 D 0 /

- mittels   PARAMETER für benannte Konstanten (s. Kap. 6.10)

  Beispiel: DOUBLE PRECISION PI
  PARAMETER (PI = 3.14159 26535 89793 D 0)

- durch   Eingabeanweisung (s. Kap. 8.3.3)

Die arithmetische Wertzuweisung

hat auch bei doppelter Genauigkeit die in Kapitel 4.2 angegebene Form:

Variable = arithmetischer Ausdruck

Dabei hat ein arithmetischer Ausdruck ebenfalls die in Kapitel 3.7 angegebene Bauart, und links vom Gleichheitszeichen darf auch ein Feldelement stehen.

Beispiel:

```
REAL        SUM , LOG 2
DOUBLE PRECISION  PI , BOG , H
. . . . . .
PI    =   3.14159 26535 89793 D 0                        (1)
BOG   =   PI / 180                                       (2)
H     =   3.0                                            (3)
LOG 2 =   ( H / 2 ) * ( 1.0 + 2.0 * SUM + 0.5 )          (4)
```

Wie in diesem Beispiel können links und/oder rechts vom Gleichheitszeichen Größen des Typs DOUBLE PRECISION vorkommen. Um zu verstehen, was hierbei im einzelnen geschieht, sind die folgenden Punkte zu beachten (dabei soll nirgends der Datentyp COMPLEX vorkommen) :

a) **Der Typ eines arithmetischen Ausdrucks** ist DOUBLE PRECISION, sobald er mindestens eine Größe dieses Typs enthält. Im obigen Beispiel trifft dies auf die Ausdrücke in (1), (2) und (4) rechts vom Gleichheitszeichen zu.

b) **Die Auswertung eines arithmetischen Ausdrucks** verläuft nach den in Kapitel 3.7 angegebenen Regeln ; werden dabei zwei Größen miteinander verknüpft, von denen (mindestens) eine DOUBLE PRECISION ist, so wird die Verknüpfung mit doppelter Genauigkeit ausgeführt, und das Ergebnis ist DOUBLE PRECISION.

c) Hat in einer arithmetischen Wertzuweisung die Variable links vom Gleichheitszeichen einen anderen Datentyp als der arithmetische Ausdruck rechts, so wird zuerst der Wert des Ausdrucks in den Typ der Variablen umgewandelt, ehe die Zuweisung erfolgt (vgl. Kap. 4.2). Sofern hierbei der Typ **DOUBLE PRECISION** ins Spiel kommt, gilt für eine solche **Typumwandlung:**

REAL oder INTEGER ➔ DOUBLE PRECISION
    Es wird eine DOUBLE PRECISION-Zahl mit dem selben Wert erzeugt

DOUBLE PRECISION ➔ REAL
    Abschneiden der überzähligen (Dezimal-)Stellen

DOUBLE PRECISION ➔ INTEGER
    Abschneiden nach dem Dezimalpunkt

Achtung ! Sprengt ein DOUBLE PRECISION-Wert den Wertebereich von REAL bzw. INTEGER (z. B. bei 1 D 92), so wird häufig trotzdem eine Wandlung nach REAL bzw. INTEGER ausgeführt, und dies ohne eine Fehlermeldung. Das Ergebnis ist dann gewöhnlich völlig unsinnig !

Bemerkung: Die hier angegebenen Typumwandlungen werden auch durch die Standardfunktionen DBLE bzw. REAL bzw. INT ausgeführt (s. Anhang B1).

Standardfunktionen für doppeltgenaue Rechnung

Die Tabellen in Anhang B zeigen, daß viele Standardfunktionen auch ein Argument vom Typ DOUBLE PRECISION haben können. Dies gilt u. a. für sämtliche mathematische Funktionen in Tabelle B3, die somit alle auch für doppeltgenaue Rechnung zur Verfügung stehen. Außerdem können sie mit dem einheitlichen Gattungsnamen aufgerufen werden. Von besonderer Bedeutung ist noch die Standardfunktion

DPROD (x , y): Sie bildet das Produkt der beiden REAL-Zahlen x und y und liefert das Ergebnis mit voller Genauigkeit als Funktionswert vom Typ DOUBLE PRECISION.

8.3.2 Programmbeispiel

Bei der numerischen Lösung eines linearen Gleichungssystems der Ordnung n

$$A x = b \qquad (5)$$

erhält man in der Regel eine Lösung x^*, die nicht exakt ist. Man kann jedoch x^* nachträglich noch verbessern durch sogenannte **Nachiteration.** Bei dieser ist das Residuum

$$r^* = b - A x^* \qquad (6)$$

in doppelter Genauigkeit zu berechnen und anschließend wieder in einfache Genauigkeit zu wandeln. (Die Berechnung von r^* nach (6) ist deshalb doppeltgenau erforderlich, weil bei einfacher Genauigkeit b und $A x^*$ sich kaum unterscheiden und das Ergebnis zu ungenau wird, als daß damit x^* verbessert werden könnte.)

Aufgabe

Man entwickle ein SUBROUTINE-Unterprogramm, das für ein gegebenes Gleichungssystem (5) zu einer Lösung x^* das Residuum r^* nach (6) in doppelter Genauigkeit ermittelt und in einfacher Genauigkeit ausgibt.

Lösung

Die Berechnungen sind durch (6) vorgegeben. Dabei bedeuten **r*** , **b** , **x*** Vektoren und **A** eine Matrix. Die Berechnung von (6) geschieht komponentenweise : für $i = 1 , 2 , \ldots , n$ ist

$$r_i^* = b_i - \sum_{j=1}^{n} a_{ij} \, x_j^* \tag{7}$$

zu bilden, und das in doppelter Genauigkeit.

Im Programm werden **r*** , **b** und **x*** durch eindimensionale Felder dargestellt und **A** durch ein zweidimensionales Feld. Sie bilden die Parameter der Subroutine, zuzüglich n. Dabei sind

- Eingabeparameter : n , **A** , **b** , **x***
- Ausgabeparameter : **r***

Im folgenden verwenden wir die Bezeichnungen **r** und **x** anstelle von **r*** und **x*** .

Algorithmus

(7) läßt sich unmittelbar umsetzen in

```
DOFOR i : = 1 TO n STEP 1
    sum      : = a_i1 x_1 + a_i2 x_2 + ... + a_in x_n
    r_i      : = b_i - sum
ENDDO
```

Die Summe sum wird durch eine eigene DO-Schleife gebildet (vgl. Bsp. 4 in Kap. 5.3.3) :

```
sum    : = 0
DOFOR  j : = 1 TO n STEP 1
    sum : = sum + a_ij * x_j
ENDDO
```

Insgesamt erhält man somit:

```
DOFOR i  : = 1 TO n STEP 1
    sum   : = 0
    DOFOR j : = 1 TO n STEP 1
        sum : = sum + a_ij * x_j
    ENDDO
    r_i : = b_i - sum
ENDDO
```

Programmbeschreibung

Abb. 8.3.1 zeigt das SUBROUTINE-Unterprogramm. Es läuft genau nach dem obigen Pseudocode ab. Für die doppeltgenaue Berechnung von A (I , J) * X (J) bietet sich die Standardfunktion DPROD in idealer Weise an (Zeile 16), da sowohl A (I , J) wie auch X (J) als REAL-Größen vorliegen. (Ohne DPROD könnte man dieses Produkt auch mittels 1 D 0 * A (I , J) * X (J) doppeltgenau erhalten.) Die Verwendung von DBLE bei der Berechnung von R (I) in Zeile 18 ist nicht zwingend, macht aber die doppeltgenaue Rechnung deutlicher. (Ohne DBLE würde diese Subtraktion ebenfalls doppeltgenau ausgeführt werden, da einer der Operanden, nämlich SUM , vom Typ DOUBLE PRECISION ist.) Das Ergebnis dieser doppeltgenauen Rechnung wird dann durch die Zuweisung an R (I) in dessen Typ REAL gewandelt.

```
 1          SUBROUTINE RESIDU ( N, A, B, X, R )
 2    *------------------------------------------------------------*
 3    * Ermittelt zu einem linearen Gleichungssystem A*x = b das   *
 4    *    Residuum r = b - A*x in doppelter Genauigkeit.          *
 5    *                                                            *
 6    * Parameter : N : Ordnung des Gleichungssystems (E)          *
 7    *------------------------------------------------------------*
 8            INTEGER N
 9            REAL   A( 1: N, 1:N ), B( 1:N ), X( 1:N ), R( 1:N )
10          INTEGER I, J
11          DOUBLE PRECISION SUM
12
13          DO 10 I = 1, N
14             SUM = 0D0
15             DO 20 J = 1, N
16                SUM = SUM + DPROD( A(I,J), X(J) )
17    20       CONTINUE
18             R(I) = DBLE( B(I) ) - SUM
19    10    CONTINUE
20
21          RETURN
22          END
```

Abb. 8.3.1 Unterprogramm zur Berechnung des Residuums in doppelter Genauigkeit

8.3.3 Ein- und Ausgabe doppeltgenauer Größen

Die Ein- und Ausgabe von DOUBLE PRECISION-Größen entspricht weitgehend der von REAL-Größen. Sie kann listengesteuert oder formatiert erfolgen.

Listengesteuerte Eingabe mittels READ *

Es gelten die Ausführungen in Kapitel 4.4. Als Eingabedaten für doppeltgenaue Größen kommen in Frage:

- DOUBLE PRECISION-Konstanten (z. B. 1423.456789012 D 0)
- REAL-Zahlen (z. B. 5 E - 7 oder 725.6)
- INTEGER-Zahlen (z. B. 50)

dabei werden REAL und INTEGER in DOUBLE PRECISION gewandelt.

Formatierte Eingabe

Es gelten die Ausführungen in Kapitel 4.5.3. Doppeltgenaue Zahlen können mit dem F-Beschreiber eingelesen werden (auch mit dem E- und dem D-Beschreiber, s. u., doch wirken diese genauso wie der F-Beschreiber). Die Wirkung des F-Beschreibers für doppeltgenaue Zahlen ist dieselbe, wie in Kapitel 4.5.3 für REAL-Zahlen angegeben :

- Enthält das eingelesene Datenfeld eine DOUBLE PRECISION-Konstante oder eine REAL-Zahl, jeweils mit Dezimalpunkt, so wird diese Zahl "wörtlich" übernommen (und gegebenenfalls in DOUBLE PRECISION konvertiert).

- Enthält das eingelesene Datenfeld keinen Dezimalpunkt, dann wird es so interpretiert, wie in Kapitel 4.5.3 beim F-Beschreiber für REAL-Zahlen (Fall 2 und 3) beschrieben.

- Doppeltgenaue Zahlen können mit so vielen Stellen eingegeben werden wie für DOUBLE PRECISION zulässig.

Listengesteuerte Ausgabe mittels PRINT *

Es gelten die Ausführungen in Kapitel 4.3. In Abhängigkeit von der Größe der auszugebenden Zahl wird sie mit oder ohne Exponenten ausgegeben.

Beispiel: Das Programm

```
1         DOUBLE PRECISION X, Y
2
3         X = 1 D 95
4         Y = 123 D 0
5         PRINT *, ´X =´, X, ´ Y =´, Y
6
7         STOP
8         END
```

liefert bei seiner Ausführung auf dem Computer SPERRY UNIVAC 1100 die (rechnerabhängige) Ausgabe

```
X =  .999999999999999997+095 Y =  123.000000000000000
```

Formatierte Ausgabe

Es gelten die Ausführungen in Kapitel 4.5.1. Man kann für doppeltgenaue Größen die folgenden
Format-Beschreiber verwenden:

a)   F-Beschreiber   F w. d   (z. B. F 20.14)

Die Wirkung ist dieselbe wie bei REAL-Zahlen (s. Kap. 4.5.1): Ausgabe in Festpunkt-
Darstellung (also ohne Exponent), rechtsbündig in ein Feld der Breite w , mit d
Nachkommastellen.

b)   E-Beschreiber   E w. d   (z. B. E 24.13)

Ausgabe in normalisierter Gleitpunkt-Darstellung (also mit Exponent und mit einer
zwischen 0.1 und 1 liegenden Mantisse), rechtsbündig in ein Feld der Breite w, Mantisse
mit d Nachkommastellen. Der Exponent wird eventuell mit E gekennzeichnet, wenn er unter
100 liegt; ist er 100 oder größer, so entfällt diese Kennzeichnung. Die Norm läßt allerdings auch noch andere Formen zu. (In Kap. 10.7.5 finden sich weitere Angaben zum
E-Beschreiber sowie Beispiele dazu.)

c)   D-Beschreiber   D w. d

Er hat dieselbe Wirkung wie der E-Beschreiber, aber anstelle E wird eventuell ein D
ausgegeben. (Weitere Angaben hierzu in Kap. 10.7.6)

8.4 Der Datentyp COMPLEX - für das Rechnen mit komplexen Größen

8.4.1 Komplexe Konstanten und Variablen

Der Datentyp COMPLEX gestattet es, bei Berechnungen Variablen, Feldelemente usw. zu verwenden, deren Werte komplexe Zahlen sind. Dabei wird intern eine komplexe Zahl durch ein Paar von REAL-Zahlen dargestellt, von denen die erste den Realteil und die zweite den Imaginärteil bedeutet. Benötigt man im Programm die explizite Angabe einer komplexen Zahl, so verwendet man dafür eine

komplexe Konstante

Form :   • geordnetes Paar von REAL- oder INTEGER-Zahlen

         • durch Komma getrennt

         • in runde Klammern eingeschlossen

Bedeutung: Die erste Zahl ist der Realteil und die zweite der Imaginärteil der komplexen Konstanten.

Beispiel

Die komplexen Konstanten

$$(3 , 5) \quad (1 , 0) \quad (0 , -1) \quad (37.5 , -9.82) \quad (2 E 4 , 35.4 E 3)$$

stellen die folgenden komplexen Zahlen dar:

$$3 + 5 i \qquad +1 \qquad -i \qquad 37.5 - 9.82 i \qquad 20\,000.0 + 35\,400.0 i$$

Erläuterungen

a)   Die Komponenten einer komplexen Konstante dürfen nur REAL- oder INTEGER-Zahlen sein, nicht aber DOUBLE PRECISION-Konstanten ! (Dies schreibt die Norm vor. Manche Computer weichen allerdings davon ab.)

b)   Benannte Konstanten darf man nicht für die Komponenten einer komplexen Konstanten verwenden.

c)   Will man eine doppeltgenaue Größe (oder eine benannte Konstante, eine Variable) als Real- oder Imaginärteil einer komplexen Größe verwenden, so kann dies mit Hilfe der Standardfunktion CMPLX geschehen (s. Kap. 8.4.3).

Variablen, Felder und benannte Konstanten vom Typ COMPLEX

müssen unter Angabe dieses Typs explizit durch eine Typanweisung vereinbart werden.

Beispiel   COMPLEX WIED , I , RC , RL

COMPLEX EIGENW (1 : 20)

Die erste Anweisung legt WIED , I , RC und RL als komplexe Variablen fest, die zweite vereinbart EIGENW als Feld mit 20 komplexen Elementen.

8.4.2 Komplexe Arithmetik

Komplexe Größen repräsentieren komplexe Zahlen mit Real- und Imaginärteil. Man kann mit ihnen in einem Programm in derselben Weise rechnen wie mit REAL- oder INTEGER-Größen, beispielsweise innerhalb eines arithmetischen Ausdrucks, wobei die vier Grundrechenarten und das Potenzieren zur Verfügung stehen und nach den Regeln des Rechnens mit komplexen Zahlen ausgeführt werden. Dabei gilt :

Arithmetischer Ausdruck mit komplexen Größen

- Bauart :   wie in Kapitel 3.7 angegeben
- Auswertung :   nach den Regeln von Kapitel 3.7
- Typ :   COMPLEX, falls mindestens eine komplexe Größe vorkommt
- Verbot :   Bei der Auswertung des Ausdrucks darf keine Verknüpfung einer COMPLEX- mit einer DOUBLE PRECISION-Größe vorkommen.

Die arithmetische Wertzuweisung

hat auch für komplexe Größen die in Kapitel 4.2 angegebene Form :

Variable = arithmetischer Ausdruck

und wird wie dort angegeben ausgeführt.

Beispiel: COMPLEX RL , RC , WIED , U , I

RL   =   (0 , 94.25)

RC   =   (0 , -106.10)

WIED   =   RL * RC / (RL + RC)

U   =   220.0

I   =   U / WIED

Vor der Wertzuweisung wird gegebenenfalls zuerst der Wert des arithmetischen Ausdrucks in den Datentyp des arithmetischen Ausdrucks gewandelt. Dabei gilt für eine

Typumwandlung nach COMPLEX

- Ein REAL- , INTEGER- oder DOUBLE PRECISION-Wert x wird zu COMPLEX durch Erzeugen einer komplexen Zahl mit dem Realteil REAL (x) und dem Imaginärteil 0 (hier bedeutet REAL die Standardfunktion dieses Namens, vgl. Anhang B1).

- Ist COMPLEX in REAL , INTEGER oder DOUBLE PRECISION zu wandeln, so wird nur der Realteil der komplexen Zahl verwendet, während ihr Imaginärteil unberücksichtigt bleibt.

  Bemerkung: Die hier angegebenen Typumwandlungen werden auch durch die Standardfunktionen CMPLX (x) , REAL (z) , INT (z) und DBLE (z) ausgeführt (s. Anhang B1).

Neben der arithmetischen Wertzuweisung gibt es auch für komplexe Größen folgende

Weitere Möglichkeiten für die Zuweisung von Werten

- durch Eingabeanweisung (s. Kap. 8.4.4)

- mittels DATA (s. Kap. 6.9)

  Beispiel :　　　COMPLEX R0 , U
  　　　　　　　　DATA R0 / (1000.0 , -24.5) / , U / (220 , 0) /

- mittels PARAMETER für benannte Konstanten (s. Kap. 6.10)

  Beispiel :　　　COMPLEX J
  　　　　　　　　PARAMETER (J = (0 , 1))

Arithmetischer Vergleichsausdruck mit komplexen Größen

Werden arithmetische Ausdrücke, von denen mindestens einer vom Typ COMPLEX ist, verglichen, so darf nur .EQ. oder .NE. benutzt werden. Andere Vergleiche haben keinen Sinn, da es für komplexe Zahlen keine Kleiner- oder Größerrelation gibt.

8.4.3 Standardfunktionen für das Rechnen mit komplexen Größen

FORTRAN stellt verschiedene Standardfunktionen für komplexe Rechnung zur Verfügung (s. Anhang B). Hierzu gehören u. a. folgende, auch für komplexes Argument z definierte

Mathematische Funktionen

$$e^z \qquad \sin z \qquad \cos z \qquad \log z \qquad \sqrt{z}$$

Außerdem gibt es verschiedene, für komplexe Rechnungen sehr nützliche

Arithmetische Hilfsfunktionen

CMPLX (x , y)

Sind x und y zwei REAL-, INTEGER- oder DOUBLE PRECISION-Größen (beide müssen vom selben Typ sein !), so setzt CMPLX (x , y) sie zu einer komplexen Zahl zusammen, die REAL (x) als Realteil und REAL (y) als Imaginärteil hat. Damit können z. B. REAL-Werte, die als Variablen oder benannte Konstanten vorliegen, zu Bestandteilen einer komplexen Größe werden.

CMPLX (x)

Hat die Funktion nur ein Argument x und ist dieses vom Typ REAL , INTEGER oder DOUBLE PRECISION, so wird eine komplexe Zahl erzeugt, die den Realteil REAL (x) und den Imaginärteil 0.0 hat. Für x vom Typ COMPLEX ist CMPLX (x) = x .

Beispiel

Sind X und Y zwei REAL-Variablen mit den Werten X = 3.5 und Y = -2.71, hat ferner die INTEGER-Variable K den Wert K = 4, dann gilt:

Funktionsaufruf	Ergebnis	Bedeutung
CMPLX (X , Y)	(3.5 , - 2.71)	3.5 - 2.71 i
CMPLX (-X , 1.0)	(-3.5 , 1.0)	-3.5 + i
CMPLX (1 , K)	(1.0 , 4.0)	1 + 4 i
CMPLX (X)	(3.5 , 0.0)	3.5
CMPLX (X , 0.0)	(3.5 , 0.0)	3.5
CMPLX (X / K)	(0.875 , 0.0)	0.875
CMPLX (0 , K)	(0.0 , 4.0)	4 i

Für die Beschreibung der weiteren Standardfunktionen sei

$$z = x + iy = r\, e^{i\varphi}$$

die Darstellung einer komplexen Zahl z durch Real- und Imaginärteil bzw. mittels Betrag r und Argument φ . Dann gilt:

Die Standardfunktion	liefert als Ergebnis
REAL (z)	Realteil x von z
AIMAG (z)	Imaginärteil y von z
CONJG (z)	die zu z konjugiert komplexe Zahl $\bar{z} = x - iy$
ABS (z)	Betrag r
ATAN 2 (y , x)	Argument φ (im Bogenmaß)

Bemerkungen

a)   Um φ zu erhalten, kann man auch ATAN 2 (AIMAG (z), REAL (z)) anstelle von ATAN 2 (y , x) verwenden (wenn z. B. x und y nicht explizit zur Verfügung stehen).

b)   ATAN 2 liefert das Argument im Bereich $-\pi < \varphi \leq \pi$, z kann also in jedem der vier Quadranten liegen ; das Argument wird korrekt ermittelt.

8.4.4 Ein- und Ausgabe komplexer Größen

Die Ein- und Ausgabe komplexer Größen entspricht der von REAL-Größen, allerdings gehören zu einer komplexen Größe immer zwei REAL-Werte, der Real- und der Imaginärteil. Bei listengesteuerter Ein-/Ausgabe werden diese beiden Werte in Form einer komplexen Konstanten übertragen, während bei formatierter Ein-/Ausgabe zwei einzelne Werte einzugeben sind bzw. ausgegeben werden. Im einzelnen gilt:

Listengesteuerte Eingabe mittels READ *

Es gelten die Ausführungen in Kapitel 4.4. Für eine komplexe Größe ist eine komplexe Konstante einzugeben in der gewohnten Form (s. Kap. 8.4.1)

(Realteil , Imaginärteil)

Listengesteuerte Ausgabe mittels PRINT *

Es gelten die Ausführungen in Kapitel 4.3. Eine komplexe Größe wird in der Form einer komplexen Konstanten ausgegeben (incl. runder Klammern).

Formatierte Ein- und Ausgabe

Es gelten die Ausführungen in Kapitel 4.5. Für jede komplexe Zahl sind zwei Format-Beschreiber für REAL-Zahlen (z. B. F- oder E-Beschreiber, s. auch Kap. 10.7) erforderlich, einen für den Real- und einen für den Imaginärteil. Die beiden Beschreiber dürfen verschieden sein. Zwischen ihnen können nichtwiederholbare Beschreiber (z. B. X- oder /-Beschreiber) stehen.

Bei der **Eingabe** einer komplexen Zahl sind Real- und Imaginärteil in einer Form einzugeben, die zu den verwendeten Format-Beschreibern paßt.

Bei der **Ausgabe** werden Real- und Imaginärteil der komplexen Zahl in der durch die beiden Format-Beschreiber festgelegten Form ausgegeben.

Beispiel

a)   Z und W seien Variablen vom Typ COMPLEX. Mit den Anweisungen

```
        READ  1000 , Z , W
 1000   FORMAT  ( F 8.2 , F 8.3 , 2 F 6.3 )
```

wird die Eingabezeile

$$\underline{\quad\quad 12345 \quad\quad 12345 \quad 67.80 - \quad\quad 678}$$

gelesen. Dadurch erhalten die Variablen folgende Werte :

    Z ist (123.45 , 12.345)
    W ist (67.8 , -0.678)

b)   Falls Z und W die Werte aus Beispiel a) haben, bewirken die Anweisungen

```
        PRINT  2000 , Z , '___' , W
 2000   FORMAT ( 1 H _ , F 10.4 , F 10.4 , A3 , F 5.1 , 5 X , E 8.1 )
```

folgende Ausgabe:

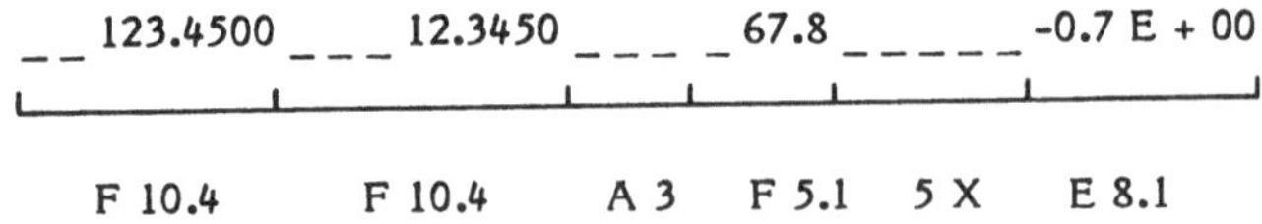

    __ 123.4500 ___ 12.3450 ___ 67.8 _____ -0.7 E + 00

    F 10.4   F 10.4   A 3   F 5.1   5 X   E 8.1

8.4.5 Programmbeispiel

Aufgabe

Gegeben seien Induktivität L, Kapazität C und Ohm-
scher Widerstand R eines Parallelschwingkreises mit
Verlusten (s. nebenstehendes Schaltbild). Zu einer an-
gelegten sinus-förmigen Wechselspannung u(t) mit dem
Effektivwert U und der Frequenz f ermittle man den
Strom i(t) im Schwingkreis.(t bedeutet die Zeit).

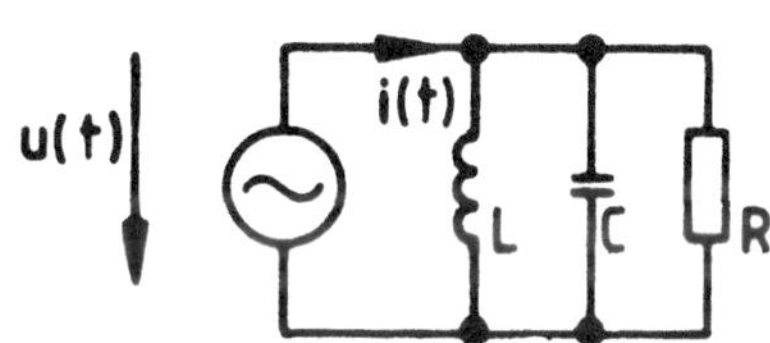

Lösung

Der Strom i(t) ist ein ebenfalls sinusförmiger Wechselstrom, der jedoch gegenüber u(t) eine
Phasenverschiebung φ aufweist. Man kann dessen Effektivwert I und die Phasenverschiebung φ aus den Größen U , L , C, R und f mit reeller Arithmetik berechnen.
Dies ist allerdings etwas mühsam. Wesentlich einfacher wird die Rechnung, wenn man
komplexe Größen benutzt. Es läßt sich zeigen, daß der Zusammenhang

$$\underline{I} = \underline{Y}_{ges} * U \tag{1}$$

gilt. U stellt dabei den Effektivwert der angelegten Spannung u(t) dar. $\underline{I}$ ist der komplexe
Strom (im folgenden werden komplexe Größen unterstrichen) ; sein Betrag kennzeichnet
den Effektivwert I von i(t) und sein Argument (in der Elektrotechnik auch Drehwinkel
genannt) die Phasenverschiebung φ . Für den komplexen Leitwert $\underline{Y}_{ges}$ gilt dabei die Beziehung
(j sei die imaginäre Einheit)

$$\underline{Y}_{ges} = \underline{Y}_L + \underline{Y}_C + \underline{Y}_R \tag{2}$$

mit
$$\underline{Y}_L = \frac{1}{j\,\omega\,L} \tag{3a}$$

$$\underline{Y}_C = j\,\omega\,C \tag{3b}$$

$$\underline{Y}_R = \frac{1}{R} \tag{3c}$$

und
$$\omega = 2\,\pi\,f \tag{4}$$

Setzt man sukzessive (3a , b , c) mit (4) in (2) ein und dieses Ergebnis wiederum in (1),
so erhält man die gewünschte komplexe Größe $\underline{I}$, deren Betrag und Argument den Effektivwert
und die Phasenverschiebung von i(t) ergeben.

Algorithmus:

Die skizzierte Lösung ergibt folgendes Vorgehen:

1. Eingabe: $L , C , R ; U , f$

2. Ermittle $\omega := 2\pi f$

3. Ermittle $\underline{Y}_L , \underline{Y}_C , \underline{Y}_R$ nach (3 a , b , c)

4. Ermittle $\underline{Y}_{ges} := \underline{Y}_L + \underline{Y}_C + \underline{Y}_R$

5. Ermittle $\underline{I} := \underline{Y}_{ges} * U$

6. Ausgabe : I , φ

Programmbeschreibung

Das zugehörige Programm zeigt Abb. 8.4.1. Es ist eine unmittelbare Umsetzung des Pseudocodes. Die Bezeichnungen der Variablen wurden im Programm folgendermaßen gewählt: YL , YC , YR und YGES bedeuten die komplexen Leitwerte $\underline{Y}_L , \underline{Y}_C , \underline{Y}_R$ und $\underline{Y}_{ges}$. UBETRG und IBETRG sind die Effektivwerte von u(t) und i(t) , und I stellt den komplexen Strom $\underline{I}$ dar. Die Ein- und Ausgabe betrifft nur REAL-Größen. Die Rechnung geschieht in komplexer Arithmetik. Dazu werden YL , YC und YR als komplexe Größen aus den REAL-Größen OMEGA , L , C und R erzeugt. Dies geschieht (zu Demonstrationszwecken) auf drei verschiedene Arten : Ein arithmetischer Ausdruck, der für j die komplexe Konstante (0.0 , 1.0) benutzt, liefert YL (Zeile 27). Die Berechnung von YC und YR erfolgt mit Hilfe der Standardfunktion CMPLX ; bei YC hat sie zwei Argumente, bei YR nur eins (Zeilen 28 und 29).

```
 1           PROGRAM SCHWNG
 2      *------------------------------------------------------------------*
 3      * Paralleler Schwingkreis mit Verlusten                            *
 4      *                                                                  *
 5      * Variablen :                                                      *
 6      *    L              : Induktivitaet in Henry (E)                   *
 7      *    C              : Kapazitaet in Farad (E)                      *
 8      *    R              : Widerstand in Ohm (E)                        *
 9      *    UBETRG, FREQ   : Effektivwert und Frequenz der Spannung (E)   *
10      *    OMEGA          : Kreisfrequenz                                *
11      *    YL, YC, YR     : Admittanzen (komplexer Leitwert) von L, C, R *
12      *    YGES           : Admittanz des gesamten Stromkreises          *
13      *    I              : komplexer Effektivwert des Stromes           *
14      *    IBETRG, IPH    : Effektivwert und Phasenverschiebung des      *
15      *                     Stromes (A)                                  *
16      *------------------------------------------------------------------*
17           REAL L, C, R, UBETRG, FREQ, OMEGA, IBETRG, IPH, PI
18           COMPLEX YL, YC, YR, YGES, I
19           PARAMETER ( PI = 3.1415926 )
20
```

```
21    * Einlesen der Werte
22          READ*, L, C, R
23          READ*, UBETRG, FREQ
24
25    * Berechnung der relevanten Groessen
26          OMEGA = 2 * PI * FREQ
27          YL = 1.0 / ( (0.0, 1.0) * OMEGA * L )
28          YC = CMPLX( 0.0, OMEGA * C )
29          YR = CMPLX( 1.0 / R )
30          YGES = YL + YC + YR
31
32    * Berechnung des Stromes
33          I = YGES * UBETRG
34          IBETRG = ABS( I )
35          IPH = ATAN2( AIMAG(I), REAL(I) )
36
37    * Ausgabe der eingegebenen und der berechneten Werte
38          PRINT *, 'L        =', L, ' Henry     C =', C, ' Farad'
39          PRINT *, 'R        =', R, ' Ohm       U =', UBETRG, ' Volt'
40          PRINT *, 'Frequenz =', FREQ, ' Hertz'
41          PRINT *, 'Amplitude von I           :', IBETRG, ' Ampere'
42          PRINT *, 'Phasenverschiebung von I :', IPH*180/PI, ' Grad'
43
44          STOP
45          END
```

Abb. 8.4.1 Ein Programm zur Berechnung des Stromes in einem Wechselstrom-Schwingkreis mit Verlusten

Die Spannung geht in die Rechnung als reelle Größe ein (UBETRG, Zeile 33). Die gesuchte Phasenverschiebung des Stromes ist dann gerade gleich dem Argument von I, das man mittels ATAN 2 erhält (Zeile 35). Der Effektivwert des Stromes ist ABS (I) (Zeile 34).

Die Ausführung des Programms liefert eine Ausgabe, wie sie Abb. 8.4.2 zeigt. Dabei werden zuerst die eingegebenen Daten protokolliert und dann die damit berechneten Größen angegeben.

```
L        = .10000000-001 Henry    C = .10000000-006 Farad
R        = 16666.670      Ohm      U = 1.0000000     Volt
Frequenz = 5032.9300      Hertz
Amplitude von I           : .59999989-004 Ampere
Phasenverschiebung von I : .10394252-001 Grad
```

Abb. 8.4.2 Die von dem Programm in Abb. 8.4.1 erzeugte Ausgabe

8.5 Vereinbarung des Datentyps mit Hilfe von IMPLICIT

Mit der IMPLICIT-Anweisung kann man für alle Variablen, Felder usw., deren Namen mit einem bestimmten Buchstaben beginnen, einen einheitlichen Datentyp festlegen.

Beispiele

a)   IMPLICIT LOGICAL (L)

Alle mit L beginnenden Namen kennzeichnen Größen vom Typ LOGICAL

b)   IMPLICIT CHARACTER * 20 (A , B , C)

Jede Größe, deren Name den Anfangsbuchstaben A , B oder C hat, ist vom Typ CHARACTER * 20

c)   IMPLICIT CHARACTER * 20 (A - C)

ist gleichwertig mit b)

d)   IMPLICIT LOGICAL (L), CHARACTER * 20 (A - C)

ist gleichwertig mit a) und b) bzw. a) und c)

Allgemein gilt:

IMPLICIT-Anweisung

Form :   IMPLICIT typ (a [, a] ...) [, typ (a [, a] ...)] ...

mit   typ : INTEGER , REAL , DOUBLE PRECISION , COMPLEX , LOGICAL oder
            CHARACTER [* lae]

            a : Buchstabe oder Buchstabenbereich, d. h. zwei durch Bindestrich getrennte
            Buchstaben (z. B. A - C)

Bedeutung: Festlegung des angegebenen Typs für jede nicht explizit vereinbarte Größe
            (Variable, Feld usw.) dieser Programmeinheit, deren Name mit dem (bzw. mit
            einem der) betreffenden Buchstaben beginnt.

Erläuterungen

a)   Die IMPLICIT-Anweisung ist eine nichtausführbare Anweisung. Sie muß ganz am Anfang
      einer Programmeinheit stehen, noch vor den Typanweisungen (s. Anhang A).

b)   Eine IMPLICIT-Anweisung hebt die FORTRAN-Konvention auf.

Eine Typanweisung wiederum setzt IMPLICIT außer Kraft (und auch die FORTRAN-Konvention).

Bedeutung von IMPLICIT

IMPLICIT hat nur als Absicherung gegen Schreibfehler oder vergessene explizite Vereinbarungen eine Berechtigung, wie schon in der Empfehlung b) von Kapitel 4.1.2 erwähnt. In diesem Sinne kann am Anfang eines Programms z. B. die Anweisung

IMPLICIT CHARACTER (A - Z)

stehen. Ansonsten sollte man IMPLICIT - ebenso wie auch FORTRAN-Konvention - nicht benutzen und jede im Programm verwendete Größe explizit durch eine Typanweisung vereinbaren.

Übungen zu Kapitel 8

Kontrollfragen

- Welchen Datentyp braucht man, um Zeichenfolgen bzw. Texte bearbeiten zu können? Wie werden Größen von diesem Typ vereinbart? Gibt es eine FORTRAN-Konvention für diesen Datentyp?

- Was versteht man unter der Länge einer CHARACTER-Größe? Wie kann diese Länge ermittelt werden? Welcher Effekt kann bei Wertzuweisungen auftreten, wenn die Länge einer CHARACTER-Größe zu klein gewählt wurde? Wann tritt derselbe Effekt bei formatierter Ein- bzw. Ausgabe auf?

- Welche Operationen können zur Bildung von CHARACTER-Ausdrücken herangezogen werden? Wie lassen sich CHARACTER-Größen miteinander vergleichen? Was versteht man unter einer Sortierfolge und welchen Einfluß hat sie auf Vergleiche?

- In welchem Zusammenhang treten Größen vom Datentyp LOGICAL auf und wo können solche Größen sinnvoll verwendet werden? Welche logischen Größen gibt es und wie lauten die entsprechenden Typzuweisungen? Wie kann eine logische Variable einen Wert erhalten und wie kann dieser Wert wieder ausgegeben werden? Welche Operatoren und Regeln für den Aufbau logischer Ausdrücke gibt es?

- Welche Vor- und Nachteile hat die Verwendung des Datentyps DOUBLE PRECISION gegenüber REAL?

- Wie wird eine DOUBLE PRECISION-Konstante notiert oder eine Variable von diesem Typ vereinbart? Was ist zu beachten, wenn neben DOUBLE PRECISION-Größen noch andere Datentypen in einem arithmetischen Ausdruck vorkommen?

- Wie kann man in FORTRAN bequem mit komplexen Zahlen rechnen? Was ist bei ihrer Ein- und Ausgabe zu beachten? Welche Standardfunktionen und Vergleichsoperatoren gibt es für den Datentyp COMPLEX?

Aufgaben

8.1 a) Schreiben Sie ein Programm, das einen aus mehreren Worten bestehenden Text (max. 80 Zeichen) einliest und diesen dann durch Auffüllen von Leerzeichen a) rechtsbündig und b) zentriert ausdruckt.

      b) Weitere Programme sollen die Anzahl 1) der Vokale und 2) der Worte im Text ermitteln. Beim Entwurf des Programms zum Zählen der Worte ist es unerläßlich, genau festzulegen, was als ein Wort aufzufassen ist. Kommt in einem Text z. B. "3 Worte in einer 80-Zeichen-Zeile" vor, so kann man 4 aber auch 7 Worte zählen!

      c) Man erweitere die Programme von (a) und (b) so, daß nicht nur eine Zeile à 80 Zeichen bearbeitet werden kann, sondern beliebig viele.

      d) Beim Worte-Zähl-Programm soll auch die Trennung berücksichtigt werden. Auch hier ist es wichtig zu bestimmen, wann ein Wort als getrennt aufzufassen ist und wann nicht.

8.2 a) In einem Germanistikseminar stellt sich die Frage, ob in einem Text auf den Buchstaben e häufiger "n" oder "m" folgt. Schreiben Sie ein Programm, das diese Frage beantwortet.

      b) Für weitere Untersuchungen von Texten ist es wichtig zu wissen, wie häufig jedes mögliche geordnete Paar von Buchstaben im Text vorkommt. Dabei sind die Buchstabenpaare "an" und "na" zu unterscheiden. Schreiben Sie auch für diese Fragestellung ein Programm.

8.3 a) In Anlehnung an das Programm aus Abb. 8.1.1 soll ein Programm zum Ausdrucken von Einladungen entwickelt werden. Eingegeben werden soll ein Name, z. B. "Frau Margarete Meyer". Mit diesem Namen soll dann folgende Einladung vom Programm generiert werden:

> Liebe Frau Meyer,
> wir laden Sie herzlichst zu unserer Party am nächsten Freitag ein. Bitte bringen Sie Ihren Gatten mit. Bis dann
>
>   Ihre Familie Beyer

      b) Erweitern Sie das Programm so, daß 1. keine störenden Zwischenräume vorkommen (vgl. Abb. 8.1.3) und 2. die Eingabe Herr xy ebenfalls korrekt bearbeitet wird. Es muß nun natürlich heißen: "Bitte bringen Sie Ihre Gattin mit."

8.4 Schreiben Sie ein Programm, das 10 vorgegebene Namen nach dem Alphabet sortiert. Benutzen Sie dazu die in 8.1.7 angegebenen Vergleichsoperatoren. Lösen Sie dann dieselbe Aufgabe, aber unter Verwendung der Standardfunktionen LGE, LGT, LLE und LLT. Welches Vorgehen ist besser?

8.5 Man schreibe ein Programm, das eine Jahreszahl größer 1970 einliest und für dieses Jahr einen Kalender in folgender Form ausgibt:

Januar 1988

MO	DI	MI	DO	FR	SA	SO		MO	DI	MI	DO	FR	SA	SO		MO	DI	MI	DO	FR	SA	SO
				1	2	3		4	5	6	7	8	9	10		11	12	13	14	15	16	17
18	19	20	21	22	23	24		25	26	27	28	29	30	31								

Februar 1988

MO	DI	MI	DO	FR	SA	SO		MO	DI	MI	DO	FR	SA	SO		MO	DI	MI	DO	FR	SA	SO
1	2	3	4	5	6	7		8	9	.... usw.												

Hinweis: Man benutze die Formel zur Wochentagbestimmung aus dem Datum (siehe Aufgabe 5.2). In Bezug auf Schaltjahre vergleiche man mit Aufgabe 9.3.

8.6   a)   Entwickeln Sie ein Programm, das positive ganze Zahlen in römischen Zahlzeichen darstellt. Es bedeuten dabei

$$I \,\hat{=}\, 1 \qquad\qquad C \,\hat{=}\, 100$$
$$V \,\hat{=}\, 5 \qquad\qquad D \,\hat{=}\, 500$$
$$X \,\hat{=}\, 10 \qquad\qquad M \,\hat{=}\, 1000$$

b)   Es soll ein weiteres Programm geschrieben werden, das in römischen Zahlzeichen angegebene Zahlen in die übliche Zahldarstellung, d. h. in die arabische Form überträgt.

8.7   In einem Programm werden 3 REAL-Variablen Werte zugewiesen:
X=3.0 , Y=0.3 , Z=3.0E-8
Bestimmen Sie die Werte der folgenden logischen Variablen:

```
L1=X.GT.Y .AND. Z .LT. 0.2E-4
L2=(X+0.5) .GE. (11.0*Y + 0.2) .AND. (.NOT. 0.0 .EQ. Z)
L3=.NOT. (X .GT. Z* 1.0E+8)
L4=(X .NE. Z) .EQ. (L1)
L5=(X .NE. Z) .NE. .FALSE.
```

8.8   Zur Darstellung aller möglichen Wertbelegungen von zusammengesetzten logischen Ausdrücken bedient man sich häufig Tabellen der folgenden Form:

A	B	C	(A .OR. B)	.AND.	(NOT C)	Endergebnis
T	T	T	T	F	F	F
T	T	F	T	T	T	T
T	F	T	T	F	F	F
T	F	F	T	T	T	T
F	T	T	T	F	F	F
F	T	F	T	T	T	T
F	F	T	F	F	F	F
F	F	F	F	F	T	F

In der Tabelle werden zuerst alle Operanden, hier A , B und C , aufgeführt, die in dem betreffenden zusammengesetzten Ausdruck vorkommen. Darunter stehen die möglichen Werte dieser Operanden. Danach folgt der zusammengesetzte Ausdruck. Unter den logischen Operatoren (z. B. OR, AND oder NOT) steht also gerade das Zwischen- bzw. Endergebnis, das sich bei der Auswertung dieser Operation ergibt.

Entwickeln Sie ein Programm, das für jeden der nachstehenden Ausdrücke die entsprechende Tabelle generiert und ausdruckt:

(a) $(\neg A \vee B) \iff C$ (c) $A \vee B \wedge C$
(b) $A \vee B \vee C$ (d) $\neg(A=B) \Rightarrow C$

8.9 Schreiben Sie das Programm aus Abb. 5.4.2 so um, daß die Newton-Iteration mit DOUBLE PRECISION-Größen durchgeführt wird. Vergleichen Sie die Rechenergebnisse.

8.10 Eine komplexe Zahl in algebraischer Schreibweise, d. h. in der Form $z=a+bi$, $(a,b \in \mathbb{R})$ läßt sich auch mittels Polarkoordinaten notieren. Man erhält dann die trigonometrische Form dieser komplexen Zahl: $z=r(\cos\varphi + i\sin\varphi)$ mit $-\pi < \varphi \leq \pi$. Dabei bestehen folgende Beziehungen: $r=\sqrt{a^2+b^2}$ und $\frac{b}{a} = \arctan\varphi$. Schreiben Sie ein Programm, das eine komplexe Zahl auf eine Variable vom Typ COMPLEX einliest und in die trigonometrische Form überführt. Anschließend soll der Wert in beiden Formen ausgegeben werden.

9. Ergänzungen zu den Ablaufstrukturen

Zum Formulieren von Algorithmen und Programmen benötigt man als Ablaufstrukturen neben der Sequenz auch die Alternative und die Wiederholung. Sie wurden in Kapitel 5 behandelt. Im folgenden werden einige Ergänzungen bzw. Modifikationen dieser Strukturen angegeben, die man verschiedentlich mit Vorteil verwenden kann. Hierzu gehört die Fallunterscheidung (Kap. 9.1), eine Erweiterung der Alternative, bei der man die Wahl zwischen mehr als nur zwei Möglichkeiten hat, sowie einige weitere Formen der Wiederholung (WHILE- und UNTIL-Schleife, Kap. 9.4). Für die Realisierung dieser Strukturen benötigt man die FORTRAN-Elemente IF , THEN , ELSE , ELSE IF und END IF. Sie gehören zu den Block-IF-Strukturen, welche Gegenstand der Kapitel 9.2 und 9.3 sind. Abschließend befaßt sich 9.5 noch mit einigen weiteren Steueranweisungen von FORTRAN, von deren Benutzung aber abgeraten wird. Ihre Angabe erfolgt nur, um den Leser in die Lage zu versetzen, im Bedarfsfall diese Anweisungen in bestehenden Programmen zu verstehen und gegebenenfalls ändern zu können.

9.1 Fallunterscheidung

9.1.1 Beispiel

Wir betrachten ein dialogorientiertes Programm, das statistische Daten unter verschiedenen Gesichtspunkten auswerten kann. Hierzu werden die einzelnen Leistungen des Programms dem Benutzer in einer Auswahlübersicht ("Menue") angeboten, worauf dieser durch eine entsprechende Eingabe seine Wahl zu treffen hat. Die folgende Tabelle zeigt, welche Eingaben möglich sind und was sie bedeuten, ferner die Namen der SUBROUTINE-Unterprogramme, durch die die entsprechenden Leistungen erbracht werden.

Eingabe	Bedeutung	Subroutine
' MW '	Ermittlung des Mittelwerts	MWX
' STR '	Ermittlung der Standardabweichung	STRX
' MAX '	Ermittlung des Maximums	MAXX

Die Eingabe ist eine Zeichenfolge. Sie werde auf die CHARACTER-Variable WAHL eingelesen und anschließend ausgewertet, d. h., je nachdem, welcher Wert eingegeben wird, ist die entsprechende Subroutine aufzurufen. Hier liegt eine Fallunterscheidung vor. Sie kann in FORTRAN wie folgt realisiert werden:

```
READ * ,   WAHL
IF ( WAHL .EQ. 'MW') THEN
        CALL MWX (...)
ELSE IF (WAHL .EQ. 'STR') THEN
        CALL STRX (...)
ELSE IF ( WAHL .EQ. 'MAX') THEN
        CALL MAXX (...)
END IF
```

Die Ausführung dieser Anweisungen läuft folgendermaßen ab: Die Bedingungen bei IF und den einzelnen ELSE IF werden der Reihe nach geprüft. Sobald eine dieser Bedingungen erfüllt ist, wird der darauffolgende Unterprogrammaufruf ausgeführt ; anschließend fährt das Programm bei der Anweisung nach END IF fort. Somit wird genau die durch die Eingabe festgelegte Subroutine ausgeführt und sonst nichts.

Ist keine der Bedingungen erfüllt (weil z. B. die Eingabe von WAHL inkorrekt war), so erfolgt kein Unterprogrammaufruf, und das Programm fährt bei der Anweisung nach END IF fort. Soll es jedoch zuvor noch etwas tun, z. B. eine Fehlermeldung ausgeben, so ist dies in der folgenden Weise möglich:

```
READ * , WAHL
IF ( WAHL .EQ. 'MW') THEN
        CALL MWX (...)
ELSE IF ( WAHL .EQ. 'STR') THEN
        CALL STRX (...)
ELSE IF ( WAHL .EQ. 'MAX') THEN
        CALL MAXX (...)
ELSE
        PRINT * , ' Die Eingabe ist nicht korrekt ! '
END IF
```

Gegenüber der ersten Version wurde hier lediglich vor END IF ein ELSE und die gewünschte Fehlermeldung eingefügt. Das Ganze wird zunächst genauso ausgeführt wie oben beschrieben. Ist aber keine der Bedingungen erfüllt, so wird die PRINT-Anweisung nach ELSE ausgeführt und anschließend das Programm nach END IF fortgesetzt. Somit wird entweder die zu einer korrekten Eingabe gehörende Subroutine ausgeführt oder die Fehlermeldung ausgegeben, sonst aber nichts.

9.1.2 Allgemeine Form der Fallunterscheidung

Eine Fallunterscheidung liegt dann vor, wenn aus mehreren Möglichkeiten genau eine auszuwählen ist. Falls es nur zwei Möglichkeiten sind, so reduziert sich die Fallunterscheidung auf eine (zweiseitige) Alternative. Diese wurde schon in Kapitel 5.1 behandelt. Wir wollen deshalb im folgenden annehmen, daß mindestens drei Möglichkeiten zur Wahl stehen.

In FORTRAN kann man eine Fallunterscheidung so realisieren, wie dies bereits in dem Beispiel von Kapitel 9.1.1 geschah.

Darstellung der Fallunterscheidung in FORTRAN

Bauart :
$$
\begin{aligned}
&\text{IF} \quad (\, laus_1\,) \ \text{THEN} \\
&\qquad anw_1 \\
&\text{ELSE IF} \quad (\, laus_2\,) \ \text{THEN} \\
&\qquad anw_2 \\
&\qquad \ldots \\
&\text{ELSE IF} \quad (\, laus_n\,) \ \text{THEN} \\
&\qquad anw_n \\
&[\text{ELSE} \\
&\qquad anw_{n+1}\,] \\
&\text{END IF}
\end{aligned}
$$

mit $laus_1, \ldots, laus_n$:   Bedingungen in Form logischer Ausdrücke

$anw_1, \ldots, anw_{n+1}$:   Anweisungsblöcke, jeweils aus einer oder mehreren Anweisungen bestehend

Wirkung:
- Die logischen Ausdrücke werden der Reihe nach ausgewertet. Sobald einer den Wert T hat, wird der zugehörige Anweisungsblock ausgeführt (und nur dieser!).

- Hat keiner der logischen Ausdrücke den Wert T und gibt es keinen ELSE-Teil, so wird keiner der Anweisungsblöcke ausgeführt ; gibt es einen ELSE-Teil, so wird anw_{n+1} ausgeführt.

- In jedem Fall wird anschließend das Programm hinter END IF fortgesetzt, falls nicht aus dem ausgeführten Anweisungsblock an eine andere Stelle des Programms gesprungen wurde.

Empfehlung

a)   Man vermeide es, aus einem der Anweisungsblöcke herauszuspringen, weil damit die Struktur der Fallunterscheidung durcheinandergebracht wird.

b)   Wie schon bei der Alternative sollte man auch bei der Fallunterscheidung die Anweisungsblöcke immer einrücken zur optischen Verdeutlichung der Struktur.

Hinweis :   Es gibt noch eine weitere Möglichkeit, in FORTRAN eine Fallunterscheidung darzustellen: mit Hilfe der berechneten GOTO-Anweisung. Sie ist dann anwendbar, wenn sich die verschiedenen Fälle anhand einer Größe unterscheiden lassen, die die Werte 1 , 2 , 3 , ... annimmt. Kapitel 9.5.2 behandelt dies eingehender. Allerdings ist auch in diesem Fall die oben angegebene Form mit IF , ELSE IF usw. meistens vorteilhafter, da sie verständlicher ist.

Darstellung der Fallunterscheidung in Pseudocode

In Pseudocode geben wir eine Fallunterscheidung - ebenso wie bei der Alternative - in Anlehnung an die Darstellung in FORTRAN an: unter Verwendung der Symbole **IF** , **THEN** , **ELSEIF** , **ELSE** und **ENDIF** . Für das Beispiel in 9.1.1 lautet dementsprechend der Pseudocode

```
IF       WAHL = ' MW '  THEN
         berechne Mittelwert
ELSEIF   WAHL = ' STR '  THEN
         berechne Standardabweichung
ELSEIF   WAHL = ' MAX '  THEN
         ermittle Maximum
ELSE
         Ausgabe : Fehlermeldung
ENDIF
```

Als weiteres Beispiel wollen wir zeigen, wie man in dem Programmbeispiel von Kapitel 8.1.11 die geschachtelte Alternative 3*. durch eine Fallunterscheidung ersetzen kann. Bei 3*. wurde die Eingabegröße NAME daraufhin untersucht, ob sie mit "Frau", mit "Herr" oder mit etwas anderem beginnt ; je nachdem gab es eine entsprechende Aktion. Dies leistet auch die folgende Fallunterscheidung:

```
IF       NAME ( 1 : 4 ) = ' Frau '  THEN
         IHRIHM : = ' ihr '
ELSEIF   NAME ( 1 : 4 ) = ' Herr '  THEN
         IHRIHM : = ' ihm '
ELSE
         Fehlerfall
ENDIF
```

9.2 Block-IF-Strukturen

Die mit den Elementen IF ... THEN, ELSE, ELSE IF und END IF gebildeten Ablaufstrukturen werden als Block-IF-Strukturen bezeichnet. Beispiele hierfür sind die Alternative (Kap. 5.1) und die Fallunterscheidung (Kap. 9.1). Block-IF-Strukturen gestatten es, Verzweigungen in einem Programm übersichtlich zu gestalten, ohne Verwendung von GOTO-Anweisungen, während der Gebrauch von GOTO häufig zu verwirrender und schwer durchschaubarer Programmlogik verführt.

Eine Block-IF-Struktur beginnt stets mit IF ... THEN und endet mit END IF. Sie kann keine, eine oder mehrere ELSE-IF-Anweisungen enthalten sowie ein oder kein ELSE; falls dieses vorkommt, muß es nach allen ELSE-IF-Anweisungen (und damit an letzter Stelle vor dem zugehörigen END IF) stehen. Somit gilt :

Block-IF-Struktur

Bauart :   IF ($laus_1$) THEN   Block-IF-Anweisung

$[anw_1]$ IF-Block

$[$ELSE IF ($laus_2$) THEN   ELSE-IF-Anweisung

$[anw_2]]$ ...   ELSE-IF-Block

$[$ELSE   ELSE-Anweisung

$[anw_3]]$ ELSE-Block

END IF   END-IF-Anweisung

mit $laus_1$, $laus_2$: Bedingungen in Form logischer Ausdrücke

anw_1 , anw_2 , anw_3 : Anweisungsblöcke, jeweils aus einer oder mehreren Anweisungen bestehend

Wirkung: • Die logischen Ausdrücke werden der Reihe nach ausgewertet. Sobald einer den Wert T hat, wird der zugehörige Anweisungsblock (und nur dieser!) ausgeführt. Fehlt dieser Block, so geschieht nichts.

• Hat keiner der logischen Ausdrücke den Wert T, so wird der ELSE-Block ausgeführt, falls es einen gibt.

• In jedem Fall wird anschließend das Programm hinter END IF fortgesetzt, falls nicht aus dem ausgeführten Anweisungsblock an eine andere Stelle des Programms gesprungen wurde.

Folgerung: Von den Anweisungsblöcken einer Block-IF-Struktur wird höchstens einer ausgeführt. Auch wenn mehrere der logischen Ausdrücke den Wert T haben, so wird doch nur der zum ersten dieser Ausdrücke gehörende Block ausgeführt, während alle anderen Blöcke unberücksichtigt bleiben.

Bezeichnungen

Wie schon in dem obigen Schema angegeben, werden die steuernden Elemente einer Block-IF-Struktur als

> Block-IF - Anweisung
> ELSE-IF - Anweisung
> ELSE - Anweisung

und

> END-IF - Anweisung

bezeichnet. Die zugehörigen Anweisungsblöcke heißen:

IF - Block :   alle ausführbaren Anweisungen nach der Block-IF-Anweisung bis zur nächsten zugehörigen ELSE-IF-, ELSE- bzw. END-IF-Anweisung.

ELSE-IF-Block :   alle ausführbaren Anweisungen nach einer ELSE-IF-Anweisung bis zur nächsten zugehörigen ELSE-IF-, ELSE- bzw. END-IF-Anweisung.

ELSE-Block :   alle ausführbaren Anweisungen nach der ELSE-Anweisung bis zur zugehörigen END-IF-Anweisung.

Anwendung der Block-IF-Strukturen

a)   Zur Realisierung von Alternative und Fallunterscheidung, wie in den Kapiteln 5.1 und 9.1 angegeben.

b)   Die Anweisungsblöcke einer Block-IF-Struktur können beliebige Anweisungen enthalten, auch DO-Schleifen oder weitere Block-IF-Strukturen. Umgekehrt kann in einer DO-Schleife eine Block-IF-Struktur stehen. Auf diese Weise ist es möglich, selbst komplizierte Ablaufstrukturen in übersichtlicher Form darzustellen.

Bemerkungen

a)   Enthält ein IF-, ELSE-IF- oder ELSE-Block eine Schleife oder eine weitere Block-IF-Struktur, so müssen diese jeweils ganz innerhalb dieses Blocks liegen.

b)   Ein Sprung aus einem IF-, ELSE-IF- oder ELSE-Block heraus ist zwar zulässig, man sollte ihn aber möglichst vermeiden bzw. auf solche Fälle beschränken, wo er zur Realisierung übersichtlicher Programmstrukturen erforderlich ist (z.B. für BREAK, s. Kap. 6.12.1).

c)   Ein Sprung in einen solchen Block hinein ist verboten.

Empfehlung: Eine-Block IF-Struktur sollte duch Einrücken der Anweisungsblöcke immer auch optisch verdeutlicht werden.

9.3 Geschachtelte Block-IF-Strukturen

Ein Anweisungsblock einer Block-IF-Struktur kann selbst wieder eine (vollständige !) Block-IF-Struktur enthalten. Man bezeichnet dies dann als geschachtelte Block-IF-Struktur.

Beispiele

a)   In dem Programmbeispiel von Kapitel 8.1.11 kam eine Anweisung 3*. vor, die eine geschachtelte Alternative darstellt. Sie ist dort in Pseudocode angegeben; in FORTRAN lautet sie:

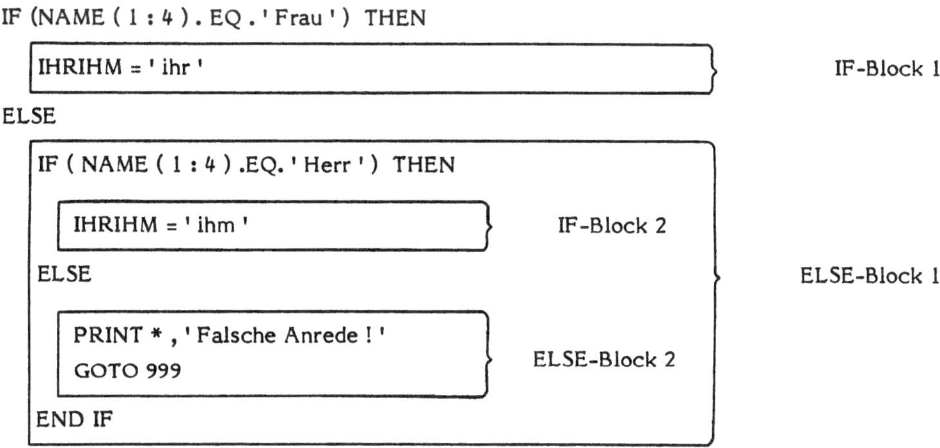

Dies ist eine Alternative mit IF-Block 1 und ELSE-Block 1, wobei letzterer selbst wieder eine Alternative darstellt mit IF-Block 2 und ELSE-Block 2.

b)   Durch Intervallschachtelung kann man eine Nullstelle einer reellwertigen und stetigen Funktion f(x) ermitteln. Hierzu benötigt man zunächst ein Intervall $[a , b]$, in dem eine Nullstelle liegt. Ein solches Intervall ist z. B. durch $a < b$ und $f(a)f(b) < 0$ charakterisiert.

Wir betrachten einen Algorithmus, der zwei gegebene Werte a , b daraufhin überprüft (Angabe in Pseudocode) :

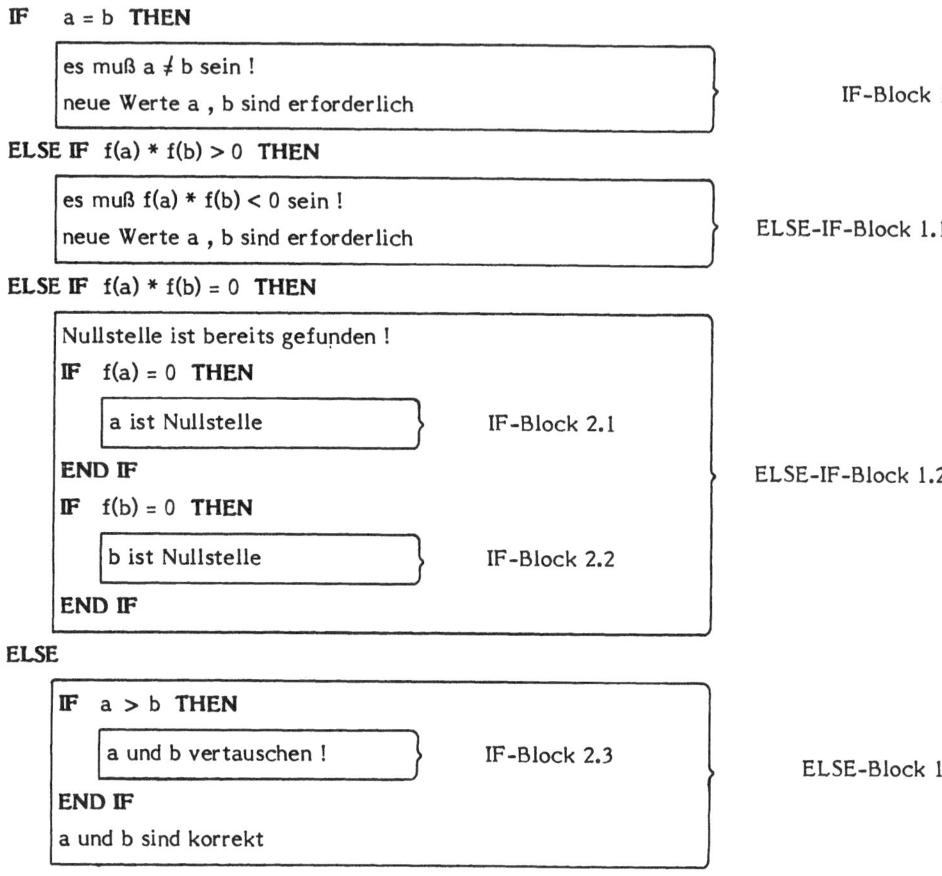

Empfehlung

a)   Werden Block-IF-Strukturen geschachtelt, so achte man darauf, daß immer vollständige Block-IF-Strukturen in einen IF-, ELSE-IF- oder ELSE-Block eingebaut werden.

b)   Die Blöcke der einzelnen Block-IF-Strukturen rücke man stets entsprechend ihrer Schachtelungstiefe ein (wie dies auch in den obigen Beispielen zu sehen ist).

c)   Bei zu großer Schachtelungstiefe leidet die Übersichtlichkeit eines Programms. Mehr als vier ineinander geschachtelte Strukturen sollte man vermeiden.

Bildet man geschachtelte Strukturen systematisch entsprechend dieser Empfehlungen, so ist kaum zu befürchten, daß syntaktisch falsche Schachtelungen entstehen. Auch läßt sich dann leicht die Funktion einer geschachtelten Struktur überprüfen: Stets gilt für die zusammengehörigen Elemente IF ... THEN ... ELSE IF ... ELSE ... END IF einer bestimmten Schachtelungstiefe das in Kapitel 9.2 zur Block-IF-Struktur Gesagte.

Bei verschiedenen Computern wird die Schachtelungstiefe einer Block-IF-Struktur im Programmprotokoll vermerkt. Gegebenenfalls läßt sie sich auch rein rechnerisch ermitteln mit Hilfe der

IF-Schachtelungstiefe einer Anweisung

Diese ist gleich der Differenz $n_1 - n_2$, wo

n_1 die Anzahl der bisher in dieser Programmeinheit aufgetretenen Block-IF-Anweisungen (einschließlich der betrachteten Anweisung) ist und

n_2 die Anzahl der bisher in dieser Programmeinheit aufgetretenen END-IF-Anweisungen (ohne die betrachtete Anweisung) bedeutet.

Eine Block-IF-Struktur von bestimmter Schachtelungstiefe erstreckt sich dann von einer Block-IF-Anweisung dieser IF-Schachtelungstiefe bis zur ersten darauffolgenden END-IF-Anweisung derselben IF-Schachtelungstiefe (einschließlich), und alle dazwischenliegenden ELSE-IF- sowie ELSE-Anweisungen mit derselben IF-Schachtelungstiefe gehören dazu.

n_1	n_2	$n_1 - n_2$		Bereich von x
1	0	1		IF (X .GE. - 3.0 .AND. X .LT. 0.0) THEN	
			...	$-3 \leq x < 0$
1	0	1		ELSE IF (X .GE. 10.0 .AND. X .LT. 12.0) THEN	
			...	$10 \leq x < 12$
1	0	1		ELSE	
2	0	2		IF (X .GE. 3.0) THEN	
3	0		3	IF (X .LT. 6.0) THEN	
			...	$3 \leq x < 6$
3	0		3	ELSE IF (X .LT. 7.0) THEN	
			...	$6 \leq x < 7$
3	0		3	ELSE	
			...	$7 \leq x < 10$
3	0		3	END IF	
3	1	2		ELSE	
4	1		3	IF (X .GE. 2.0) THEN	
			...	$2 \leq x < 3$
4	1		3	ELSE IF (X .GE. 1.0) THEN	
			...	$1 \leq x < 2$
4	1		3	END IF	
			...	$0 \leq x < 1$
4	2	2		END IF	
			...	leer
4	3	1		END IF	

Abb. 9.3.1 Beispiel zur IF-Schachtelungstiefe

Zur Verdeutlichung betrachten wir ein Beispiel, bei dem die reellen Zahlen von -3 bis +12 in verschiedene Intervalle aufgeteilt werden sollen, und zwar so, wie dies in der geschachtelten Block-IF-Struktur von Abb. 9.3.1 geschieht. Die Blöcke entsprechen den verschiedenen Intervallen. Vor den Anweisungen sind auf der linken Seite die Werte von n_1 und n_2 sowie die IF-Schachtelungstiefen $n_1 - n_2$ angegeben.

Dieses Beispiel ist als Demonstration für geschachtelte Block-IF-Strukturen gedacht. Die einzelnen Bereiche für x kann man auch einfacher durch die folgende Fallunterscheidung erhalten:

```
                                          Bereich von x

IF ( X .GE. -3.0 ) THEN
    IF ( X .LT. 0.0 ) THEN
        ...                               -3 ≤ x < 0
    ELSE IF ( X .LT. 1.0 ) THEN
        ...                                0 ≤ x < 1
    ELSE IF ( X .LT. 2.0 ) THEN
        ...                                1 ≤ x < 2
    ELSE IF ( X .LT. 3.0 ) THEN
        ...                                2 ≤ x < 3
    ELSE IF ( X .LT. 6.0 ) THEN
        ...                                3 ≤ x < 6
    ELSE IF ( X .LT. 7.0 ) THEN
        ...                                6 ≤ x < 7
    ELSE IF ( X .LT. 10.0 ) THEN
        ...                                7 ≤ x < 10
    ELSE IF ( X .LT. 12.0 ) THEN
        ...                               10 ≤ x < 12
    END IF
END IF
```

9.4 Weitere Formen der Schleife

Schleifen kommen in verschiedenen Formen vor. Drei davon wurden bereits in Kapitel 5 vorgestellt:

- die **DO-Schleife.** Bei ihr wird mit Hilfe einer Laufvariablen die wiederholte Ausführung des Schleifenkörpers gesteuert.

- Die **DOFOREVER-Schleife.** Sie wird so lange wiederholt durchlaufen, bis eine Abbruchbedingung erfüllt ist.

- die **DO-Schleife mit Abbruchbedingung:** eine Kombination der beiden vorgenannten Formen.

Einige weitere Formen der Schleife sind ebenfalls von Bedeutung. Sie lassen sich von der DOFOREVER-Schleife ableiten. Bei dieser gibt es genau eine Abbruchbedingung, die an beliebiger Stelle des Schleifenkörpers stehen kann. Steht sie direkt am Anfang bzw. am Ende desselben, so erhält man eine WHILE- bzw. eine UNTIL-Schleife. Wir behandeln diese in 9.4.1 und 9.4.2. In 9.4.3 folgt eine Modifikation von DOFOREVER, bei der es nicht nur eine, sondern mehrere Abbruchbedingungen gibt.

9.4.1 Die WHILE-Schleife

Eine WHILE-Schleife dient dazu, eine Gruppe von Anweisungen so lange wiederholt auszuführen, wie eine bestimmte Ausführungsbedingung erfüllt ist. Als Pseudocode stellen wir diese Schleife folgendermaßen dar:

Pseudocode der WHILE-Schleife

Bauart : **DOWHILE** Ausführungsbedingung
          Anweisungsblock
          ENDDO

Bedeutung: Zuerst wird die Ausführungsbedingung geprüft. Ist sie erfüllt, so folgt die Ausführung des Anweisungsblocks. Anschließend wird die Bedingung wieder geprüft usw. Sobald bei einer Prüfung die Ausführungsbedingung nicht mehr erfüllt ist, wird nach **ENDDO** fortgesetzt (falls nicht aus dem Anweisungsblock an eine andere Stelle des Programms gesprungen wurde).

Erläuterungen

a)   Bei dieser Schleife wird als erstes die Ausführungsbedingung geprüft und danach gegebenenfalls der Anweisungsblock ausgeführt. In dem speziellen Fall, daß die Ausführungsbedingung schon bei der ersten Prüfung nicht erfüllt ist, bedeutet dies, daß die Anweisungen in der Schleife überhaupt nicht ausgeführt werden. Man bezeichnet deshalb die WHILE-Schleife auch als **abweisende Schleife.**

b)   Die Wirkung einer WHILE-Schleife entspricht der einer DOFOREVER-Schleife, bei der gleich am Anfang die Abbruchbedingung steht:

>   **DOFOREVER**
>   **EXIT: IF not** Ausführungsbedingung
>   Anweisungsblock
>   **ENDDO**

Dabei ist die Abbruchbedingung der DOFOREVER-Schleife die negierte Ausführungsbedingung der WHILE-Schleife.

Die Bedeutung der WHILE-Schleife liegt u. a. darin, daß es in verschiedenen Programmiersprachen eigene Anweisungen für **DOWHILE** und **ENDDO** gibt und damit die Schleife unmittelbar realisiert werden kann. Für FORTRAN gilt dies leider nicht. Man kann aber trotzdem die WHILE-Schleife verwenden, da sie sich mühelos in geeignete FORTRAN-Anweisungen umsetzen läßt:

Darstellung der WHILE-Schleife in FORTRAN

```
* * * * *     DOWHILE ...
n1            IF ( Ausführungsbedingung ) THEN
                  Anweisungsblock
                  GOTO n1
              END IF
* * * * *     ENDDO
```

Die Ausführungsbedingung ist dabei in der Form eines logischen Ausdrucks anzugeben; hat er den Wert T, so gilt die Bedingung als erfüllt. Die Kommentarzeilen mit DOWHILE und ENDDO dienen zur Verdeutlichung der Schleife. Zur Verbesserung des Verständnisses empfiehlt es sich, hinter DOWHILE noch die Ausführungsbedingung in Worten anzugeben.

Beispiel mit einer WHILE-Schleife

In Kapitel 5.3.4 wurde ein Algorithmus zur Ausführung der DO-Anweisung angegeben. Dieser

Algorithmus enthält eine Schleife, die einer WHILE-Schleife entspricht ; er kann deshalb auch wie folgt dargestellt werden:

1.   Ermittle m_a , m_e , m_s
2. $v := m_a$
3.   Ermittle anz
4.   **DOWHILE** anz > 0
5.1   führe die Anweisungen nach der DO-Anweisung aus, bis einschließlich der Anweisung mit der Nummer n
5.2 $v := v + m_s$
5.3   anz $:=$ anz $- 1$
        ENDDO
6.   Fortsetzung des Programms nach der Anweisung mit der Nummer n

Programmbeispiel zur WHILE-Schleife

Aufgabe

Das Programm SCHEK 1 aus Kapitel 5.1.5 ist so zu ändern, daß es wiederholt die Gebühren für einen Euroscheck ermittelt, und zwar solange, wie positive Scheckgegenwerte eingelesen werden.

Lösung

Das, was im Programm SCHEK 1 gemacht wird - Eingabe, Berechnung, Ausgabe -, ist in eine Schleife einzubetten. Wir wählen hierfür eine WHILE-Schleife, die "Scheckgegenwert ist positiv" als Ausführungsbedingung hat.

Algorithmus

Aufgrund obiger Überlegungen erhält man unmittelbar den folgenden Ablauf:

1.   Eingabe: Scheckgegenwert
2.   **DOWHILE**   Scheckgegenwert ist positiv
2.1   Berechne Gebühren
2.2   Ausgabe: Scheckgegenwert, Gebühren
2.3   Eingabe: Scheckgegenwert
        ENDDO

Bei diesem Algorithmus mag überraschen, daß die Eingabe des Scheckgegenwerts an zwei verschiedenen Stellen erfolgt. Das ist aber notwendig bei Verwendung einer WHILE-Schleife, denn der Scheckgegenwert geht in die Ausführungsbedingung ein. Er muß deshalb bereits vor Beginn der Schleife eingegeben werden (Schritt 1) , damit die Ausführungsbedingung am Anfang der Schleife geprüft werden kann. Andererseits ist für eine wiederholte Ausführung der Schleife mit neuen Daten auch eine Eingabe innerhalb der Schleife erforderlich ; gewöhnlich erfolgt sie am Ende derselben (Schritt 2.3).

Zur Verfeinerung des obigen Pseudocodes genügt es, die Berechnung der Gebühren in 2.1 noch genauer anzugeben ; dies geschah aber bereits in Kapitel 5.1.5:

> 2.1.1   Berechne Gebühr als 1.75 % des Scheckgegenwerts
>
> 2.1.2   **IF**   Gebühr < 2.50 **THEN**
>
>   Gebühr : = 2.50
>
>   **ENDIF**

Programmbeschreibung

Der Pseudocode läßt sich unmittelbar in FORTRAN-Anweisungen umsetzen. Berücksichtigt man dabei das Programm und den Pseudocode von Kapitel 5.1.5, so vereinfacht sich das Ganze. Abb. 9.4.1 zeigt das neue Programm.

```
 1             PROGRAM SCHEK3
 2      *-----------------------------------------------------------------*
 3      * Dieses Programm berechnet mit Hilfe einer WHILE-Schleife die    *
 4      *   Gebuehren fuer mehrere Euroschecks in auslaend. Waehrung.     *
 5      *                                                                 *
 6      * Variablen :  WERT    : Scheckgegenwert                          *
 7      *              KOSTEN : Gebuehren fuer den Scheckeinzug           *
 8      * Konstanten : KMIN : Mindestgebuehr                              *
 9      *              PROZ : Prozentsatz                                 *
10      *-----------------------------------------------------------------*
11             REAL KMIN, PROZ
12             PARAMETER ( KMIN = 2.50, PROZ = 0.0175 )
13             REAL WERT, KOSTEN
14
15      * Eingabe des ersten Wertes
16             READ *, WERT
17
18      ***** DOWHILE positiver Scheckgegenwert
19      10     IF ( WERT .GT. 0.0 ) THEN
20
21      *         ---- Berechnung der Gebuehr ----
22             KOSTEN = WERT*PROZ
23             IF ( KOSTEN .LT. KMIN ) THEN
24                KOSTEN = KMIN
25             ENDIF
26
27      *         ---- Ausgabe -------------------
28             PRINT *, 'Scheckgegenwert :', WERT, ' Gebuehr :', KOSTEN
```

```
29
30    *         ---- Eingabe naechster Wert ----
31              READ *, WERT
32              GOTO 10
33
34        ENDIF
35    ***** ENDDO
36
37        STOP
38        END
```

Abb. 9.4.1 Eine Modifikation des Programms aus Abb. 5.1.1 unter Verwendung einer WHILE-Schleife

9.4.2 Die UNTIL-Schleife

Die UNTIL-Schleife entspricht einer DOFOREVER-Schleife, bei der die Abbruchbedingung am Ende des Schleifenkörpers steht :

> **DOFOREVER**
>   Anweisungsblock
> **EXIT : IF** Abbruchbedingung
> **ENDDO**

Hier wird der Anweisungsblock so lange wiederholt, bis die Abbruchbedingung erfüllt ist ; dann erfolgt Fortsetzung nach **ENDDO**. Diese Form der Schleife läßt sich in der folgenden Weise einfacher darstellen :

> **WIEDERHOLE**
>   Anweisungsblock
> **BIS**   Abbruchbedingung

Ersetzt man hier die Schlüsselworte **WIEDERHOLE** und **BIS** durch die entsprechenden englischen Bezeichnungen, so erhält man den

Pseudocode der UNTIL-Schleife

Bauart :   **REPEAT**
>   Anweisungsblock
> **UNTIL** Abbruchbedingung

Bedeutung: Zuerst wird der Anweisungsblock ausgeführt und dann die Abbruchbedingung geprüft. Ist sie nicht erfüllt, so wird wieder der Block ausgeführt und anschließend die Bedingung geprüft usw. Sobald bei einer Prüfung die Abbruchbedingung erfüllt ist, endet die Schleife, und die Fortsetzung erfolgt nach **UNTIL** (falls nicht aus dem Anweisungsblock an eine andere Stelle des Programms gesprungen wurde).

Bemerkung

Im Gegensatz zur WHILE-Schleife, bei der als erstes die Ausführungsbedingung geprüft (und der Anweisungsblock u.U. gar nicht bearbeitet) wird, wird bei einer UNTIL-Schleife der Anweisungsblock zuerst (und damit in jedem Fall mindestens einmal) ausgeführt, und anschließend die Abbruchbedingung geprüft. Man bezeichnet deshalb die UNTIL-Schleife auch als **nichtabweisende Schleife,** im Gegensatz zur WHILE-Schleife. Auch für die UNTIL-Schleife haben verschiedene Programmiersprachen eigene Anweisungen für **REPEAT** und **UNTIL,** mittels denen dann diese Schleife unmittelbar realisiert werden kann. In FORTRAN braucht man dagegen (wieder) eine Ersatzdarstellung, die aber einfach gebaut ist :

Darstellung der UNTIL-Schleife in FORTRAN

```
* * * * *    REPEAT
n1           CONTINUE
                Anweisungsblock
             IF    ( .NOT. Abbruchbedingung ) GOTO n1
* * * * *    UNTIL . . .
```

Die Bedingung in der IF-Anweisung hat dabei die Form eines logischen Ausdrucks. Man beachte, daß sie die **Negation** der Abbruchbedingung aus dem Pseudocode ist! Bei der Umsetzung von Pseudocode in FORTRAN ist deshalb an dieser Stelle besondere Vorsicht und Sorgfalt geboten. - Die Kommentarzeilen mit REPEAT und UNTIL dienen zur Verdeutlichung der Struktur; dabei sollte noch hinter UNTIL eine Angabe der Abbruchbedingung in Worten folgen.

Programmbeispiel

Zur Demonstration der UNTIL-Schleife und ihres Unterschieds zur WHILE-Schleife wollen wir dieselbe Aufgabe wie in Kapitel 9.4.1 lösen, aber unter Verwendung einer UNTIL-Schleife. Der folgende Algorithmus wäre dann naheliegend :

1.	Eingabe: Scheckgegenwert	
2.	**REPEAT**	
2.1	Berechne : Gebühren	
2.2	Ausgabe : Scheckgegenwert, Gebühren	
2.3	Eingabe : Scheckgegenwert	
2.4	**UNTIL** Scheckgegenwert $\leq$ 0	

Dieser Algorithmus ist analog zu dem in Kapitel 9.4.1 aufgebaut, wobei der Schleifenkörper von dort hier wiederkehrt. Beide Algorithmen lösen die gestellte Aufgabe. Aufgrund der verschiedenen Schleifenformen unterscheiden sie sich jedoch in ihrer Funktionsweise an einer Stelle : Gibt man als erstes den Scheckwert 0 ein, so berechnet der obige Algorithmus (UNTIL-Schleife) hierfür die Gebühren und endet anschließend. Der Algorithmus in Kapitel 9.4.1 (WHILE-Schleife) berechnet dagegen nichts und endet sofort. Dies entspricht dem wesentlichen Unterschied zwischen UNTIL- und WHILE-Schleife.

Setzt man den obigen Algorithmus in FORTRAN-Anweisungen um, so erhält man das Programm in Abb. 9.4.2. Die Negation der Abbruchbedingung "Scheckgegenwert $\leq$ 0" führt zu der Bedingung in Zeile 32 :

$$\text{WERT .GT. 0.0}$$

```
 1          PROGRAM SCHEK4
 2   *-------------------------------------------------------------*
 3   * Dieses Programm berechnet mit Hilfe einer UNTIL-Schleife die *
 4   *   Gebuehren fuer mehrere Euroschecks in auslaend. Waehrung.  *
 5   *                                                             *
 6   * Variablen :  WERT   : Scheckgegenwert                        *
 7   *              KOSTEN : Gebuehr fuer den Scheckeinzug          *
 8   * Konstanten : KMIN : Mindestgebuehr                           *
 9   *              PROZ : Prozentsatz                              *
10   *-------------------------------------------------------------*
11          REAL KMIN, PROZ
12          PARAMETER ( KMIN = 2.50, PROZ = 0.0175 )
13          REAL WERT, KOSTEN
14
15   * Eingabe des ersten Wertes
16          READ *, WERT
17
18   ***** REPEAT
19   10     CONTINUE
20   *        ---- Berechnung der Gebuehr ----
21            KOSTEN = WERT*PROZ
22            IF ( KOSTEN .LT. KMIN ) THEN
23               KOSTEN = KMIN
24            ENDIF
25
26   *        ---- Ausgabe -------------------
27            PRINT *, 'Scheckgegenwert :', WERT, ' Gebuehr :', KOSTEN
28
29   *        ---- Eingabe naechster Wert ----
30            READ *, WERT
31
32          IF ( WERT .GT. 0.0 ) GOTO 10
33   ***** UNTIL Scheckgegenwert nicht positiv
34
35          STOP
36          END
```

Abb. 9.4.2 Eine Modifikation des Programms aus Abb. 5.1.1 unter Verwendung einer UNTIL-Schleife

9.4.3 Schleifen mit mehreren Ausgängen

Fast alle bisher behandelten Formen der Schleife haben nur einen "Ausgang", über den die Schleife "verlassen" wird. Bei der UNTIL- oder WHILE-Schleife ist dies bei der Stelle der Prüfung von Abbruch- bzw. Ausführungsbedingung. Entsprechendes gilt für die DOFOREVER-Schleife, und eine DO-Schleife wird, wenn sie vollständig abgearbeitet ist, nach der letzten Schleifenanweisung verlassen.

Bei all diesen Beispielen gibt es nur einen Ausgang (wenn man einmal von der Möglichkeit absieht, daß die Schleife auch an einer weiteren Stelle durch einen bedingten Sprung verlassen werden kann, wie etwa bei der DO-Schleife mit Abbruchbedingung, Kap. 5.4.7). Es ist aber auch möglich, Schleifen mit mehreren Ausgängen zu konstruieren und in FORTRAN umzusetzen. So hat z. B. eine DOFOREVER-Schleife mit 3 Ausgängen das folgende Aussehen in Pseudocode :

```
DOFOREVER
        Anweisungsblock 1
EXIT : IF  Bed 1
        Anweisungsblock 2
EXIT : IF  Bed 2
        Anweisungsblock 3
EXIT : IF  Bed 3
        Anweisungsblock 4
ENDDO
```

Eine solche Schleife kann in entsprechender Weise, wie in 5.4.5 gezeigt, in FORTRAN-Anweisungen umgesetzt werden. Es gibt vereinzelt Situationen, wo es angebracht sein kann, derartige Schleifen mit mehreren Ausgängen zu verwenden. Man könnte sie dann zwar auch als Schleife mit nur einem Ausgang formulieren, die obige DOFOREVER-Schleife etwa in der folgenden Weise :

```
DOFOREVER
        Anweisungsblock 1
IF not Bed 1 THEN
            Anweisungsblock 2
        IF not Bed 2 THEN
                Anweisungsblock 3
        ENDIF
    ENDIF
EXIT : IF ( Bed 1 or Bed 2 or Bed 3 )
        Anweisungsblock 4
ENDDO
```

Die Struktur dieses Gebildes ist aber bei weitem nicht so übersichtlich und verständlich wie die der davorstehenden Schleife.

Die Benutzung von Schleifen mit mehreren Ausgängen birgt einige **Nachteile** in sich :

- Tritt ein Fehler in einer solchen Schleife auf, so ist es meist aufwendiger, ihn zu lokalisieren.

- Es besteht die Gefahr, die Ablauf- und Programmstruktur so zu verkomplizieren, daß das Programm unverständlich wird.

Empfehlung: Komplizierte Schleifenstrukturen mit zwei oder mehr Ausgängen sollte man soweit wie möglich vermeiden und die behandelten Schleifen mit nur einem Ausgang bevorzugen.

9.5 Weitere Steueranweisungen

Mit den bisher behandelten Ablaufstrukturen lassen sich beliebige Algorithmen, die ein Computer ausführen kann, entsprechend den Prinzipien der Strukturierten Programmierung entwickeln und formulieren. FORTRAN ermöglicht allerdings auch noch weitere Strukturen, die aber der Strukturierten Programmierung widersprechen, Verwirrung verursachen und darüber hinaus entbehrlich sind. Bei der Bildung dieser Strukturen spielt vor allem die GOTO-Anweisung neben weiteren Steueranweisungen eine Rolle.

Einige davon werden im folgenden kurz beschrieben. Damit soll der Leser in die Lage versetzt werden, bestehende Programme, die diese Anweisungen enthalten, zu verstehen und bei Bedarf zu ändern. **Von der Verwendung dieser Anweisungen bei der Entwicklung neuer Programme wird jedoch abgeraten.**

9.5.1 Arithmetisches IF

Diese (ausführbare) Anweisung stammt aus früheren Versionen von FORTRAN, als es noch keine logische IF-Anweisung und keine Block-IF-Strukturen gab. Damals bildete sie die einzige Möglichkeit für einen bedingten Sprung; heute gibt es wesentlich bessere Möglichkeiten. Sie hat die

Form :   IF (araus) n_1 , n_2 , n_3

mit   araus : arithmetischer Ausdruck vom Typ INTEGER, REAL oder DOUBLE PRECISION

n_1 , n_2 , n_3 : Anweisungsnummern. Sie können auch (z.T.) gleich sein.

Wirkung: Der Wert von 'araus' wird berechnet, dann Sprung nach 'n_1' bzw. 'n_2' bzw. 'n_3' , je nachdem ob 'araus' negativ, null oder positiv ist.

Empfehlung: Nicht benutzen ! Block IF und logisches IF sind die besseren Möglichkeiten für Programmverzweigungen.

9.5.2 Berechnete GOTO-Anweisung

Mit dieser (ausführbaren) Anweisung kann man in Abhängigkeit vom Wert eines INTEGER-Ausdrucks an verschiedenen Stellen im Programm springen. Sie hat die

Form : GOTO $(n_1 [, n_2] ...) [,]$ araus

mit n_1 , n_2 : Anweisungsnummern. Eine Anweisungsnummer darf auch wiederholt vorkommen.

araus : Ausdruck vom Typ INTEGER

Wirkung: Der Wert von 'araus' wird berechnet. Ist dieser k und gibt es eine k-te Anweisungsnummer in der Liste (k = 1 , 2 , ...), so wird zu der Anweisung mit dieser Nummer gesprungen. Ist k = 0 bzw. gibt es keine k-te Anweisungsnummer, so wird das Programm bei der nach diesem GOTO stehenden Anweisung fortgesetzt.

Bemerkung

Diese Anweisung kann man u. U. zur Realisierung einer Fallunterscheidung verwenden. Dann nämlich, wenn sich die verschiedenen Fälle anhand einer Größe unterscheiden lassen, die die Werte 1 , 2 , 3 , ... annimmt. Wir zeigen eine solche Konstruktion für den Fall, daß drei Möglichkeiten zur Wahl stehen, abhängig vom Wert 1 , 2 oder 3 einer INTEGER-"Fallvariablen" FALL.

```
      * * * * * Fallunterscheidung * * * * *
            GOTO ( 110 , 120 , 130 ) FALL
      *           - - - - Fehlerfall : - - - -
```

> Anweisungsblock für den Fehlerfall

```
      GOTO 200
      *           - - - - Fall 1 : - - - -
110         CONTINUE
```

> Anweisungsblock für den Fall 1

```
      GOTO 200
```

```
*            - - - - Fall 2 : - - - -
120          CONTINUE
```

> Anweisungsblock für den Fall 2

```
             GOTO 200
*            - - - - Fall 3 : - - - -
130          CONTINUE
```

> Anweisungsblock für den Fall 3

```
             GOTO 200
```

```
* * * * * ENDE Fallunterscheidung * * * * *
200          CONTINUE
```

Empfehlung: Man verwende das berechnete GOTO nicht, außer bei einer eventuellen Realisierung der Fallunterscheidung in der angegebenen Weise.

9.5.3 Gesetzter Sprung und die ASSIGN-Anweisung

Der gesetzte Sprung

ist eine ausführbare Anweisung und hat eine ähnliche Funktion wie die berechnete GOTO-Anweisung ; er ist im Bedarfsfall durch diese ersetzbar. Er hat die

Form : $\text{GOTO} \quad i \left[[,] \; (n_1 [\, , n_2] \ldots) \right]$

mit i : INTEGER - Variable

           n_1 , n_2 : Anweisungsnummern

Wirkung: An 'i' muß zuvor durch eine ASSIGN-Anweisung eine Anweisungsnummer zugewiesen worden sein. Dann bewirkt dieses GOTO einen Sprung zu der Anweisung mit dieser Anweisungsnummer. Diese Nummer muß außerdem in der Liste $n_1 , n_2 , \ldots$ vorkommen, falls eine solche Liste angegeben ist.

ASSIGN-Anweisung

Form :   ASSIGN n TO i

mit   n : Anweisungsnummer
           i : INTEGER - Variable

Wirkung: Zuweisung der Anweisungsnummer 'n' an die Variable 'i' .

Bemerkung

Die ASSIGN-Anweisung dient dazu, für den gesetzten Sprung eine Variable 'i' mit dem erforderlichen Wert zu versehen. Außerdem kann man eine solche Variable 'i' auch in Ein-/Ausgabe-Anweisungen wie eine Anweisungsnummer verwenden (vgl. Kap. 10).

Empfehlung

Beide Anweisungen sollte man unbedingt vermeiden ! Sie sind nicht nur überflüssig, sondern sie widersprechen auch den Prinzipien der Strukturierten Programmierung. Bei ihrer Verwendung läuft man Gefahr, unbeabsichtigte und ausgesprochen schädliche Effekte zu erzielen. So z. B. mit GOTO ZIEL , einer zulässigen Form des gesetzten Sprungs, bei der zunächst gar nicht ersichtlich ist, wohin eigentlich gesprungen wird.

Übungen zu Kapitel 9

Kontrollfragen

- Was versteht man unter dem Begriff "Ablaufstruktur"? Welche Ablaufstrukturen wurden vorgestellt, und wie lautet die jeweilige Notation im Pseudocode?

- Wodurch unterscheiden sich die verschiedenen Schleifenformen voneinander? Unter welcher Bedingung können Schleifen geschachtelt werden? Welche Bedeutung kommt bei der Umsetzung von Schleifen in FORTRAN der GOTO-Anweisung, der CONTINUE-Anweisung sowie den Kommentarzeilen zu? Wodurch kann bei jeder Schleife der Schleifenkörper optisch kenntlich gemacht werden?

- Welche Ablaufstrukturen lassen sich in FORTRAN mit den Elementen IF, THEN, ELSE, ELSEIF, ENDIF (aber ohne das GOTO) realisieren? Wie lautet die Notation dieser Strukturen im Pseudocode? Was versteht man unter einem Anweisungsblock und seiner IF-Schachtelungstiefe? Welche Vorschriften und Empfehlungen sind bei der Ineinanderschachtelung von Block-IF-Strukturen zu beachten?

Aufgaben

9.1   Je nach Größe eines Winkels unterscheidet man:

spitze Winkel	$0° < \alpha < 90°$
rechte Winkel	$\alpha = 90°$
stumpfe Winkel	$90° < \alpha < 180°$
gestreckte Winkel	$\alpha = 180°$
überstumpfe Winkel	$180° < \alpha < 360°$
Vollwinkel	$\alpha = 360°$

Man schreibe ein Programm, das für einen vorgegebenen Winkel entscheidet, zu welchem der o. a. Typen er gehört.

9.2   Für die Windstärken gelten nach Beaufort die folgenden Werte:

Bezeichnung	Wind-stärke	Geschwindigkeit	
		km/h	m/sec
Windstille	0	0 ... 1	0.0 ... 0,5
Leichter Zug	1	2 ... 6	0,6 ... 1,7
Leichte Brise	2	7 ... 12	1,8 ... 3,3
Schwache Brise	3	13 ... 18	3,4 ... 5,2
Mäßige Brise	4	19 ... 26	5,3 ... 7,4
Frische Brise	5	27 ... 35	7,5 ... 9,8
Starker Wind	6	36 ... 44	9,9 ... 12,4
Steifer Wind	7	45 ... 54	12,5 ... 15,2
Stürmischer Wind	8	55 ... 65	15,3 ... 18,2
Sturm	9	66 ... 77	18,3 ... 21,5
Schwerer Sturm	10	78 ... 90	21,6 ... 25,1
Orkanartiger Sturm	11	91 ... 104	25,2 ... 29
Orkan	12	> 104	> 29

Schreiben Sie ein Dialogprogramm, das auf Eingabe eines Wertes (z. B. 0.63 m/sec) hin die zugehörige Windstärke ermittelt und samt allen anderen zugehörigen Werten ausgibt.

9.3   Man schreibe ein Programm, das eine Jahreszahl zwischen 1582 bis 4000 einliest und bestimmt, ob es sich um ein Schaltjahr handelt. Hierbei beachte man, daß alle 400 Jahre jeweils drei Schalttage der Säkularjahre ausfallen. Säkularjahre sind die Jahre, in denen ein neues Jahrhundert beginnt, z. B. 2100, 2200 und 2300. Der Schalttag in einem Säkularjahr fällt immer dann aus, wenn sich die Zahl der Jahrhunderte, z. B. 21, nicht durch 4 teilen läßt.

9.4   In Kapitel 9.3 wird angegeben, wie sich die IF-Schachtelungstiefe einer Anweisung bestimmen läßt. Schreiben Sie ein Programm, das zeilenweise den Quellprogrammtext eines FORTRAN-Programms einliest und für jede Anweisung die IF-Schachtelungstiefe berechnet. Danach soll das eingelesene Programm mitsamt den IF-Schachtelungstiefen in geeigneter Form ausgegeben werden.

9.5   Schreiben Sie den im Beispiel 9.1.1 angegebenen Programmausschnitt so um, daß die berechnete GOTO-Anweisung zur Realisierung der Fallunterscheidung benutzt wird. Ist es jetzt günstiger, statt der Eingabe von Zeichenfolgen "MW", "STR" und "MAX" die Zahlen 1, 2 und 3 zu verwenden?

9.6   Die ganz am Ende von Kapitel 9.3 aufgeführte Fallunterscheidung bestimmt, in welchem von 8 möglichen Bereichen sich der Wert einer Variablen X befindet. Nehmen wir einmal an, daß diese Fallunterscheidung in einer der folgenden DO-Schleifen liegt und je 21 mal durchlaufen wird:

    (a) DO 200 I=-10,10
    (b) DO 200 I=10,-10,-1
    (c) DO 200 I=0,20

In der DO-Schleife soll die Variable X=REAL(I) gesetzt werden. Bestimmen Sie, wie viele logische Vergleichsausdrücke jeweils in (a), (b) und (c) ausgewertet werden müssen.

Als erste Schleifenanweisung soll durch X=REAL(I) der Variablen X der Wert der Laufvariablen I zugewiesen werden. Anschließend folgt die Fallunterscheidung nach dem Wert von X.

9.7   Schreiben Sie das Programm aus Abb. 5.4.2 (Newton Iteration) um, indem sie die DOFOREVER-Schleife durch eine WHILE- bzw. UNTIL-Schleife ersetzen.

10. Zusätzliche Möglichkeiten bei der Ein- und Ausgabe

Mit den bis jetzt behandelten Ein-/Ausgabeanweisungen, wie READ* oder PRINT*, können Daten nur über ganz bestimmte "Standardgeräte" ein- und ausgegeben werden : über Tastatur bzw. Lochkartenleser (Eingabe) sowie über Bildschirm bzw. Schnelldrucker (Ausgabe). Verschiedentlich braucht man aber auch andere Geräte, wenn etwa die Daten von Lochstreifen zu lesen sind oder wenn eine Ausgabe auf Diskette gewünscht ist. Für solche Fälle gibt es ebenfalls entsprechende Anweisungen in FORTRAN. Wir behandeln sie in diesem und im nächsten Kapitel. Dabei stehen in Kapitel 10 die Ein- und Ausgabeanweisungen im Vordergrund : wie man mit ihnen Daten ein- und ausgibt und welche verschiedenen Möglichkeiten sie in sich bergen. Kapitel 11 befaßt sich dann mit Dateien : Wie man Daten in einer Datei speichern kann und wie die zugehörigen Ein- und Ausgabeanweisungen aussehen.

Kapitel 10.1 und 10.3 beschreiben die allgemeine READ- bzw. WRITE-Anweisung ; neben der Benutzung verschiedener Ein-/Ausgabegeräte gestatten sie es auch, Fehler bei der Datenübermittlung zu behandeln. Kapitel 10.2 und 10.4 bringen spezielle Kurzformen dieser Anweisungen. Die weiteren Kapitel enthalten Ergänzungen und Erweiterungen zur formatierten Ein- und Ausgabe. In 10.5 wird gezeigt, wie man Format-Beschreiber direkt in den Ein-/Ausgabeanweisungen angeben kann. Grundsätzlich wird durch die Format-Beschreiber ein starres Format für die zu übertragenden Daten festgelegt. Manchmal wäre es aber auch angenehm, Formate variabel gestalten zu können. Wie dies - in begrenztem Maße - in FORTRAN 77 möglich ist, zeigt Kapitel 10.6. Abschließend bringt Kapitel 10.7 eine umfassende Zusammenstellung sämtlicher in FORTRAN 77 verwendbarer Format-Beschreiber.

Die Ausführungen in diesem Kapitel sind Ergänzungen zu den Kapiteln 4.3-4.5 ; die dortigen Angaben werden als bekannt vorausgesetzt.

Bezeichnungsweise: Verschiedentlich wird die Bezeichnung E/A für Ein-/Ausgabe benutzt.

Einschränkung für Kapitel 10

Bei der Darstellung der Ein- und Ausgabeanweisungen in 10.1 und 10.3 wird noch nicht deren allgemeinste Form angegeben. Denn diese enthält eine solche Fülle von Möglichkeiten, daß man leicht den Überblick verlieren kann. Kapitel 10 beschränkt sich deshalb auf diejenigen Teile, die im Zusammenhang mit der bisherigen Form der Ein- und Ausgabe von Bedeutung sind : die Verwendung verschiedener Ein- und Ausgabegeräte, die Behandlung von Fehlern bei der Datenübermittlung sowie Ergänzungen zur Formatierung. Die weiteren Möglichkeiten der E/A-Anweisungen - wie z. B. Direktzugriff oder format-freie E/A, die eigentlich erst bei der Ein- und Ausgabe über Dateien eine Bedeutung haben - bringt dann Kapitel 11, das sich mit Dateien befaßt.

10.1   Die allgemeine READ-Anweisung

10.1.1   Bedeutung

Neben den in Kapitel 4.4 und 4.5.3 behandelten und bis jetzt ausschließlich benutzten Formen der Eingabeanweisung gibt es in FORTRAN eine weitere READ-Anweisung, die wir als **allgemeine READ-Anweisung** bezeichnen wollen. Verglichen mit den früheren Formen ist sie eine Erweiterung in mehrfacher Hinsicht:

(1)   man kann verschiedene Eingabegeräte benutzen

(2)   sie bietet mehr Flexibilität bei der Angabe zur Formatierung

(3)   treten Fehler bei der Eingabe auf, so ist eine Fehlerbehandlung möglich

Die Bedeutung und Notwendigkeit von (1) wurde bereits am Anfang von Kapitel 10 dargelegt. (2) wird bei der Beschreibung von READ in Kapitel 10.1.2 und in darauffolgenden Kapiteln deutlich. Was (3) betrifft, so führt bis jetzt ein Fehler beim Einlesen - wenn z. B. die Eingabedaten nicht vom richtigen Datentyp sind - zu einer entsprechenden Fehlermeldung des Rechners. Anschließend wird die Programmausführung beendet. (So sieht es jedenfalls die FORTRAN-Norm vor.) Dies ist aber nicht immer zweckmäßig. Vielmehr wäre es verschiedent-lich von Vorteil - beispielsweise in einem dialogorientierten Programm -, wenn man einen solchen Fehler durch das Programm erkennen und beseitigen lassen könnte. Entsprechendes gilt auch, wenn beim Einlesen die Daten zu Ende sind. Bis jetzt führt dies - wie oben - zu einer Fehlermeldung mit Programmbeendigung. Ein solches Datenende kann aber auch einfach das Zeichen dafür sein, daß alle Daten eingelesen sind und jetzt ihre Verarbeitung beginnen kann. Die allgemeine READ-Anweisung gestattet es, Datenende in dieser Weise zu verwenden. Sie ermöglicht es ferner, Unregelmäßigkeiten bei der Eingabe zu erkennen und zu behandeln.

10.1.2   Bauart der allgemeinen READ-Anweisung

Die allgemeine READ-Anweisung enthält verschiedene Möglichkeiten, die wahlweise mitein-ander kombiniert werden können. Hierzu betrachten wir zunächst einige

Beispiele

a)   READ (UNIT = * , FMT = * , END = 20) X1 , Y1 , X2 , Y2
     READ (* , * , END = 20) X1 , Y1 , X2 , Y2

Beide Anweisungen sind gleichwertig. Die Eingabe erfolgt über das Standardeingabegerät (UNIT = *) in listengesteuerter Form (FMT = *). Eingelesen werden Werte für die vier hinter der Klammer aufgelisteten Variablen. Werden weniger als vier Werte geliefert, so springt das Programm zur Anweisung mit der Nummer 20 (END = 20).

b)   READ (UNIT = * , FMT = 1000 , END = 20) X1 , Y1 , X2 , Y2
     READ (* , 1000 , END = 20) X1 , Y1 , X2 , Y2

Auch diese beiden Anweisungen sind gleichwertig. Sie bewirken dasselbe wie die Anweisungen bei a), nur mit einem Unterschied : Diesmal erfolgt die Eingabe formatiert entsprechend den Angaben in der FORMAT-Anweisung mit der Nummer 1000.

c)   READ (1 , 1100 , IOSTAT = FALL) MESS

Über das zur Gerätenummer 1 gehörende Eingabegerät wird für die Variable MESS ein Wert formatiert eingelesen, entsprechend der FORMAT-Anweisung mit der Nummer 1100. Dabei erhält die Variable FALL einen Wert, der Aufschluß darüber gibt, ob der Einlesevorgang ordnungsgemäß ablief oder ob dabei ein Fehler auftrat.

d)   READ (* , 1200 , END = 50 , ERR = 40 , IOSTAT = FALL) KDNR

Formatierte Eingabe (die FORMAT-Anweisung steht bei der Anweisungsnummer 1200) eines Wertes für KDNR über das Standardeingabegerät. Verläuft dies ordnungsgemäß, so wird dabei FALL = 0 gesetzt. Stimmt dagegen z. B. der Wert nicht mit der Formatangabe für KDNR überein, so erhält FALL einen positiven Wert, und das Programm springt zur Anweisungsnummer 40 (ERR = 40). Gibt es kein Eingabedatum für KDNR, so wird FALL negativ, und das Programm fährt bei der Anweisungsnummer 50 fort (END = 50).

Allgemeine READ-Anweisung

Form :   READ ([UNIT =] u , [FMT =] f [, END = nn][, ERR = nr]
                  [, IOSTAT = ios]) [eliste]

mit   u : Eingabegerät. Folgende Angaben sind hier möglich :
                ● * für Standardeingabe

- eine positive Zahl bzw. ein arithmetischer Ausdruck vom Typ INTEGER mit nicht negativem Wert. (Jedes Eingabegerät des Computers wird durch eine spezifische computerabhängige nichtnegative ganze Zahl angesprochen.)

f :   Angabe zur Formatierung. Hier gibt es die folgenden Möglichkeiten :

bei listengesteuerter Eingabe :   *

bei formatierter Eingabe :

- eine Anweisungsnummer n, bei der die zugehörige FORMAT-Anweisung steht
- unmittelbare Angabe der Liste von Format-Beschreibern, eingeschlossen in '(und)' (s. Kap. 10.5)
- weitere Möglichkeiten (s. Kap. 10.5)

nn :   Anweisungsnummer (für Fortsetzung bei Datenendekennung)

nr :   Anweisungsnummer (für Fortsetzung bei sonstigen Fehlern)

ios :   Variable oder Feldelement vom Typ INTEGER (erhält einen Wert, der die Fehlersituation charakterisiert)

eliste : Liste der Größen, für die Werte eingelesen werden sollen. Sie kann folgende Elemente enthalten : Variablen, Feldelemente, Feldnamen, Teilketten sowie implizite DO-Listen.

Wirkung : a) READ beginnt stets vom Anfang des nächsten Eingabesatzes an zu lesen. Im Fall eines Standardeingabegeräts ist dies die nächste Eingabezeile (vgl. Kap. 4.4).

b) Ist keine 'eliste' angegeben, so werden die Angaben 'f' zur Formatierung soweit berücksichtigt, wie dies für das durch 'u' bestimmte Eingabegerät sinnvoll ist.

c) Gibt es eine 'eliste', so werden über das durch 'u' bestimmte Eingabegerät entsprechend den durch 'f' bestimmten Formatangaben Daten eingelesen und nacheinander den Elementen der 'eliste' zugewiesen. Dabei können die folgenden drei Fälle eintreten :

(1) die Eingabe verläuft fehlerfrei
(2) die Eingabedaten sind zu Ende, bevor sämtliche Elemente der 'eliste' einen Wert erhalten haben
(3) es tritt ein sonstiger Fehler auf

d) Ist IOSTAT angegeben, so wird 'ios' ein Wert zugewiesen:

$$\text{ios} \begin{cases} = 0 \text{ im Fall (1)} \\ < 0 \text{ im Fall (2), falls nicht gleichzeitig Fall (3) eintritt} \\ > 0 \text{ im Fall (3)} \end{cases}$$

e) Die Fortsetzung des Programms erfolgt

in Fall (1) : bei der nächsten ausführbaren Anweisung nach READ

in Fall (2) : • falls END angegeben ist (unabhängig von einer Angabe IOSTAT) : bei 'nn'

• ist END nicht angegeben, jedoch IOSTAT: wie in Fall (1)

• ist weder END noch IOSTAT angegeben: sofortige Beendigung der Programmausführung (daran halten sich aber nicht alle Computer)

in Fall (3) : • falls ERR angegeben ist (unabhängig von einer Angabe IOSTAT) : bei 'nr'

• ist ERR nicht angegeben, jedoch IOSTAT: wie in Fall (1)

• ist weder ERR noch IOSTAT angegeben: sofortige Beendigung der Programmausführung (daran halten sich aber nicht alle Computer)

Erläuterungen zur Form der READ-Anweisung

a)   Man beachte, daß in jedem Fall eine Angabe zum Eingabegerät ('u') und zur Formatierung ('f') gemacht werden muß. Die weiteren Parameter können wahlweise auch weggelassen werden (vgl. die obigen Beispiele). Alle diese Angaben sind in runde Klammern einzuschließen. Danach folgt - **ohne** trennendes Komma ! - die Eingabeliste, die dieselbe Form wie bei der früher behandelten READ-Anweisung hat.

b)   Die Parameter in runden Klammern dürfen in beliebiger Reihenfolge angegeben werden. Es ist aber besser, eine bestimmte Anordnung einzuhalten. Die Schlüsselworte "UNIT = " bzw. "FMT = " können weggelassen werden, aber nur dann, wenn 'u' und 'f' an erster und zweiter Stelle stehen ; vgl. hierzu die obigen Beispiele a) und b). Wird "FMT = " weggelassen, dann darf auch "UNIT = " nicht angegeben werden.

c)   Die Angabe zur Formatierung kann auf verschiedene Weise erfolgen. Von den angegebenen Möglichkeiten werden wir vorerst nur die beiden ersten benutzen und auf die weiteren in Kapitel 10.5 eingehen.

Erläuterungen zur Wirkung

a)   Der Fall (2) - Datenende, d. h., die Eingabedaten sind vorzeitig zu Ende - tritt dann ein, wenn READ die Datenendekennung oder eine sonstige Steueranweisung des Betriebssystems liest (vgl. Kap. 4.8.4). Gibt man jedoch im Dialogbetrieb Daten ein und schickt

man (z. B. durch Drücken der RETURN-Taste) eine Zeile mit weniger Werten ab, als READ
sie benötigt, so wird dies **nicht** als Datenende aufgefaßt, sondern der Rechner fordert
weitere Daten an. Nur die explizite Angabe der Datenendekennung bzw. einer Steueranweisung führt - auch im Dialog - zu Fall (2).

b)   Bei Verwendung von IOSTAT wird 'ios' im Fehlerfall ein positiver oder negativer Wert
zugewiesen, wie angegeben. Die genaue Größe dieses Wertes ist computerabhängig ;
gegebenenfalls kann man dem Handbuch entnehmen, welche Fehlerart eine bestimmte
Zahl bedeutet.

c)   Die sofortige Beendigung der Programmausführung bei bestimmten Fehlersituationen ist
durch die Norm festgelegt. Verschiedene Computer halten sich allerdings nicht strikt
daran und rechnen weiter, wenn der Fehler als nicht zu gravierend angesehen wird.

d)   Die bis jetzt benutzten Eingabeanweisungen (Kap. 4.4 und 4.5.3) können durch
geeignete Formen der allgemeinen READ-Anweisung ersetzt werden. So sind z. B. die
folgenden Anweisungen gleichwertig:

        READ * , XANF , EPSREL
        READ (* , *) XANF , EPSREL
        READ (UNIT = * , FMT = *) XANF , EPSREL

Dasselbe gilt auch für die folgenden Anweisungen :

        READ 2000 , PEPS , A (J)
        READ (* , 2000) PEPS , A (J)
        READ (UNIT = * , FMT = 2000) PEPS , A (J)
        READ (* , FMT = 2000) PEPS , A (J)

e)   Eine listengesteuerte bzw. formatierte Eingabe mit READ geschieht in derselben Weise
wie in Kapitel 4.4 und 4.5.3 beschrieben, es kommen aber beliebige Eingabegeräte in
Frage.

10.1.3 Behandlung von Datenende und von Fehlern

Die allgemeine READ-Anweisung ermöglicht es, mit Hilfe von END, ERR und IOSTAT
Unregelmäßigkeiten bei der Eingabe zu erkennen und zu behandeln. Das ist eine der Stärken
dieser Anweisung. Gleichzeitig besteht aber auch die Gefahr, daß unübersichtliche Ablaufstrukturen erzeugt werden, weil man mittels END und ERR an eine beliebige Stelle des
Programms springen kann. Bei der Verwendung dieser Parameter ist deshalb äußerste Vorsicht

geboten. Vieles läßt sich auch mit Hilfe von IOSTAT erledigen, das deshalb END und ERR teilweise oder auch vollständig ersetzen kann.

In jedem Fall achte man darauf, daß die Ablaufstrukturen der Strukturierten Programmierung gewahrt bleiben. Da END und ERR einen Sprung verursachen, der von einer Bedingung abhängig ist, sollte man diese Parameter nur dort verwenden, wo auch sonst in der Strukturierten Programmierung bedingte Sprünge benutzt werden :

- in Schleifen mit Abbruchbedingungen, beispielsweise zur Realisierung von **EXIT** (vgl. Kap. 5.4.5 und 5.4.7)

- zur Realisierung eines Programmabbruchs (BREAK, vgl. Kap. 6.12.1)

Benutzt man END und ERR für diese Zwecke, unter Hinzunahme von IOSTAT, so bleibt die Ablaufstruktur des Programms klar und übersichtlich. Wir betrachten im folgenden einige Möglichkeiten hierzu ; es handelt sich naturgemäß immer um Eingabevorgänge, wie z. B. Einleseschleifen.

Beispiel 1 : So lange einlesen, bis Datenende auftritt

Das wiederholte Einlesen besorgt eine allgemeine READ-Anweisung in einer DOFOREVER-Schleife. Das Beenden des Einlesens bei Datenende kann man auf verschiedene Weise erreichen :

a) Man benutzt den Parameter END zum Aussprung aus der Schleife :

```
* * * * *  DOFOREVER
n1         CONTINUE
           READ ( . . . , END = n2 ) . . .
           GOTO n1
* * * * *  ENDDO
n2         CONTINUE
```

Sind in der Schleife außer READ noch weitere Aktionen gewünscht, so kann man diese vor bzw. nach READ einfügen.

b) Die Schleife läßt sich auch mit IOSTAT steuern, ohne Verwendung von END. Sie hat dann genau die in Kapitel 5.4.5 angegebene Form :

```
* * * * *  DOFOREVER
n1         CONTINUE
              READ ( . . . , IOSTAT = FALL ) . . .
           IF ( FALL .LT. 0 ) GOTO n2
           GOTO n1
* * * * *  ENDDO
n2         CONTINUE
```

c)   Werden in b) keine weiteren Anweisungen mehr nach READ eingefügt, so läßt sich
     die Schleife als UNTIL-Schleife gestalten (vgl. Kap. 9.4.2) :

```
* * * * *  REPEAT
n1         CONTINUE
              READ ( . . . , IOSTAT = FALL ) . . .
           IF ( FALL .EQ. 0 ) GOTO n1
* * * * *  UNTIL  Eingabedaten erschöpft oder fehlerhaft
```

Tritt beim Einlesevorgang ein Fehler auf, so zeigen die einzelnen Schleifen unterschiedliches
Verhalten :

bei a) : Fehlermeldung und Abbruch der Programmausführung durch das Betriebssystem (falls
         nicht der Computer auf letzteres verzichtet).

bei b) : Kein Abbruch des Programms, da IOSTAT benutzt wird. FALL erhält einen positiven
         Wert, deshalb kein Aussprung aus der Schleife (dieser erfolgt nur bei negativem
         Wert von FALL), sondern Wiederholung. Das kann allerdings wenig zweckmäßig
         sein ; ändert man die Abbruchbedingung zu

$$FALL .NE. 0$$

         dann wird die Schleife auch im Fehlerfall beendet.

bei c) : Kein Programmabbruch, da IOSTAT benutzt wird. FALL erhält einen positiven Wert,
         was zur Beendigung der Schleife führt (genauso wie bei Datenende; denn nur bei
         korrekter Eingabe, wenn FALL = 0 ist, wird die Schleife wiederholt). Es empfiehlt
         sich, im Anschluß an die Schleife zu prüfen, weshalb sie beendet wurde ; im
         Fehlerfall kann man dann z. B. ein BREAK veranlassen :

```
IF ( FALL .GT. 0 ) THEN
   PRINT * , ' Eingabefehler '
   GOTO 999
END IF
```

Beispiel 2 : Eingabe so lange wiederholen, bis sie korrekt ist

In einem dialogorientierten Programm kann es sinnvoll sein, eine Eingabe bei fehlerhafter
Übertragung noch einmal anzufordern. In der folgenden Schleife geschieht dies so lange, bis die
Eingabe ohne Fehler verläuft (Datenende wird dabei wie eine fehlerhafte Eingabe behandelt).

```
* * * * *  DOFOREVER
n1         CONTINUE
               READ ( ... , IOSTAT = FALL ) ...
           IF ( FALL .EQ. 0 ) GOTO n2
               PRINT * , ' Eingabefehler. Bitte wiederholen. '
           GOTO n1
* * * * *  ENDDO
n2         CONTINUE
```

Beispiel 3 : Einlesen bis Datenende, mit Wiederholung fehlerhafter Eingabe

Das folgende Programmbeispiel in 10.1.4 verdeutlicht diese Möglichkeit : Es werden so lange
Daten eingelesen, bis Datenende auftritt. Dabei wird eine fehlerhafte Eingabe erneut
angefordert.

10.1.4 Programmbeispiel

Aufgabe: Wir wollen das Programm GEO 3 aus Kapitel 5.4.1 in der folgenden Weise
modifizieren:

- es werden so lange die Koordinaten von Punktepaaren eingelesen und der
  Abstand berechnet, bis Datenende auftritt

- tritt bei der Eingabe ein Fehler auf, so wird die Eingabe wiederholt

Programmbeschreibung

Abb. 10.1.1 zeigt das zugehörige Programm GEO 4. Wie in GEO 3 sorgt eine DOFOREVER-
Schleife für die Wiederholung. Ihre Beendigung in der gewünschten Weise geschieht mit Hilfe
des END-Parameters in der READ-Anweisung (Zeile 24). Daneben wird IOSTAT benutzt,
durch das die Variable FALL einen Wert erhält, anhand dessen die Fehlersituation beurteilt
werden kann. Dies geschieht in der anschließenden Fallunterscheidung: Tritt bei der Eingabe
ein Fehler auf, dann hat FALL einen positiven Wert, und die Eingabe wird neu angefordert
(Zeile 26-28). Bei korrekter Eingabe ist dagegen FALL = 0 , und die Auswertung der Daten

erfolgt wie in GEO 3 (Zeile 31-38). In beiden Fällen folgt anschließend der Rücksprung (Zeile 40) zum Anfang der Schleife.

```
 1              PROGRAM GEO4
 2      *-----------------------------------------------------------*
 3      * Ermittelt so lange den Abstand fuer Punktepaare, die durch  *
 4      *    ihre Koordinaten gegeben sind, bis aeof eingelesen wird.  *
 5      *                                                             *
 6      * Variablen : X1, X2 : Abzissen  eines Punktepaares            *
 7      *             Y1, Y2 : Ordinaten eines Punktepaares            *
 8      *             D      : Abstand                                 *
 9      *                                                             *
10      * Eingabe : Paare (X1, Y1), (X2, Y2) auf jeweils einer Zeile   *
11      *-----------------------------------------------------------*
12              INTEGER FALL
13              REAL X1, X2, Y1, Y2, D
14              REAL DX, DY
15
16      * Ausgabe Tabellenkopf
17              PRINT *, '         1. Punkt               2. Punkt
18      $                 'Abstand'
19
20      ***** DOFOREVER
21      10      CONTINUE
22
23      *      ---- Eingabe -------------------
24              READ (*, *, END = 20, IOSTAT = FALL) X1, Y1, X2, Y2
25
26              IF ( FALL .GT. 0 ) THEN
27                  PRINT *, 'Die Eingabe war nicht korrekt.'
28                  PRINT *, 'Bitte wiederholen!'
29              ELSEIF ( FALL .EQ. 0 ) THEN
30
31      *          ---- Berechnung ---------------
32                  DX = X1 - X2
33                  DY = Y1 - Y2
34                  D = SQRT( DX*DX + DY*DY )
35
36      *          ---- Ausgabe -----------------
37                  PRINT 1000, X1, Y1, X2, Y2, D
38      1000        FORMAT(1H , 1X, 2F9.3, 2X, 2F9.3, 2X, F9.3)
39              ENDIF
40              GOTO 10
41      ***** ENDDO
42      20      CONTINUE
43
44              STOP
45              END
```

Abb. 10.1.1 Programm zur wiederholten Berechnung des Abstandes zweier Punkte, so lange, bis keine Daten mehr vorhanden sind. Tritt bei der Eingabe ein Fehler auf, so wird sie erneut angefordert.

In der Fallunterscheidung ist die Prüfung auf FALL = 0 nicht unbedingt erforderlich, da das Programm nur in diesem Fall an die Stelle dieser Prüfung gelangt. Deshalb reicht auch einfach ELSE. Trotzdem empfiehlt sich der besseren Verständlichkeit halber die Hinzunahme von FALL .EQ. 0 . Die Beendigung der Schleife kann auch mit Hilfe von FALL erfolgen, ohne den END-Parameter. FALL wird ja bei Datenende negativ. Man kann deshalb die Fallunterscheidung um diese Möglichkeit erweitern und dort den Aussprung GOTO 20 anbringen. Die Schleife lautet dann beispielsweise wie folgt (Angabe in Pseudocode) :

```
DOFOREVER
    READ ( * , * , IOSTAT = FALL ) ...
    IF    FALL < 0    THEN
            Datenende !
EXIT  ( GOTO 20 )
    ELSE IF   FALL > 0    THEN
            Fehler bei Eingabe !
            Eingabe neu anfordern
    ELSE IF   FALL = 0    THEN
            Korrekte Eingabe
            Berechnung und Ausgabe
    ENDIF
ENDDO
```

10.2 Die Kurzform der READ-Anweisung

Neben der allgemeinen READ-Anweisung gibt es in FORTRAN noch eine Kurzform von READ, die immer dann benutzt werden kann, wenn die Eingabe über das Standardeingabegerät erfolgt und eine Fehlerbehandlung nicht vonnöten ist. Die in den Kapiteln 4.4 und 4.5.3 beschriebenen Eingabeanweisungen entsprechen dieser Kurzform, wie z. B.

```
READ * , X ( J )
READ 2000 , PERS , TAET
```

Allgemein gilt für diese Anweisung :

READ-Anweisung (Kurzform)

Form :   READ f [, eliste]

wobei   'f' und 'eliste' dieselbe Form und Bedeutung haben wie bei der allgemeinen READ-Anweisung in 10.1.2.

Wirkung :   wie   READ (UNIT = * , FMT = f) [eliste]

d. h.: a) Bei fehlender 'eliste' : Berücksichtigung der Angaben 'f' zur Formatierung, soweit dies sinnvoll ist (für listengesteuerte Eingabe bedeutet dies das Überlesen der nächsten Eingabezeile).

b) Gibt es eine 'eliste' : Einlesen von Daten über das Standardeingabegerät, entsprechend den durch 'f' bestimmten Formatangaben, und Zuweisung der Eingabedaten an die Elemente der 'eliste'. Tritt dabei ein Fehler auf, dann Abbruch der Programmausführung.

Bemerkungen

a) In vielen Fällen reicht diese Kurzform von READ aus. Man beachte, daß bei ihr immer vom Standardeingabegerät gelesen wird und es deshalb keine Angabe zum Eingabegerät gibt. Dagegen ist eine Angabe 'f' zur Formatierung immer erforderlich, und zwar

bei listengesteuerter Eingabe : ein *

bei formatierter Eingabe :

- die Nummer einer Formatanweisung (wie bisher)
- oder eine andere Form (vgl. Kap. 10.5)

Danach kann - durch Komma getrennt! - die Liste der Größen folgen, für die Werte eingelesen werden sollen.

b) Die beiden eingangs aufgeführten Beispiele sind gleichwertig mit

            READ (UNIT = * , FMT = *) X (J)

bzw.   READ (* , *) X (J)

und mit   READ (* , 2000) PERS , TAET

c) Eine listengesteuerte bzw. formatierte Eingabe geschieht in der Weise, wie in Kapitel 4.4 und 4.5.3 beschrieben. Die Angaben dort beziehen sich ja unmittelbar auf die Kurzform der READ-Anweisung.

10.3 Die allgemeine Ausgabeanweisung WRITE

Ebenso wie für die Eingabe gibt es auch zur Ausgabe von Daten eine weitere Anweisung, zusätzlich zu den bisher behandelten. Es ist die WRITE-Anweisung, die - entsprechend der allgemeinen READ-Anweisung - eine Ausgabe auch über andere als nur Standardgeräte gestattet sowie die Behandlung von dabei auftretenden Fehlern. Sie entspricht hinsichtlich Bauart und Wirkung ganz der allgemeinen READ-Anweisung. Betrachten wir zuerst einige

Beispiele

a)   WRITE (UNIT = 2 , FMT = * , IOSTAT = FALL) X (J) , Y (J)
      WRITE (2 , * , IOSTAT = FALL) X (J) , Y (J)

Beide Anweisungen sind gleichwertig und bewirken die Ausgabe von X (J) und Y (J) über das zur Gerätenummer 2 gehörende Gerät in listengesteuerter Form. Tritt dabei ein Fehler auf (weil z. B. das Gerät nicht betriebsbereit ist), dann erhält FALL einen positiven Wert ; verläuft die Ausgabe ordnungsgemäß, so wird FALL = 0 gesetzt.

b)   WRITE (UNIT = * , FMT = 1000 , ERR = 70) ' PROTOKOLL ' , SUM
      WRITE (* , 1000 , ERR = 70) ' PROTOKOLL ' , SUM

Beide Anweisungen sind gleichwertig. Die Zeichenkonstante ' PROTOKOLL ' und der Wert von SUM werden über das Standardausgabegerät formatiert ausgegeben (die Format-Anweisung steht bei der Anweisungsnummer 1000). Tritt dabei ein Fehler auf, dann Sprung zur Anweisungsnummer 70.

Einen END-Parameter gibt es bei WRITE nicht ; darin unterscheidet sich diese Anweisung von READ. Ansonsten hat sie dieselbe Bauart wie READ :

WRITE-Anweisung

Form :   WRITE ([UNIT =] u , [FMT =] f [, ERR = nr] [, IOSTAT = ios]) [aliste]

mit   u :   Ausgabegerät :
                  ● * für Standardausgabe
                  ● eine positive Zahl bzw. ein arithmetischer Ausdruck vom Typ INTEGER
                    mit nichtnegativem Wert : die (computerabhängige) Nummer des Aus-
                    gabegeräts.

           f :   Angabe zur Formatierung .
                  Bei listengesteuerter Ausgabe: *
                  Bei formatierter Ausgabe:

- eine Anweisungsnummer n, bei der die zugehörige FORMAT-Anweisung steht
- unmittelbare Angabe der Liste von Format-Beschreibern, eingeschlossen in ' (und) ' (s. Kap. 10.5)
- weitere Möglichkeiten (s. Kap. 10.5)

nr :   Anweisungsnummer (für Fortsetzung im Fehlerfall)

ios :   Variable oder Feldelement vom Typ INTEGER (erhält im Fehlerfall einen positiven Wert, sonst den Wert Null)

aliste :   Liste der auszugebenden Größen. Sie kann folgende Elemente enthalten : Variablen, Feldelemente, Feldnamen, Teilketten, implizite DO-Listen sowie (arithmetische oder andere) Ausdrücke.

Wirkung : a) Ist keine 'aliste' angegeben, so werden die Angaben 'f' zur Formatierung soweit berücksichtigt, wie dies für das durch 'u' bestimmte Ausgabegerät sinnvoll ist.

b) Gibt es eine 'aliste', so werden die Werte der Elemente von 'aliste' über das durch 'u' bestimmte Ausgabegerät entsprechend den durch 'f' bestimmten Formatangaben nacheinander ausgegeben.

c) Ist IOSTAT angegeben, so wird 'ios' ein Wert zugewiesen :

$$\text{ios} \begin{cases} = 0 & \text{bei fehlerfreier Ausführung} \\ > 0 & \text{wenn bei der Ausgabe ein Fehler auftritt} \end{cases}$$

d) Die Fortsetzung des Programms erfolgt

bei fehlerfreier Ausführung: bei der nächsten ausführbaren Anweisung nach WRITE

im Fehlerfall:
- falls ERR angegeben ist: bei 'nr'
- ist ERR nicht, aber IOSTAT angegeben: bei der nächsten ausführbaren Anweisung nach WRITE
- ist weder ERR noch IOSTAT angegeben: sofortige Beendigung der Programmausführung (daran halten sich aber nicht alle Computer)

Bemerkungen

a)   Die Erläuterungen a) und b) zur Form von READ in Kapitel 10.1.2 sowie die dortigen Erläuterungen b) und c) zur Wirkung gelten entsprechend auch für WRITE.

b) Einen END-Parameter, wie bei der allgemeinen READ-Anweisung, gibt es bei WRITE nicht, was auch nicht sinnvoll wäre.

c) Beispiele zur WRITE-Anweisung wurden bereits am Anfang dieses Kapitels angegeben. Weitere folgen in 10.4 und 10.5.

d) Eine listengesteuerte bzw. formatierte Ausgabe mit WRITE geschieht in derselben Weise wie in Kapitel 4.3 und 4.5 beschrieben, es kommen aber beliebige Ausgabegeräte in Frage.

e) Man achte darauf, daß bei formatierter Ausgabe über das Standardausgabegerät für den Übergang auf eine neue Zeile ein Zeichen für Zeilenvorschub benötigt wird. Dieses Zeichen stellt man zweckmäßigerweise mit Hilfe eines geeigneten Format-Beschreibers zur Verfügung (s. "Steuerung des Zeilenvorschubs" in Kap. 4.5.1). Geschieht das nicht auf diese Weise, so verwendet WRITE hierfür ebenso wie PRINT das erste auf die neue Zeile auszugebende Zeichen, das demzufolge dann nicht mehr über Bildschirm bzw. Schnelldrucker erscheint (s. auch Kap. 10.7.4).

10.4 PRINT als Kurzform von WRITE

Auch zu WRITE gibt es - ebenso wie bei READ - eine Kurzform : die PRINT-Anweisung. Sie ist immer dann verwendbar, wenn die Ausgabe über das Standardausgabegerät erfolgt und eine Fehlerbehandlung nicht vonnöten ist. Die bisher benutzten Ausgabeanweisungen PRINT* und PRINT n (Kap. 4.3 und 4.5.1) entsprechen dieser Kurzform, wie z. B.

        PRINT * , ' Nullstelle : ' , XNEU
        PRINT 1000 , ' Koordinaten von Punkt 1 : ' , X1 , ' , ' , Y1

Allgemein gilt für die Bauart dieser Anweisung :

PRINT-Anweisung

Form :   PRINT f [, aliste]

wobei   'f' und 'aliste' dieselbe Form und Bedeutung haben wie bei der WRITE-Anweisung (s. Kap. 10.3).

Wirkung: wie   WRITE (UNIT = * , FMT = f) [aliste]

d. h. : a) Bei fehlender 'aliste' : Berücksichtigung der Angaben zur Formatierung, soweit dies sinnvoll ist (für listengesteuerte Ausgabe bedeutet dies Zeilenvorschub).

b) Gibt es eine 'aliste' : Ausgabe der Werte der Elemente von 'aliste' über das Standardausgabegerät, entsprechend den durch 'f' bestimmten Formatangaben. Tritt dabei ein Fehler auf, dann bricht die Programmausführung ab.

Bemerkungen

a)   Die Bemerkung a) zur Kurzform von READ in 10.2 gilt für die PRINT-Anweisung entsprechend. Ebenso gilt auch die Bemerkung e) zur WRITE-Anweisung in 10.3.

b)   Eine listengesteuerte bzw. formatierte Ausgabe mit PRINT geschieht in der Weise, wie in Kapitel 4.3 und 4.5 beschrieben. Die Ausführungen dort beziehen sich ja unmittelbar auf die PRINT-Anweisung.

Beispiele

Alle in den vorangegangenen Kapiteln verwendeten Ausgabeanweisungen sind Beispiele der PRINT-Anweisung. Die beiden eingangs angegebenen Beispiele sind den folgenden WRITE-Anweisungen gleichwertig :

```
          WRITE ( UNIT = * , FMT = * ) ' Nullstelle : ' , XNEU
bzw.      WRITE ( * , * ) ' Nullstelle : ' , XNEU

sowie     WRITE ( UNIT = * , FMT = 1000 ) ' Koordinaten von Punkt 1 : ' , X1 , ' , ' , Y1
bzw.      WRITE ( * , 1000 ) ' Koordinaten von Punkt 1 : ' , X1 , ' , ' , Y1
```

Weitere Beispiele folgen in Kapitel 10.5.

10.5 Angabe des Formats in der Ein-/Ausgabeanweisung

Bis jetzt benutzten wir bei formatierter Ein- und Ausgabe immer eine FORMAT-Anweisung. Sie enthielt die Liste der Format-Beschreiber, welche das Format der Ein- bzw. Ausgabegrößen festlegten. Diese Format-Beschreiber kann man auch direkt in READ, WRITE oder PRINT angeben, und zwar an der Stelle von 'f' . Hierzu sind sie noch in ' (und) ' einzuschließen. Wir wollen dazu einige Beispiele anschauen.

Beispiele

a)   Kapitel 4.5.1 enthält am Anfang ein Beispiel mit

PRINT 1000 , R , VOL   (1)

1000   FORMAT (1H _ , F 6.2 , F 8.3)   (2)

Ersetzt man in (1) die Anweisungsnummer 1000 durch die in ' (und) ' eingeschlossene
Liste von Format-Beschreibern aus (2), so erhält man die zu (1) und (2) gleichwertige
Form

PRINT ' (1H _ , F 6.2 , F 8.3) ' , R , VOL   (3)

In derselben Weise kann man auch mit der zu (1) gleichwertigen Anweisung

WRITE (* , 1000) R , VOL   (4)

verfahren und erhält dann

WRITE (* , ' (1H _ , F 6.2 , F 8.3) ') R , VOL   (5)

was wiederum (3) entspricht.

Man achte darauf, daß Anweisungen wie (5) und (3) korrekt gebildet werden. In (3) folgt
die Zeichenfolge ' (auf PRINT, und nach) ' kommt ein Komma mit anschließender
Ausgabeliste. In (5) bildet) ') das Ende der runden Klammer (da in diesem Beispiel die
Formatangabe der letzte Parameter ist), dann folgt - ohne trennendes Komma ! - die
Ausgabeliste. Es empfiehlt sich sehr, mit Hilfe von Zwischenräumen die Struktur
derartiger Anweisungen zu verdeutlichen.


```
 7          INTEGER GRENZ
 8          PARAMETER ( GRENZ = 1000 )
 9          INTEGER I, N, FALL
10          REAL X( 1:GRENZ ), Y( 1:GRENZ )
11
12    * Eingabe
13          DO 10 I = 1, GRENZ
14             READ( *, '(2F10.2)', END=20, IOSTAT=FALL ) X(I), Y(I)
15             IF ( FALL .GT. 0 ) THEN
16                PRINT *, 'Fehler bei der Eingabe!'
17                GOTO 999
18             ENDIF
19    10    CONTINUE
20
21    20    CONTINUE
```

b)   In dem umseitigen Programmausschnitt steht in Zeile 14 eine allgemeine READ-Anweisung mit einer Formatliste als Angabe zur Formatierung. Hier werden mittels einer Einleseschleife (Zeilen 13-19) Daten in zwei Felder X und Y eingelesen. READ enthält den END-Parameter zur Beendigung des Einlesens bei Datenende. Falls bei der Eingabe ein Fehler auftritt, wird dies mit Hilfe von IOSTAT und einer entsprechenden Abfrage (Zeile 15) erkannt ; in diesem Fall erfolgt ein BREAK.

c)   Verzichtet man in dem Beispiel b) auf die Parameter END und IOSTAT, so wird die READ-Anweisung zu

$$\text{READ} (* , '(2 F 10.2)') X (I) , Y (I) \tag{6}$$

Gleichwertig dazu sind die folgenden Formen:

$$\text{READ} '(2 F 10.2)' , X (I) , Y (I) \tag{7}$$

$$\text{READ} 1100 , X (I) , Y (I) \tag{8}$$

$$\text{READ} (\text{UNIT} = * , \text{FMT} = 1100) X (I) , Y (I) \tag{9}$$

wobei zu (8) bzw. (9) noch die FORMAT-Anweisung

$$1100 \quad \text{FORMAT} (2 F 10.2) \tag{10}$$

dazugehört.

d)   Wir betrachten die Anweisungen

$$\text{PRINT} 1200 , ' \text{Radius} = ' , R \tag{11}$$

$$1200 \quad \text{FORMAT} (1H \_ , A , F 8.3) \tag{12}$$

Entsprechend zu a) kann man sie ersetzen durch

$$\text{PRINT} '(1H \_ , A , F 8.3)' , ' \text{Radius} = ' , R \tag{13}$$

bzw. $$\text{WRITE} (\text{UNIT} = * , \text{FMT} = '(1H \_ , A , F 8.3)') ' \text{Radius} = ' , R \tag{14}$$

In (14) sollte man unbedingt zur Verdeutlichung der Struktur Zwischenräume verwenden, wie angegeben, und Kreationen wie z. B.

$$\text{WRITE(UNIT=*, FMT= '(1H\_,A,F8.3)')')'Radius=',R}$$

vermeiden, da derartiges direkt dazu prädestiniert ist, Verwirrung zu stiften !

Folgerungen

In Beispiel d) enthält die Anweisung (13)

$$\text{PRINT} '(1H \_ , A , F 8.3)' , ' \text{Radius} = ' , R \tag{13}$$

die folgende Angabe zur Formatierung:

$$' (1H\_ , A , F 8.3) ' \tag{15}$$

(15) ist die in ' (und) ' eingeschlossene Liste der Format-Beschreiber. Gleichzeitig ist dies eine Konstante vom Typ CHARACTER mit dem Wert

$$(1H\_ , A , F 8.3) \tag{16}$$

(vgl. Kap. 8.1.1). Man kann deshalb (13) auch als PRINT-Anweisung interpretieren, bei der die Angabe zur Formatierung eine CHARACTER-Konstante ist. Das ist zulässig. Ebenso ist es zulässig, Variablen vom Typ CHARACTER für 'f' zu verwenden. Ist somit FT eine (genügend groß vereinbarte) CHARACTER-Variable, die durch

$$FT = ' (1H\_ , A , F 8.3) ' \tag{17}$$

den unter (16) angegebenen Wert erhält, dann ist

$$PRINT \ FT , ' Radius = ' , R \tag{18}$$

ebenfalls eine zulässige Form der PRINT-Anweisung. (18) ist überdies gleichwertig mit (13). Damit gilt :

Weitere Möglichkeiten für die Angabe zur Formatierung

In den Anweisungen READ, WRITE und PRINT kann man für 'f' auch eine der folgenden Größen verwenden :

- eine CHARACTER-Variable
- ein CHARACTER-Feldelement
- ein CHARACTER-Feld
- ein CHARACTER-Ausdruck

Bedeutung: Der Wert der bei 'f' benutzten CHARACTER-Größe wird als Formatangabe für die E/A-Anweisung interpretiert. Dazu muß dieser Wert eine in Klammern eingeschlossene Liste von Formatbeschreibern sein. Die Angabe eines CHARACTER-Feldes wird so aufgefaßt, als sei die Verkettung der einzelnen Feldelemente angegeben (s. Kap. 8.1.6).

Beispiel: Mit den Vorgaben

```
INTEGER J , T , ZAHL
REAL  MSX , X ( 1 : 1000 ) , Y ( 1 : 1000 )
CHARACTER * 25 FT 1
CHARACTER * 10 FT 2 , FT 3 , FZEIL , TAG ( 1 : 7 ) , FT 4 ( 1 : 7 ) * 4
DATA FT 1 / ' ( F 10.2 , 20 X , F 12.5 ) ' /
```

```
DATA  FT 2 / ' I 8 , ' / , FT 3 / ' F 10.5 ) ' /
DATA  FZEIL / ' ( 1 H _ , ' /
DATA  FT 4 / ' A 6 ' , 2 * ' A 8 ' , ' A 10 ' , 3 * ' A 7 ' /
TAG ( 3 ) = ' Mittwoch '
T  =  3
```

sind die Anweisungen

e)   READ (* , FMT = FT 1) X (J) , Y (J)
      bzw.
      READ (* , FT 1 (: 7) // ' 20 X , ' // FT 1 (12 :)) X (J) , Y (J)

f)   WRITE (* , FMT = FZEIL // FT 2 // FT 3 , IOSTAT = FALL) ZAHL , MSX
      bzw.
      WRITE (* , FMT = ' (1 H _ , ' // FT 2 // FT 3 , IOSTAT = FALL) ZAHL , MSX

g)   PRINT FZEIL // ' A , ' // FT 4 (T) // ' , A) ' , ' Am _ ' , TAG (T) , ' _ findet das Fest statt ! '

gleichbedeutend mit

e)   READ (* , FMT = ' (F 10.2 , 20 X , F 12.5) ') X (J) , Y (J)

f)   WRITE (* , FMT = ' (1H _ , I 8 , F 10.5) ' , IOSTAT = FALL) ZAHL , MSX

g)   PRINT ' (1H _ , A , A 8 , A) ' , ' Am _ ' , TAG (3) , ' _ findet das Fest statt ! '

Die Ausführung dieser Anweisungen bewirkt :

e)   Vom Standardeingabegerät wird aus den Positionen 1-10 im Format F 10.2 ein Wert
      für X(J) eingelesen und aus den Positionen 31-42 im Format F 12.5 ein Wert für Y(J).

f)   Über das Standardausgabegerät wird nach einem Zeilenvorschub der Wert von ZAHL
      rechtsbündig in die Positionen 1-8 ausgegeben, danach MSX im Format F 10.5 in die
      Positionen 9-18. FALL erhält dabei einen Wert, der die Fehlersituation charakterisiert.

g)   Über Schnelldrucker bzw. Bildschirm wird der Satz ausgegeben :

                    Am Mittwoch findet das Fest statt !

Bemerkungen

a)   Man achte darauf, daß die in 'f' verwendeten CHARACTER-Größen - soweit es nicht
      Konstanten sind - **vorher** einen Wert erhalten haben (s. Kap. 8.1.3). Insgesamt muß der

Wert von 'f' eine in Klammern gesetzte Liste von Format-Beschreibern sein, also das, was bei der Verwendung einer FORMAT-Anweisung hinter dem Wort FORMAT kommt.

b)   Benutzt man CHARACTER-Variablen für 'f' , so besteht die Gefahr, daß der Wert von 'f' kein korrektes Format ergibt. Deshalb empfiehlt sich gerade hier, die Parameter ERR bzw. IOSTAT zu verwenden.

c)   In dem obigen Beispiel f) ist die Variable FT 2 " größer " vereinbart als erforderlich : Sie kann 10 Zeichen aufnehmen, von denen aber nur 3 für die Formatangabe benötigt werden. So etwas macht nichts aus ; FT 2 wird rechts mit Leerzeichen aufgefüllt, die bei der Zusammensetzung zum Format 'f' nicht stören. Man muß jedoch achtgeben, daß eine solche Variable nicht zu " klein " vereinbart wird.

Warnung !   Bei dieser Art der Formatangabe darf man komplizierte Konstruktionen, wie sie in den Beispielen e) bis g) vorkommen, nur mit äußerster Vorsicht und Zurückhaltung benutzen, da sie sehr fehleranfällig sind. Man sollte sie deshalb soweit wie möglich vermeiden und nur in den Fällen verwenden, wo es nicht anders geht, z. B. bei variabler Formatierung.

10.6 Variable Formatierung

Variable Formatierung ist dann von Bedeutung, wenn das Format, in dem eine Größe ein- bzw. auszugeben ist, nicht von vornherein bekannt ist. Beispielsweise hängt der Platzbedarf für die Darstellung einer numerischen Größe von ihrem Wert ab. Ist dieser unterschiedlich, so kann man sich bei formatierter Ausgabe z. B. am größtmöglichen Wert orientieren. Dies führt aber u. U. zu störenden Zwischenräumen (vgl. das Beispiel in Kap. 8.1.5). Hier wäre es angenehm, den Format-Beschreiber vom Wert der auszugebenden Größe abhängig machen zu können.

Dies ist möglich, indem man durch das Programm ein gewünschtes Format erzeugen läßt und es einer CHARACTER-Variablen zuweist. Diese wird dann in der Ausgabeanweisung zur Formatangabe benutzt.

Beispiel 1 : Programmbeispiel

Aufgabe: Das Programm SCHEK 1 aus Kapitel 5.1.5 ermittelt die Gebühr für einen Scheck und gibt das Ergebnis in der folgenden Form aus :

```
Bei einem Scheckwert von  150.00000    DM
betraegt die Gebuehr        2.6250000   DM.
```

Dieses Programm ist so zu ändern, daß nur zwei Nachkommastellen erscheinen (gegebenenfalls gerundet) und außerdem die Zahlen ohne überflüssige Zwischenräume in den Text eingefügt werden. Zur Vereinfachung sollen die Scheckwerte jeweils nicht unter 1 DM liegen.

Lösung: Formatierte Ausgabe mit Fw.2 als Formatbeschreiber für die Zahlen liefert das Gewünschte, falls w entsprechend dem Platzbedarf für die Zahlen bemessen wird. Dieser beträgt 3 Stellen für den Dezimalpunkt mit zwei Nachkommastellen sowie x Stellen für die x Ziffern vor dem Dezimalpunkt. Die Anzahl x läßt sich für eine Dezimalzahl z - sofern z nicht kleiner als 1 ist - durch

$$x = INT (LOG 10 (z)) + 1 \qquad (1)$$

berechnen (Bedeutung von INT und LOG 10 s. Anhang B). Somit wird die Breite w des Ausgabefeldes zu

$$w = INT (LOG 10 (z)) + 4 \qquad (2)$$

Programmbeschreibung

Das Programm ist in Abb. 10.6.1 angegeben. Die Ausgabeanweisung (Zeile 37) benutzt die CHARACTER-Variable FT zur Formatangabe. FT erhält zuvor in Zeile 34 einen Wert, der aus drei CHARACTER-Konstanten und den beiden CHARACTER-Variablen FTWERT und FTKOST zusammengesetzt ist. FTWERT und FTKOST enthalten die Format-Beschreiber für die auszugebenden Zahlen. Sie hängen von deren Größe ab und werden wie folgt bestimmt :

```
 1           PROGRAM SCHEK 5
 2       *-------------------------------------------------------------------*
 3       * Programm zur Berechnung der Gebuehr fuer einen Euroscheck in    *
 4       *    auslaendischer Waehrung                                       *
 5       * Ausgabe mit variablem Format                                     *
 6       *                                                                  *
 7       * Variablen :   WERT    : Scheckgegenwert                          *
 8       *               KOSTEN : Gebuehr fuer den Scheckeinzug             *
 9       * Konstanten : KMIN : Mindestgebuehr                               *
10       *              PROZ : Prozentsatz                                  *
11       *-------------------------------------------------------------------*
12           REAL KMIN, PROZ
13           PARAMETER ( KMIN = 2.50, PROZ = 0.0175 )
14
15           INTEGER W
16           REAL WERT, KOSTEN
17           CHARACTER ZAHL*9
18           CHARACTER  FTWERT * 5, FTKOST * 5, FT * 180
19
```

```
20            DATA ZAHL /'123456789'/
21            DATA FTWERT /'Fw.2,'/, FTKOST /'Fw.2,'/
22
23   * Eingabe
24            READ *, WERT
25
26   * Berechnung der Gebuehr
27            KOSTEN = MAX( WERT*PROZ, KMIN )
28
29   * Bestimmung der Formate
30            W = LOG10(WERT) + 4
31            FTWERT(2:2) = ZAHL(W:W)
32            W = LOG10(KOSTEN) + 4
33            FTKOST(2:2) = ZAHL(W:W)
34            FT = '(1HO, A,' //FTWERT// 'A, A,' //FTKOST// 'A)'
35
36   * Ausgabe
37            PRINT FT, 'Bei einem Scheckwert von ', WERT, ' DM ',
38          $           'betraegt die Gebuehr ', KOSTEN, ' DM.'
39
40            STOP
41            END
```

Abb. 10.6.1 Eine Modifikation des Programms aus Abb. 5.1.1 unter Verwendung variabler Formatierung

Zunächst erhalten FTWERT und FTKOST durch eine DATA-Anweisung den Wert Fw.2, (Zeile 21). Dann ermittelt das Programm die für die Ausgabe der Zahlen benötigte Feldbreite w gemäß (2) und weist diese der INTEGER-Variablen W zu (Zeile 30 bzw. 32). Nun muß in den CHARACTER-Variablen FTWERT bzw. FTKOST das Zeichen w durch diejenige Ziffer ersetzt werden, die dem Wert der Variablen W entspricht. Dazu ist eine Umwandlung dieses INTEGER-Wertes in einen CHARACTER-Wert erforderlich. Dies kann auf verschiedene Weise geschehen (s. Bemerkung b); im Programm wird dazu eine CHARACTER-Konstante ZAHL benutzt, die den Wert 123456789 hat (Zeile 20). ZAHL (W : W) liefert dann das W-te Zeichen aus ZAHL ; das ist aber gerade die der INTEGER-Variablen W entsprechende Ziffer. (Voraussetzung ist dabei, daß der Wert von W nicht größer als 9 ist.) Sie wird als zweites Zeichen in FTWERT bzw. FTKOST eingetragen (Zeile 31, 33) und ersetzt dort das Zeichen w. Damit haben FTWERT bzw. FTKOST als Werte gerade die gewünschten Format-Beschreiber.

Die Ausführung dieses Programms liefert eine Ausgabe der gewünschten Form :

```
Bei einem Scheckwert von 150.00 DM betraegt die Gebuehr 2.63 DM.
```

Bemerkungen zum Programm

a)   Gegenüber dem Programm SCHEK 1 ermittelt das Programm SCHEK 5 die Scheckgebühr KOSTEN nicht mittels einer Alternative, sondern mit Hilfe der Standardfunktion MAX (Zeile 27).

b)   Weitere Möglichkeiten zur Umwandlung eines INTEGER-Wertes in eine entsprechende Ziffer vom Typ CHARACTER sind :

- Verwendung eines CHARACTER-Feldes ZIFF (0 : 9) mit 10 Elementen, wo ZIFF (0) den Wert 0 hat, ZIFF (1) den Wert 1 usw.

- Benutzung interner Dateien, vgl. Kap. 12.1.

- Verwendung der Standardfunktionen CHAR und ICHAR (vgl. Anhang B). Allerdings basieren diese auf der rechnerinternen Verschlüsselung der Ziffern, was die Gefahr in sich birgt, daß die Rechnerunabhängigkeit des Programms verlorengeht.

Beispiel 2

Als weiteres Beispiel betrachten wir den nachfolgenden Ausschnitt aus einem Programm, das zwei Felder X und Y mit Meßwerten verarbeitet. Diese Meßwerte sind REAL-Größen ; aber das Format, in dem sie vorliegen, kann variieren und ist nicht von vornherein bekannt. Deshalb wird es zusammen mit den Meßwerten eingegeben und als erstes auf die CHARACTER-Variable FORMT eingelesen (Zeile 12). Diese dient anschließend zur Formatangabe in der Eingabeanweisung für die Meßwerte (Zeile 16).

```
 7          INTEGER I, N
 8          REAL X( 1:100 ), Y( 1:100 )
 9          CHARACTER*20 FORMT
10
11    * Eingabe Format
12          READ*, FORMT
13
14    * Eingabe Messwerte
15          DO 20 I = 1, 100
16             READ ( *, FORMT, END=30) X(I), Y(I)
17    20    CONTINUE
18    30    CONTINUE
```

Abb. 10.6.2 Beispiel zur variablen Formatierung bei der Eingabe

10.7 Format-Beschreiber

Vorbemerkung

In diesem Kapitel werden die verschiedenen Format-Beschreiber behandelt. Zur raschen Orientierung enthält Anhang C eine tabellarische Zusammenstellung sämtlicher Beschreiber mit den wichtigsten Angaben über ihre Bedeutung und Funktionsweise. Dort findet man auch Hinweise auf die Stellen des Buches, an denen diese Beschreiber ausführlicher erläutert werden.

Kapitel 10.7 kann unmittelbar als Ergänzung zu Kapitel 4.5 gelesen werden. Die dort dargestellten Grundzüge der formatierten Ein- und Ausgabe werden als bekannt vorausgesetzt. Dagegen ist die Kenntnis der Kapitel 10.1-10.6 nicht unbedingt erforderlich. Die wichtigsten Grundlagen der formatierten Ein-/Ausgabe, die z. T. schon aus früheren Kapiteln bekannt sind, werden in 10.7.1 noch einmal kurz zusammengestellt.

10.7.1 Grundlegende Begriffe

Während bei listengesteuerter Ein-/Ausgabe ein bestimmtes Standardformat zugrunde liegt, wird bei formatierter E/A die Formatierung durch eine Liste von Format-Beschreibern gesteuert, die wir auch kurz als **Formatliste** bezeichnen werden. Dabei gibt es die folgenden Möglichkeiten für die

Angabe der Formatliste

- in einer FORMAT-Anweisung (s. Kap. 4.5.1)

    z. B.   PRINT 1000 , I , X , Y
        1000 FORMAT (1H _ , I 5 , 10 X , 2 F 10.2)

- als Zeichenkonstante in der E/A-Anweisung (s. Kap. 10.5)

    z. B.   PRINT ' (1H _ , I 5 , 10 X , 2 F 10.2) ' , I , X , Y

- als CHARACTER-Variable oder dgl. in der E/A-Anweisung (s. Kap. 10.5)

    z. B.   FORMT = ' (1H _ , I 5 , 10 X , 2 F 10.2) '
        PRINT FORMT , I , X , Y

Bauart einer Formatliste

Eine Formatliste ist eine Liste, die folgende Elemente enthalten kann :

- wiederholbare Format-Beschreiber, gegebenenfalls mit Wiederholungsfaktor
- nichtwiederholbare Format-Beschreiber (kein Wiederholungsfaktor zulässig !)
- in Klammern gesetzte Formatliste, gegebenenfalls mit Wiederholungsfaktor davor

Dabei ist ein Wiederholungsfaktor eine positive INTEGER-Zahl ohne Vorzeichen. Als Trennzeichen in der Liste gelten neben Komma auch Schrägstrich-Beschreiber sowie Doppelpunkt-Beschreiber.

Einteilung der Format-Beschreiber

Man unterscheidet zwei Arten von Format-Beschreibern :

wiederholbare Format-Beschreiber (auch Daten-Beschreiber genannt)

- sie beschreiben das Format, in dem die Elemente einer E/A-Liste ein- bzw. ausgegeben werden. Zu jedem Element der E/A-Liste muß es einen wiederholbaren Format-Beschreiber geben.

- sie können mit einem Wiederholungsfaktor versehen werden

- z. B. I- oder F-Beschreiber. Eine vollständige Aufzählung enthalten Tabelle 1 und 2 in Anhang C.

nichtwiederholbare Format-Beschreiber (auch Steuerungs-Beschreiber genannt)

- sie dienen zur Steuerung der Ein-/Ausgabe, z. B. Festlegung der Lese- oder Ausgabeposition. Sie haben keine korrespondierenden Elemente in der E/A-Liste.

- sie dürfen keinen Wiederholungsfaktor haben

- z. B. X- oder /-Beschreiber. Eine vollständige Liste bringt Tabelle 3 in Anhang C.

Bezeichnungsweise : E/A-Liste bedeutet - je nach Zusammenhang - entweder die 'eliste' einer READ-Anweisung oder die 'aliste' einer PRINT- bzw. WRITE-Anweisung.

10.7.2 Regeln für die Abarbeitung der Formatliste

1. Bei formatierter Ein-/Ausgabe wird die Formatliste von links nach rechts abgearbeitet unter Befolgung der angegebenen Formatvorschriften. Dabei entsprechen die wiederholbaren Format-Beschreiber den Elementen der E/A-Liste ; sie legen deren Format fest. Nichtwiederholbare Beschreiber haben keine zugehörigen Elemente in der E/A-Liste ; sie dienen der sonstigen Steuerung des E/A-Vorgangs.

2. Steht vor einem (wiederholbaren !) Format-Beschreiber ein Wiederholungsfaktor r (> 0), so wird dies wie eine r-fache Angabe dieses Beschreibers ausgeführt.

3. Es können auch ganze Teile einer Formatliste wiederholt werden. Hierzu schließt man den betreffenden Teil in Klammern ein und setzt einen Wiederholungsfaktor davor. Dies wirkt wie eine r-fache Angabe dieses Teils.

Beispiel: Die Anweisung

    FORMAT (1H _ , F 8.2 , 2 (/ 1H _ , F 10.4) /)

ist gleichbedeutend mit

    FORMAT (1H _ , F 8.2 , / 1H _ , F 10.4 , / 1H _ , F 10.4 /)

ebenso ist

    FORMAT (1H _ , 2 (A , I 5 , F 8.2) , A , I 2)

gleichwertig mit

    FORMAT (1H _ , A , I 5 , F 8.2 , A , I 5 , F 8.2 , A , I 2)

4. Vor einem nichtwiederholbaren Format-Beschreiber darf kein Wiederholungsfaktor stehen. Setzt man jedoch den Beschreiber in eine Klammer und davor einen Wiederholungsfaktor, so ist - entsprechend zu 3. - eine mehrmalige Ausführung möglich.

Beispiel: Durch

    PRINT '(1H _ , 50 (' ' + ' '))'

wird (nach einem Zeilenvorschub) eine Zeile mit 50 Plus-Zeichen ausgegeben. (Wegen der Doppelapostrophe vgl. Kap. 10.7.11.) Eine andere Möglichkeit, dasselbe Zeichen mehrmals hintereinander auszugeben, ist die Verwendung einer impliziten DO-Liste, wie in Bsp. 4 von Kap. 6.8 gezeigt. Als weiteres Beispiel bewirkt

    PRINT '(10 (/) , 1H _ , I 8)' , NR

eine 10malige Ausführung von / , was mit dem nachstehenden 1H _ insgesamt 11 Zeilenvorschübe ergibt (s. Kap. 4.5.2). In die nach dem letzten Vorschub erreichte Zeile wird dann NR im Format I 8 ausgegeben.

5. Gibt es beim Abarbeiten der Formatliste (unter Berücksichtigung von Wiederholungsfaktoren) mehr wiederholbare Beschreiber als für die Elemente der E/A-Liste erforderlich, so endet der E/A-Vorgang vor dem ersten überzähligen wiederholbaren Beschreiber.

Beispiel: Die Ausführung von

$$\text{PRINT } '(\ 1H \_ , F \ 8.2 , F \ 10.4 , / / / 1H \_ , F \ 9.3 \ )', X, Y$$

endet nach der Ausgabe von Y (im Format F 10.4) mit 3 Zeilenvorschüben (gemäß / / / 1H _), unmittelbar vor der Auswertung von F 9.3, zu dem es kein Element der Ausgabeliste mehr gibt.

6.   Wird das Ende der Formatliste erreicht (gegebenenfalls unter Berücksichtigung von Wiederholungsfaktoren) bevor alle Elemente der E/A-Liste abgearbeitet wurden, so wird die Formatliste wiederholt. Dabei gilt :

- Enthält die Formatliste keine inneren Klammern, so wird ab Anfang der Liste wiederholt.

- Gibt es innere Klammern, so wird bis zur letzten schließenden Klammer zurückgekehrt und ab der dazu gehörenden öffnenden Klammer wiederholt. Steht vor diesem Klammernpaar ein Wiederholungsfaktor, so wird dieser berücksichtigt.

Falls erforderlich, wird auch mehrmals in dieser Weise verfahren. Man beachte, daß bei jeder derartigen Wiederholung der aktuelle Datensatz beendet und ein neuer eröffnet wird (vgl. Kap. 10.7.4). Erfolgt dabei Ausgabe über Standardausgabe, so wird gleichzeitig auch noch ein Format-Beschreiber für die Zeilenvorschubsteuerung benötigt.

Beispiel: In den nachstehenden FORMAT-Anweisungen ist jeweils die Stelle markiert, ab der gegebenenfalls die Formatliste wiederholt wird.

```
1500   FORMAT ( 1H _ , I 6 , 10 X , 3 F 10.2 )
                   ↑
1600   FORMAT ( 1H _ , I 6 , ( 10 X , 3 F 10.2 ) )
                             ↑
1700   FORMAT ( 1H _ , I 6 , 2 ( 10 X , I 5 ) , F 10.2 )
                           ↑
1800   FORMAT ( 1H _ , 2 ( I 6 , 10 X ) , / 1H _ , 3 ( F 10.2 ) )
                                                   ↑
```

10.7.3 Doppelpunkt-Beschreiber

Bedeutung

Sind alle Elemente der E/A-Liste abgearbeitet worden, die Formatliste aber noch nicht, so endet der E/A-Vorgang vor dem ersten überzähligen wiederholbaren Format-Beschreiber (vgl. Regel 5 in 10.7.2). Die direkt davorstehenden nichtwiederholbaren Beschreiber werden alle noch berücksichtigt. Dies kann unerwünscht sein und läßt sich mit Hilfe des Doppelpunkt-Beschreibers vermeiden.

Beispiel

Die Anweisung

```
    PRINT 1000 , ' Wir begrüssen ' , NAME , ' in unserer Mitte '
1000 FORMAT ( 1H _ , 3 ( A / / , 1H _ ) )
```

gibt den gewünschten Text auf 3 Zeilen aus, wobei nach jeder Zeile zwei Zeilenvorschübe erfolgen. Soll aber nach der dritten Zeile der Zeilenvorschub unterbleiben, so kann man dies mit der folgenden Formatangabe erreichen :

```
1000 FORMAT ( 1H _ , 3 ( A : / / , 1H _ ))
```

Form: :

Wirkung :   a)   Wird in der Formatliste ein Doppelpunkt erreicht, nachdem die EA-Liste abgearbeitet worden ist, so endet dort der EA-Vorgang, selbst wenn dahinter noch weitere Format-Beschreiber stehen.

      b)   Solange die E/A-Liste noch nicht abgearbeitet ist, hat der Doppelpunkt-Beschreiber keine Wirkung.

Bemerkungen

a)   In dem obigen Beispiel wird der Doppelpunkt erst dann wirksam, wenn der Text ' in unserer Mitte ' ausgegeben worden ist. Der Doppelpunkt verhindert, daß anschließend noch / / , 1H _ ausgeführt wird.

b)   Ein Doppelpunkt-Beschreiber gilt in der Formatliste als Trennzeichen und braucht deshalb nicht durch Komma von anderen Format-Beschreibern getrennt zu werden.

10.7.4 Schrägstrich-Beschreiber

Bedeutung

Bei Ausgabe über das Standardgerät kann man mittels / auf eine neue Zeile übergehen (s. Kap. 4.5.2). Allgemein bewirkt ein / in einer Formatliste, daß der aktuelle Datensatz beendet und ein neuer begonnen wird.

Form: /

Wirkung

> **bei Eingabe:** • Überlesen des Restes des aktuellen Datensatzes
>   • Fortsetzung der Eingabe beim ersten Zeichen des nächsten Satzes
>
> **bei Ausgabe:** • der aktuelle Datensatz wird beendet
>   • Beginn eines neuen Satzes

Dabei ist ein Datensatz bei formatierter E/A

- für die Standardeingabe: eine Eingabezeile, d. h. eine Zeile vom Bildschirm bzw. eine Lochkarte

- für die Standardausgabe: eine über Bildschirm bzw. Schnelldrucker auszugebende Zeile

- für sonstige Dateien: s. Kapitel 11.1

Bemerkung :   Ein / gilt in der Formatliste als Trennzeichen. Man benötigt deshalb kein Komma davor oder danach.

Beispiel

In der Eingabeanweisung

$$\text{READ } 1000 \text{ , M , N , X , Y}$$

seien M und N vom Typ INTEGER und X , Y vom Typ REAL. Die folgenden Eingabezeilen seien gegeben :

1. Eingabezeile :	5 _ _ 8 _	
2. Eingabezeile :	1.2 _ _	
3. Eingabezeile :	_ _ _ _ _	
4. Eingabezeile :	_ 7.25 _	

Wir betrachten die Wirkung verschiedener Formatangaben zu dieser READ-Anweisung :

a)   1000 FORMAT (I 1 , I 3 / F 5.0 / / F 5.0)

Aus Zeile 1 werden für M und N die Werte 5 und 8 gelesen (1. Datensatz), dann Übergang zu Zeile 2, von dort erhält X den Wert 1.2 (2. Datensatz). Anschließend Übergang zu Zeile 3 und gleich weiter (3. Datensatz wird überlesen) zu Zeile 4, von wo Y den Wert 7.25 erhält (4. Datensatz). Dann endet der Eingabevorgang.

b)   1000 FORMAT (I 1 , I 3 / / F 5.0 / F 5.0)

M und N erhalten die Werte 5 und 8 aus Zeile 1 (1. Datensatz). Dann Fortsetzung in Zeile 3
(2. Datensatz wird überlesen). Das Eingabefeld mit Leerzeichen wird als $\emptyset$ interpretiert
und dieser Wert X zugewiesen (3. Datensatz). Anschließend Fortsetzung in Zeile 4, von
wo Y den Wert 7.25 erhält (4. Datensatz).

Im obigen Beispiel bewirkt / einen Übergang zur nächsten Eingabezeile und / / den Übergang
zur übernächsten Eingabezeile. Die Wirkung von mehreren aufeinanderfolgenden Schrägstrichen ist gleich der akkumulierten Wirkung der einzelnen Schrägstriche. So gilt z. B. für die

Wirkung von / /

    bei Eingabe: • Beendigung des Lesens vom aktuellen Datensatz

                     • Beginn und Beendigung des Lesens vom nächsten Satz (= Überlesen des
                       nächsten Satzes)

                     • Beginn des Lesens vom übernächsten Satz

    bei Ausgabe: • Beendigung des aktuellen Datensatzes

                     • Beginn und Beendigung eines neuen Satzes (= Ausgabe eines " leeren "
                       Satzes; für Standardausgabe ergibt dies eine Leerzeile)

                     • Beginn eines weiteren Satzes

Außer bei / kommt eine Beendigung bzw. ein Beginn eines Datensatzes auch noch an anderen
Stellen eines E/A-Vorgangs vor: bei Beendigung bzw. Beginn des E/A-Vorgangs sowie bei einer
Wiederholung der Formatliste (vgl. Regel 6 in 10.7.2). Im einzelnen gilt :

Wirkung von	Eingabe	Ausgabe
Beginn des E/A-Vorgangs	Beginn des nächsten Satzes	Beginn eines neuen Satzes
Beendigung des E/A-Vorgangs	Beendigung des aktuellen Satzes	Beendigung des aktuellen Satzes
/	Beendigung des aktuellen Satzes Beginn des nächsten Satzes	Beendigung des aktuellen Satzes Beginn eines neuen Satzes
Wiederholung der Formatliste	Beendigung des aktuellen Satzes Beginn des nächsten Satzes	Beendigung des aktuellen Satzes Beginn eines neuen Satzes

Erläuterungen

a)   Man erkennt, daß eine Wiederholung der Formatliste für das Beginnen und Enden eines Datensatzes dieselbe Wirkung hat wie ein Schrägstrich.

b)   Was bei einem E/A-Vorgang von einem Datensatz gelesen wird (bei Standardeingabe: eine Eingabezeile) bzw. als Satz ausgegeben wird (bei Standardausgabe: eine ausgegebene Zeile), ist durch das bestimmt, was zwischen dem Beginn dieses Satzes und seiner Beendigung geschieht, wobei für das Beginnen und Beenden eines Satzes die verschiedenen oben angegebenen Möglichkeiten in Frage kommen.

c)   Wird ein Satz unmittelbar nach seinem Beginn gleich wieder beendet - wie bei / / , aber auch bei (/ am Anfang einer Formatliste oder bei /) an deren Ende -, so bedeutet dies

   ● bei Eingabe: Überlesen dieses Satzes

   ● bei Ausgabe: Ausgabe eines " leeren " Satzes
                        (Für die Standardausgabe ergibt dies eine Leerzeile.)

Folgerung

Stehen mehrere Schrägstriche hintereinander, so werden dadurch mehrere Datensätze überlesen bzw. leere Sätze ausgegeben. Die Anzahl dieser Sätze hängt davon ab, an welcher Stelle in der Formatliste die Schrägstriche stehen. Bei drei Schrägstrichen gilt z. B. :

```
1600 FORMAT ( / / / , . . . )        3 Sätze ⎫
1700 FORMAT ( . . . , / / / . . . )  2 Sätze ⎬  werden überlesen bzw. leer ausgegeben
1800 FORMAT ( . . . , / / / )        3 Sätze ⎭
```

Besonderheiten der Vorschubsteuerung bei Standardausgabe

Wird bei der Standardausgabe mittels eines Schrägstrichs eine neue Zeile angesteuert, so ist nach / noch ein Format-Beschreiber für Zeilenvorschubsteuerung anzugeben (s. die Tabelle in Kap. 4.5.1). Fehlt dieser, so wird hierfür das erste Zeichen der nächsten auszugebenden Größe verwendet. Dieses erscheint dann nicht mehr in der Ausgabezeile. Entsprechend ist auch bei mehreren aufeinanderfolgenden Schrägstrichen nach dem letzten eine Angabe zur Zeilenvorschubsteuerung erforderlich (vgl. Kap. 4.5.2).

Beispiel

Die Anweisung

```
PRINT '( / / 1H _ , A )', 'KEINE MOEGLICHKEIT'
```

gibt zwei Leerzeilen aus und dann - in einer weiteren Zeile ab Position 1 - die Worte KEINE MOEGLICHKEIT. Entsprechend verfährt auch

PRINT ' (/ / A) ' , ' KEINE MOEGLICHKEIT '

Da aber hier der Beschreiber 1H _ nach dem zweiten Schrägstrich fehlt, wird das K von KEINE für die Vorschubsteuerung herangezogen, weshalb der Ausgabetext dann EINE MOEGLICHKEIT (ab Position 1) lautet. (Dies entspricht einem Format-Beschreiber 1 H K für die Vorschubsteuerung. Dieser Beschreiber ist zwar für diesen Zweck nicht vorgesehen, wird aber bei vielen Computern wie 1H _ ausgeführt.)

10.7.5 E-Beschreiber

Bedeutung

Der E-Beschreiber ermöglicht die Ausgabe von REAL-Zahlen in Gleitpunkt-Darstellung, also mit Exponenten. In derselben Form können auch DOUBLE PRECISION-Zahlen sowie Real- und Imaginärteil einer komplexen Zahl ausgegeben werden.

Für die Eingabe ist dieser Beschreiber uninteressant, da ersetzbar durch F-Beschreiber.

Form: E w.d [E e]

mit $w > 0$, $d \geq 0$, $e > 0$, jeweils eine vorzeichenlose INTEGER-Zahl

Wirkung

bei Eingabe: wie F w.d (s. Kap. 4.5.3 und 8.3.3)

bei Ausgabe:

- Ausgabe einer REAL- bzw. DOUBLE PRECISION-Zahl

- in Gleitpunkt-Darstellung: mit Mantisse und Exponent

- rechtsbündig in ein Feld der Breite w , das bei Bedarf links mit Leerzeichen aufgefüllt wird

- normalisiert, d. h., die Mantisse liegt zwischen 0.1 und 1.0

- Mantisse mit d Nachkommastellen

- falls E e angegeben ist: Exponent wird mit e Ziffern dargestellt (gegebenenfalls mit führenden Nullen)

Beispiele

Zahlenwert	Format-Beschreiber	Ausgabe
- 4.27	E 10.3	- 0.427E + 01
+ 4.27	E 10.3 E 1	_ _ 0.427 E + 1
- 4.27	E 8.2	* * * * * * * *
+ 4.2763	E 10.3	_ 0.428 E + 01
$1.6019 \cdot 10^{-19}$	E 11.4	_ 0.1602 E - 18

Bemerkungen

a)   Gegebenenfalls Rundung der Mantisse auf d Stellen.

b)   Bei negativen Zahlen wird ein Minuszeichen vorangestellt. Ob bei positiven Zahlen ein Pluszeichen erscheint, hängt von verschiedenen Faktoren ab, s. Kapitel 10.7.9.

c)   Bei manchen Computern steht vor dem Dezimalpunkt keine Null, sondern gleich das Vorzeichen bzw. ein Leerzeichen.

d)   Auch der Exponent kann anders dargestellt sein als im obigen Beispiel, z. B. ohne E.

e)   Nach der Norm belegt der Exponent 4 Stellen, falls Ee fehlt, und e + 2 Stellen, wenn Ee angegeben ist.

f)   Man achte darauf, daß die Feldbreite w groß genug gewählt wird.
Empfehlung: $w \geq d + 7$ bzw. $w \geq d + e + 5$
Ist w zu klein, so erscheinen Sterne anstelle der Zahl.

10.7.6 D-Beschreiber

Bedeutung

Um Verträglichkeit mit früheren Versionen von FORTRAN zu wahren, wurde der D-Beschreiber in FORTRAN 77 übernommen. Er ist jedoch durch den E-Beschreiber ersetzbar, da dieser genau dieselbe Funktion hat. Nur die Darstellung des Exponenten ist geringfügig verschieden.

Form: D w.d

mit $w > 0$, $d \geq 0$, jeweils eine vorzeichenlose INTEGER-Zahl

Wirkung: wie E w.d

es wird jedoch bei der Darstellung des Exponenten manchmal der Buchstabe D anstelle E verwendet ; die Norm läßt jedoch auch noch andere Formen zu.

Empfehlung: Man kann auf den D-Beschreiber zugunsten des E- oder des G-Beschreibers verzichten.

10.7.7 G-Beschreiber

Bedeutung

Der G-Beschreiber dient zur **Ausgabe** von Größen des Typs REAL und DOUBLE PRECISION sowie von Real- und Imaginärteil einer komplexen Zahl, wenn über die Größenordnung der auszugebenden Zahl nichts Genaues bekannt ist. In Abhängigkeit von der Größe der Zahl wird sie entweder in Festpunktform ausgegeben - sofern ihre Größe dies zuläßt - oder mit Exponenten.

Für die **Eingabe** ist dieser Beschreiber uninteressant, da ersetzbar durch F-Beschreiber, der bei Eingabe dieselbe Wirkung wie der G-Beschreiber hat.

Form: G w.d $[$ E e $]$

mit $w > 0$, $d \geq 0$, $e > 0$, jeweils eine vorzeichenlose INTEGER-Zahl

Wirkung

bei Eingabe: wie F w.d (s. Kap. 4.5.3 und 8.3.3)

bei Ausgabe:

Es sei x die auszugebende Zahl.

Fall 1 :   Ist $0.1 \leq |x| < 10^d$, dann

- Ausgabe in Festpunkt-Darstellung

- mit d signifikanten Ziffern

- in ein Feld der Breite w. Die letzten 4 Positionen des Feldes (bzw. e + 2 Positionen, falls E e angegeben ist) werden mit Leerzeichen gefüllt, davor steht rechtsbündig die Zahl.

Fall 2 :   Ist $|x| < 0.1$ oder $|x| \geq 10^d$, dann

   • Ausgabe in Gleitpunkt-Darstellung wie mit E w.d [E e] (vgl. 10.7.6)

In beiden Fällen wird - soweit erforderlich - gerundet.

Erläuterung

Durch den G-Beschreiber wird eine Zahl immer mit ' d ' signifikanten Ziffern ausgegeben. Dies geschieht in Festpunkt-Darstellung, sofern dies in sinnvoller Weise möglich ist, ansonsten in Gleitpunkt-Darstellung. Welche dieser Möglichkeiten in Frage kommt, hängt von der Größe der Zahl ab. So gehört beispielsweise zu einer sinnvollen Festpunkt-Darstellung von 123.45 wenigstens die Angabe der 3 Ziffern vor dem Dezimalpunkt, also ein ' d ', das nicht kleiner als 3 ist. Dementsprechend führt G10.3 zur Ausgabe von _ _ 123. _ _ _ _ und G10.4 zur _ 123.5 _ _ _ _ (Rundung!). Dagegen erhält man mit G10.2 _ _ 0.12E+03 als Ausgabe (Mantisse normalisiert, d. h., sie liegt zwischen 0.1 und 1 , und mit d = 2 signifikanten Ziffern, d. h. mit 2 Nachkommastellen). Hieraus folgt, daß nur dann mit G w.d eine Festpunkt-Darstellung sinnvoll möglich ist, wenn die auszugebende Zahl x nicht mehr als ' d ' Ziffern vor dem Dezimalpunkt hat, d. h., wenn $|x|$ kleiner als 10^d ist. Außerdem soll $|x|$ nicht kleiner als 0.1 sein.

Schließlich ist noch darauf zu achten, daß die Feldbreite w genügend groß gewählt wird. So wäre z. B. mit G10.6 eine sinnvolle Festpunkt-Darstellung von x = 123.45 zwar möglich ($|x| < 10^6$), doch reichen die w = 10 Positionen nicht dafür aus, weshalb in diesem Fall ********** ausgegeben wird.

Beispiele

Zahlenwert	Format-Beschreiber	Wirkung wie	Darstellung Ausgabe
253.67	G 11.4	F 7.1 , 4 X	_ _ 253.7 _ _ _ _
253.67	F 11.4		_ _ _ 253.6700
253.67	E 11.4		_ 0.2537 E + 03
253.67	G 11.4 E 3	F 6.1 , 5 X	_ 253.7 _ _ _ _ _
253.67	G 10.2 E 3	E 10.2 E 3	_ 0.25 E + 003
- 12345.67	G 12.5	F 8.0 , 4 X	_ - 12346 . _ _ _ _
- 12345.67	G 12.4	E 12.4	_ - 0.1235 E + 05
- 12345.67	G 9.4	—	* * * * * * * * *
0.13	G 10.3	F 6.3 , 4 X	_ 0.130 _ _ _ _
0.001	G 8.2	E 8.2	_ 0.10 E - 02
$1.6019 \; 10^{-19}$	G 12.5	E 12.5	_ 0.16019 E - 18

Bemerkungen

a) Voraussetzung für die ordnungsgemäße Funktion des G-Beschreibers ist, daß die Feldbreite w genügend groß gewählt wird. Um hier sicher zu gehen, halte man sich an die folgende

Empfehlung: $w \geq d + 7$ bzw. $w \geq d + e + 6$

b) Ist die auszugebende Zahl nicht kleiner als 0.1 und benötigt sie als Festpunktzahl m Stellen vor dem Dezimalpunkt (mit $0 \leq m \leq d$), dann hat das Format

$$G \ w.d \qquad\qquad bzw. \qquad\qquad G \ w.d \ E \ e$$

bei der Ausgabe die gleiche Wirkung wie

$$F (w - 4) . (d - m) , 4 \ X \qquad bzw. \qquad F (w - e - 2) . (d - m) , (e + 2) \ X$$

10.7.8 P-Beschreiber und Skalierungsfaktor

Bedeutung

Die Ausgabe einer Zahl in Gleitpunkt-Darstellung (z. B. durch den E-Beschreiber) erfolgt in normalisierter Form, d. h., die Mantisse liegt zwischen 0.1 und 1 (der Exponent ist entsprechend angepaßt). So wird z. B. der Wert 0.02536 mittels E 10.4 als

$$0.2536 \ E - 01$$

ausgegeben. Manchmal ist jedoch eine nicht normalisierte Form besser geeignet, z. B.

$$2.536 \ E - 02$$

im obigen Fall. Dies läßt sich mit Hilfe des P-Beschreibers erreichen, in unserem Beispiel durch

$$1 \ P , E \ 10.4 \quad bzw. \quad 1 \ P \ E \ 10.4$$

Der P-Beschreiber ermöglicht eine Verschiebung des Dezimalpunkts in der Mantisse bei gleichzeitiger Anpassung des Exponenten.

Form: k P

  mit k : Skalierungsfaktor
  INTEGER-Zahl, mit oder ohne Vorzeichen, auch 0 ist zulässig

Wirkung

Erscheint ein P-Beschreiber in einer Formatliste, so gilt sein Skalierungsfaktor für alle nachfolgenden E-, D-, G- und F-Beschreiber so lange, bis ein neuer P-Beschreiber auftritt oder bis die Formatliste endet. Mit 0 P kann ein Skalierungseffekt beendet werden.

Ein Skalierungsfaktor k bewirkt

bei Ausgabe einer Gleitpunktzahl:	Verschiebung des Dezimalpunktes in der Mantisse bei gleichzeitiger Anpassung des Exponenten (E-, D-, G-Beschreiber)
bei Ausgabe einer Festpunktzahl:	Multiplikation des Zahlenwerts mit 10^k (d. h. Ausgabe eines veränderten Wertes !) (F-Beschreiber)
bei Eingabe einer Gleitpunktzahl:	nichts (E-, D-, G-, F-Beschreiber)
bei Eingabe einer Festpunktzahl:	Multiplikation der Zahl mit 10^{-k} (d. h. Übergabe eines veränderten Wertes !) (F-Beschreiber)

Einzelheiten werden nachstehend angegeben.

Bemerkung :   Der P-Beschreiber kann auch ohne trennendes Komma direkt vor einem F-, E-, D- oder G-Beschreiber angegeben werden. (Er wirkt auch dann nicht nur auf diesen Beschreiber, sondern so wie oben angegeben.)

Beispiel zum Gültigkeitsbereich des P-Beschreibers

1000 FORMAT (1H _ , F 10.2 , 1 P E 10.4 , I 5 , G 12.5 , - 3 P , E 12.4 , F 8.3 , Ø P , F 5.2)

Zunächst gilt kein Skalierungsfaktor für F 10.2 , dann 1 P für E 10.4 und G 12.5 (für I 5 ist er bedeutungslos !). Anschließend wird - 3 P wirksam für E 12.4 und F 8.3 , danach beendet Ø P die Skalierung, und F 5.2 bleibt unbeeinflußt.

Wirkung eines Skalierungsfaktors bei der Ausgabe

1.   bei E-Beschreiber :   k P E w.d [E e]

Ausgabe einer Gleitpunkt-Zahl wie bei E w.d[E e] , jedoch ist in der Mantisse der Dezimalpunkt (gegenüber der normalisierten Form) um k Stellen (genauer : |k| Stellen) nach rechts (bei k > 0) bzw. nach links (bei k < 0) verschoben, und dies bei gleichzeitiger Anpassung des Exponenten.

Beispiele

Zahlenwert	Format-Beschreiber	Ausgabe
253.541	E 11.4	0.2535 E + 03
253.541	1 P E 11.4	2.5354 E + 02
253.541	2 P E 11.4	25.354 E + 01
253.541	- 2 P E 11.4	0.0025 E + 05

Bemerkungen

a) k P mit $k > 0$ führt zu k signifikanten Ziffern vor dem Dezimalpunkt und zu $d + 1 - k$ Nachkommastellen. (Man beachte, daß in diesem Fall die Gesamtzahl der signifikanten Ziffern um 1 höher ist als ohne Verwendung eines Skalierungsfaktors.)

b) Ist $k < 0$, so stehen nach dem Dezimalpunkt $|k|$ Nullen und dahinter noch $d - k$ signifikante Stellen. (Die Zahl der signifikanten Stellen nimmt also bei negativem k ab).

c) k darf nicht größer als $d + 1$ und nicht kleiner als $- (d - 1)$ sein.

2. bei D-Beschreiber : k P D w.d

Die Wirkung ist dieselbe wie bei k P E w.d

3. bei G-Beschreiber : k P G w.d $[E\ e]$

Ein Skalierungsfaktor hat keine Auswirkung, solange der G-Beschreiber die Ausgabe einer Festpunkt-Zahl bewirkt.

Führt dagegen der G-Beschreiber zur Ausgabe einer Gleitpunkt-Zahl, so wirkt k P G w.d $[E\ e]$ genau so wie k P E w.d $[E\ e]$.

4. bei F-Beschreiber : k P F w.d

Der Wert der auszugebenden Größe wird mit 10^k multipliziert und diese Zahl gemäß F w.d ausgegeben.

Beispiele

interner Wert	Format-Beschreiber	Ausgabe
1.524	F 6.2	1.52
1.524	2 P F 5.1	152.4
7325.2	F 7.2	7325.20
7325.2	- 3 P F 7.3	7.325

Diese Möglichkeit kann dann von Bedeutung sein, wenn Maßeinheiten umzurechnen sind und z. B. eine in Metern angegebene Größe in Zentimetern ausgegeben werden soll (oder umgekehrt). Allerdings ist hierfür ein Skalierungsfaktor nicht zwingend. Ebenso gut kann man die Größe in der ' aliste ' auch mit einem geeigneten Umrechnungsfaktor versehen.

Wirkung eines Skalierungsfaktors bei Eingabe mittels F-, E-, D- oder G-Beschreiber

a)   Enthält das Eingabefeld einen Exponenten, so hat eine Skalierung keine Wirkung.

b)   Enthält das Eingabefeld eine Festpunkt-Zahl (mit Dezimalpunkt), so wird diese Zahl - mit 10^{-k} multipliziert - "wörtlich" eingelesen, wie auch sonst.

c)   Enthält das Eingabefeld weder Exponent noch Dezimalpunkt, so wird sein Inhalt entsprechend dem angegebenen F-Beschreiber interpretiert (vgl. Kap. 4.5.3 ; falls E-, D- oder G-Beschreiber benutzt werden, wirken diese genauso wie ein entsprechender F-Beschreiber) und - mit 10^{-k} multipliziert - eingelesen.

Beispiele

Eingabefeld	Format-Beschreiber	eingelesen wird	Fall
7.25 E 3	F 6.1	7250	
7.25 E 3	- 3 P F 6.1	7250	a)
185.4	F 5.2	185.4	
185.4	2 P F 5.2	1.854	b)
732520	F 6.2	7325.2	
732520	1 P F 6.2	732.52	c)

10.7.9 SP-, SS- und S-Beschreiber für die Vorzeichenausgabe

Bedeutung

Bei der Ausgabe einer Zahl durch den I-, F-, E-, D- oder G-Beschreiber erscheint vor einer negativen Zahl stets ein Minuszeichen. Ob jedoch vor eine positive Zahl ein Pluszeichen gesetzt wird oder nicht, hängt (zunächst) vom benutzten Computer ab. Durch die Beschreiber SP, SS und S kann man dies selbst steuern und damit genau festlegen, was geschieht :

Beschreiber	Wirkung
SP	vor eine positive Zahl wird ein Pluszeichen gesetzt
SS	vor eine positive Zahl wird kein Pluszeichen gesetzt (sondern ein Leerzeichen, falls der Platz ausreicht)
S	es gilt die rechnerabhängige Regelung (die häufig mit SS übereinstimmt)

Erscheint in einer Formatliste einer dieser Beschreiber, so gilt er für alle nachstehenden Ausgaben von Zahlen so lange, bis ein anderer dieser Beschreiber vorkommt oder bis die Formatliste beendet ist.

Bemerkungen

a)   Man achte darauf, daß die Feldbreite w genügend groß ist, falls ein + auszugeben ist.

b)   Diese Beschreiber haben keinen Einfluß auf das Vorzeichen eines Exponenten ; es wird immer ausgegeben.

c)   Für eine Eingabe haben diese Beschreiber keinen Sinn und keine Wirkung.

10.7.10 BN- und BZ-Beschreiber

Bedeutung

Beim Einlesen einer Zahl werden führende Leerzeichen im Eingabefeld immer ignoriert. Was jedoch für Zwischenräume innerhalb und nach der Zahl gilt, kann durch die Beschreiber BN und BZ in folgender Weise gesteuert werden :

Beschreiber	Wirkung
BN	eingebettete und nachfolgende Zwischenräume werden ignoriert
BZ	eingebettete und nachfolgende Zwischenräume werden als $\emptyset$ interpretiert

Erscheint in einer Formatliste BN oder BZ, so gilt dieser Beschreiber für alle danach einzulesenden Zahlen, bis ein anderer dieser Beschreiber auftritt oder bis die Formatliste beendet ist. Dabei beeinflussen BN und BZ nur eine Eingabe mittels I-, F-, E-, D-oder G-Beschreiber. Auf eine Ausgabe haben BN und BZ keine Wirkung.

Beispiel   READ ' (BZ , I 5 , F 6.0 , BN , I 5) ' , M , X , N

Aus Position 1-5 wird die INTEGER-Zahl M und aus 6-11 die REAL-Zahl X gelesen, dabei gelten eingebettete und nachfolgende Leerzeichen bei den Zahlen als 0. Anschließend wird aus Position 12-16 die INTEGER-Zahl N gelesen und dabei Leerzeichen so behandelt, als wären sie nicht da. Steht dann z. B. _ 2 _ 4 _ in Position 1-5, so erhält M den Wert 2040 ; steht dies in Position 12-16, so erhält N den Wert 24.

Bemerkungen

a)   Enthält das Eingabefeld ausschließlich Leerzeichen, so wird es stets als $\emptyset$ interpretiert.

b)   Solange weder BN noch BZ angegeben wurden, gilt für die Eingabe vom Standardeingabegerät eine computerabhängige Regelung (die häufig BZ entspricht). Bei Eingabe aus Dateien (s. Kap. 11) wird durch die OPEN-Anweisung mit Hilfe des Parameters BLANK festgelegt, was zunächst gelten soll. Diese vorläufigen Regelungen werden dann durch die Wirkung von BN bzw. BZ abgelöst, sobald diese Beschreiber auftreten.

10.7.11 Apostroph-Beschreiber und H-Beschreiber

Bedeutung

Eine Ausgabe von Text erreicht man im einfachsten Fall mit Hilfe einer CHARACTER-Konstanten, die in der Ausgabeliste steht. Bei formatierter Ausgabe ist es aber auch möglich, eine CHARACTER-Konstante anstatt in der Ausgabeliste direkt in der Formatliste anzugeben. Wird dann diese Stelle bei der Abarbeitung erreicht, so erfolgt die Textausgabe. Hierfür gibt es den Apostroph-Beschreiber. In gleicher Weise wirkt auch der H-Beschreiber.

Apostroph-Beschreiber

Form :   ' h_1 h_2 ... h_n '

mit $h_1 , \ldots , h_n$: im Rechner darstellbare Zeichen.

Wirkung: Wird dieser Beschreiber beim Abarbeiten der Formatliste erreicht, so erfolgt die Ausgabe der in Apostrophe eingeschlossenen Zeichenfolge ab der aktuellen Ausgabeposition.

Beispiel 1 :   Die Anweisungen

        PRINT 2000 , R , VOL
        2000 FORMAT (1H _ , ' Radius _ = ' , F 6.2 , ' _ _ _ _ _ VOLUMEN _ = ' , F 8.3)

    sind gleichwertig mit

        PRINT 1000 , ' Radius _ = ' , R , ' _ _ _ _ _ VOLUMEN _ = ' , VOL
        1000 FORMAT (1H _ , A , F 6.2 , A , F 8.3)

H-Beschreiber

Form : $n \, H \, h_1 \, h_2 \ldots h_n$

        mit $h_1 , \ldots , h_n$: im Rechner darstellbare Zeichen

            n :   Anzahl der auszugebenden Zeichen
                eine vorzeichenlose INTEGER-Zahl > 0

Wirkung: Wird dieser Beschreiber beim Abarbeiten der Formatliste erreicht, so erfolgt die
        Ausgabe der hinter H stehenden Zeichen.

Beispiel 2 :   Die FORMAT-Anweisung

        2000 FORMAT (1H _ , 8 H Radius _ = , F 6.2 , 14H _ _ _ _ _ Volumen_ = , F 8.3)

    ist gleichwertig zu der in Beispiel 1 angegebenen.

Bemerkungen

a)   Bei Eingabe haben beide Beschreiber keinen Sinn und dürfen nicht benutzt werden.

b)   Soll die auszugebende Zeichenfolge ein Apostroph enthalten, so ist dieses in $h_1 \ldots h_n$
    durch zwei aufeinanderfolgende Apostrophe darzustellen. Diese zählen aber beim H-
    Beschreiber nur als 1 Zeichen (für die Angabe von n). So wird z. B. der Satz "Wie geht's?"
    mittels Apostroph bzw. H-Beschreiber wie folgt angegeben :

        ' Wie _ geht ' ' s ? '   bzw.   11 H Wie _ geht ' ' s ?

c)   Wird die Formatliste direkt in einer E/A-Anweisung angegeben, so sind die Apostrophe des
    Apostroph-Beschreibers jeweils durch zwei aufeinanderfolgende Apostrophe wiederzu-
    geben.

    Das obige Beispiel 1 wird dann zu

        PRINT ' (1H _ , ' ' Radius _ = ' ' , F 6.2 , ' ' _ _ _ _ _ Volumen _ = ' ' , F 8.3) ' ,
        $ R , VOL

Entsprechend werden Doppel-Apostrophe durch vier Apostrophe dargestellt. Die Anweisungen

```
      PRINT 3000
 3000 FORMAT ( 1H _ , ' Wie _ geht '' s ? ' )
```

und

```
      PRINT ' ( 1H _ , '' Wie _ geht '''' s ? '' ) '
```

sind gleichwertig und führen zu der Ausgabe

```
      Wie geht ' s ?
```

d)   Der Apostroph-Beschreiber wurde in FORTRAN 77 neu geschaffen. Er ist einfacher zu handhaben und weniger fehleranfällig als der H-Beschreiber, der aus Gründen der Verträglichkeit mit früheren Versionen von FORTRAN beibehalten wurde.

Empfehlung

Es ist besser, Ausgabedaten und Formatangaben strikt zu trennen. Deshalb sollte man auszugebende Texte nur in der Ausgabeliste angeben und nicht in der Formatliste. Da Apostroph-Beschreiber und H-Beschreiber diese Regel durchbrechen, sollte man sie nach Möglichkeit nicht benutzen. Nur eine Ausnahme ist berechtigt: die Verwendung dieser Beschreiber zur Vorschubsteuerung bei Standardausgabe, da dies eine Angelegenheit der Formatierung ist (s. Kap. 4.5.1).

10.7.12 T-, TL- und TR-Beschreiber (Tabulator)

Bedeutung

Mit Hilfe des X-Beschreibers kann man bei Ein- und Ausgabe bestimmte Lese- bzw. Ausgabepositionen ansteuern. Hierzu dienen auch die T-, TL- und TR-Beschreiber.

Beschreiber	Wirkung
T n	Fortsetzung der E/A bei Position n
TL n	Fortsetzung der E/A n Positionen vor der aktuellen Position
TR n	Fortsetzung der E/A n Positionen nach der aktuellen Position

Beispiel

Soll aus einer Eingabezeile ab den Spalten 10 bzw. 50 im Format I 6 bzw. I 2 gelesen werden, so kann hierfür die folgende FORMAT-Anweisung verwendet werden :

1500 FORMAT (T 10 , I 6 , T 50 , I 2)

Bemerkungen

a)   Diese Beschreiber können sowohl für Eingabe wie auch für Ausgabe benutzt werden.

b)   Bei Standard-Ein-/Ausgabe achte man darauf, daß ein Bildschirm i. allg. 80 Positionen hat, ebenso eine Lochkarte. Bei Ausgabe über Schnelldrucker stehen in der Regel etwa 130 Positionen zur Verfügung.

c)   TRn ist gleichwertig mit nX.

d)   Diese Beschreiber ermöglichen es, eine Position mehrmals anzusteuern. Bei der Eingabe wird dann wiederholt ab dieser Position gelesen. Auf diese Weise ist es z. B. möglich, dasselbe Eingabefeld mehrmals einzulesen. Für die Ausgabe gilt : Werden schon früher beschriebene Positionen mittels entsprechender Positionierung nochmal neu beschrieben, dann wird dadurch die frühere Information überschrieben.

e)   Aus d) folgt, daß mittels T-Beschreiber kein Mehrfachdruck erreicht werden kann. Hierzu bedarf es der Vorschubsteuerung 1H+ (s. Kap. 4.5.1).

f)   Eine Anwendung des T-Beschreibers ist z. B. die Ausgabe einer Tabelle : Man kann mit Tn bequem auf bestimmte Spalten positionieren.

g)   **Achtung!** Bei Standardausgabe bewirkt Tn eine Positionierung auf Position n-1, da das erste Zeichen für die Zeilenvorschubsteuerung verlorengeht.

Übungen zu Kapitel 10

Kontrollfragen

- Wenn es mehrere Ausgabegeräte - z. B. verschiedene Drucker - gibt, wie ist es dann möglich, sich ein bestimmtes Ausgabegerät - also den Drucker mit dem besten Schriftbild - auszusuchen?

- Was ist eine Datenendekennung und wie kann eine Eingabeanweisung so gestaltet werden, daß diese Kennung in der beabsichtigten Form wirksam wird?

- Welche Möglichkeiten eröffnen die Parameter ERR und IOSTAT für das Ein- bzw. Ausgeben von Daten? Welche Bedeutung hat IOSTAT für die Analyse eines aufgetretenen Fehlers?

- In welchen Fällen können die Schlüsselwörter UNIT und FMT in E/A-Anweisungen weggelassen werden? Was gilt diesbezüglich für die anderen Parameter? Wo darf die Formatliste für eine E/A-Anweisung angegeben werden?

- Wie kann man in FORTRAN variables Format erreichen, d. h. ein Format, welches erst während des Programmablaufes festgelegt wird?

Aufgaben

10.1 Man schreibe ein Dialogprogramm, das ein Datum in der Form tt/mm/jj (z. B. 12/08/88) einliest. Da dieses Datum bei der Rentenberechnung eine bestimmte Rolle spielt, muß es im Zeitraum vom 1. Januar 1950 bis zum 31. Dezember 1955 liegen. Eingabefehler sollen soweit wie irgend möglich durch das Programm aufgefangen werden. Dem Benutzer soll dann jeweils eine Fehlermeldung mit dem Fehlertyp und eventuell eine Hilfestellung ausgegeben werden. Danach folgt erneut eine Eingabeaufforderung. Dies soll so lange wiederholt werden, bis ein zulässiges Datum in korrekter Form eingegeben wird.

10.2 a) In Kap. 10.6 wird ein Beispiel zur variablen Formatierung bei der Ausgabe von Zahlen angegeben. Schreiben Sie eine Subroutine, der beim Aufruf eine beliebige INTEGER-Zahl übergeben wird. Die Subroutine soll diese INTEGER-Zahl sodann ohne führende oder nachgestellte Leerzeichen ab der derzeitigen Druckposition ausgeben.

   b) Man schreibe eine zweite Subroutine, die obige Aufgabe für REAL-Zahlen erledigt. Neben der REAL-Zahl selbst soll der Subroutine noch die Anzahl der gewünschten Nachkommastellen als aktueller Parameter zur Verfügung gestellt werden. Die Ausgabe der REAL-Zahl soll in Festpunkt-Form erfolgen. Für den Fall, daß der aktuelle Parameter nicht innerhalb des Größenbereichs von 10^{-6} bis 10^{+6} liegt, ist eine Fehlermeldung vorzusehen.

10.3 Überlegen Sie sich, was die folgenden FORTRAN-Anweisungen bewirken (K und I sind Variablen vom Typ INTEGER):

```
      K = 126
      I = 2
      PRINT 1000,'*** Fehler Nr.',  I, 'Karte', K,
     $              'nicht vorhanden'
 1000 FORMAT (1H+, A15, '4:', I2, 'Messdaten auf', A5, I2,
     $            '(Eingabe Satz 3)', A15)
```

Ersetzen Sie die o. a. Programmzeilen durch leichter verständliche Anweisungen, die jedoch zum gleichen Ergebnis führen.

10.4 Schreiben Sie ein Programm, das in der unten angegebenen Weise eine Umrechnungstabelle von Bogenminuten in die Dezimalteile eines Grades generiert.

Verwandlung von Minuten in Dezimalteile des Grades

Min.	0	1	2	3	4	5	6	7	8	9
0	0,0000	0167	0333	0500	0667	0833	1000	1167	1333	1500
1	1667	1833	2000	2167	2333	2500	2667	2833	3000	3167
2	3333	3500	3667	3833	4000	4167	4333	4500	4667	4833
3	5000	5167	5333	5500	5667	5833	6000	6167	6333	6500
4	6667	6833	7000	7167	7333	7500	7667	7833	8000	8167
5	8333	8500	8667	8833	9000	9167	9333	9500	9667	9833

10.5 Für den elektrischen Widerstand R und den Leitwert G gilt folgende Beziehung:

$$G = 1/R$$

Man schreibe ein Programm, das folgende Umrechnungstabelle generiert und ausdruckt:

Widerstand	Leitwert	Leitwert	Widerstand

Dabei sollen in der linken Tabellenhälfte die umzurechnenden Widerstandswerte in einem vom Benutzer festgelegten Bereich (Anfang, Ende, Anzahl der Werte) in Gleitpunkt-Darstellung stehen. Für die rechte Tabellenhälfte gilt dasselbe für den Leitwert.

10.6 a) In einem Programm gibt es ein eindimensionales INTEGER-Feld A mit 144 Komponenten. Alle Komponenten haben Werte zwischen -999 und +999. Entwickeln Sie geeignete Ausgabeanweisungen, um das gesamte Feld auszugeben, und zwar sollen je 16 Zahlen pro Zeile gedruckt werden, wobei jede Zahl einschließlich Vorzeichen 4 Druckpositionen belegt. Je 2 nebeneinanderstehende Zahlen sind durch ein Leerzeichen getrennt.

b) Ändern Sie die Ausgabeanweisungen so, daß nur 13 Zahlen pro Zeile ausgegeben werden.

c) Welches Aussehen hat der Ausdruck, der durch die folgenden Anweisungen erzeugt wird:

```
      WRITE ( * , 1000) A
 1000 FORMAT ( 1 H _ , 5 ( 10 ( I4 , X ) / ) , / , 10 / 5I4 , X ) )
```

11. Dateien

Dateien dienen zur Speicherung von Daten. Ihre besondere Bedeutung liegt darin, daß sie eine langfristige Datenhaltung gestatten. Diese ist dann vonnöten, wenn ein Programm bei wiederholter Ausführung auf dieselben Daten zugreifen soll. So etwas gibt es in der elektronischen Datenverarbeitung auf den unterschiedlichsten Gebieten :

- in der Buchhaltung bei Adressendateien

- in einem Kreditinstitut bei der Kontenverwaltung

- bei der Platzreservierung einer Luftfahrtgesellschaft oder der Bundesbahn

- bei der Auswertung von Meßergebnissen, die periodisch anfallen und gespeichert werden (z. B. Wetterbeobachtungen)

Eine derartige längerfristige Datenspeicherung kam in unseren bisherigen Programmen noch nicht vor. Sie ist mit den bis jetzt bekannten Methoden auch nicht oder nur in sehr umständlicher Weise möglich (z. B. durch Ausstanzen von Daten auf Lochkarten). Denn während seiner Ausführung befindet sich ein Programm mit den von ihm benutzten Daten in einem Teil des Arbeitsspeichers, der anschließend anderweitig genutzt wird. Damit sind nach der Programmausführung die Daten nicht mehr zugänglich. Für eine langfristige Datenhaltung müssen deshalb die Daten in einer anderen Weise gespeichert werden, bei der sie - unabhängig vom jeweiligen Programmlauf - so lange zugänglich sind, wie der Benutzer es wünscht.

Dies ist möglich mit Hilfe von Hintergrundspeichern (auch externe oder Peripheriespeicher genannt), wie z. B. Magnetplatte, Diskette oder Magnetband. Auf ihnen kann ein Programm Daten speichern und sie dann in weiteren Programmläufen benutzen, sie ändern oder weitere Daten hinzufügen. Die Speicherung der Daten geschieht dabei in Form von Dateien.

Im folgenden wird gezeigt, wie man in FORTRAN solche Dateien verwenden kann. Hierzu bringt Kapitel 11.1 zunächst die grundlegenden Begriffe und Tatsachen für das Arbeiten mit Dateien, zusammen mit Hinweisen auf die weiteren Kapitel, die Einzelheiten zu den angesprochenen Punkten enthalten. Eine Zusammenstellung sämtlicher Anweisungen, die für den Umgang mit Dateien von Bedeutung sind, findet man in 11.1.4 ; dort ist auch angegeben, in welchen Kapiteln diese Anweisungen näher beschrieben werden.

Bemerkung zu Kapitel 11

Die Ausführungen dieses Kapitels gelten strenggenommen für **externe Dateien.** Daneben kennt FORTRAN auch noch **interne Dateien.** Dabei ist eine externe Datei das, was man üblicherweise unter einer "Datei" versteht : eine Möglichkeit zur langfristigen Speicherung von Daten. Demgegenüber ist eine interne Datei keine Datei in diesem Sinne, sondern ein Teil des Arbeitsspeichers, der zwar in formaler Hinsicht ähnlich wie eine externe Datei behandelt wird (daher der Name), jedoch nicht der langfristigen Datenhaltung dient. Interne Dateien werden in Kapitel 12.1 behandelt, während im folgenden ausschließlich externe Dateien gemeint sind.

11.1 Grundlagen der Dateibearbeitung

11.1.1 Die Bauart einer Datei

Bei der langfristigen Datenhaltung befinden sich die Daten auf Hintergrundspeichern, und zwar in einer Form, die man als Datei bezeichnet. Eine solche Datei hat einen ganz bestimmten Aufbau. Wir betrachten dazu einige

Beispiele

a)   Periodisch anfallende Meßergebnisse (z. B. Wetterbeobachtungen) seien langfristig zu speichern. Zu einer bestimmten Messung sollen dabei die folgenden Daten gehören :

- das Datum   z. B.   17.02.1988
- die Uhrzeit   02.00
- ein Feld mit den Meßwerten -5 , -2 , -3 , $+2$, -1 , $+4$, -3 , -3 , $+1$

Man kann diese Daten zusammen auch als einen "Satz von Daten" bezeichnen. Zu speichern sind dann lauter solche "Datensätze", jeweils zu verschiedenen Messungen gehörig. Ihre Gesamtheit bildet die Datei.

b)   Eine Adressendatei enthält eine Anzahl Adressen, wobei eine einzelne Adresse aus den folgenden Angaben bestehen mag :

- Anrede   z. B.   Herrn
- Vorname, Zuname   Helmut Kupfer
- Straße, Hausnummer   Stammgasse 17
- Postleitzahl, Ort   2000 Hamburg 73

Diese Angaben bilden ebenfalls einen Datensatz, und die Datei besteht aus mehreren solchen Datensätzen.

In den vorangehenden Beispielen hatten alle Sätze einer Datei jeweils dieselbe Form. Dies ist häufig der Fall, muß aber nicht so sein, wie das folgende Beispiel zeigt :

c) Ein Betrieb beliefert Kunden mit verschiedenen Artikeln und benutzt hierbei eine "Lieferdatei", die folgende Angaben enthält :

- Stammdaten zu den einzelnen Kunden
- Angaben über Lieferungen an die einzelnen Kunden

Hierzu gibt es in der Datei Datensätze mit zwei verschiedenen Formaten : Kundensätze und Liefersätze. Ein Kundensatz hat beispielsweise den folgenden Aufbau :

Satzkennung	z. B.	KUNDE
Kundennummer		002920011
Name		Gustav Baumann
Anschrift		Talallee 35, 7140 Ludwigsburg

Demgegenüber ist ein Liefersatz wie folgt aufgebaut :

Satzkennung	z. B.	LIEFER
Kundennummer		002920011
Artikelnummer		010326158
Artikelbezeichnung		Benzinpumpe
Menge		0005

Allgemein gilt :

Eine Datei besteht aus einer Menge zusammengehöriger Datensätze, wobei jeder Datensatz aus einer Anzahl von Daten aufgebaut ist. Physisch ist eine Datei auf einem bestimmten Speichermedium untergebracht, häufig auf Hintergrundspeichern. Dort werden in einem für die Datei vorgesehenen Bereich die Datensätze abgelegt.

Bemerkungen

a) Es ist möglich, daß der für die Datei vorgesehene Speicherbereich (noch) keine Datensätze enthält. In diesem Fall spricht man von einer **leeren Datei.**

b) Die konkrete Form der Speicherung einer Datei ist systemabhängig, weshalb man über Einzelheiten keine allgemein gültigen Aussagen machen kann. Das folgende Modell ist aber häufig zutreffend : Zuerst kommt ein Name, unter dem das Betriebssystem die Datei anspricht, sowie einige Angaben über die Eigenschaften der Datei. Dahinter stehen die einzelnen Sätze, jeweils mit einem Satzendezeichen versehen. Hinter dem letzten Satz der Datei steht noch ein Schlußzeichen, das die gesamte Datei abschließt.

c)   Gewöhnlich sind in einem Datensatz die einzelnen Daten hintereinander gespeichert. Für das obige Beispiel a) bedeutet dies, daß zuerst das Datum kommt, dann die Uhrzeit und danach die einzelnen Feldelemente, in der Reihenfolge, wie in dem Beispiel angegeben. Hinsichtlich der Form, in der die Daten gespeichert werden, gibt es formatierte und formatfreie Datensätze ; Einzelheiten hierzu enthält Kapitel 11.3.

11.1.2 Überblick über das Arbeiten mit Dateien

Werden Dateien für eine langfristige Datenspeicherung genutzt, so stellen sich verschiedene Fragen, wie z. B.

1. Wie wird eine Datei erstellt
2. Wie kann eine Datei erneut benutzt werden
3. Wie kann man eine Datei löschen

Der folgende Überblick gibt hierauf eine Antwort. Er zeigt, wie in FORTRAN diese Aufgaben erledigt werden können.

zu 1 :   Bevor ein Programm Daten in einer Datei speichern kann, muß man diese Datei anlegen. Dadurch wird ein bestimmter Bereich eines Speichers vorgesehen, in dem die Sätze dieser Datei gespeichert werden können. Das Anlegen der Datei läßt sich mit Hilfe der OPEN-Anweisung durchführen (s. Kap. 11.2.1). Anschließend kann das Programm Datensätze, die es z. B. eingelesen oder auf sonst eine Weise erzeugt hat, in die Datei übertragen. Dies geschieht mit Hilfe der WRITE-Anweisung (s. Kap. 11.4.2 und 11.4.6). Ist das Beschreiben der Datei beendet, so wird die Verbindung zu ihr mittels der Anweisung CLOSE gelöst (s. Kap. 11.2.2).

zu 2 :   Will man zu einem späteren Zeitpunkt auf eine existierende Datei erneut zugreifen (z. B. bei wiederholter Ausführung des Programms oder durch ein anderes Programm), so ist zuerst die Datei mit dem Programm zu verbinden (z. B. mittels OPEN, das auch diese Aufgabe wahrnehmen kann). Jetzt steht die Datei dem Programm zur Verfügung, und es können Datensätze übertragen werden, entweder aus der Datei in das Programm (mittels READ) oder in umgekehrter Richtung vom Programm in die Datei (mittels WRITE), wie in Abb. 11.1.1 angegeben. Dies ist so lange möglich, bis durch CLOSE die Verbindung zwischen Programm und Datei wieder gelöst wird.

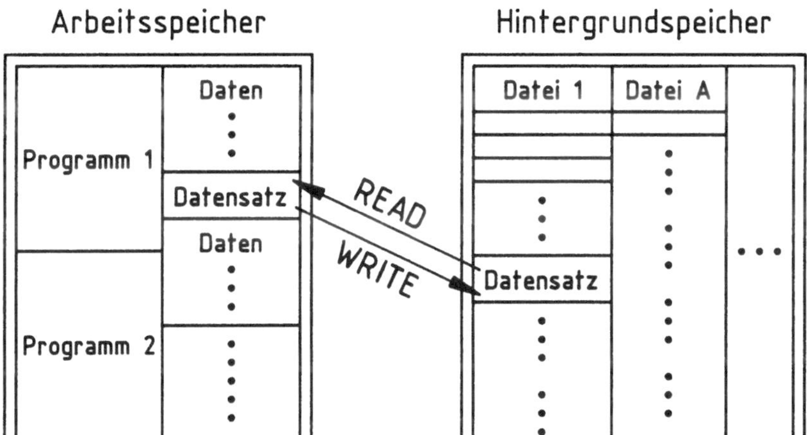

Abb. 11.1.1 Schematische Darstellung der Übertragung von Datensätzen aus einer Datei in ein Programm und umgekehrt

zu 3 :   Wird eine Datei endgültig nicht mehr benötigt, so kann man sie löschen. Hierzu dient die Anweisung CLOSE, die - ebenso wie OPEN - verschiedene Funktionen wahrnehmen kann.

Der Umgang mit einer Datei, wie er hier beschreiben ist, wird vom Programm aus durch entsprechende FORTRAN-Anweisungen gesteuert. Dies gilt für die Übertragung von Datensätzen (durch READ oder WRITE) wie auch für das Anlegen oder Löschen einer Datei (mittels OPEN bzw. CLOSE). Letzteres fällt aber bereits in den Aufgabenbereich des Betriebssystems. Dieses verwaltet als übergeordnetes Organisationsprogramm sämtliche Komponenten des Computers (vgl. Kap. 4.8), auch die Hintergrundspeicher mitsamt ihren Dateien. Deshalb steht der Umgang mit Dateien in enger Beziehung zum Betriebssystem. Dies hat verschiedene

Konsequenzen

a)   Die Bearbeitung einer Datei, wie z. B.

- Anlegen oder Löschen einer Datei

- Verbindung zwischen Datei und einem Programm herstellen bzw. lösen

- Eintragen eines Datensatzes in eine Datei

ist auch außerhalb eines Programms möglich, mit Hilfe geeigneter Steueranweisungen an das Betriebssystem.

b) Genaugenommen kann ein Programm nicht selbst auf eine Datei zugreifen, sondern nur mit Hilfe des Betriebssystems. Das bedeutet, daß bei Ausführung der Anweisungen OPEN, CLOSE, READ und WRITE die entsprechenden Aktionen durch das Betriebssystem vorgenommen werden.

c) In Kapitel 10 und davor ist die Ein- und Ausgabe über E/A-Geräte etwas verkürzt dargestellt, denn die dort behandelten Anweisungen READ, WRITE und PRINT benutzen ebenfalls Hilfsroutinen des Betriebssystems bei ihrer Ausführung. Dabei werden Eingabeanweisungen so interpretiert, als bekäme das Programm Datensätze aus einer Datei (Eingabedatei), und jede mit formatiertem READ gelesene Eingabezeile entspricht einem Datensatz. Er umfaßt alle gelesenen Zeichen. Analog werden Ausgabeanweisungen interpretiert: Die Ausgabe einer Zeile durch formatiertes WRITE bzw. PRINT wird als Übertragung eines Datensatzes in eine Ausgabedatei aufgefaßt. Dabei gilt für eine **Eingabedatei**, daß die Datensätze nur aus der Datei in das Programm übertragen werden können, nicht aber auch umgekehrt. Entsprechend können in einer **Ausgabedatei** Datensätze nur abgespeichert werden.

Häufig arbeiten Programme mit mehreren Dateien gleichzeitig. Um sie zu unterscheiden, wird in FORTRAN jede Datei durch eine Dateinummer gekennzeichnet.

Eine Dateinummer

- ist eine nichtnegative ganze Zahl
- dient der eindeutigen Kennzeichnung einer Datei
- muß immer dann angegeben werden, wenn im Programm auf die betreffende Datei Bezug genommen wird

Gewöhnlich ist der zulässige Zahlenbereich eingeschränkt. Einige Zahlen können auch eine durch das Betriebssystem vorbestimmte Bedeutung haben : Häufig kennzeichnet 5 (oder 1) das Standardeingabegerät und 6 (oder 2) das Standardausgabegerät. Einzelheiten sind rechnerabhängig ; man orientiere sich am Handbuch des betreffenden Computers.

Bemerkungen

a) Eine Dateinummer wird z. B. in der OPEN-Anweisung festgelegt. Sie kann innerhalb der rechnerabhängigen Grenzen gewählt werden. Auch die Nummern mit vorbestimmter Bedeutung sind u. U. benutzbar, doch sollte man darauf um der Klarheit eines Programms willen verzichten.

b)   Da das Betriebssystem die Dateien verwaltet, trägt jede Datei auch einen systemabhängigen Namen, dessen Bauart vom jeweiligen Betriebssystem abhängt. Ein FORTRAN-Programm kann aber nur mittels der Dateinummer auf die Datei zugreifen. Deshalb muß man einen Dateinamen einer Dateinummer zuordnen. Dies kann entweder mittels OPEN geschehen oder durch eine Steueranweisung des Betriebssystems.

c)   Daß auch Ein- und Ausgabegeräte durch nichtnegative ganze Zahlen angesprochen werden, wurde bereits in Kapitel 10 bei den Anweisungen READ und WRITE gesagt. Dies widerspricht nicht der Verwendung solcher Zahlen als Dateinummern, da - wie oben angegeben - eine Ein- oder Ausgabe über E/A-Geräte so interpretiert wird, als würden Datensätze aus einer Eingabe- bzw. in eine Ausgabedatei übertragen.

11.1.3 Eigenschaften von Dateien

Dateien können unterschiedliche Eigenschaften haben, je nachdem welche Aufgaben sie übernehmen sollen. Eine dieser Eigenschaften betrifft den **Zugriff auf die Datei.** Er kann auf zwei Arten erfolgen : entweder sequentiell oder direkt. Dementsprechend unterscheidet man zwischen sequentiellen Dateien und Direktdateien :

In einer **sequentiellen Datei** sind die Datensätze sequentiell gespeichert, d. h. "hintereinander" in der Reihenfolge, in der sie dorthin übertragen wurden. Nur in dieser Reihenfolge kann man auch auf die einzelnen Sätze zugreifen. Das bedeutet insbesondere, daß ein bestimmter Datensatz erst dann gelesen werden kann, wenn alle vorangehenden Sätze gelesen worden sind. Sequentielle Dateien werden in 11.4.1 bis 11.4.4 behandelt.

In einer **Direktdatei** kann man auf jeden Datensatz unmittelbar ("direkt") zugreifen, ohne daß zuvor andere Datensätze angesprochen werden müssen. Zu jedem Satz gehört eine eindeutige Satznummer, die beim Eintragen des Satzes in die Datei festgelegt wird. Sie ist anzugeben, wenn dieser Satz gelesen werden soll. Dadurch ist es möglich, die Sätze in irgendeiner Reihenfolge zu lesen. Auch eintragen kann man die Sätze in beliebiger Reihenfolge. Die Kapitel 11.4.5 und 11.4.6 behandeln Direktdateien.

Die Art des Zugriffs auf eine Datei hängt davon ab, wo sich die Datei befindet. So kann ein Magnetband nur sequentielle Dateien aufnehmen, während auf Magnetplatte eine Datei sequentiell oder direkt organisiert sein kann. Die Festlegung erfolgt in der OPEN-Anweisung. Die zu E/A-Geräten gehörigen Ein- bzw. Ausgabedateien sind stets sequentielle Dateien.

Ein Datensatz wird entweder in formatierter Form oder formatfrei in eine Datei übertragen. Damit ist die folgende Unterscheidung gemeint :

In einem **formatierten Datensatz** werden die Daten durch Zeichen dargestellt, beispielsweise die INTEGER-Zahl 19 durch ihre Ziffern 1 und 9. Ein solcher Datensatz besteht dementsprechend aus Zeichen wie Ziffern, Buchstaben und Sonderzeichen, vergleichbar einer durch Menschen lesbaren Form. Zu seiner Übertragung in eine bzw. aus einer Datei ist eine Formatangabe erforderlich.

Ein **formatfreier Datensatz** enthält die Daten in der Form, in der sie intern im Computer dargestellt sind. So kann z. B. die INTEGER-Zahl 19 durch ihre Binärdarstellung 10011 wiedergegeben sein. Die Übertragung formatfreier Datensätze in eine bzw. aus einer Datei geschieht ohne Formatangabe.

Einzelheiten über formatierte und formatfreie Datensätze bringt Kapitel 11.3. Eine Datei enthält entweder nur formatierte oder nur formatfreie Datensätze. Die Festlegung hierüber erfolgt in der OPEN-Anweisung.

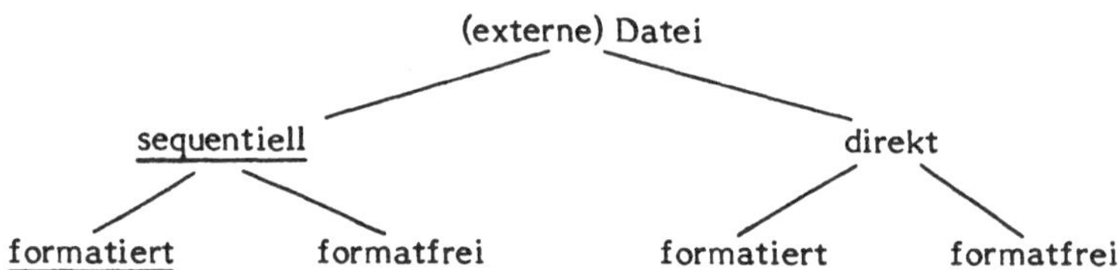

Abb. 11.1.2   Eigenschaften von Dateien und ihr Zusammenhang

Abb. 11.1.2 zeigt, welche der besprochenen Eigenschaften eine Datei haben kann und wieweit diese Eigenschaften miteinander gekoppelt sind. Die unterstrichenen Eigenschaften sind Voreinstellungen, die dann gelten, wenn im jeweiligen Fall keine explizite Festlegung in der OPEN-Anweisung getroffen wird (vgl. 11.2.1).

Dateien lassen sich noch hinsichtlich ihrer **"Lebensdauer"** unterscheiden. Gewöhnlich sind sie für eine **langfristige Speicherung** von Daten vorgesehen, so daß man in verschiedenen Programmläufen auf die Datei zugreifen kann. Es gibt aber auch **temporäre Dateien,** die nur während eines einzigen Programmlaufs benutzt werden und anschließend nicht mehr verfügbar sind. Sie haben für solche Programme Bedeutung, bei denen so viele Daten verarbeitet werden, daß der im Arbeitsspeicher verfügbare Platz nicht ausreicht. In diesem Fall kann man vorübergehend nicht benötigte Daten in eine temporäre Datei auslagern. Ob eine Datei temporär oder langfristig verwendet werden soll, ist beim Anlegen der Datei anzugeben.

11.1.4 Zusammenstellung der Ein-/Ausgabeanweisungen für Dateien

Für den Umgang mit Dateien wurden bereits in 11.1.2 einige Anweisungen angegeben. Daneben gibt es noch weitere ; sie alle werden als Ein-/Ausgabeanweisungen für Dateien bezeichnet. Die nachstehende Tabelle gibt einen Überblick über diese Anweisungen und ihre Bedeutung ; sie enthält ferner Verweise auf die Stellen des Buches, an denen man ausführlichere Angaben findet.

Anweisung	Bedeutung	Dateityp	Behandlung in
READ	Datenübertragung aus Datei	sequentiell	11.4.2
WRITE, PRINT	Datenübertragung in Datei	direkt	11.4.6
OPEN	Datei anlegen		11.2.1
	Datei mit Programm verbinden		
	Dateieigenschaften festlegen		
CLOSE	Verbindung zwischen Programm und Datei lösen		11.2.2
	Datei löschen		
BACKSPACE, REWIND	Positionierung	sequentiell	11.4.4
ENDFILE	Dateiendekennung anbringen		11.4.2
INQUIRE	Informationen über Datei		11.5

Bemerkung

In den folgenden Kapiteln wird bei der Behandlung dieser Anweisungen die gültige Norm von FORTRAN 77 angegeben. Verschiedene Computer weichen davon allerdings ab - gerade bei diesen Anweisungen zur Dateibehandlung. So enthalten z. B. einige Compiler für PC nicht alle in der Norm vorgesehenen Möglichkeiten. Auf der anderen Seite sind bei Großrechnern häufig noch weitergehende Möglichkeiten integriert. Es ist deshalb stets ratsam, sich anhand des FORTRAN-Handbuchs des Computers zu informieren, was jeweils gilt. Ferner sollte man auf keinen Fall über die Norm hinausgehen, um die Portabilität eines Programms nicht zu gefährden.

11.2   Die Anweisungen OPEN und CLOSE

Die Anweisungen OPEN und CLOSE dienen dazu, eine Datei anzulegen bzw. zu löschen. Ferner wird durch OPEN die Verbindung zwischen dem Programm und der Datei hergestellt und mit CLOSE wieder gelöst. Diese Verbindung wird mit Hilfe der Dateinummer realisiert : OPEN legt die Nummer der Datei fest, unter der anschließend READ und WRITE auf diese Datei zugreifen können. Diese Festlegung wird durch CLOSE wieder aufgehoben. Im einzelnen sind die

Funktionen von OPEN

- Anlegen einer neuen Datei

- Verbindung zwischen Programm und Datei herstellen durch Zuordnen einer Dateinummer an die Datei

- Festlegung der Eigenschaften der Datei

Funktionen von CLOSE

- Zuordnung einer Dateinummer an eine Datei aufheben und dadurch Lösen der Verbindung zwischen Programm und Datei

- Löschen einer Datei

Bemerkungen

a)   OPEN und CLOSE sind ausführbare Anweisungen. Die Ausführung von OPEN bzw. CLOSE bezeichnet man auch als "Öffnen" bzw. "Schließen" einer Datei.

b)   Bevor auf eine Datei zugegriffen werden kann, muß diese Datei zuvor geöffnet worden sein. OPEN muß deshalb im Programmablauf **vor** der ersten READ- bzw. WRITE-Anweisung stehen, welche die betreffende Dateinummer benutzt.

c)   Wird eine Datei mit CLOSE geschlossen, so ist danach auf sie kein Zugriff mehr möglich (es sei denn, sie wird erneut geöffnet). Ein READ oder WRITE mit der betreffenden Dateinummer kann dann nicht mehr erfolgen.

d)   Wird eine Datei nicht mittels CLOSE geschlossen, so geschieht dies automatisch bei Beendigung der Programmausführung. Trotzdem ist es ratsam, stets CLOSE zu verwenden, da sonst u. U. - etwa im Fall eines vorzeitigen Programmabbruchs - Datensätze verloren gehen können.

e) Es gibt auch Dateien, denen von vornherein eine bestimmte Dateinummer zugewiesen ist. Beispielsweise trifft dies für die Ein- und Ausgabedateien zu, die mit der Standardeingabe bzw. -ausgabe verknüpft sind. Für solche Dateien ist kein OPEN erforderlich, da sie automatisch mit dem Programm verbunden werden. CLOSE wird hier ebenfalls nicht benötigt, die Trennung der Verbindung erfolgt automatisch.

11.2.1 Die OPEN-Anweisung

Allgemeine Form

        OPEN ([UNIT =] u [, FILE = datnam] [,egliste] [, errliste])

mit   u :   Dateinummer (INTEGER-Ausdruck, $\geq$ 0)

        datnam :   CHARACTER-Ausdruck
                       gibt den (systemabhängigen) Namen der Datei an

        egliste :   Liste mit Parametern zu den Dateieigenschaften (s. u.)

        errliste :   Liste mit Parametern zur Fehlerbehandlung (s. u.)

Wirkung: • Ist ' datnam ' angegeben und gibt es eine Datei dieses Namens, so erhält sie die Dateinummer ' u '. Existiert eine Datei dieses Namens noch nicht, so wird zuerst eine solche angelegt und ihr die Nummer ' u ' zugewiesen.

        • Fehlt ' datnam ', so erhält eine vom Betriebssystem bestimmte Datei die Nummer ' u '. Diese Datei kann bereits existieren (wenn z. B. eine Datei durch ein früheres OPEN die Nummer ' u ' bekommen hat und in der Zwischenzeit nicht gelöscht wurde) oder auch nicht ; im letzteren Fall wird sie neu angelegt.

        • ' egliste ' gibt die Eigenschaften der Datei an.

        • Die Parameter von ' errliste ' gestatten es, Maßnahmen für den Fall zu treffen, daß die Ausführung von OPEN fehlerhaft verläuft.

Parameter zu den Dateieigenschaften

' egliste ' kann die nachstehenden Parameter enthalten. Wird einer von ihnen nicht angegeben, so gilt für diesen - außer bei RECL - der bei "Voreinstellung" angegebene Wert.

ACCESS = acc

     mit acc : CHARACTER-Ausdruck, der die Zugriffsart festlegt.
Mögliche Werte sind :

   'SEQUENTIAL' für sequentiellen Zugriff
   'DIRECT'   für Direktzugriff

Voreinstellung : 'SEQUENTIAL'

FORM = fm

     mit fm : CHARACTER-Ausdruck, der die Form der Datensätze festlegt.
Mögliche Werte sind :

   'FORMATTED'   für formatierte Sätze
   'UNFORMATTED' für formatfreie Sätze

Voreinstellung : 'FORMATTED'   für sequentielle Datei
                   'UNFORMATTED' für Direktdatei

STATUS = sta

     mit sta : CHARACTER-Ausdruck, der eine Angabe zur Existenz der Datei macht.
Mögliche Werte sind

- falls 'datnam' angegeben ist :

     'OLD' es existiert bereits eine Datei namens 'datnam'

     'NEW' es existiert noch keine Datei namens 'datnam'.
In diesem Fall bewirkt OPEN, daß eine neue Datei mit Namen 'datnam' angelegt wird, und anschließend erhält 'sta' den Wert 'OLD'.

- wenn 'datnam' nicht angegeben ist :

     'SCRATCH' es wird eine temporäre Datei angelegt

- unabhängig von einer Angabe 'datnam' :

     'UNKNOWN' über die Existenz der Datei ist nichts bekannt. Dann erhält 'sta' einen anlagenabhängigen Wert.

Voreinstellung : 'UNKNOWN'

RECL = rl

     mit rl : INTEGER-Ausdruck, > 0. Er gibt die Länge eines Datensatzes (record length) bei Direktzugriff an (Einzelheiten s. Kap. 11.4.5).

Dieser Parameter muß bei Direktzugriff angegeben werden ; bei sequentiellem Zugriff ist dieser Parameter verboten.

BLANK = blnk

mit blnk :   CHARACTER-Ausdruck

Dieser Parameter darf nur bei Dateien mit formatierten Sätzen angegeben werden und legt fest, wie bei der Eingabe von Zahlen aus dieser Datei Zwischenräume innerhalb und nach einer Zahl zu interpretieren sind (analog zu den Beschreibern BN und BZ, vgl. Kap. 10.7.10).

Mögliche Werte sind :

'NULL'   eingebettete und nachfolgende Zwischenräume werden ignoriert

'ZERO'   ein Zwischenraum wird als $\emptyset$ interpretiert

Voreinstellung :   'NULL'

Parameter zur Fehlerbehandlung

In 'errliste' kann man die nachstehenden Parameter angeben, die bereits bei WRITE und READ vorkamen (s. Kap. 10.3 und 10.1) und dieselbe Bedeutung wie dort haben :

IOSTAT = ios

mit ios :   ● Variable oder Feldelement vom Typ INTEGER

● erhält den Wert Null, wenn OPEN fehlerfrei ausgeführt wird

● andernfalls einen (computerabhängigen) positiven Wert

ERR = nr

mit nr :   Anweisungsnummer (für Fortsetzung des Programms im Fehlerfall)

Verläuft die Ausführung von OPEN fehlerhaft (wenn z. B. für eine bereits existierende Datei STATUS = 'NEW' angegeben wird), so wird das Programm

● bei 'nr' fortgesetzt, falls ERR angegeben ist (unabhängig von einer Angabe IOSTAT)

● nach OPEN fortgesetzt, wenn ERR nicht, jedoch IOSTAT angegeben ist

● abgebrochen, wenn weder ERR noch IOSTAT angegeben sind (aber daran halten sich nicht alle Computer).

Erläuterungen

a) Die Dateinummer ' u ' muß immer angegeben werden, ebenso auch der Parameter RECL im Fall einer Direktdatei. Die übrigen Parameter können wahlweise verwendet werden. Die Reihenfolge der Parameter darf von der oben angegebenen abweichen ; es ist aber besser, eine bestimmte Anordnung einzuhalten. Die Angabe UNIT = kann entfallen, wenn ' u ' der erste Parameter ist.

b) Man beachte, daß verschiedene Parameter, wenn sie nicht angegeben werden, einen durch Voreinstellung festgelegten Wert haben. Dann gilt :

    ACCESS =   ' SEQUENTIAL '
    FORM   =   ' FORMATTED ' bzw. ' UNFORMATTED '
    STATUS =   ' UNKNOWN '
    BLANK   =   ' NULL '

    Empfehlung : Man verlasse sich nicht auf Voreinstellungen, da dies zu Fehlern führen kann. Vielmehr gebe man die gewünschten Eigenschaften auch an ; das Programm gewinnt dadurch an Verständlichkeit.

c) Viele Parameter enthalten einen CHARACTER-Ausdruck. Häufig gibt man einfach einen der möglichen Werte an, eingeschlossen in Apostrophe. Manchmal benutzt man auch mit Vorteil eine CHARACTER-Variable (z. B. wenn ihr mittels INQUIRE ein geeigneter Wert zugewiesen wurde, vgl. Kap. 11.5). Sofern der Wert eines CHARACTER-Ausdrucks führende Leerzeichen enthält, werden diese ignoriert.

d) ' u ' ist ein INTEGER-Ausdruck, gewöhnlich eine INTEGER-Zahl oder eine INTEGER-Variable. Auf keinen Fall jedoch ein * !

Beispiele

a) Ein Programm erhält Daten im Dialog und will diese in späteren Läufen wieder verwenden. Hierzu sollen die Daten in einer neu anzulegenden sequentiellen Datei formatiert gespeichert werden. Mittels

```
OPEN ( 20 , FILE = ' Eingabe.Dat ' , ACCESS = ' SEQUENTIAL ' ,
       FORM = ' FORMATTED ' , STATUS = ' NEW ' )
```

wird eine Datei der gewünschten Art angelegt. Sie erhält einen betriebssystemabhängigen Namen, in diesem Fall "Eingabe.Dat" , und wird der Dateinummer 20 zugewiesen. In einem späteren Programmlauf bewirkt dann

```
OPEN ( 20 , FILE = ' Eingabe.Dat ' , ACCESS = ' SEQUENTIAL ' ,
       FORM = ' FORMATTED ' , STATUS = ' OLD ' , IOSTAT = FEHLER )
```

die Öffnung dieser Datei für erneuten Zugriff. FEHLER erhält dabei den Wert $\emptyset$, wenn das Öffnen fehlerfrei möglich ist, andernfalls einen positiven Wert. Die Datei kann unter der Dateinummer 20 angesprochen werden. Es ist aber auch zulässig, für den erneuten Zugriff eine andere Dateinummer zu verwenden, z. B. 25 ; dies erreicht man mittels

```
OPEN ( 25 , FILE = ' Eingabe.Dat ' , ACCESS = ' SEQUENTIAL ' ,
       FORM = ' FORMATTED ' , STATUS = ' OLD ' , IOSTAT = ' FEHLER' )
```

b)   Es sei "Adressen" der Name einer Direktdatei, deren Sätze Adressen in formatierter Form enthalten. Dann öffnet

```
OPEN ( 40 , FILE = ' Adressen ' , ACCESS = ' DIRECT ', FORM = ' FORMATTED ' ,
       STATUS = ' OLD ' , RECL = 140 )
```

diese Datei für einen Zugriff mittels der Dateinummer 40. Die Länge der Datensätze beträgt jeweils 140 Zeichen.

c)   Für ein umfangreiches lineares Optimierungsproblem wurde die Matrix der Nebenbedingungen spaltenweise in einer Direktdatei namens "LOPDAT" in formatfreier Form abgelegt. Die Sätze entsprechen den einzelnen Spalten. Verläuft die Ausführung von

```
OPEN ( 35 , FILE = ' LOPDAT ' , ACCESS = ' DIRECT ' , FORM = ' UMFORMATTED ' ,
       STATUS = ' OLD ' , RECL = 3 * M , IOSTAT = FEHLER )
```

fehlerfrei, was man am Wert von FEHLER erkennen kann, dann hat anschließend diese Datei die Nummer 35, unter der sie mitsamt ihren Datensätzen zugänglich ist. Die Satzlänge (vgl. Kap. 11.4.5) beträgt $3 * M$, wobei M die Zeilenzahl der Matrix bedeutet. M muß zuvor einen Wert erhalten haben.

d)   Mittels

```
OPEN ( 86 , ACCESS = ' SEQUENTIAL ' , FORM = ' FORMATTED ' ,
       STATUS = ' SCRATCH ')
```

wird eine temporäre sequentielle Datei mit formatierten Sätzen angelegt, die z. B. zum Speichern von Zwischenergebnissen benutzt werden kann. Sie ist über die Dateinummer 86 ansprechbar und wird durch das zugehörige CLOSE oder am Ende der Programmausführung wieder gelöscht.

Achtung!   In allen angegebenen Beispielen ist die OPEN-Anweisung jeweils so lang, daß sie auf einer Zeile nicht untergebracht werden kann und in der darauffolgenden Zeile fortgesetzt wird. Strenggenommen handelt es sich dabei dann um eine **Fortsetzungszeile,** die in Position 6 z. B. mit dem Zeichen $ zu markieren ist. Wir verzichten jedoch aus Gründen der Vereinfachung hierauf, auch in folgenden Beispielen.

11.2.2 Die CLOSE-Anweisung

Allgemeine Form

CLOSE ([UNIT =] u [, STATUS = sta] [, IOSTAT = ios] [, ERR = nr])

mit   u :   Dateinummer (INTEGER-Ausdruck , ≥ 0)

        sta :   CHARACTER-Ausdruck, der angibt, was mit der Datei nach Ausführung von CLOSE geschehen soll.
Mögliche Werte sind :

'KEEP'   die Datei bleibt erhalten (sie "existiert" weiterhin) und ist nach erneutem OPEN wieder zugänglich
(darf nicht für solche Dateien angegeben werden, die mit STATUS = 'SCRATCH' eröffnet wurden)

'DELETE'   die Datei wird gelöscht und "existiert" nicht mehr

Voreinstellung : 'DELETE' wenn die Datei mit 'SCRATCH' eröffnet wurde
'KEEP' sonst

        ios :   Variable oder Feldelement vom Typ INTEGER (erhält den Wert $\emptyset$, wenn CLOSE fehlerfrei ausgeführt wird, andernfalls einen positiven Wert)

        nr :   Anweisungsnummer (für Fortsetzung im Fehlerfall)

Wirkung

a)   Ist 'u' einer Datei zugeordnet, so beendet CLOSE diese Verbindung.

Abhängig vom Wert von 'sta' wird die Datei entweder gelöscht (STATUS = 'DELETE') oder sie bleibt für erneuten Zugriff erhalten (STATUS = 'KEEP').

Verläuft die Ausführung vor CLOSE fehlerfrei, so erhält 'ios' den Wert $\emptyset$, andernfalls einen (computerabhängigen) positiven Wert. Die Fortsetzung des Programms im Fehlerfall geschieht in derselben Weise wie bei OPEN (s. 11.2.1, Parameter ERR).

b)   Ist 'u' keiner Datei zugeordnet, so hat CLOSE praktisch keine Wirkung.

Erläuterungen

a)   Eine Angabe von 'u' ist immer erforderlich, während die übrigen Parameter wahlweise verwendet werden können. Die Reihenfolge der Parameter darf von der oben angegebenen abweichen ; eine einheitliche Anordnung empfiehlt sich aber. Ist 'u' der erste Parameter, so kann die Angabe UNIT = entfallen.

b)   Soll eine Datei langfristig genutzt werden, so darf man sie nur mit STATUS = ' KEEP ' schließen. Gelöscht wird eine Datei, indem man sie mit STATUS = ' DELETE ' schließt.

Beispiel

Die in Beispiel a) von Kapitel 11.2.1 angelegte Datei namens "Eingabe.Dat" wird mittels

$$\text{CLOSE (20 , STATUS = ' KEEP ')}$$

geschlossen. Sie bleibt erhalten und kann mit erneutem OPEN wieder geöffnet werden. Gleichwertig dazu - aber keineswegs empfehlenswert! - ist auch

$$\text{CLOSE (20)}$$

Hier wird von der Voreinstellung für STATUS Gebrauch gemacht, was aber nicht zur Deutlichkeit beiträgt, sondern die Gefahr in sich birgt, daß ein falscher Wert wirksam wird. Will man diese Datei endgültig löschen, so geschieht dies mittels

$$\text{CLOSE (20 , STATUS = ' DELETE ')}$$

In allen drei Fällen muß zuvor die Datei geöffnet und ihr die Dateinummer 20 zugewiesen worden sein.

11.2.3 Regeln für den Gebrauch von OPEN und CLOSE

1.   Das Öffnen und Schließen einer Datei kann in einer beliebigen Programmeinheit erfolgen. Entsprechend kann man in jeder Programmeinheit auf eine geöffnete Datei zugreifen.

2.   Bei regulärer Beendigung der Programmausführung (also nicht bei Abbruch infolge eines Fehlers) werden alle geöffneten Dateien automatisch geschlossen, und zwar mit STATUS = ' KEEP '; eine Ausnahme bilden die mit ' SCRATCH ' eröffneten Dateien (temporäre Datei), sie werden gelöscht.

3.   Eine Datei kann während eines Programmlaufs mehrmals hintereinander geöffnet und geschlossen werden (falls es sich nicht um eine temporäre Datei handelt ; eine solche ist nicht mehr ansprechbar, sobald sie einmal geschlossen wurde). Sie braucht dabei nicht immer derselben Dateinummer zugewiesen werden. Entsprechend steht auch eine Dateinummer u nach CLOSE (u , ...) zur freien Verfügung und kann entweder für dieselbe Datei wie zuvor oder für eine andere benutzt werden.

4.   Wurde einer Datei namens "X" durch OPEN die Dateinummer u zugewiesen, dann gilt :

   a)   Ein erneutes OPEN (u , FILE = ' X ' , ...) ist zulässig, aber nur für den Fall, daß der BLANK-Parameter neu festgelegt werden soll. Alle anderen Parameter müssen unverändert bleiben.

b)   Die Datei "X" darf nicht gleichzeitig auch noch einer anderen Dateinummer v
       zugeordnet werden.

c)   Eine Anweisung OPEN (u , FILE = ' Y ' , ...) ist erlaubt. Sie bewirkt allerdings zuvor
       die Ausführung von CLOSE (u) , worauf dann u frei ist für eine Zuordnung an " Y " .

Empfehlung :   Man sollte diese "abgekürzte" Verfahrensweise vermeiden und das
                    CLOSE explizit angeben. Das Programm wird dadurch verständ-
                    licher.

11.3   Formatierte und formatfreie Datensätze

11.3.1 Überblick und Bedeutung

Datensätze können formatiert oder formatfrei sein. In einem **formatierten Datensatz** werden
die Daten durch Zeichen dargestellt, z. B. die INTEGER-Zahl 217 durch ihre Ziffern 2 , 1 und 7
(vergleichbar mit den Ein- und Ausgabedaten bei Standard-Ein-/Ausgabe). Ein formatierter
Datensatz besteht deshalb aus einer Folge von Zeichen.

Demgegenüber enthält ein **formatfreier Datensatz** die Daten in der Form, in der sie im
Arbeitsspeicher des Computers vorliegen. Im allgemeinen sind dies irgendwelche Bitmuster ;
für die oben erwähnte INTEGER-Zahl 217 mag dies beispielsweise LL0LL00L sein, die
Darstellung im Dualsystem. Da diese interne Darstellung rechnerabhängig ist, kann eine Datei
mit formatfreien Sätzen in der Regel nur auf demjenigen Computer benutzt werden, der diese
Datei erzeugt hat. Demgegenüber ist bei Dateien mit formatierten Sätzen eine Nutzung durch
verschiedene Computer möglich.

Die Bedeutung formatfreier Datensätze wird einsichtig, wenn man sich vergegenwärtigt, was
beim Transport von Datensätzen aus dem Programm in die Datei und umgekehrt im einzelnen
geschieht. Die Daten, die einen Satz bilden, befinden sich zunächst im Arbeitsspeicher des
Computers und haben damit die computerinterne Bit-Form, die gewöhnlich von der zeichen-
weisen Darstellung eines formatierten Datensatzes verschieden ist (manchmal kann es auch
Übereinstimmung geben, z. B. bei CHARACTER-Größen, die ja aus einzelnen Zeichen bestehen). Wird dann der Satz in formatierter Form in die Datei übertragen, so müssen die Daten
zuerst aus der internen in die formatierte Form gewandelt werden ; Entsprechendes gilt - nur
in umgekehrter Richtung - für den Transport von formatierten Sätzen aus der Datei in das
Programm. Bei formatfreien Datensätzen bleiben dagegen die Daten unverändert so, wie sie
im Arbeitsspeicher bereits vorliegen, und der Aufwand für die Wandlung entfällt. Dies
bedeutet eine Zeitersparnis, die ganz beträchtlich sein kann, manchmal bis zu einem
Faktor 10.

Wegen dieser Zeitersparnis könnte es vorteilhaft erscheinen, grundsätzlich nur formatfreie Datensätze zu verwenden. Das ist aber nicht möglich, da es verschiedene Situationen gibt, in denen formatierte Sätze gebraucht werden bzw. in denen formatfrei aus technischen Gründen nicht möglich ist (vgl. Kap. 11.3.5). In vielen Fällen läßt sich allerdings ebensogut mit formatfreien wie auch mit formatierten Datensätzen arbeiten. Dann sollte man formatfrei bevorzugen, da hierdurch das Programm schneller und gleichzeitig weniger fehleranfällig wird (Formatangaben entfallen !).

Wie schon in 11.1.2 angegeben, verwendet man WRITE zur Ausgabe von Datensätzen in eine Datei und READ, um die Sätze wieder aus der Datei zu lesen, d. h. in das Programm zu übertragen. Deshalb bezeichnet man WRITE in diesem Zusammenhang ebenfalls als Ausgabe-anweisung (zum Schreiben in eine Datei) und READ als Eingabeanweisung (zum Lesen aus einer Datei). Ihre Bauart ist wie in Kapitel 10.1 und 10.3 angegeben oder ähnlich ; die genaue Form richtet sich nach den Eigenschaften der Datei, auf die zugegriffen wird (Einzelheiten folgen in Kap. 11.4). Eine solche E/A-Anweisung kann eine Angabe zur Formatierung enthalten oder nicht, je nachdem, ob formatierte oder formatfreie Datensätze zu übertragen sind (weitere Einzelheiten folgen in 11.3.2 bis 11.3.4).

Man beachte, daß listengesteuerte E/A - bei der keine Format-Beschreiber angegeben werden, jedoch ein * als Angabe zur Formatierung - ebenfalls formatierte Datensätze überträgt und nicht mit formatfreier E/A zu verwechseln ist. Bei letzterer enthalten die Anweisungen READ und WRITE keinerlei Angabe zur Formatierung !

11.3.2 Ausgabe formatierter Datensätze

Enthält eine WRITE-Anweisung eine Angabe zur Formatierung, so werden formatierte Daten-sätze in die Datei übertragen. Dies ist allerdings nur dann zulässig, wenn die Datei so eröffnet wurde, daß sie für formatierte Datensätze vorgesehen ist, z. B. durch OPEN mit Hilfe des Parameters FORM = 'FORMATTED'. Wir betrachten hierzu ein Beispiel, bei dem eine sequentielle Datei zugrunde liegt. Dabei benutzen wir die folgende WRITE-Anweisung :

$$\text{WRITE (u , f) Ausgabeliste}$$

Sie stimmt mit der in Kapitel 10.3 angegebenen WRITE-Anweisung überein und bewirkt wie diese, daß die Werte der in der Ausgabeliste aufgeführten Größen in einer Form, die durch ' f ' bestimmt ist, in die Datei mit der Nummer ' u ' übertragen werden. Dabei können ein oder mehrere Datensätze übertragen werden, dies hängt von den durch ' f ' bestimmten Formatangaben ab.

Beispiel

Die Variablen M , N , PI und BEL seien in folgender Weise festgelegt :

```
INTEGER  M , N
REAL     PI , BEL
DATA     M , N / 1024 , 54321 /
DATA     PI / 3.1416 / , BEL / 12.34 /
```

Ferner sei eine Datei eröffnet worden durch

```
OPEN ( 20 , FILE = ' FT ' , ACCESS = ' SEQUENTIAL ' , FORM = ' FORMATTED ' ,
       STATUS = ' NEW ' , BLANK = ' NULL ' )
```

a)   Die Anweisung

```
WRITE ( 20 , ' ( 2 I 6 , 2 F 10.5 ) ' ) M , N , PI , BEL
```

überträgt in die Datei genau einen Datensatz, der nacheinander die Werte von M , N , PI und BEL in dieser Reihenfolge enthält. Die Darstellung orientiert sich dabei an der Formatliste ; der Datensatz enthält genau dieselben Zeichen, die z. B. bei einer Ausgabe über die Standardausgabe erscheinen würden. Er hat somit die Form

	1024	54321	3.14160	12.34000
Variable:	M	N	PI	BEL
Format:	I 6	I 6	F 10.5	F 10.5

b)   Die Anweisung

```
WRITE ( 20 , ' ( 2 I 6 / 2 F 10.5 ) ' ) M , N , PI , BEL
```

überträgt zwei Sätze in die Datei, weil in der Formatliste der Beschreiber / den einen Datensatz beendet und einen neuen beginnt (vgl. Kap. 10.7.4). Der erste Satz enthält die Werte von M und N und der zweite die Werte von PI und BEL. Die Darstellung ist dabei dieselbe wie bei a), da die zugehörigen Format-Beschreiber dieselben sind. (Allerdings wird hinter N eine "Markierung" als Endezeichen für den ersten Satz stehen. Auf derartige Weise sind in der Regel die Sätze einer Datei voneinander getrennt.) - Dasselbe Ergebnis erzielt man auch durch die beiden folgenden Anweisungen, von denen jede einen Datensatz überträgt :

```
WRITE ( 20 , ' ( 2 I 6 ) ' ) M , N
WRITE ( 20 , ' ( 2 F 10.5 ) ' ) PI , BEL
```

c)   Formatierte Datensätze erhält man auch, wenn man * als Angabe zur Formatierung benutzt. So bewirkt die Anweisung

WRITE (20 , *) M , N , PI , BEL

ebenfalls wie bei a) die Übertragung eines Datensatzes mit den Werten von M , N , PI und BEL in die Datei. Die Werte sind jedoch diesmal in einer Form dargestellt, wie sie listengesteuerter Ausgabe entspricht.

Bemerkungen

a) Obwohl diesem Beispiel eine sequentielle Datei zugrunde liegt, gilt das bei a) und b) Gesagte auch für eine Direktdatei. Auch dort liefert WRITE die Datensätze wie angegeben (vorausgesetzt, die Datensatzlänge der Datei ist genügend groß). Man muß lediglich in WRITE zusätzlich noch die Nummer des Datensatzes angeben. Beispiel c) läßt sich dagegen nicht auf Direktdateien übertragen, da bei diesen die Formatangabe * nicht zugelassen ist.

b) Eine formatierte WRITE-Anweisung überträgt stets einen oder mehrere vollständige Datensätze. Der (erste) Datensatz beginnt mit dem Beginn der Ausführung von WRITE, und wenn die WRITE-Anweisung abgearbeitet ist, wird der (letzte) Datensatz abgeschlossen. Tritt zwischendurch der Formatbeschreiber / auf oder erfolgt eine Wiederholung der Formatliste, so wird jeweils der gerade aktuelle Satz beendet und ein neuer begonnen (vgl. Kap. 10.7.4).

c) Man beachte, daß man bei der Ausgabe formatierter Datensätze in eine Datei keine Format-Beschreiber für Zeilenvorschub (wie z. B. 1H _ am Anfang der Formatliste) braucht ! Dies ist nur für das Standardausgabegerät vonnöten.

11.3.3 Lesen formatierter Datensätze

Will man formatierte Sätze aus einer Datei lesen, so benötigt man hierfür eine formatierte Eingabeanweisung. Dies ist eine READ-Anweisung, die eine Angabe zur Formatierung enthält, z. B.

READ (u , f) Eingabeliste

für eine sequentielle Datei (vgl. Kap. 10.1). Sie liest die im Datensatz gespeicherte Folge von Zeichen, interpretiert sie entsprechend den Formatangaben und weist die Werte den Elementen der Eingabeliste zu. Das Ergebnis ist dasselbe, als ob mit dieser READ-Anweisung die Zeichen des Datensatzes nacheinander über das Standardeingabegerät gelesen worden wären.

Beispiel

a)   Der Datensatz

        _ _ 1024 _ 54321 _ _ _ 3.14160 _ _ 12.34000

(vgl. Beispiel a in 11.3.2) kann mittels

        READ (20 , ' (2 I 6 , 2 F 10.5) ') M , N , PI , BEL

wieder gelesen werden (Voraussetzung: Die Dateinummer 20 ist der betreffenden Datei
zugeordnet, und der Datentyp von M , N , PI und BEL paßt zu den jeweiligen Format-
Beschreibern). Die Variablen erhalten dann die folgenden Werte :

        M =   1024   N =   54321   PI = 3.1416   BEL = 12.34

b)   Es ist auch möglich, nur einen Teil eines Satzes zu lesen. Benutzt man z. B. in a) anstelle
der dortigen READ-Anweisung die Anweisung

        READ (20 , ' (2 I 6) ') M , N

so erhält man nur die Werte für M und N aus dem Datensatz, und

        READ (20 , ' (12 X , F 10.5) ') PI

würde nur den Wert für PI liefern (der Format-Beschreiber 12X bewirkt eine Positionierung auf das 13. Zeichen des Satzes, ab dem dann gemäß F 10.5 gelesen wird).

c)   Nicht zulässig ist es allerdings, mehr aus einem Satz lesen zu wollen, als hineingeschrie-
ben wurde. So führt z. B. bei obigem Datensatz die Anweisung

        READ (20 , ' (2 I 6 , 2 F 10.5 , 2 I 6) ') M 1 , N 1 , PI , BEL , M 2 , N 2

zu einer Fehlersituation, da für M 2 und N 2 der Satz keine Daten mehr enthält. Falls der
darauffolgende Datensatz die Werte für M 2 und N 2 enthält, kann man mit

        READ (20 , ' (2 I 6 , 2 F 10.5 / 2 I 6) ') M 1 , N 1 , PI , BEL , M 2 , N 2

das Gewünschte erreichen.

d)   In der Regel wird man die Datensätze wieder denselben Variablen im gleichen Format
zuweisen wie bei der Abspeicherung der Sätze. Man kann aber einen Datensatz auch in
anderer Formatierung lesen, als er geschrieben wurde. Soweit nicht zwingende Gründe
dafür sprechen, sollte man dies aber vermeiden, da meistens die Verständlichkeit des
Programms darunter leidet.

Dieser Fall kann allerdings ungewollt eintreten, wenn sich in die Formatangaben ein
Fehler einschleicht. Verwendet man z. B. in a) versehentlich den Formatbeschreiber I 5
anstelle von I 6 , so liefert

    READ (20 ,'(2 I 5 , 2 F 10.5)') M , N , PI , BEL

die folgenden Werte :

falls   BLANK = ' NULL ' gilt in OPEN :

    M = 102   N = 4543   PI = 213.141   BEL = 6012.340

falls   BLANK = ' ZERO ' gilt in OPEN :

    M = 102   N = 40543   PI = 210003.141   BEL = 600012.340

e)   Wird ein Datensatz listengesteuert in eine Datei geschrieben, so liest man ihn von dort zweckmäßigerweise auch wieder listengesteuert ein. So läßt sich z. B. der in Beispiel c) von 11.3.2 ausgegebene Datensatz wieder einlesen mit

    READ (20 , *) M , N , PI , BEL

vorausgesetzt, es wurde zuvor auf diesen Satz positioniert (s. Kap. 11.4.1).

Bemerkungen

a)   Die Ausführungen in diesem Beispiel beziehen sich zwar auf eine sequentielle Datei, gelten aber in entsprechender Weise auch für das Lesen aus einer Direktdatei (ausgenommen Beispiel e, da listengesteuerte E/A bei Direktdateien nicht zulässig ist). Es ist lediglich zusätzlich noch die Datensatznummer anzugeben (s. Kap. 11.4.5).

b)   READ beginnt stets am Anfang eines Datensatzes zu lesen. Man kann dann aus diesem und - falls gewünscht - aus den darauffolgenden Sätzen lesen : Sobald der Format-Beschreiber / in einer Formatliste vorkommt oder eine Wiederholung dieser Liste ansteht, wird zum nächsten Datensatz übergegangen und von dessen Anfang an weitergelesen, auch wenn der vorhergehende Satz noch nicht bis zum Ende gelesen worden ist.

11.3.4 Formatfreie Datensätze

Enthält eine Ausgabeanweisung für eine Datei keine Angabe zur Formatierung, so werden formatfreie Sätze in die Datei übertragen. (Voraussetzung : Die Datei ist für formatfreie Datensätze vorgesehen, z. B. durch Angabe von FORM = ' UNFORMATTED ' beim Öffnen der Datei.)

Beispiel

Die Variablen M , N , PI und BEL seien wie in dem Beispiel von 11.3.2 festgelegt und durch

OPEN (30 , FILE = ' FTFREI ' , ACCESS = ' SEQUENTIAL ' ,
FORM = ' UNFORMATTED ' , STATUS = ' NEW ')

sei eine sequentielle Datei eröffnet worden. Dann überträgt

WRITE (UNIT = 30) M , N , PI , BEL

in die Datei FTFREI genau einen Satz, der nacheinander die Werte von M , N , PI und BEL in maschineninterner Form enthält (gewissermaßen eine Kopie eines Teils des Arbeitsspeichers).

Bemerkungen

a)   Formatfreie Datensätze können sowohl in sequentielle als auch in direkte Dateien übertragen werden (bei letzteren mit Angabe der Datensatznummer).

b)   Eine formatfreie WRITE-Anweisung überträgt immer genau einen Datensatz, der sämtliche Größen der Ausgabeliste enthält (im Fall einer Direktdatei muß allerdings die Datensatzlänge hierfür genügend groß bemessen sein!).

Formatfreie Sätze können (nur!) mit einer formatfreien Eingabeanweisung aus der Datei gelesen werden, d. h. mit einer READ-Anweisung, die keine Angabe zur Formatierung enthält. Eine solche Anweisung liefert immer nur einen Satz (ganz oder teilweise).

Beispiel

In dem obigen Beispiel wurde ein Datensatz in der Datei FTFREI abgelegt. Dieser kann mit

READ (30) M , N , PI , BEL

vollständig gelesen werden, und die Variablen haben anschließend genau die Werte, die sie vor der Übertragung des Satzes in die Datei hatten. Mit

READ (30) M , N

ist es möglich, nur die Werte von M und N zu lesen, wogegen

READ (30) PI

zu einem Fehler oder zu einem unsinnigen Ergebnis führt, da in dem Datensatz als erstes ein INTEGER-Wert gespeichert ist, PI aber den Datentyp REAL hat. Falls nur der Wert von PI interessiert, müssen trotzdem zuerst die davorstehenden Werte gelesen werden ; ein "Überlesen" von Werten - wie etwa mit dem X-Beschreiber bei formatierten Sätzen - gibt es bei formatfreien Sätzen nicht. In diesem Sinne weist

READ (30) MN , MN , PI

der Variablen PI den gewünschten Wert zu ; die im Datensatz davorstehenden Werte von M und

N werden dabei nacheinander der nicht weiter interessierenden INTEGER-Hilfsvariablen MN zugewiesen.

Programmbeispiel

Beim Betrieb eines Computers kann nicht völlig ausgeschlossen werden, daß Fehler auftreten und sich dadurch ein unvorhersehbarer Programmabbruch ereignet. Deshalb empfiehlt es sich bei umfangreichen Berechnungen, periodisch alle bis zu diesem Zeitpunkt berechneten Zwischenergebnisse in einer Datei zu sichern. Im Fall eines außerplanmäßigen Porgrammabbruchs ist es dann durch die zuletzt gespeicherten Zwischenergebnisse möglich, nach Beheben der Fehlerursache an dieser Stelle weiterzurechnen, ohne wieder ganz am Anfang beginnen zu müssen. Die dadurch gewonnene Einsparung an Rechenzeit kann ganz erheblich sein.

<u>Aufgabe</u>

Es ist ein SUBROUTINE-Unterprogramm zu entwickeln, das die Werte der folgenden Variablen und Felder in eine Sicherungsdatei schreibt :

```
INTEGER    ITER , GITTER ( 1 : 60 , 1 : 40 )
REAL       PUNKT , MESS ( 1 : 120 )
LOGICAL    DRUCK , BELEG ( 1 : 60 , 1 : 40 )
```

Die Datei sei unter dem Namen "SICHERUNG" als sequentielle Datei bereits angelegt worden.

<u>Lösung</u>

Man überlegt sich unmittelbar, daß die Subroutine die folgenden Aufgaben erfüllen muß :

    1. Öffnen der Datei
    2. Variablen und Felder in die Datei eintragen
    3. Schließen der Datei

Die Daten kann man dabei formatfrei übertragen ; falls man sie benötigt, erhält man sie durch formatfreies Einlesen wieder in der ursprünglichen Form. - Bei dem angegebenen Vorgehen wird im Fall einer sequentiellen Datei immer ab deren Anfang eingetragen und dadurch die früheren Eintragungen überschrieben. Das ist für unsere Bedürfnisse korrekt, weil beim Sichern der aktuellen Daten die früheren Daten nicht mehr vonnöten sind.

<u>Programmbeschreibung</u>

Wird der obige Pseudocode in die entsprechenden FORTRAN-Anweisungen umgewandelt und das Ganze in den erforderlichen Subroutine-"Rahmen" gesetzt (s. Kap. 7.3.2), so erhält man das Programm in Abb. 11.3.1. Die Parameter der Subroutine sind die zu speichernden Variablen und Felder. Hinzu kommt noch die INTEGER-Variable FEHLER. Sie wird beim Öffnen der Datei

```
 1              SUBROUTINE SICH1 ( ITER, GITTER, PUNKT, MESS, DRUCK,
 2            $               BELEG, FEHLER )
 3      *-----------------------------------------------------------*
 4      * Diese Subroutine speichert die Werte der in der Parameter- *
 5      *   Liste aufgefuehrten Variablen und Felder in der Datei     *
 6      *   'SICHERUNG' mit der Dateinummer 30.                       *
 7      *                                                            *
 8      * Parameter : FEHLER : wird mit einem positiven Wert belegt, *
 9      *                      falls die Datei nicht fehlerfrei geoeff- *
10      *                      net werden kann.                      *
11      *-----------------------------------------------------------*
12            INTEGER FEHLER
13            INTEGER ITER, GITTER ( 1:60, 1:40 )
14            REAL PUNKT, MESS ( 1:120 )
15            LOGICAL DRUCK, BELEG (1:60, 1:40 )
16
17      * Oeffnen der Datei
18          OPEN( 30, FILE = 'SICHERUNG', ACCESS = 'SEQUENTIAL',
19        $        FORM='UNFORMATTED', STATUS='OLD', IOSTAT = FEHLER )
20
21      * Beschreiben der Datei
22          IF ( FEHLER .EQ. 0 ) THEN
23            WRITE( 30 ) ITER, GITTER, PUNKT, MESS, DRUCK, BELEG
24          ENDIF
25
26      * Schliessen der Datei
27          CLOSE ( 30, STATUS='KEEP' )
28
29          RETURN
30          END
```

Abb. 11.3.1 Subroutine zur Sicherung von Zwischenergebnissen als formatfreier Datensatz
in einer Datei

durch den Parameter IOSTAT mit einem Wert besetzt, an dem man erkennen kann, ob beim
Öffnen ein Fehler auftrat oder nicht. Diese Information kann man benützen, um gegebenenfalls
in der aufrufenden Programmeinheit eine Fehlerbehandlung einzuleiten.

Abb. 11.3.2 zeigt eine Modifikation des Programms von Abb. 11.3.1. Hier wurden der Name und
die Nummer der Sicherungsdatei in die Liste der Parameter mit aufgenommen. Dementsprechend erscheinen jetzt in den Anweisungen OPEN, CLOSE und WRITE diese Parameter
anstelle der Dateinummer bzw. des Dateinamens. Dadurch erhält man größere Flexibilität :
Man braucht den Namen und die Nummer der Datei nicht von vornherein festzulegen, sondern
kann dies von einer Eingabe abhängig machen.

```
 1            SUBROUTINE SICH2 ( DATNR, DATNAM, ITER, GITTER, PUNKT,
 2           $                   MESS, DRUCK, BELEG, FEHLER )
 3      *------------------------------------------------------------*
 4      * Diese Subroutine ist eine Verallgemeinerung der Subroutine  *
 5      * SICH1. Sie speichert die Werte der in der Parameterliste auf-*
 6      *   gefuehrten Variablen und Felder in der ebenfalls zu ueber- *
 7      *   gebenden Datei mit der gewuenschten Dateinummer .          *
 8      *                                                             *
 9      * Parameter : DATNR   : Dateinummer                           *
10      *             DATNAM  : Dateiname                             *
11      *             FEHLER  : wird mit einem positiven Wert belegt,  *
12      *                       falls die Datei nicht fehlerfrei geoeff-*
13      *                       net werden kann.                       *
14      *------------------------------------------------------------*
15            INTEGER DATNR
16            CHARACTER*(*) DATNAM
17            INTEGER FEHLER
18            INTEGER ITER, GITTER ( 1:60, 1:40 )
19            REAL PUNKT, MESS ( 1:120 )
20            LOGICAL DRUCK, BELEG (1:60, 1:40 )
21
22      * Oeffnen der Datei
23            OPEN( DATNR, FILE = DATNAM, ACCESS = 'SEQUENTIAL',
24           $      FORM='UNFORMATTED', STATUS='OLD', IOSTAT = FEHLER )
25
26      * Beschreiben der Datei
27            IF ( FEHLER .EQ. 0 ) THEN
28              WRITE( DATNR ) ITER, GITTER, PUNKT, MESS, DRUCK, BELEG
29            ENDIF
30
31      * Schliessen der Datei
32            CLOSE ( DATNR, STATUS='KEEP' )
33
34            RETURN
35            END
```

Abb. 11.3.2 Subroutine aus Abb. 11.3.1, bei der Dateiname und Dateinummer durch Parameter festgelegt werden

11.3.5 Verwendungsmöglichkeiten von formatierten und formatfreien Dateien

Formatfreie Datensätze können im Vergleich zu formatierten Sätzen in wesentlich kürzerer Zeit übertragen werden. Dies fällt vor allem dann ins Gewicht, wenn ein rechenintensives Programm häufig auf eine Datei zugreift, z. B. beim Arbeiten mit großen Matrizen, die auf einem Hintergrundspeicher gehalten werden. In solchen Fällen wählt man die Datei zweckmäßigerweise in formatfreier Form.

Formatfreie Datensätze haben allerdings eine rechnerabhängige Gestalt und sind damit rechnergebunden. Eine Übertragung auf einen anderen Computer ist meistens nicht möglich. Will man dennoch eine Datei auf verschiedenen Rechnern benutzen, so muß sie formatiert sein. **Formatierte Dateien** sind in folgenden Situationen vonnöten :

- Benutzung der gleichen Datei auf verschiedenen Computern

- Zugriff auf dieselbe Datei durch Programme, die in verschiedenen Sprachen geschrieben wurden (z. B. in FORTRAN und in PASCAL)

- Bearbeitung einer Datei durch das Betriebssystem

Liegt eine Datei in formatfreier Form vor, so kann man sie leicht mit Hilfe eines geeigneten Programms in formatierte Gestalt bringen. Hierzu braucht man nur die Sätze nacheinander formatfrei einzulesen und anschließend formatiert in eine andere Datei auszugeben. Entsprechendes gilt auch für die umgekehrte Richtung.

Die **Ein- und Ausgabedateien,** die mit der Benutzung der Standard-E/A-Geräte verknüpft sind (s. Kap. 11.1.2), bilden Sonderfälle von **formatierten** Dateien. Eine Eingabe über das Standardeingabegerät entspricht der Eingabe eines formatierten Datensatzes ; ebenso wird eine Ausgabe über das Standardausgabegerät als Übertragung eines formatierten Datensatzes in die zugehörige Ausgabedatei interpretiert. Bei diesen Dateien können - bedingt durch die Technik der Datenübertragung - nur formatierte und keine formatfreien Sätze übertragen werden, d. h., man kann über die Standardausgabe nicht formatfrei ausgeben und auch nicht formatfrei über die Standardeingabe einlesen.

11.4 Sequentieller und direkter Zugriff auf Dateien

Es gibt Hintergrundspeicher, die - durch die technische Konstruktion des Geräts bedingt - nur sequentiellen Dateizugriff gestatten. Ist beispielsweise eine Datei auf einem Magnetband abgelegt, so sind alle ihre Datensätze nacheinander, d. h. sequentiell, auf dem Band gespeichert. In diesem Fall kann nicht jeder beliebige Satz der Datei unmittelbar gelesen werden, sondern nur derjenige, dessen entsprechender Bandabschnitt sich gerade vor dem Lese-/ Schreibkopf des Bandgeräts befindet. Ebenso kann auch nur an dieser Stelle ein Satz eingetragen werden. Diese Art des Zugriffs auf eine Datei, bei der also die Schreib- und Lesereihenfolge in der gleichen Weise festgelegt ist wie soeben geschildert, bezeichnet man als **sequentiellen Zugriff**. Kann auf eine Datei nur sequentiell zugegriffen werden, so spricht man von einer **sequentiellen Datei**. Beispiele hierfür sind die Standard-E/A-Dateien.

Daneben gibt es auch Dateien, die so organisiert sind, daß es möglich ist, unmittelbar einen beliebigen Satz zu lesen oder in die Datei einzutragen, unabhängig davon, welche Datensätze zuvor angesprochen wurden. Diese Art des Zugriffs bezeichnet man als **direkten Zugriff**, und eine **Direktdatei** ist eine Datei, auf die direkter Zugriff möglich ist.

In der Regel gibt es für eine bestimmte Datei nur eine Art des Zugriffs : entweder sequentiell oder direkt. Die FORTRAN-Norm schließt allerdings nicht aus, daß es auch Dateien gibt, auf die sowohl sequentiell wie auch direkt zugegriffen werden kann. Was tatsächlich möglich ist, hängt von benutzten Computer ab. Wir wollen diese zweite Möglichkeit allerdings nicht weiter verfolgen, da sie weniger von Bedeutung ist, jedoch das Verständnis eines Programmes unnötig erschweren kann. Deshalb gilt für alle folgenden Ausführungen die

Festlegung :   Für eine Datei soll entweder nur sequentieller oder nur direkter Zugriff möglich sein, entsprechend dem, was in OPEN beim Anlegen der Datei festgelegt wird.

Empfehlung

Es mag bei einigen Rechenanlagen weitergehende Möglichkeiten des Zugriffs geben als in der obigen Festlegung genannt sind. Auf die Verwendung dieser speziellen Zugriffsmöglichkeiten sollte man jedoch verzichten, um die Portabilität von Programmen nicht aufs Spiel zu setzen. Außerdem wird so der Gefahr von Verwirrung entgegengewirkt, die durch die Unübersichtlichkeit der ohnehin schon sehr vielfältigen Kombinationsmöglichkeiten von Dateieigenschaften besteht. Deshalb sollten für die Zugriffsarten die in obiger Festlegung genannten Konventionen eingehalten werden. Trotz dieser Beschränkung wird man damit fast alle in der Programmierpraxis vorkommenden Aufgaben erledigen können.

11.4.1 Sequentielle Dateien

Verwendet man beim Öffnen einer Datei in OPEN den Parameter ACCESS = ' SEQUENTIAL ' ,
so erhält man eine **sequentielle Datei** mit der folgenden

Eigenschaft : Werden Datensätze durch nacheinander ausgeführte WRITE-Anweisungen in die
Datei geschrieben, so können sie nur in dieser Reihenfolge gelesen werden. Bei
einer solchen Datei ist nach dem Öffnen zunächst der erste Satz zugänglich.
Will man auf einen anderen Satz zugreifen, so müssen zuerst die davorliegenden
Sätze gelesen (bzw. überlesen) werden ; denn unmittelbar kann man nicht zu
einem anderen Satz gelangen.

Zur Verdeutlichung diene das folgende

Beispiel

Sind I und EIN zwei INTEGER-Variablen, dann wird durch die folgenden Anweisungen eine
sequentielle Datei namens SEQ 1 erzeugt und in 20 aufeinanderfolgenden Sätzen die Zahlen
101 , 102 , ... , 120 abgespeichert :

```
        OPEN ( 50 , FILE = ' SEQ 1 ' , ACCESS = ' SEQUENTIAL ' ,
              FORM = ' FORMATTED ' , STATUS = ' NEW ' )
        DO 150 I = 1 , 20
           WRITE ( 50 ,'( I 6 )' ) 100 + I
  150   CONTINUE
        CLOSE ( 50 , STATUS = ' KEEP ')
```

Um nun z. B. den 4. Satz lesen zu können, muß man nach dem erneuten Öffnen der Datei
zunächst die ersten drei Sätze entweder lesen (auch wenn sie gar nicht interessieren) oder
überlesen. Erst danach kann man auf den gewünschten vierten Satz zugreifen. Der folgende
Programmausschnitt verdeutlicht die erste Möglichkeit :

```
        OPEN ( 50 , FILE = ' SEQ 1 ' , ACCESS = ' SEQUENTIAL ' ,
              FORM = ' FORMATTED ' , STATUS = ' OLD ' )
        DO 160 I = 1 , 4
           READ ( 50 ,'( I 6 )' ) EIN
  160   CONTINUE
```

Nachdem READ zum letzten Mal ausgeführt wurde, enthält EIN den Inhalt des vierten Satzes.
In diesem Beispiel ist auch ein Überlesen ohne wiederholte Ausführung von READ möglich. Da
die Datei formatiert ist, kann man mit Hilfe des Schrägstrich-Beschreibers die ersten drei

Datensätze überlesen und anschließend den vierten Satz lesen, z. B. mit

$$\text{READ (50 , '(/ / / I 6)') EIN}$$

Entsprechend läßt sich auch verfahren, falls die Datensätze listengesteuert in eine formatierte Datei übertragen wurden. Dann kann man z. B. mittels

$$\text{READ (50 , '(/ /)')}$$
$$\text{READ (50 , *) EIN}$$

ebenfalls den vierten Satz lesen. Bei Dateien mit formatfreien Sätzen ist dagegen ein Überlesen auf diese Art nicht möglich, da es ja gar keine Format-Beschreiber gibt. Hier kann nur durch Ausführen einer READ-Anweisung ein Satz "übergangen" werden, wie oben gezeigt.

Bemerkungen

a) Die Datensätze einer sequentiellen Datei sind entweder alle formatiert oder alle formatfrei, entsprechend der Festlegung durch OPEN. (Einzige Ausnahme : Der letzte Satz kann ein Dateiendesatz sein, s. ENDFILE-Anweisung in 11.4.2.)

b) In einer sequentiellen Datei können die einzelnen Sätze verschieden "lang" sein (vgl. Kap. 11.4.5) ; sie müssen beispielsweise nicht alle gleich viele Zahlenwerte enthalten.

11.4.2 Ein- und Ausgabe bei sequentiellem Zugriff

Die in Kapitel 10.1 und 10.3 angegebenen Anweisungen READ und WRITE gelten auch für den Umgang mit Dateien bei sequentiellem Zugriff. Man beachte jedoch :

- für 'u' ist die Dateinummer anzugeben

- die Angabe 'f' zur Formatierung entfällt im Fall von formatfreien Datensätzen

WRITE für sequentielles Schreiben in eine Datei

Form :   WRITE ([UNIT =] u [, [FMT =] f] [, ERR = nr] [, IOSTAT = ios]) [aliste]

mit   u :   Dateinummer (INTEGER-Ausdruck, ≥ 0)

          f :   Angabe zur Formatierung (vgl. Kap. 10.3. Muß bei formatierten Datensätzen angegeben werden; entfällt bei formatfreien Datensätzen.)

          nr : Anweisungsnummer (für Fortsetzung im Fehlerfall)

ios : Variable oder Feldelement vom Typ INTEGER (erhält im Fehlerfall einen positiven Wert, sonst den Wert Null)

aliste : Liste der auszugebenden Größen (vgl. Kap. 10.3)

Wirkung (analog zu Kap. 10.3) :

a)   Fehlt ' aliste ' (nur sinnvoll bei formatierter Ausgabe !), so werden die Angaben ' f ' zur Formatierung ausgewertet und berücksichtigt, soweit dies möglich ist.

b)   Gibt es eine ' aliste ', so werden die Werte der darin aufgeführten Größen in die Datei mit der Nummer ' u ' übertragen. Geschieht dies formatfrei, so wird genau ein neuer Satz erzeugt. Bei formatierter Übertragung können auch mehrere Sätze abgelegt werden, abhängig von der Formatierung. Im Fehlerfall wird verfahren, wie in Kap. 10.3 beschrieben.

Beispiel

Ist 20 die Dateinummer einer formatierten und 50 die einer formatfreien sequentiellen Datei, so sind dazu passende WRITE-Anweisungen :

```
WRITE ( 20 ,'( I 6 , F 10.2 )' ) I , X ( I )
WRITE ( 20 , * , IOSTAT = FEHL ) M , N , X1 , Y1
WRITE ( 50 , IOSTAT = FEHL ) DATUM , ZEIT , ( TEMP ( I ) , I = 1 , 80 )
WRITE ( 20 ,'( 2 I 10 / 2 F 20.4 )' ) M , N , X1 , Y1
```

Die ersten drei Anweisungen übertragen jeweils einen, die vierte dagegen zwei Datensätze. Außer bei der dritten Anweisung, die formatfrei überträgt, werden formatierte Sätze abgelegt.

READ für sequentielles Lesen aus einer Datei

Form :   READ ([UNIT =] u [, [FMT =] f] [, END = nn] [, ERR = nr]
          [, IOSTAT = ios]) [eliste]

mit   u :   Dateinummer (INTEGER-Ausdruck, ≥ 0)

          f :   Angabe zur Formatierung (vgl. Kap. 10.1. Muß bei formatierten Datensätzen angegeben werden; entfällt bei formatfreien Datensätzen.)

          nn :   Anweisungsnummer (für Fortsetzung bei Datenendekennung)

          nr :   Anweisungsnummer (für Fortsetzung bei sonstigen Fehlern)

          ios : Variable oder Feldelement vom Typ INTEGER (erhält einen Wert, der die Fehlersituation charakterisiert)

          eliste : Liste der Größen, für die Werte eingelesen werden sollen (vgl. Kap. 10.1)

Wirkung (analog zu Kap. 10.1):

a)   Fehlt die 'eliste' (nur bei formatierter Eingabe sinnvoll !), so werden die Angaben zur Formatierung ausgewertet und berücksichtigt, soweit dies möglich ist.

b)   Gibt es eine 'eliste', so werden aus der Datei mit der Nummer 'u' - beginnend am Anfang des nächsten Datensatzes - Werte übertragen und den Größen in der 'eliste' zugewiesen. Geschieht dies formatfrei, so wird nur aus dem nächsten Satz gelesen; im formatierten Fall können - in Abhängigkeit von den Formatangaben - auch die darauffolgenden Sätze herangezogen werden. Tritt dabei ein Fehler oder das Datenende auf, wird so verfahren, wie in Kapitel 10.1 beschrieben.

Beispiel

Durch

        READ (20 ,'(I 6 , F 10.2)')I , X (I)

werden aus dem nächsten Datensatz Werte für I und X (I) im angegebenen Format gelesen. Auch

        READ (40 , * , IOSTAT = FEHL)I , X (I)

macht dies, jedoch geschieht die Übertragung der Daten listengesteuert. Formatfreies Lesen besorgt

        READ (60 , IOSTAT = FEHL)I , X (I)

Sofern IOSTAT angegeben wird, erhält die Variable FEHL einen Wert, an dem man ablesen kann, ob die Anweisung fehlerfrei ausgeführt wurde oder nicht. Die Anweisung

        READ (20 ,'(/ 2 I 10 / 2 F 20.4)') M , N , X1 , Y1

überliest zuerst den nächsten Datensatz, holt dann aus dem darauffolgenden Satz die Werte für M und N und aus dem Satz danach die Werte für X1 und X2.

Die Anweisung ENDFILE

Diese Anweisung dient dazu, in eine sequentielle Datei einen speziellen "Dateiendesatz" zu schreiben, hinter dem man dann keinen weiteren Satz mehr schreiben oder lesen kann. Beim Lesen aus einer Datei wirkt ein solcher Dateiendesatz wie Datenendekennung : Wird er durch READ gelesen, so verhält sich dieses wie bei Datenende (vgl. 10.1.2 und 10.1.3). Deshalb ist es zweckmäßig, in eine sequentielle Datei als letzten Satz einen solchen Dateiendesatz zu schreiben. - Die Anweisung ENDFILE gibt es in zwei

Formen :   ENDFILE u

        ENDFILE ([UNIT =] u [, IOSTAT = ios] [, ERR = nr])

mit	u :	Dateinummer (INTEGER-Ausdruck, ≥ 0)
	ios :	Variable oder Feldelement vom Typ INTEGER (erhält den Wert 0, wenn ENDFILE fehlerfrei verläuft, andernfalls einen positiven Wert)
	nr :	Anweisungsnummer (für Fortsetzung im Fehlerfall)

Wirkung: In die Datei mit der Nummer ' u ' wird als nächster Satz ein Dateiendesatz geschrieben. Tritt dabei ein Fehler auf, so wird entsprechend verfahren wie bei den früher beschriebenen E/A-Anweisungen (vgl. Kap. 10.3).

Bemerkungen

a)   Man beachte, daß die ENDFILE-Anweisung nur für sequentielle und nicht für Direkt-dateien erlaubt ist.

b)   Bei sequentiellen Dateien gibt es somit neben formatierten und formatfreien Daten-sätzen noch als weitere Möglichkeit den Dateiendesatz.

11.4.3 Programmbeispiel zum Anlegen einer sequentiellen Datei

Aufgabe

Es soll eine Adressendatei erstellt werden (vgl. Beispiel b in Kap. 11.1). Hierzu sind die einzelnen Adressen über das Standardeingabegerät einzulesen. Jede Eingabezeile enthalte vier CHARACTER-Konstanten für

Anrede	z.B.	Herrn
Vorname, Zuname		Helmut Kupfer
Straße, Hausnummer		Stammgasse 17
Postleitzahl, Ort		2000 Hamburg 73

Sie sollen zusammen als Satz in eine sequentielle Datei formatfrei geschrieben werden. Als letztes ist ein Dateiendesatz einzutragen.

Lösung

Eine Eingabezeile nach der anderen ist einzulesen und als Satz in die Datei zu schreiben. Sind die Eingabedaten erschöpft - erkennbar an Datenende - so wird noch ein Dateiendesatz in die Datei geschreiben. Das Ganze läßt sich als DOFOREVER-Schleife formulieren in Anlehnung an die in 10.1.3 angegebenen Möglichkeiten. Hinzu kommt noch das Öffnen und Schließen der Datei.

Algorithmus in Pseudocode

        Datei öffnen (sequentiell, formatfrei, new)
        DOFOREVER
            Eingabe : Anrede, Name, Straße, Ort
        EXIT : IF   Datenende
            Eingabedaten als Satz in Datei schreiben
        ENDDO
        Dateiendesatz in die Datei schreiben
        Datei schließen (keep)

Programmbeschreibung

Abb. 11.4.1 zeigt das Programm in der Form eines SUBROUTINE-Unterprogramms. Als
Parameter werden die Nummer und ein Name für die Datei übergeben. Für den Dateinamen,
der vom Typ CHARACTER ist, sind (maximal) 20 Zeichen vorgesehen, was für die meisten
betriebssystemabhängigen Formen einer Dateibezeichnung ausreicht. Die OPEN-Anweisung

```
 1          SUBROUTINE ADRESS ( NR, FNAME )
 2     *-------------------------------------------------------------*
 3     * Liest vom Standardeingabegeraet Zeilen mit vier CHARACTER-   *
 4     *   Konstanten und schreibt diese als Saetze in eine Adressen- *
 5     *   datei. Sie wird mit einem Dateiendesatz abgeschlossen.     *
 6     *                                                             *
 7     * Parameter : NR      : Dateinummer                           *
 8     *             FNAME : Dateiname                               *
 9     *-------------------------------------------------------------*
10            INTEGER NR
11            CHARACTER*20 FNAME
12          INTEGER FALL
13          CHARACTER ANREDE*10, NAME*30, STRAS*25, ORT*30
14
15     * Oeffnen einer unformatierten, sequentiellen Datei
16          OPEN( NR, FILE = FNAME, ACCESS='SEQUENTIAL',
17        $       FORM='UNFORMATTED', STATUS='NEW' )
18
19     * Beschreiben der Datei
20     ***** DOFOREVER
21     110    CONTINUE
22            READ( UNIT=*, FMT=*, IOSTAT=FALL )
23        $                              ANREDE, NAME, STRAS, ORT
24         IF ( FALL .LT. 0 ) GOTO 120
25           IF ( FALL .EQ. 0 ) THEN
26               WRITE( NR ) ANREDE, NAME, STRAS, ORT
27           ELSEIF ( FALL .GT. 0 ) THEN
28              PRINT *, 'ADRESS : Die Eingabe war nicht korrekt.'
29              PRINT *, 'Bitte wiederholen!'
30           ENDIF
31         GOTO 110
32     ***** ENDDO
33     120    CONTINUE
```

```
34
35    * Setzen des Dateiendesatzes
36          ENDFILE ( NR )
37
38    * Schliessen der Datei
39          CLOSE ( NR, STATUS='KEEP' )
40
41          RETURN
42          END
```

Abb. 11.4.1 Programm zur Erstellung einer Adressendatei

(Zeile 16) sieht keine spezielle Fehlerbehandlung vor ; es könnte zweckmäßig sein, dies noch hinzuzunehmen. Das Datenende wird anhand des Wertes erkannt, den die Variable FALL durch den Parameter IOSTAT in READ erhält (Zeile 22), und in Abhängigkeit davon wird die Schleife verlassen (Zeile 24). Man könnte dies auch mit Hilfe des END-Parameters erledigen. Der Wert von FALL gestattet jedoch zusätzlich noch, die Korrektheit der Eingabe zu überprüfen und abhängig davon entweder den Datensatz in die Datei zu übertragen (Zeile 26) oder die Eingabe neu anzufordern (Zeilen 28 und 29). In Zeile 27 wäre übrigens ein ELSE bereits ausreichend (an dieser Stelle kann FALL nur noch positiv sein), jedoch macht das benutzte ELSE IF den Fehlerfall deutlicher. Nach Beendigung der Schleife besorgt die Anweisung ENDFILE (Zeile 36) die Eintragung des Dateiendesatzes.

11.4.4   Die Anweisungen REWIND und BACKSPACE zur Positionierung sequentieller Dateien

Die Anweisungen REWIND und BACKSPACE gestatten es, beim Arbeiten mit einer sequentiellen Datei zu einem früheren Datensatz zurückzukehren. Mittels REWIND gelangt man an den Anfang der Datei, so daß die nächste Ein- oder Ausgabeanweisung den ersten Satz der Datei anspricht. BACKSPACE ermöglicht ein Zurücksetzen um einen Datensatz, so daß der zuvor gelesene oder geschriebene Datensatz noch einmal angesprochen wird. Diese Anweisungen gibt es jeweils in zwei

Formen :   REWIND u
              REWIND ([UNIT =] u [, IOSTAT = ios] [, ERR = nr])

              BACKSPACE u
              BACKSPACE ([UNIT =] u [, IOSTAT = ios] [, ERR = nr])

mit   u :   Dateinummer (INTEGER-Ausdruck, ≥ 0)

           ios : Variable oder Feldelement vom Typ INTEGER (erhält den Wert 0, wenn
                  die Anweisung fehlerfrei verläuft, andernfalls einen positiven Wert)

           nr :   Anweisungsnummer (für Fortsetzung im Fehlerfall)

Wirkung: REWIND positioniert an den Anfang der Datei mit der Nummer 'u', vor den
           ersten Datensatz. BACKSPACE setzt vor den zuletzt gelesenen oder geschrie-
           benen Satz der Datei zurück. Falls jedoch bereits auf den Anfang der Datei
           positioniert war, bleibt diese Position unverändert.

           Tritt bei der Ausführung der Anweisung ein Fehler auf, so wird entsprechend
           verfahren, wie auch sonst bei E/A-Anweisungen (vgl. Kap. 10.3).

Bemerkungen

a)   Nach REWIND ist in einer Datei in derselben Weise vor den ersten Datensatz positioniert
      wie auch nach der Ausführung von OPEN.

b)   Durch wiederholtes BACKSPACE kann man in einer Datei um mehrere Datensätze
      zurückpositionieren.

c)   BACKSPACE kann auch nach dem Lesen eines Dateiendesatzes benutzt werden, um
      wieder vor diesen Satz zu positionieren. Anschließend hat man die Möglichkeit, weitere
      Sätze in diese Datei zu schreiben. Dies zeigt das folgende

Programmbeispiel : "Verlängerung" einer sequentiellen Datei

      Will man in die Adressendatei, die durch das Programm von Abb. 11.4.1 erstellt wurde,
      weitere Sätze eintragen, so müssen diese hinter die zuletzt eingetragene Adresse
      geschrieben werden, d. h., der Dateiendesatz ist zu überschreiben. Dies läßt sich in der
      folgenden Weise erreichen : Zunächst liest man alle Sätze der Datei, einschließlich des
      Dateiendesatzes. Durch ein anschließendes BACKSPACE kommt man dann an die Stelle
      zurück, ab der neue Sätze eingetragen werden können. Nach dem Eintragen dieser Sätze
      wird als letztes wieder ein Dateiendesatz geschrieben.

      Das Programm in Abb. 11.4.2 verfährt in dieser Weise. In der ersten DOFOREVER-
      Schleife wird die vorhandene Datei gelesen (Zeilen 19-23). Die Eintragung der neuen Sätze
      erfolgt in der zweiten DOFOREVER-Schleife (Zeile 28 ff.). Ab dieser Stelle ist das
      Programm identisch mit dem Programm ADRESS in Abb. 11.4.1 (abgesehen von den
      geänderten Anweisungsnummern).

```
 1          SUBROUTINE ADRVER ( NR, FNAME )
 2    *-------------------------------------------------------------*
 3    * Schreibt in die Datei FNAME weitere Saetze, hinter die durch  *
 4    *   das Programm ADRESS eingetragenen Datensaetze.              *
 5    *                                                               *
 6    * Parameter : NR    : Dateinummer                               *
 7    *             FNAME : Dateiname                                 *
 8    *-------------------------------------------------------------*
 9           INTEGER NR
10           CHARACTER*20 FNAME
11           INTEGER FALL
12           CHARACTER ANREDE*10, NAME*30, STRAS*25, ORT*30
13
14    * Oeffnen der unformatierten, sequentiellen Datei 'FNAME'
15           OPEN( NR, FILE = FNAME, ACCESS='SEQUENTIAL',
16         $          FORM='UNFORMATTED', STATUS='OLD' )
17
18    * Lesen der Datei zum Erkennen des Dateiendesatzes
19    ***** DOFOREVER
20    130    CONTINUE
21              READ( NR, END=140 ) ANREDE, NAME, STRAS, ORT
22           GOTO 130
23    ***** ENDDO
24    140    CONTINUE
25           BACKSPACE ( NR )
26
27    * Beschreiben der Datei
28    ***** DOFOREVER
29    150    CONTINUE
30              READ( UNIT=*, FMT=*, IOSTAT=FALL )
31         $                             ANREDE, NAME, STRAS, ORT
32           IF ( FALL .LT. 0 ) GOTO 160
33             IF ( FALL .EQ. 0 ) THEN
34                WRITE( NR ) ANREDE, NAME, STRAS, ORT
35             ELSEIF ( FALL .GT. 0 ) THEN
36                PRINT *, 'ADRVER : Die Eingabe war nicht korrekt.'
37                PRINT *, 'Bitte wiederholen!'
38             ENDIF
39           GOTO 150
40    ***** ENDDO
41    160    CONTINUE
42
43    * Setzen des Dateiendesatzes
44           ENDFILE ( NR )
45
46    * Schliessen der Datei
47           CLOSE ( NR, STATUS='KEEP' )
48
49           RETURN
50           END
```

Abb. 11.4.2 Programm zur "Verlängerung" einer Adressendatei

Ist eine sequentielle Datei geöffnet, so kann man aus ihr sowohl lesen wie auch in sie schreiben, ohne daß zwischendurch CLOSE und erneutes OPEN nötig sind. Natürlich kann man nur solche Sätze lesen, die auch eingetragen wurden. Es ist nicht möglich, über einen Dateiendesatz hinaus zu lesen oder zu schreiben, es sei denn, dieser Satz wird überschrieben, wie in dem vorhergehenden Programmbeispiel gezeigt.

Achtung! Beim erneuten Schreiben in eine Datei ist auf folgendes zu achten : Wird in einer Datei ein schon früher eingetragener Satz durch einen neuen Satz überschrieben, so ist alles, was bisher in der Datei hinter diesem Satz stand, nicht mehr zugänglich. Der neue Satz ist jetzt der letzte Satz dieser Datei.

Zur Verdeutlichung diene das folgende

Beispiel

Entsprechend wie in dem Beispiel am Anfang von 11.4.1 wird durch

```
      OPEN ( 50 , FILE = ' SEQ 1 ' , ACCESS = ' SEQUENTIAL ' ,
             FORM = ' UNFORMATTED ' , STATUS = ' NEW ' )
      DO  150  I = 1 , 20
             WRITE ( 50 )  100 + I
  150    CONTINUE
```

eine sequentielle Datei erzeugt, die die Zahlen 101 bis 120 in 20 aufeinanderfolgenden Sätzen formatfrei enthält. Wird dann das Programm in der folgenden Weise fortgesetzt :

```
      REWIND ( 50 )
      DO 160 I = 1 , 10
             READ ( 50 ) EIN
  160    CONTINUE
      WRITE ( 50 ) 121
```

so positioniert REWIND auf den Anfang der Datei, ab dem durch die folgende DO-Schleife die ersten 10 Sätze gelesen werden. Anschließend überschreibt WRITE den 11. Satz. Dies hat zur Folge, daß ab sofort alle Sätze, die noch nach dem 11. Satz kamen, nicht mehr ansprechbar und damit "verloren" sind.

Hieraus folgt : Will man in einer bestehenden sequentiellen Datei einen Datensatz ändern (oder einfügen oder löschen), so ist das nur möglich, indem man die gesamte Datei Satz für Satz in eine neue Datei kopiert und dabei die gewünschten Änderungen berücksichtigt. Dies kann ziemlich aufwendig werden, wenn solche Änderungen häufiger anfallen. Dann ist es günstiger, eine Direktdatei anstelle einer sequentiellen Datei zu verwenden.

11.4.5 Direktdateien

In einer Direktdatei gehört zu jedem Datensatz eine Satznummer, durch die ein direkter Zugriff auf diesen Satz möglich ist.

Eine Datensatznummer

- ist eine positive ganze Zahl

- sie muß einen Datensatz eindeutig kennzeichnen

- ihre Festlegung geschieht beim erstmaligen Schreiben des Satzes in die Datei, anschließend kann sie nicht mehr geändert werden

- sie ist in READ bzw. WRITE anzugeben, wenn auf diesen Satz Bezug genommen wird

Um eine Direktdatei anzulegen, muß man in der OPEN-Anweisung Direktzugriff für die Datei festlegen und die Länge eines Datensatzes angeben. Dies geschieht mittels ACCESS = ' DIRECT ' sowie mit Hilfe des Parameters RECL.

Für die Datensatzlänge gilt

bei formatierten Sätzen :	Sie ist die Anzahl der Zeichen, die der Satz enthält.
bei formatfreien Sätzen :	Sie wird in rechnerabhängigen Einheiten gemessen (z. B. in Byte oder in Maschinenworten ; Einzelheiten sind dem Handbuch zum Computer zu entnehmen).

Ein einzutragender Datensatz darf die in OPEN angegebene Satzlänge nicht über-, jedoch unterschreiten. Im letzteren Fall werden formatierte Sätze mit Leerzeichen auf die angegebene Satzlänge aufgefüllt, während für formatfreie Sätze über die Belegung des restlichen Platzes im Datensatz die Norm keine Festlegung trifft.

Beispiel

Ein Betrieb verwaltet seinen Lagerbestand mit Hilfe einer Direktdatei. Zu jedem Artikel gehören die folgenden Daten :

Artikelnummer	z. B.	000267
Bezeichnung		Zündkerze Bosch W7DC
Preis		1.72
Anzahl		124

Verwendet man die Artikelnummer als Datensatznummer, so verbleiben zur Speicherung in einem Datensatz die Artikelbezeichnung, der Preis und die Anzahl. Sind - bei formatierten

Datensätzen - die zugehörigen Format-Beschreiber A 30 , F 7.2 und I 4 , so umfaßt ein Datensatz 41 Zeichen. Dieser Wert ist als Satzlänge anzugeben. OPEN hat somit die folgende Form

    OPEN (35 , FILE = ' Lager ' , ACCESS = ' DIRECT ' , FORM = ' FORMATTED ' ,
        STATUS = ' NEW ' , RECL = 41)

Will man den oben angegebenen Satz in die Datei eintragen, so geschieht dies mit

    WRITE (35 , ' (A 30 , F 7.2 , I 4) ' , REC = 267) NAME , PREIS, ANZ

(wobei die Variablen die entsprechenden Werte enthalten sollen). Soll der zu Artikel 349 gehörende Datensatz gelesen werden, so geschieht dies mit

    READ (35 , ' (A 30 , F 7.2 , I 4) ' , REC = 349) NAME , PREIS , ANZ

Ein unmittelbar danach ausgeführtes

    WRITE (35 , ' (A 30 , F 7.2 , I 4) ' , REC = 349) NAME , PREIS , ANZ-1

reduziert die Anzahl um 1 und trägt den so geänderten Satz wieder in die Datei ein.

Regeln für das Arbeiten mit Direktdateien

a) Die Reihenfolge der Sätze beim Eintragen ist beliebig und braucht sich nicht an den Satznummern zu orientieren. So kann z. B. der Satz mit der Nummer 3 geschrieben werden, auch wenn es noch keine Sätze mit den Nummern 1 und 2 gibt. Entsprechendes gilt für das Lesen (wobei natürlich nur solche Sätze gelesen werden können, die auch in die Datei eingetragen wurden).

b) Man braucht keine eigenen Anweisungen zur Positionierung, wie z. B. REWIND oder BACKSPACE (die überdies für Direktdateien nicht zugelassen sind). Durch die Angabe der Datensatznummer in READ bzw. WRITE wird auf den betreffenden Satz positioniert.

c) Nach dem Öffnen der Datei kann man in beliebiger Reihenfolge lesen und schreiben. Sobald ein Satz geschrieben wurde, kann er auch gelesen werden, ebenso kann man ihn mit neuen Daten überschreiben, ohne dadurch - wie etwa im sequentiellen Fall - andere Datensätze zu vernichten.

d) Die Datensatznummern brauchen keine lückenlose Folge von ganzen Zahlen zu bilden. Es ist z. B. zulässig, wenn eine Datei nur Sätze mit den Nummern 2 , 5 , 6 , 10 , 15 und 33 enthält.

e) Auch in einer Direktdatei sind die Datensätze entweder alle formatiert oder alle formatfrei. (Einen Dateiendesatz gibt es nicht !)

Beispiel

In dem obigen Beispiel würden bei formatfreien Sätzen die Anweisungen folgendermaßen
lauten :

```
OPEN ( 35 , FILE = ' Lagerftfr ', ACCESS = ' DIRECT ' ,
      FORM = ' UNFORMATTED ', STATUS = ' NEW ', RECL = 38 )

WRITE ( 35 , REC = 267 ) NAME , PREIS , ANZ

READ ( 35 , REC = 349 ) NAME , PREIS , ANZ

WRITE ( 35 , REC = 349 ) NAME , PREIS , ANZ-1
```

Für die Satzlänge wurde dabei angenommen, daß in Byte gemessen wird und jede REAL- oder
INTEGER-Zahl jeweils 4 Byte beansprucht sowie jedes Zeichen einer CHARACTER-Größe
1 Byte.

11.4.6 Ein- und Ausgabe bei Direktzugriff

Die Ein- und Ausgabeanweisungen für Direktdateien sind ebenso gebaut wie die für sequentiellen Zugriff (vgl. Kap. 11.4.2) ; sie unterscheiden sich nur in folgenden Punkten :

- man muß zusätzlich noch die Datensatznummer angeben

- bei READ darf der END-Parameter nicht benutzt werden (da er für Direktzugriff
  keine Bedeutung hat)

- eine listengesteuerte Übertragung (* als Angabe zur Formatierung) ist nicht
  zulässig

Damit ergeben sich die folgenden

```
Formen :    WRITE ( [ UNIT = ] u [ , [ FMT = ] f ] , REC = r [ , ERR = nr ]
                  [ , IOSTAT = ios ] ) [ aliste ]

            READ  ( [ UNIT = ] u [ , [ FMT = ] f ] , REC = r [ , ERR = nr ]
                  [ , IOSTAT = ios ] ) [ eliste ]
```

mit   u :   Dateinummer (INTEGER-Ausdruck, ≥ 0)

            f :   Angabe zur Formatierung (vgl. Kap. 10.1 und 10.3 ; jedoch ist * nicht
                  zugelassen !)

            r :   Datensatznummer (INTEGER-Ausdruck, positiver Wert)

nr :   Anweisungsnummer (für Fortsetzung im Fehlerfall)

ios :   Variable oder Feldelement vom Typ INTEGER (erhält im Fehlerfall einen positiven Wert, sonst den Wert Null)

aliste :   Liste der auszugebenden Größen (vgl. Kap. 10.3)

eliste :   Liste der Größen, für die Werte eingelesen werden sollen (vgl. Kap. 10.1)

Wirkung (analog zu Kap. 10.1 und 10.3) :

a)   Fehlt die ' aliste ' bzw. ' eliste ' (dies ist nur bei formatierter E/A zulässig !), so werden die Angaben zur Formatierung soweit berücksichtigt, wie dies sinnvoll ist.

b)   Andernfalls wird die Datei mit der Nummer ' u ' auf den Satz mit der Nummer ' r ' positioniert und - beginnend mit diesem Satz - werden

   ● bei WRITE :   die Werte der Ausgabegrößen in die Datei übertragen,

   ● bei READ :   aus der Datei Werte an die Größen der Eingabeliste zugewiesen.

Die Übertragung erfolgt formatfrei, wenn die Angabe ' f ' fehlt, andernfalls formatiert. Tritt dabei ein Fehler auf, wird so verfahren, wie in Kapitel 10.3 angegeben.

Bemerkungen

a)   Bei formatfreier E/A wird nur in den Datensatz mit der Nummer ' r ' geschrieben bzw. aus ihm gelesen.

b)   Erfolgt die Übertragung formatiert und beinhalten die Formatangaben den Übergang zu weiteren Datensätzen (z. B. durch den Schrägstrich-Beschreiber, vgl. Kap. 10.7.4), so wird nach dem Satz mit der Nummer r der mit der Nummer r+1 herangezogen, dann folgt die Nummer r+2 usw.

Beispiel

Die Anweisung

        WRITE (40 , REC = 8) A , B , C

schreibt die Werte der Variablen A, B, C formatfrei in den Satz Nr. 8 der Direktdatei mit der Nummer 40. Durch

        WRITE (45 , ' (2 F 10.5 / F 8.2) ' , REC = 8) A , B , C

werden A und B (formatiert) in den Satz Nr. 8 der Datei mit der Nummer 45 und C in den Satz Nr. 9 geschrieben. Aus dieser Datei holt

$$\text{READ} (45 , ' (F 10.5 / F 8.2) ' , \text{REC} = 8) X , Y$$

den ersten Wert des Satzes Nr. 8 (also das obige A) und weist ihn X zu. Anschließend erhält Y den (ersten) Wert aus dem Satz Nr. 9 (d. h. das obige C).

11.5 Die Anweisung INQUIRE zum Abfragen von Dateieigenschaften

Die Anweisung INQUIRE ermöglicht es, Informationen über Eigenschaften einer Datei zu erhalten, z. B. ob sequentieller oder Direktzugriff vorliegt, ob die Datensätze formatiert oder formatfrei sind usw. Dies ist dann von Bedeutung, wenn ein Programm sehr allgemein gehalten ist und auf Dateien mit unterschiedlichen Eigenschaften Anwendung finden soll. Für die Benutzung von INQUIRE ist es gleichgültig, ob es die angesprochene Datei gibt oder nicht, ob sie eröffnet ist oder nicht: INQUIRE gibt - gegebenenfalls negative - Auskunft über den Zustand und die Eigenschaften dieser Datei zum Zeitpunkt der Anfrage. Die Datei kann man entweder durch eine Dateinummer oder durch einen Namen angeben, dementsprechend gibt es INQUIRE in der

Form   mit Dateinummer :   INQUIRE ([UNIT =] u , iliste)

           mit Dateinamen :   INQUIRE (FILE = datnam , iliste)

mit   u :   Dateinummer (INTEGER-Ausdruck, ≥ 0)

        datnam : Dateiname (CHARACTER-Ausdruck)

        iliste :   Liste von Parametern (Zusammenstellung s. unten)

Wirkung: Die durch die Parameter von ' iliste ' bestimmten Anfragen über Dateieigenschaften werden beantwortet hinsichtlich einer Datei mit der Nummer ' u ' bzw. hinsichtlich einer Datei namens ' datnam '. Die Antwort gilt für den Zeitpunkt, zu dem INQUIRE ausgeführt wird. Die angesprochene Datei kann existieren oder nicht, ebenso kann sie eröffnet sein oder nicht.

Achtung! Die Angaben in diesem Kapitel zur Wirkungsweise von INQUIRE entsprechen den Festlegungen durch die Norm. Es ist jedoch möglich, daß im Einzelfall ein Compiler sich nicht völlig an diese Festlegungen hält! So kann es z. B. vorkommen, daß man mit INQUIRE keine Auskunft über eine nicht geöffnete Datei erhält, obwohl die Norm dies vorsieht.

Beispiele für die Wirkung der INQUIRE-Anweisung

a)   INQUIRE (FILE = 'Eingabe. Dat ', OPENED = AUF , NUMBER = NR)

1. Fall :

Ist die Datei namens 'Eingabe.Dat' geöffnet, so erhält die logische Variable AUF den Wahrheitswert T und die INTEGER-Variable NR die zugehörige Dateinummer.

2. Fall :

Ist die Datei nicht geöffnet bzw. kennt das Betriebssystem keine Datei dieses Namens, so erhält AUF den Wert F, und der Wert von NR ist undefiniert (d. h., die Norm legt für diesen Wert nichts fest).

b)   INQUIRE (20 , ACCESS = SEQDIR , FORM = FORMT)

1. Fall :

Wurde eine Datei mit der Nummer 20 geöffnet, so erhält die CHARACTER-Variable SEQDIR den Wert SEQUENTIAL bzw. DIRECT, je nachdem, welche Zugriffsart für diese Datei festgelegt wurde. Entsprechend erhält FORMT einen der Werte FORMATTED oder UNFORMATTED.

2. Fall :

Ist keine Datei mit der Nummer 20 geöffnet, so haben SEQDIR und FORMT undefinierte Werte.

Die Parameter von ' iliste ' haben die Form

schlüsselwort = var

wobei ' var ' eine Variable oder ein Feldelement bedeutet (außer beim Parameter ERR) und für 'schlüsselwort' die verschiedenen in den folgenden Tabellen angegebenen Begriffe benutzt werden können. Der Datentyp von ' var ' muß CHARACTER oder LOGICAL oder INTEGER sein, entsprechend dem Wert, den INQUIRE ihm zuweist.

Im folgenden sind die einzelnen Parameter zusammengestellt. Die Typangabe ist dabei abgekürzt durch CH (CHARACTER), L (LOGICAL) und I (INTEGER).

Parameter zur Existenz der Datei, ihrer Zuordnung und ihrem Namen

Parameter	Typ	gelieferter Wert
EXIST = ex	L	T wenn es eine Datei mit der angegebenen Nummer bzw. mit dem angegebenen Namen gibt F sonst
OPENED = od	L	T wenn die Datei geöffnet ist F sonst
NUMBER = num	I	Dateinummer, falls die Datei geöffnet ist undefiniert sonst
NAME = fn	CH	Name der Datei, falls sie benannt ist undefiniert sonst
NAMED = nmd	L	T wenn die Datei benannt ist F sonst

Parameter zu den Dateieigenschaften

Parameter	Typ	gelieferter Wert
ACCESS = acc	CH	undefiniert, falls die Datei nicht geöffnet ist sonst SEQUENTIAL bei sequentiellem Zugriff bzw. DIRECT bei Direktzugriff
FORM = fm	CH	undefiniert, falls die Datei nicht geöffnet ist sonst FORMATTED bei formatierten Datensätzen bzw. UNFORMATTED bei formatfreien Datensätzen
RECL = rl	I	Datensatzlänge, falls die Datei für Direktzugriff geöffnet ist undefiniert, wenn die Datei nicht geöffnet ist bzw. wenn sie für sequentiellen Zugriff geöffnet ist
NEXTREC = rec	I	liefert bei einer Direktdatei die Nummer n + 1 , wenn zuletzt der Satz mit der Nummer n übertragen wurde (falls noch kein Satz übertragen wurde, wird 1 geliefert) der Wert ist undefiniert, wenn die Datei nicht geöffnet ist, bzw. nicht als Direktdatei geöffnet wurde
BLANK = blk	CH	NULL bzw. ZERO, entsprechend dem Wert des Parameters BLANK, falls die Datei als formatiert geöffnet ist undefiniert, wenn die Datei nicht geöffnet ist bzw. wenn sie als formatfrei geöffnet wurde

Weitere Parameter zu den Dateieigenschaften

Parameter	Typ	gelieferter Wert	
SEQUENTIAL = seq	CH	YES	wenn die betreffende Eigenschaft auf die Datei zutrifft
DIRECT = dir	CH	NO	wenn dies nicht gilt
FORMATTED = fmt	CH	UNKNOWN	wenn dies nicht ermittelt werden kann
UNFORMATTED = unf	CH	undefiniert	wenn (bei INQUIRE mit Dateinummer) keine Datei mit dieser Nummer geöffnet ist bzw. (bei INQUIRE mit Dateinamen) wenn es keine Datei mit diesem Namen gibt

Parameter zur Fehlerbehandlung

IOSTAT = ios
ERR = nr

Diese Parameter gestatten in derselben Weise wie auch bei anderen E/A-Anweisungen eine entsprechende Reaktion für den Fall, daß bei der Ausführung von INQUIRE ein Fehler auftritt (vgl. die Angaben zu WRITE in Kap. 10.3).

Bemerkungen

a)   Diese Parameter kann man in ' iliste ' beliebig kombinieren, je nach gewünschter Auskunft.

b)   Die Angaben zu INQUIRE in diesem Kapitel entsprechen der Norm von FORTRAN 77. Es sei aber noch einmal darauf hingewiesen, daß diese Norm - insbesondere bei INQUIRE - bei verschiedenen Compilern keineswegs vollständig realisiert ist. Es ist deshalb stets ratsam, anhand des FORTRAN-Handbuches zu vergleichen, was im einzelnen gilt.

Beispiel

Wir betrachten eine sequentielle Datei namens "Matrix", deren Sätze den einzelnen Spalten einer umfangreichen Matrix entsprechen. In einem Programm sollen diese Sätze gelesen werden, es ist jedoch nicht bekannt, ob sie formatiert oder formatfrei sind. Falls sie formatiert sind, steht im ersten Satz die Formatangabe für die dahinterliegenden Sätze, und im 2. Satz steht die 1. Spalte der Matrix usw. Sind die Datensätze formatfrei, so enthält bereits der 1. Satz die erste Spalte der Matrix usw. Im folgenden Programmausschnitt wird zunächst durch INQUIRE ermittelt, ob die Datei formatierte oder formatfreie Sätze enthält. Ist das Ergebnis der Anfrage positiv, so wird anschließend die Datei entsprechend geöffnet und die 1. Spalte gelesen, entweder formatiert, nachdem zuvor die Formatangabe aus dem ersten Satz geholt worden ist, oder formatfrei. (M bedeutet die Zeilenzahl der Matrix.)

```
INTEGER M
PARAMETER  ( M = 200 )
CHARACTER * 7   FMT
CHARACTER * 100   FORMO
REAL  SPALTE  ( 1 : M )
. . .
INQUIRE ( FILE = ' Matrix ' , FORMATTED = FMT )
IF ( FMT .EQ. ' YES ' ) THEN
    OPEN ( 30 , FILE = ' Matrix ' , ACCESS = ' SEQUENTIAL ' ,
        FORM = ' FORMATTED ' , STATUS = ' OLD ' )
    READ ( 30 ,'( A 100 )') FORMO
    READ ( 30 , FORMO )  SPALTE
ELSEIF ( FMT .EQ. ' NO ' )  THEN
    OPEN ( 30 , FILE = ' Matrix ' , ACCESS = ' SEQUENTIAL ' ,
        FORM = ' UNFORMATTED ' , STATUS = ' OLD ' )
    READ ( 30 )  SPALTE

ELSEIF ( FMT .EQ. ' UNKNOWN ' )  THEN
    PRINT * , ' Die Dateieigenschaft FORMATTED ist " UNKNOWN " . '
ELSE
    PRINT * , ' Die Datei namens "Matrix" existiert nicht! '
    . . .
ENDIF
. . .
```

Man beachte, daß man in diesem Beispiel die Anfrage nach der Formatierung nur mit dem Parameter FORMATTED (bzw. UNFORMATTED) machen kann, nicht aber mit dem Parameter FORM, da dieser nur dann einen positiven Bescheid über die Formatierung liefert, wenn die Datei geöffnet ist. Sie kann aber gar nicht geöffnet werden, solange man nichts über die Formatierung weiß.

Übungen zu Kapitel 11

Kontrollfragen

- Was versteht man unter einer Datei? Wie sind Dateien aufgebaut und welche Eigenschaften können sie haben? Welche Rolle spielt das Betriebssystem beim Arbeiten mit Dateien?

- Wie kann mit einer FORTRAN-Anweisung eine Datei angelegt bzw. gelöscht werden? Wie werden Dateien in einem FORTRAN-Programm benannt? Welche Namen für Dateien sind im Betriebssystem zulässig?

- Was ist der Unterschied zwischen formatierten und formatfreien Datensätzen und in welchen Situationen sollten formatfreie Dateien benutzt werden? Welche Formen haben die Anweisungen zum Lesen oder Schreiben von formatierten bzw. formatfreien Datensätzen?

- Wodurch unterscheidet sich der direkte Zugriff auf Dateien vom sequentiellen Zugriff? Wie kann in einer sequentiellen Datei auf einen bestimmten Datensatz positioniert werden? Wie wird bei einer Direktdatei ein bestimmter Datensatz angesprochen? Welche Form und Wirkung haben die READ- und die WRITE-Anweisung bei einer sequentiellen bzw. Direktdatei?

- Wodurch kann man das Ende einer Datei markieren? Wie können Fehler beim Schreib-, Lese- oder Positionierungsvorgang behandelt werden? Gibt es eine Möglichkeit, mit einer FORTRAN-Anweisung etwas über die Eigenschaften einer Datei zu erfahren?

Aufgaben

11.1 Man schreibe ein LOGICAL-Funktionsunterprogramm, das zwei gegebene, sequentielle Dateien "auf Gleichheit" überprüft. Alle Datensätze (formatiert/formatfrei) der Dateien sollen die gleiche Struktur besitzen, die zweckmäßigerweise zuerst festgelegt bzw. bekannt sein sollte. Diejenigen Datensätze, die sich unterscheiden, sind zu protokollieren.

11.2 Schreiben Sie ein Programm, das eine vorgegebene Datei mit formatierten Sätzen einliest und dieselben Sätze dann in eine neu angelegte formatfreie Datei schreibt (vgl. Kap. 11.3.5).

11.3 Alle 60 Datensätze einer Datei "Test" enthalten jeweils 2 INTEGER- und eine REAL-Zahl. Welche Sätze aus dieser Datei werden gelesen, wenn in einem Programm die folgenden Anweisungen abgearbeitet werden:

```
OPEN ( 50 , FILE = ' TEST ' , ACCESS = ' SEQUENTIAL ' , FORM = ' FORMATTED ' )
READ ( 50 ,'( / / / )' )
READ ( 50 ,'( I4 , I4 , F6.2 , / / )' ) IVAR1 , IVAR2 , RVAR
BACKSPACE ( 50 )
READ ( 50 ,'( I4 , I4 , F6.2 )' ) IVAR1 , IVAR2 , RVAR
REWIND ( 50 )
READ ( 50 ,'( 10 ( / ) , I4 , I4 , F6.2 )' ) IVAR1 , IVAR2 , RVAR
```

11.4 Entwickeln Sie ein Programm, mit dem es möglich ist, die Eigenschaften einer vorhandenen Datei auf dem Bildschirm angezeigt zu bekommen.

11.5 Eine Datei enthalte als Datensätze die Vereine und ihre Spielergebnisse in der 1. Fußball-bundesliga. Ein Datensatz hat folgenden Aufbau:

Position	Inhalt
1 - 2	aktueller Tabellenplatz
3 - 4	vorheriger Tabellenplatz
5 - 25	Vereinsname
26 - 27	Anzahl aller bestrittenen Spiele
28 - 29	Anzahl der gewonnenen Spiele
30 - 31	Anzahl der verlorenen Spiele
32 - 33	Anzahl der unentschiedenen Spiele
34 - 35	Anzahl der geschossenen Tore
36 - 37	Anzahl der erhaltenen Tore
38 - 40	Tordifferenz, d. h. geschossene - erhaltene Tore
41 - 42	Pluspunkte
43 - 44	Minuspunkte

a)   Man schreibe ein Programm, das eine Datei namens LIGA der o. a. Struktur eröffnet. Alle Zahlen sollen mit 0 vorbesetzt werden. Dann sollen die Vereinsnamen vom Benutzer eingegeben werden können und in die Datei geschrieben werden.

b)   Mit einem zweiten Programm soll es möglich sein, die Spielergebnisse einzugeben. Dazu muß die bestehende Datei LIGA erneut geöffnet werden, und dann können die Datensätze entsprechend dem Spielergebnis verändert werden. Bevor das Programm endet, ist die aktuelle Bundesligatabelle auszudrucken.

c)   Man überlege sich, wie es möglich ist, nicht nur die aktuelle Tabelle zu speichern, sondern auch die vom vorherigen Spieltag.

d)   Wie kann man das Programm so erweitern, daß es möglich ist, falsch eingegebene Ergebnisse vom vorletzten Spieltag zu korrigieren?

Hinweis: Die Aufgabe 11.5 ist umfangreicher als die vorhergehenden Übungsauf-gaben.

11.6 Die "Vertreterstatistik" aus Kap. 5.3.5 sowie die Übungsaufgabe 7.7 "Erstellung von Kostenvoranschlägen und Rechnungen" können auch unter Benutzung von Dateien gelöst werden. Welche Vorteile hat die Verwendung von Dateien in diesem Fall? Realisieren Sie ein entsprechendes Programm.

11.7 Entwickeln Sie ein Programmsystem (Modularisierung!), mit dem es möglich ist, eine Adreßdatei zu verwalten (vgl. Kap. 11.4.3). Mit dem Programm soll man neue Adressen in die Datei eintragen sowie überflüssige Adressen streichen können. Zur Kontrolle soll auf den Wunsch des Benutzers hin eine vollständige Adressenliste ausgedruckt werden. Ferner soll das Programmsystem Dateien verwalten können, in denen sich Texte von Werbebriefen befinden. Als Hauptfunktion soll das Programm es ermöglichen, Namen und Adressen aus der Adreßdatei in die Werbebriefe einzusetzen und die fertigen Briefe dann auf einem Drucker auszugeben.

12. Weitere FORTRAN-Sprachelemente

Dieses Kapitel bringt abschließend noch einige Sprachelemente von FORTRAN. Es sind dies
z. T. Ergänzungen zu früheren Ausführungen, die man ebenfalls mit Vorteil verwenden kann,
z. T. aber auch solche Elemente, von deren Gebrauch abzuraten ist, die jedoch der Vollständig-
keit halber angegeben werden. Kapitel 12.1 befaßt sich mit internen Dateien. Wie schon in
Kapitel 11 angedeutet, sind dies keine Dateien im bisherigen Sinn, sondern eine Konstruktion
der Sprache FORTRAN, die eine elegante Möglichkeit bietet, Daten von einer Form in eine
andere zu wandeln. So kann man z. B. Ziffern in die entsprechenden CHARACTER-Zeichen
überführen oder Zeichenfolgen auf verschiedene Art manipulieren. Bei der Anweisung
EQUIVALENCE in Kapitel 12.2 geht es um den Zugriff auf denselben Speicherinhalt unter
verschiedenen Namen. Dies bedeutet beispielsweise, daß zwei verschiedene Variablen denselben Speicherplatz gemeinsam nutzen. Diese Anweisung hatte früher eine gewisse Berechtigung gehabt - heute kann man vor ihrer Anwendung nur warnen, da sie zu heimtückischen
Fehlern im Programm führen kann. Die in Kapitel 12.3 behandelte Anweisung COMMON
ermöglicht die gemeinsame Nutzung von Daten durch verschiedene Programmeinheiten. Dies
kann eine wertvolle Ergänzung zur Übergabe von Parametern an Unterprogramme sein, jedoch
nur bei äußerst vorsichtiger und disziplinierter Handhabung, da sonst leicht unerwünschte
Effekte auftreten können.

Kapitel 12.4 bringt einige Ergänzungen zur Parameterübergabe bei Unterprogrammen, und
zwar für den Fall, daß Felder oder andere Unterprogramme oder Sprungziele zu übergeben
sind. Die Anweisung ENTRY in Kapitel 12.5 gestattet es, Teile eines Unterprogramms als
eigene Unterprogramme anzusprechen. Davon sollte man aber absehen, weil man dabei in
Widerspruch zu den Prinzipien der Strukturierten Programmierung gerät. Kapitel 12.6 befaßt
sich schließlich noch mit der Anweisung SAVE, die dann sinnvoll angewandt werden kann, wenn
Daten aus Unterprogrammen zu sichern sind, um sie später wieder benutzen zu können.
ENTRY und SAVE sind vor allem bei umfangreichen Programmen mit mehreren Unterprogrammen von Bedeutung.

12.1 Interne Dateien

12.1.1 Bedeutung

Im vorigen Kapitel behandelten wir externe Dateien. Sie werden auf Hintergrundspeichern gehalten und eignen sich für die langfristige Datenhaltung. Daneben kennt FORTRAN auch noch interne Dateien. Dies sind keine Dateien im bisherigen Sinne, sondern Variablen oder andere Größen vom Typ CHARACTER, die in formatierten READ- oder WRITE-Anweisungen anstelle der Dateinummer angegeben werden können (daher der Name "Datei"). Bei Ausführung einer solchen Anweisung werden dann Zeichen aus der bzw. in die CHARACTER-Größe übertragen. Damit erhält man eine bequeme Möglichkeit, Daten von einer Form in eine andere zu wandeln. Zur Verdeutlichung diene das folgende

Beispiel

In dem Programm SCHEK 5 von Kapitel 10.6 (vgl. Abb. 10.6.1) ist u. a. eine Ziffer, die in Form einer INTEGER-Zahl vorliegt, in das ihr entsprechende Zeichen vom Typ CHARACTER zu wandeln, z. B. die Zahl 4 in das Zeichen 4. Hierzu wird dort eine CHARACTER-Variable ZAHL mit dem Wert 123456789 benutzt. Hat dann die INTEGER-Variable W beispielsweise den Wert 4, so liefert ZAHL (W : W) gerade das zugehörige Zeichen 4.

Diese Umwandlung läßt sich auch bequem mit Hilfe einer internen Datei bewerkstelligen. Als interne Datei verwenden wir eine Variable INTDAT vom Typ CHARACTER * 1. Dann bewirkt die Anweisung

    WRITE (INTDAT , ' (I 1) ') W

daß - genauso wie bei externen Dateien - der Wert von W im Format I 1 in INTDAT abgelegt wird, d. h., das Zeichen, das auch sonst bei der Ausgabe von W im Format I 1 in einem formatierten Datensatz abgelegt wird, wird in INDAT gespeichert (vgl. Kap. 11.3.2). Hat somit W beispielsweise den INTEGER-Wert 4, so weist die obige WRITE-Anweisung INTDAT gerade das Zeichen 4 zu.

Auch die umgekehrte Richtung - die Umwandlung von Zeichen in Zahlenwerte - ist möglich. So bewirkt beispielsweise der folgende Programmausschnitt

    INTEGER NUM
    CHARACTER * 3 NUMMER
    NUMMER = ' 723 '
    READ (NUMMER , ' (I 3) ') NUM

daß NUM den (INTEGER-) Wert 723 erhält : Die READ-Anweisung liest hier die Zeichen aus NUMMER (wie sonst auch aus einem externen Datensatz), interpretiert sie als INTEGER-Zahl im Format I 3 und weist NUM den entsprechenden Wert zu.

In formaler Hinsicht behandelt FORTRAN interne Dateien in gleicher Weise wie externe Dateien. Dabei ist festgelegt: Eine interne Datei besteht aus Datensätzen, diese sind formatiert, und auf sie kann in ähnlicher Weise zugegriffen werden wie bei einer sequentiellen externen Datei. Die Strukturierung in Sätze hängt davon ab, wie die interne Datei beschaffen ist. Hier gibt es die folgenden Möglichkeiten :

Eine interne Datei ist

- eine Variable, ein Feldelement oder eine Teilkette vom Typ CHARACTER.
  In diesem Fall besteht die Datei aus genau einem Satz, der gerade so viele Zeichen aufnehmen kann wie die betreffende CHARACTER-Größe.

- ein CHARACTER-Feld.
  In diesem Fall bildet jedes Feldelement einen Satz. Jeder Satz kann gleich viele Zeichen aufnehmen, entsprechend dem Fassungsvermögen eines Feldelements. Die Reihenfolge der Sätze in der Datei entspricht der Speicherreihenfolge der Elemente des Feldes (vgl. Kap. 6.7.2).

Eine solche CHARACTER-Größe kann jederzeit als interne Datei benutzt werden, ohne daß hierfür zusätzliche Maßnahmen (wie z. B. Öffnen oder Definieren der internen Datei) erforderlich wären.

Die Sätze einer internen Datei sind **formatiert :** Sie bestehen aus den Zeichen der betreffenden CHARACTER-Größe. Der Zugriff erfolgt **sequentiell.** Ein Öffnen und Schließen wie bei externen Dateien hat für eine interne Datei keinen Sinn. **OPEN und CLOSE sind** deshalb **für interne Dateien verboten.** Die Anweisungen READ und WRITE können unmittelbar benutzt werden. Die weiteren E/A-Anweisungen für sequentielle Dateien wie BACKSPACE, REWIND, ENDFILE und INQUIRE sind dagegen für interne Dateien bedeutungslos und deshalb ebenfalls verboten.

12.1.2 Ein- und Ausgabe bei internen Dateien

Wie im obigen Beispiel kann man eine interne Datei in den Anweisungen READ und WRITE verwenden. Diese Anweisungen haben dabei dieselbe Form wie bei formatierten sequentiellen Dateien (s. Kap. 11.4.2). Man beachte jedoch die folgenden Unterschiede :

- für ' u ' ist die interne Datei anzugeben

- eine listengesteuerte Übertragung (* als Angabe zur Formatierung) ist nicht zulässig

Damit ergibt sich für die

Ausgabe mittels WRITE

Form :   WRITE ([UNIT =] u , [FMT =] f [, ERR = nr] [, IOSTAT = ios]) aliste

mit   u :   Variable, Feldelement oder Feldname vom Typ CHARACTER oder Teilkette

            f :   Angabe zur Formatierung (vgl. Kap. 10.3 ; jedoch ist * nicht zugelassen!)

            nr :   Anweisungsnummer (für Fortsetzung im Fehlerfall)

            ios :   Variable oder Feldelement vom Typ INTEGER
                     (erhält im Fehlerfall einen positiven Wert, sonst den Wert Null)

            aliste : Liste der auszugebenden Größen (vgl. Kap. 10.3)

Wirkung: Die Werte der in der 'aliste' aufgeführten Größen werden in Form einer
            Zeichenfolge - entsprechend den durch 'f' bestimmten Formatangaben - nachein-
            ander in 'u' gespeichert. Tritt dabei ein Fehler auf, wird so verfahren, wie in
            Kapitel 10.3 angegeben.

Einlesen mittels READ

Form: READ ([UNIT =] u , [FMT =] f [, END = nn] [, ERR = nr]
                     [, IOSTAT = ios]) eliste

mit   u :   Variable, Feldelement oder Feldname vom Typ CHARACTER oder Teilkette

            f :   Angabe zur Formatierung (vgl. Kap. 10.1 ; jedoch ist * nicht zugelassen!)

            nn :   Anweisungsnummer (für Fortsetzung des Programms in dem Fall, daß
                     versucht wird, nach dem letzten Datensatz weiter zu lesen)

            nr :   Anweisungsnummer (für Fortsetzung bei sonstigen Fehlern)

            ios :   Variable oder Feldelement vom Typ INTEGER
                     (erhält einen Wert, der die Fehlersituation charakterisiert)

            eliste: Liste der zu lesenden Größen (vgl. Kap. 10.1)

Wirkung: Die in 'u' gespeicherten Zeichen werden entsprechend den durch 'f' bestimm-
            ten Formatangaben gelesen und die resultierenden Werte den Elementen der
            'eliste' zugewiesen. Tritt dabei ein Fehler oder das Datenende auf, wird
            so verfahren, wie in Kapitel 10.1.2 beschrieben.

Erläuterungen

a)   Die in Kapitel 10.1.2 angegebenen Erläuterungen zur Form von READ und analog zu WRITE gelten auch hier.

b)   READ und WRITE beginnen immer ab Position 1 des ersten - gegebenenfalls des einzigen - Satzes der internen Datei zu lesen bzw. zu schreiben. Dies gilt insbesondere auch dann, wenn die Datei - wie bei einem Feld - aus mehreren Sätzen besteht. Es ist hier nicht möglich, mit READ oder WRITE bei einem anderen als dem ersten Satz zu beginnen. Allerdings kann man mit Hilfe des Schrägstrich-Beschreibers Datensätze übergehen.

c)   WRITE darf in einen Satz nicht mehr Zeichen schreiben, als dieser fassen kann, jedoch weniger (dann wird der restliche Satz mit Leerzeichen aufgefüllt). Entsprechend kann man mit READ weniger Zeichen lesen, als ein Satz enthält, mehr aber nicht, sonst endet READ mit einem Fehler. Dies gilt auch für eine Datei mit mehreren Sätzen. Versucht man hier, über das Ende eines Satzes hinaus zu lesen, so wird nicht automatisch der nächste Satz herangezogen, sondern es tritt ein Fehler auf. Ein Übergang auf einen nachfolgenden Satz ist nur mittels Schrägstrich-Beschreiber oder Wiederholung der Formatliste möglich (vgl. Kap. 10.7.4).

Bemerkung

Man beachte, daß es sich bei einer internen Datei um eine "ganz gewöhnliche" CHARACTER-Größe handelt. Sie kann beispielsweise einen Wert auch mit Hilfe der CHARACTER-Wertzuweisung oder durch Einlesen über die Standardeingabe erhalten (s. Kap. 8.1.3 und 8.1.4). Grundsätzlich kann man sie wie eine sonstige CHARACTER-Größe verwenden.

Beispiele

a)   In der CHARACTER-Variablen ORT seien Postleitzahl und Name eines Ortes gespeichert. Gewünscht ist die Postleitzahl in Form einer INTEGER-Zahl. Die folgenden Anweisungen besorgen dies, wobei ORT als interne Datei verwendet wird und PLZ die Postleitzahl in der gewünschten Form erhält :

```
CHARACTER * 30  ORT , STADT
INTEGER PLZ
   . . .
ORT = ' 2000 _ Hamburg _ 70 '
   . . .
READ ( ORT , ' ( I 4 ) ' ) PLZ
```

Ferner erhält man mit

> READ (ORT , ' (5 X , A 25) ') STADT

den Namen   Hamburg _ 70   linksbündig in STADT gespeichert.

b)   Ein Programm arbeite mit INTEGER-Zahlen, die Datumsangaben in der Form j j m m t t enthalten (z. B. 881224 für 24. Dezember 1988). Hieraus sollen Tag, Monat und Jahr in INTEGER-Form gewonnen werden. Dies kann man durch einige arithmetische Operationen erreichen, etwa mit Hilfe der Standardfunktion MOD (vgl. Kap. 7.6.2). Sehr bequem ist auch die Verwendung einer internen Datei in der folgenden Weise (dabei ist INTDAT diese Datei) :

```
INTEGER  DATUM , TAG , MON , JAHR
CHARACTER * 10   INTDAT
 . . .
DATUM = 881224
WRITE ( INTDAT , ' ( I 6 ) ' ) DATUM
READ  ( INTDAT , ' ( 3 I 2 ) ' ) JAHR , MON , TAG
```

Hier schreibt WRITE die Zeichenfolge 881224 in INTDAT (rechts aufgefüllt mit 4 Leerzeichen). Anschließend liest READ jeweils zwei aufeinanderfolgende Zeichen dieser Folge im Format I 2 und weist die zugehörigen INTEGER-Zahlen 88, 12 und 24 nacheinander den Variablen JAHR , MON und TAG zu. Als mögliche Modifikation betrachten wir noch die Anweisung

```
READ (INTDAT , ' ( 4 X , I 2 ) ' ) TAG
```

sie weist ebenfalls TAG den Wert 24 zu.

12.2 Die Anweisung EQUIVALENCE

Bedeutung

Zu jeder Variablen eines Programms gehört intern im Computer ein bestimmter Speicherplatz, in dem der jeweilige Wert dieser Variablen abgelegt wird. Verschiedene Variablen haben dabei verschiedene Speicherplätze. Mit EQUIVALENCE kann man jedoch erreichen, daß ein und derselbe Speicherplatz zu mehreren Variablen gehört.

Beispiel

```
REAL  ALFA , BETA
EQUIVALENCE  ( ALFA , BETA )
```

Die beiden Variablen ALFA und BETA haben einen gemeinsamen Speicherplatz. Der darin stehende Wert ist sowohl der Wert von ALFA als auch der von BETA. Das hat zur Folge, daß bei einer Änderung des Wertes von ALFA gleichzeitig auch BETA in genau derselben Weise geändert wird und umgekehrt.

Beurteilung

a)   EQUIVALENCE hatte in früheren Zeiten gewisse Bedeutung, als die Speicherkapazität der Computer noch kleiner war als heute. Man konnte mit dieser Anweisung Speicherplatz sparen, indem man beispielsweise zwei Größen, von denen die eine nur am Anfang und die andere nur am Ende des Programms benutzt wurde, denselben Speicherplatz zuwies. Dies ist aber heute in der Regel nicht mehr notwendig.

b)   Der Gebrauch von EQUIVALENCE birgt jedoch große Gefahren in sich, die beispielsweise in der menschlichen Vergeßlichkeit begründet sind. Erinnert sich nämlich ein Programmierer bei der Niederschrift einer Wertzuweisung nicht an eine entsprechende EQUIVALENCE-Anweisung, dann kann er dabei ungewollt den Wert einer anderen Variablen verändern, obwohl das u. U. unzulässig und falsch ist.

Empfehlung: Wegen der Gefährlichkeit dieser Anweisung sollte man **EQUIVALENCE immer vermeiden** ! Die Verwendung dieser Anweisung ist unnötig, weil sich die erwünschten Effekte auch auf andere Weise erreichen lassen.

Im folgenden wird diese Anweisung beschrieben, damit der Leser gegebenenfalls bestehende Programme, die diese Anweisung enthalten, verstehen und bei Bedarf ändern kann. Es gilt :

Anweisung EQUIVALENCE

Form :   EQUIVALENCE (nliste) [, (nliste)] . . .

mit   nliste : Liste von Variablen, Feldelementen, Feldnamen und Teilketten

Wirkung: Die in einer ' nliste ' aufgeführten Größen erhalten gemeinsame Speicherplätze.

Bemerkungen

a)   EQUIVALENCE ist eine nichtausführbare Anweisung und muß an geeigneter Stelle vor den ausführbaren Anweisungen angegeben werden. Es wird empfohlen, die in Anhang A angegebene Reihenfolge der Anweisungen einzuhalten.

b)   Leider gestattet EQUIVALENCE mit gewissen Einschränkungen sogar die Gleichsetzung von Größen verschiedenen Datentyps. Doch davon ist unbedingt abzuraten !!

Beispiel   REAL FELD 1 (1 : 3 , 1 : 10) , FELD 2 (1 : 30)
                       EQUIVALENCE (FELD 1 , FELD 2)

Beide Felder werden elementeweise "übereinandergelegt" , allerdings entsprechend ihrer Speicherreihenfolge (vgl. Kap. 6.7.2). Somit belegen

  FELD 1 (1 , 1) , FELD 1 (2 , 1) , FELD 1 (3 , 1) , FELD 1 (1 , 2) , FELD 1 (2 , 2) , ...

nacheinander dieselben Speicherplätze wie

  FELD 2 (1) , FELD 2 (2) , FELD 2 (3) , FELD 2 (4) , FELD 2 (5) , ...

Dieses Beispiel zeigt wieder, wie leicht sich hier Fehler einschleichen können !

12.3   Die COMMON-Anweisung

12.3.1 Bedeutung

Bei der Behandlung von Unterprogrammen in Kapitel 7 wurde gezeigt, wie man Daten mit Hilfe von Parametern aus einer Programmeinheit an eine andere übergeben kann. Die folgenden Anweisungen demonstrieren noch einmal diese Form der Übergabe aus einem Hauptprogramm in ein Unterprogramm:

```
PROGRAM HAUPT                    SUBROUTINE UP ( IS , JS , KS , A , POS )
INTEGER I , J , K , POS             INTEGER IS , JS , KS , POS
REAL X ( 1 : 100 )                  REAL  A ( 1 : 100 )
 . . .                              . . .
CALL  UP ( I , J , K , X , POS )    RETURN
 . . .                              END
STOP
END
```

       Hauptprogramm   Unterprogramm

Hier werden I , J , K , X und POS in der CALL-Anweisung als aktuelle Parameter an das Unterprogramm UP übergeben. Dadurch sind die Werte dieser Größen im Unterprogramm unter den Namen IS , JS , KS , A und POS verfügbar.

Neben der Übergabe durch Parameter bietet FORTRAN noch eine weitere Möglichkeit der Datenübermittlung zwischen verschiedenen Programmeinheiten an : die Verwendung eines COMMON-Blocks. In dem obigen Beispiel kann dies wie folgt geschehen :

```
PROGRAM HAUPT
INTEGER I , J , K , POS
REAL X ( 1 : 100 )
COMMON I , J , K , X
...
CALL  UP  ( POS )
...
STOP
END
```

Hauptprogramm

```
SUBROUTINE UP ( POS )
  INTEGER POS
INTEGER IS , JS , KS
REAL A ( 1 : 100 )
COMMON IS , JS , KS , A
...
RETURN
END
```

Unterprogramm

Das Ergebnis ist hier dasselbe wie in dem vorangehenden Beispiel. Durch die Anweisung COMMON wird ein COMMON-Block angelegt. Dies ist ein bestimmter Bereich im Arbeitsspeicher, auf den aus verschiedenen Programmeinheiten gemeinsam zugegriffen werden kann. In ihm werden die in der COMMON-Anweisung angegebenen Größen abgelegt, und zwar in der Reihenfolge, in der sie aufgelistet sind. In unserem Beispiel sind dies - aufgrund der COMMON-Anweisung im Hauptprogramm - die Werte von I, J, K, X(1), X(2), ..., X(100), in dieser Reihenfolge. In der Subroutine UP steht ebenfalls eine COMMON-Anweisung. Dadurch kann auch UP auf diesen COMMON-Block zugreifen, also auf die Werte von I, J, K, X(1), ..., X(100), jedoch unter den Namen IS, JS, KS, A(1), ..., A(100), entsprechend der Namensgebung in der Anweisung COMMON der Subroutine.

Werden Daten mit Hilfe eines COMMON-Blocks übermittelt, so braucht man sie nicht mehr als Parameter aufzuführen. Man erkennt dies an den betrachteten Beispielen; im zweiten Fall wird beim Aufruf von UP nur noch POS als aktueller Parameter übergeben. Auf diese Weise kann COMMON vor allem dann eine Vereinfachung bringen, wenn es in einem Programm viele Unterprogrammaufrufe gibt, bei denen zahlreiche Größen zu übertragen sind. Dies trifft beispielsweise auf die Entwicklung eines umfangreichen Programms in modularer Form zu. COMMON-Blöcke kann man außerdem mit Vorteil als gemeinsame Datenbasis für verschiedene Programmeinheiten benutzen. Die COMMON-Anweisungen bilden in einem solchen Fall ein Strukturierungsmittel für die verwendeten Datenmengen, was die Transparenz des Programms - gerade auch bei modularem Aufbau - erhöhen kann. COMMON birgt allerdings - ähnlich wie EQUIVALENCE - auch Gefahren in sich. Es ist leicht möglich, bei unvorsichtiger Änderung einer Größe des COMMON-Blocks die Auswirkungen auf andere Programmeinheiten, die auch auf diese Größe zugreifen, zu übersehen und dadurch unerwünschte Effekte zu erzielen (sog. **Seiteneffekte**). Dies kann dann zu Fehlern führen, die sich nur sehr schwer lokalisieren lassen. Deshalb ist stets **äußerste Vorsicht und Umsicht bei der Verwendung von COMMON geboten !**

12.3.2   Unbenannter COMMON-Block

FORTRAN kennt zwei Arten von COMMON-Blöcken : benannte und unbenannte. Den unbenannten COMMON-Block lernten wir schon in 12.3.1 kennen. Man erhält ihn durch eine
COMMON-Anweisung wie dort angegeben. Es ist aber auch möglich, die COMMON-Anweisung
mit einem Namen zu versehen, was dann zu einem benannten COMMON-Block führt. Dieser
wird in 12.3.3 näher behandelt. Im folgenden betrachten wir den unbenannten COMMON-Block.
Die Ausführungen hierzu gelten allerdings weitgehend auch für benannte Blöcke ; deshalb ist
meistens nur von "COMMON-Block" bzw. "COMMON-Anweisung" die Rede.

Man erhält einen unbenannten COMMON-Block durch die

Unbenannte COMMON-Anweisung

Form :   COMMON   nliste

mit   nliste : Liste von Variablen und Feldern

Wirkung: Die aufgelisteten Größen werden in einem speziellen Speicherbereich, dem unbe-
            nannten COMMON-Block, gespeichert. Dieser Speicherbereich ist für alle Pro-
            grammeinheiten zugänglich, die eine derartige COMMON-Anweisung enthalten.

Bemerkungen

a)   Die COMMON-Anweisung ist eine nichtausführbare Anweisung und muß an geeigneter
      Stelle vor den ausführbaren Anweisungen stehen. Es empfiehlt sich, die in Anhang A
      angegebene Reihenfolge der Anweisungen einzuhalten.

b)   In einem FORTRAN-Programm kann es höchstens einen unbenannten COMMON-Block
      geben (im Gegensatz dazu aber mehrere benannte COMMON-Blöcke, s. Kap. 12.3.3).

c)   Ein Feld ist in der COMMON-Anweisung nur durch seinen Namen anzugeben, falls der
      Indexbereich außerhalb COMMON festgelegt wird (z. B. in einer Typanweisung) ; andern-
      falls ist der Feldname mitsamt dem Indexbereich in der COMMON-Anweisung anzugeben.
      Ein Beispiel für die erste (und zu empfehlende) Möglichkeit ist

          REAL TAB (1 : 10)
          COMMON TAB

d)   Einzelne Feldelemente darf man in ' nliste ' nicht angeben, ebenso auch keine formalen
      Parameter.

e)   ' nliste ' kann Größen verschiedener Datentypen aufnehmen ; für CHARACTER gilt allerdings die Einschränkung, daß CHARACTER-Größen nicht mit Größen eines anderen Typs zusammen in einer COMMON-Anweisung stehen dürfen. (Trotzdem kann man sowohl CHARACTER- wie auch andere Größen im COMMON-Bereich halten, allerdings in mehreren Blöcken, was man durch Hinzunahme benannter COMMON-Blöcke erreichen kann.)

Die bei e) angegebene Einschränkung hat ihre Ursache in der Art, wie die Größen in einem COMMON-Bereich gespeichert werden. Hier gilt :

- CHARACTER-Größen werden in spezifischen **CHARACTER-Speichereinheiten** gespeichert, wobei eine solche Einheit ein Zeichen aufnehmen kann.

- Größen eines sonstigen Typs werden in **numerischen Speichereinheiten** abgelegt. Dabei gilt für eine Größe vom Typ

INTEGER , REAL , LOGICAL	belegt jeweils 1 Einheit
DOUBLE PRECISION	belegt 2 Einheiten
COMPLEX	Real- und Imaginärteil werden in zwei aufeinanderfolgenden Einheiten gespeichert.

Allgemein gilt, daß die Größen einer COMMON-Anweisung

- in der Reihenfolge ihres Auftretens
- in aufeinanderfolgenden Speichereinheiten

abgelegt werden.

Beispiel

a)
```
INTEGER  P , Q
REAL     W
REAL     TAB ( 1 : 10 )
COMMON P , Q , TAB , W
```

Hierzu gehört ein COMMON-Block mit 13 numerischen Speichereinheiten. Abb. 12.3.1 zeigt hinter a) seinen Aufbau.

Speichereinheit	1	2	3	4	...	12	13
Inhalt bei							
a) COMMON P , Q , TAB , W	P	Q	TAB(1)	TAB(2)	...	TAB(10)	W
b) COMMON PP , QQ , FELD , W	PP	QQ	FELD(11)	FELD(12)	...	FELD(20)	W
c) COMMON P , Q , ZEIL	P	Q	ZEIL(1)	ZEIL(2)	...	ZEIL(10)	ZEIL(11)

Abb. 12.3.1   Belegung eines COMMON-Blocks bei verschiedenen COMMON-Anweisungen

b)   Will man in irgendeiner Programmeinheit auf den bei a) erzeugten COMMON-Block zugreifen, so braucht man in dieser Programmeinheit nur die COMMON-Anweisung von a) anzugeben. Dabei ist es auch zulässig, andere Namen in der COMMON-Anweisung zu verwenden: dann entsprechen die umbenannten Größen denen im COMMON-Block. Benutzt man z. B.

```
INTEGER   PP , QQ
REAL      W
REAL      FELD ( 11 : 20 )
COMMON  PP , QQ , FELD , W
```

so werden die Namen PP , QQ , FELD und W den Speichereinheiten des COMMON-Blocks so zugeordnet, wie in Abb. 12.3.1 bei b) angegeben.

c)   Abb. 12.3.1 enthält unter c) noch eine weitere Möglichkeit, wie man auf den COMMON-Block Bezug nehmen kann. Hierzu gehören die Anweisungen

```
INTEGER  P , Q
REAL     ZEIL ( 1 : 11 )
COMMON  P , Q , ZEIL
```

Man beachte, daß der Wert, den in a) die Variable W hat, diesmal zu dem Feld ZEIL gehört und durch ZEIL(11) angesprochen wird.

Bemerkung

Variablen und Felder, die auf einen gemeinsamen COMMON-Block zugreifen, dürfen in verschiedenen Programmeinheiten verschiedene Namen tragen. Entsprechende Übereinstimmung des Typs muß allerdings gewährleistet sein. (Ausnahme: Auf einen komplexen Wert darf man auch mittels zweier reeller Größen zugreifen.)

Empfehlung: Man sollte von dieser Möglichkeit nur dann Gebrauch machen, wenn dies für das Verständnis eines Programmes notwendig ist oder wenn sonst die Funktionsfähigkeit des Programms gefährdet wäre. Grundsätzlich ist jedoch (wegen der damit verbundenen Fehlergefahr) von der Verwendung verschiedener Namen für dieselbe Sache abzuraten.

12.3.3 Benannter COMMON-Block

Ein COMMON-Block kann auch mit einem Namen versehen werden. Dadurch wird es möglich, mehrere, durch ihren Namen unterscheidbare COMMON-Blöcke zu verwenden. Einen benannten COMMON-Block erhält man, indem man in der COMMON-Anweisung zusätzlich noch einen Namen für den Block angibt, wie in dem folgenden

Beispiel

```
CHARACTER  NN * 30 , ORT * 20
INTEGER     M , N , P1 , P2 , Q1 , Q2
REAL        KR1 , KR2 , KR3 , SP ( 1 : 50 )

COMMON / TEXT / NN , ORT                              (1)
COMMON / LIST1 / M , N , P1 , Q1 , KR1 , SP           (2)
COMMON / LIST2 / M , N , P2 , Q2 , KR2 , KR3 , SP     (3)
```

Hier gibt es drei benannte Blöcke mit den Namen TEXT, LIST1 und LIST2 . TEXT enthält ausschließlich CHARACTER-Größen, die anderen beiden Blöcke numerische Größen. Die Variablen M , N und das Feld SP kommen in zwei Blöcken vor, so etwas ist zulässig. Dabei muß man allerdings beachten, daß im Fall einer Änderung des Wertes einer solchen Variablen - beispielsweise von M - diese Variable sich in beiden Blöcken gleichermaßen ändert. Einer der drei Blöcke kann auch unbenannt bleiben ; soll dies z. B. für den durch (1) vereinbarten Block gelten, so ist (1) zu ersetzen durch

```
COMMON  NN , ORT                                     (4)
```

Mehrere COMMON-Blöcke sind dann vonnöten, wenn sowohl CHARACTER- als auch numerische Größen im COMMON-Bereich zu speichern sind. Aber auch dann verwendet man mit Vorteil mehrere Blöcke, wenn aus verschiedenen Programmeinheiten auf eine größere Zahl von Variablen und Feldern zugegriffen werden soll, aber nicht in jeder Programmeinheit auf alle diese Größen. Dann faßt man zweckmäßigerweise geeignete Größen zu eigenen COMMON-Blöcken zusammen.

Einen benannten COMMON-Block erhält man durch eine benannte COMMON-Anweisung. Sie hat die in dem obigen Beispiel verwendete Form. Es ist auch möglich, mehrere COMMON-Anweisungen zu einer einzigen zusammenzufassen. So kann man z. B. oben anstelle von (1) und (2) auch

```
COMMON / TEXT / NN , ORT / LIST1 / M , N , P1 , Q1 , KR1 , SP
```

verwenden und damit die beiden Blöcke TEXT und LIST1 definieren. Entsprechend ist jede der folgenden drei Anweisungen gleichwertig mit (4) und (2) :

```
COMMON  NN , ORT / LIST1 / M , N , P1 , Q1 , KR1 , SP
COMMON / LIST1 / M , N , P1 , Q1 , KR1 , SP / / NN , ORT
COMMON / / NN , ORT / LIST1 / M , N , P1 , Q1 , KR1 , SP
```

Dabei dient die Angabe / / als Bezeichnung für den unbenannnten COMMON-Block. Ferner ist es zulässig, einen COMMON-Block durch mehrere, in derselben Programmeinheit auftretende COMMON-Anweisungen zu definieren. So kann z. B. (3) ersetzt werden durch

COMMON / LIST2 / M , N , P2 , Q2
COMMON / LIST2 / KR2 , KR3 , SP

In solch einem Fall werden zunächst die Größen der ersten Anweisung in der üblichen Weise im COMMON-Block abgelegt, dann dahinter die der zweiten Anweisung usw. Alle diese Größen bilden zusammen einen einzigen Block mit dem angegebenen Namen. Auch den unbenannten COMMON-Block kann man auf diese Weise durch mehrere Anweisungen definieren. Diese vielfältigen Möglichkeiten lassen sich zusammenfassen : Allgemein gilt für die

COMMON-Anweisung

Form :   COMMON $\left[\, / \,[\,cname\,]\, / \,\right]$ nliste $\left[\,[\,,]\, / \,[\,cname\,]\, / \,nliste\,\right]$ ...

mit   cname : Name eines COMMON-Blocks

nliste :   Liste von Variablen und Feldern

Wirkung : Zu jeder ' nliste ' gehört ein COMMON-Block, in dem die Größen von ' nliste ' gespeichert werden. Sofern vor ' nliste ' ein Name ' cname ' steht, ist der Block entsprechend benannt, andernfalls handelt es sich um den unbenannten COMMON-Block. Ein solcher Block ist in jeder Programmeinheit zugänglich, die eine entsprechende COMMON-Anweisung enthält.

Bemerkungen

a)   Ein Name ' cname ' eines benannten COMMON-Blocks ist eine globale Größe. Er muß deshalb im Hinblick auf das gesamte FORTRAN-Programm eindeutig sein (vgl. Kap. 7.3.5).

b)   Die in einem COMMON-Block gespeicherten Größen sind global in dem Sinne, daß in jeder Programmeinheit die Möglichkeit besteht, auf diese Größen zuzugreifen (durch Verwendung einer entsprechenden COMMON-Anweisung).

Benannte COMMON-Blöcke kann man in gleicher Weise wie den unbenannten COMMON-Block verwenden. In einigen Punkten bestehen allerdings

Unterschiede zwischen einem benannten und dem unbenannten COMMON-Block

1.   Ein **benannter** COMMON-Block muß in jeder Programmeinheit, in der er benutzt wird, mit derselben Länge vereinbart werden, d. h., die in der COMMON-Anweisung aufgelisteten Größen müssen jeweils dieselbe Anzahl Speichereinheiten belegen.

2.   Der **unbenannte** COMMON-Block kann dagegen in verschiedenen Programmeinheiten verschieden lang vereinbart sein. Steht z. B. im Hauptprogramm die Anweisung

     COMMON NN , ORT   (5)

so darf in einem Unterprogramm auch nur

     COMMON NN

verwendet werden, wenn dort z. B. ORT gar nicht gebraucht wird. Wird umgekehrt nur ORT, nicht aber NN benötigt, so muß man trotzdem (5) vollständig angeben, und **nicht** etwa nur

     COMMON ORT

Diese COMMON-Anweisung bewirkt nämlich, daß der Name ORT auf den ersten Wert des durch (5) definierten COMMON-Blocks zugreift, also auf den Wert von NN und nicht auf den gewünschten Wert.

3.   Zu einem COMMON-Block gehört ein bestimmter Speicherbereich, der die Größen dieses Blocks aufnimmt. Dieser Bereich ist im Fall des unbenannten COMMON-Blocks stets für diesen reserviert und wird nicht anderweitig benutzt. Bei einem benannten Block gilt dies nur dann, wenn er auch im Hauptprogramm vereinbart ist. Wird jedoch ein benannter COMMON-Block nur in Unterprogrammen benutzt und vereinbart, so kann er u. U. auch einmal "zerstört" werden. (Mit Hilfe der SAVE-Anweisung läßt sich dies jedoch vermeiden, vgl. Kap. 12.6.)

4.   Die Größen eines **benannten** COMMON-Blocks kann man mittels DATA initialisieren (vgl. Kap. 6.9). Hierzu bedarf es allerdings eines BLOCK DATA-Unterprogramms (s. Kap. 12.3.4). Für den **unbenannten** COMMON-Block ist etwas Derartiges nicht möglich.

Empfehlungen für den Gebrauch von COMMON

1.   Werden in einem Programm COMMON-Blöcke benutzt, dann nur mit äußerster Vorsicht und Sorgfalt ; ein disziplinierter Umgang ist unerläßlich! Insbesondere beachte man, daß jede Änderung an einer Größe eines COMMON-Blocks für sämtliche Programmeinheiten gilt, die diesen Block benutzen.

2.   Komplizierte Formen der COMMON-Anweisung sollte man zugunsten einer verständlichen Programmierung vermeiden. In den meisten Fällen genügt es vollauf, einfache Formen zu verwenden.

3.   Kleinere COMMON-Blöcke sind besser überschaubar als große, und ihr Gebrauch ist daher weniger fehleranfällig. Deshalb ist es meist günstiger, mehrere kleine Blöcke zu

verwenden und diese jeweils unter dem Gesichtspunkt der sachlichen und logischen Zusammengehörigkeit ihrer Elemente festzulegen.

4. Jede Größe sollte in allen Programmeinheiten stets denselben Namen tragen. Dies gilt auch für die Elemente eines COMMON-Blocks.

5. Bei umfangreichen Programmen kann es hilfreich sein, die Namen aller Größen eines COMMON-Blocks durch einen einheitlichen Anfangsbuchstaben zu kennzeichnen.

12.3.4 BLOCK DATA-Unterprogramm

Variablen und Feldern eines Programms kann man mit Hilfe der DATA-Anweisung Anfangswerte zuweisen (s. Kap. 6.9). Für die Größen des **unbenannten** COMMON-Blocks ist das nicht möglich. Für einen **benannten** COMMON-Block kann jedoch DATA verwendet werden, es muß dann allerdings in einem speziellen BLOCK DATA-Unterprogramm stehen. Dabei gilt für die

Bauart eines BLOCK DATA-Unterprogramms

Form :   BLOCK DATA [bdname]

```
          ...
          COMMON ...
          ...
          DATA ...
          ...
          END
```

zulässig sind hier nur die folgenden Anweisungen :

IMPLICIT	COMMON
Typanweisung	SAVE
PARAMETER	EQUIVALENCE
DIMENSION	DATA

Außerdem dürfen Kommentarzeilen benutzt werden.

mit   bdname : Name für das BLOCK DATA-Unterprogramm

Beispiel

```
          BLOCK  DATA
              INTEGER  OGR
              PARAMETER ( OGR = 50 )
              INTEGER  M , N , P1 , Q1
              REAL  KR1
              REAL  SP ( 1 : OGR )
              COMMON / LIST1 / M , N , P1 , Q1 , KR1 , SP
              DATA  M / 20 / , N / 25 / , SP / OGR * 0.0 /
          END
```

Hier erhalten die Variablen M und N des COMMON-Blocks LIST1 die Anfangswerte 20 und 25, ferner werden die Elemente des Feldes SP mit 0.0 vorbesetzt. Die übrigen Elemente des Blocks bleiben unberücksichtigt, d. h., sie erhalten noch keinen Wert.

Erläuterungen zum Bau eines BLOCK DATA-Unterprogramms

a) Der einzige Zweck eines BLOCK DATA-Unterprogramms ist die Anfangswertzuweisung an Variablen oder Feldelemente eines oder mehrerer benannter COMMON-Blöcke. Darüber hinaus hat es keine Bedeutung. Deshalb muß ein BLOCK DATA-Unterprogramm mindestens eine benannte COMMON-Anweisung und eine dazu passende DATA-Anweisung enthalten.

b) Welche Anweisungen darüber hinaus noch vorkommen können, ist oben angegeben. Diese Anweisungen sind nur insoweit erforderlich, als noch genauere Spezifikationen für die Variablen und Felder in den COMMON-Anweisungen notwendig sind.

c) Für die Anweisungen eines BLOCK DATA-Unterprogramms ist eine bestimmte Reihenfolge vorgeschrieben. Anhang A enthält Einzelheiten darüber.

d) Für die Elemente einer COMMON-Anweisung des BLOCK DATA-Unterprogramms ist eine Festlegung des Typs erforderlich. Hierzu empfiehlt sich eine explizite Festlegung durch Typanweisungen im BLOCK DATA-Unterprogramm, da andernfalls die FORTRAN-Konvention in Kraft tritt.

e) Will man nicht alle, sondern nur einzelne Elemente eines COMMON-Blocks initialisieren, so muß trotzdem der gesamte Block durch eine COMMON-Anweisung (bzw. durch mehrere) spezifiziert werden.

Bemerkungen

a) Ein BLOCK DATA-Unterprogramm bildet - ebenso wie ein anderes Unterprogramm - eine eigene **Programmeinheit** (vgl. Kap. 7.2). Es besteht jedoch aus lauter nichtausführbaren Anweisungen (auch die BLOCK DATA-Anweisung am Anfang ist nichtausführbar). Deshalb kann ein BLOCK DATA-Unterprogramm - im Gegensatz zu sonstigen Unterprogrammen - **nicht ausgeführt** werden, etwa durch Aufruf mittels CALL. Vielmehr werden seine Anweisungen - ebenso wie auch sonst bei DATA, vgl. Kap. 6.9 - vor Beginn der Programmausführung während der Übersetzung des Programms ausgewertet und dann nicht mehr.

b) Ein BLOCK DATA-Unterprogramm muß keinen Namen tragen. Enthält ein FORTRAN-Programm mehrere BLOCK DATA-Unterprogramme - was zulässig ist -, so darf höchstens eines davon ohne Namen sein.

12.4 Ergänzungen zur Parameterübergabe bei Unterprogrammen

In Kapitel 7 wurde gezeigt, wie man Daten mit Hilfe von Parametern an ein Unterprogramm übergeben kann. Hierzu benutzt man im Unterprogramm formale Parameter. Sie dienen als Stellvertreter und übernehmen beim Aufruf des Unterprogramms die durch die aktuellen Parameter bestimmten Werte.

Ein formaler Parameter ist häufig eine **Variable.** Durch sie wird ein einzelner Wert an das Unterprogramm übergeben. Es kann aber auch ein **Feldname** sein. Er gestattet die Übertragung eines ganzen Feldes. Weitere Möglichkeiten sind ein **Unterprogrammname,** über den das Unterprogramm ein anderes Unterprogramm benutzen kann, sowie ein **Stern** (*) zur Übergabe eines Sprungziels. (Eine tabellarische Zusammenstellung dieser Möglichkeiten findet man in Anhang D. Dort ist auch angegeben, mit welchen Größen ein bestimmter formaler Parameter aktuell besetzt werden darf.) Die folgenden Kapitel enthalten nähere Angaben zur Übergabe von Feldern (Kap. 12.4.1), von Unterprogrammen (Kap. 12.4.2) sowie von Sprungzielen (Kap. 12.4.3).

12.4.1 Felder als Parameter

12.4.1.1 Vereinbarung eines formalen Parameters als Feld

Für die Übergabe eines Feldes an ein Unterprogramm benutzt man als formalen Parameter einen Feldnamen, der im Unterprogramm entsprechend zu vereinbaren ist (damit dieser Name von einem Variablennamen unterschieden werden kann). Diese Feldvereinbarung für formale Parameter hat die gleiche Form wie auch sonst bei Feldern (vgl. Kap. 6.2). Bei der Angabe des Indexbereichs, die zweckmäßigerweise in einer Typanweisung erfolgt (DIMENSION ist auch zulässig, aber weniger empfehlenswert), gibt es drei Möglichkeiten :

a)   alle Indexgrenzen sind konstant
b)   es kommen Variablen in den Indexgrenzen vor
c)   die obere Indexgrenze für die letzte Dimension ist *

zu a) :

In diesem Fall kommen als Indexgrenzen die folgenden Größen in Frage (wie sonst auch) :

- INTEGER-Zahlen
- benannte Konstanten vom Typ INTEGER
- mit obigen Größen gebildete arithmetische Ausdrücke

Beispiel: REAL FUNCTION MAXI 3 (B , N)
           INTEGER N
           REAL B (1 : 1000)

Hier ist der formale Parameter B ein Feld mit den konstanten Grenzen 1 und 1000. Als weiteren Parameter benutzt die Funktion die Variable N (vgl. Abb. 7.4.2). - In dem folgenden Unterprogramm ist der formale Parameter TEMP auch ein Feld mit konstanten Indexgrenzen. Ihre Angabe erfolgt mit Hilfe der benannten Konstanten KALT und WARM, die zuvor entsprechend festgelegt werden.

       SUBROUTINE SHMELZ (TEMP)
           INTEGER KALT , WARM
           PARAMETER (KALT = - 40 , WARM = 95)
           INTEGER TEMP (KALT : 3 * WARM)

Werden formale Parameter auf diese Weise vereinbart, so kann man mit ihnen aktuelle Felder nur bis zu der durch die konstanten Indexgrenzen festgelegten Größe bearbeiten. Verschiedentlich ist es aber sehr schwierig, im voraus die Größe der Felder abzuschätzen, mit denen ein Unterprogramm arbeiten wird. Dann sind starre Indexgrenzen ungünstig ; besser wäre es, sie variabel gestalten zu können. Diese Möglichkeit bietet b).

zu b) :

Bei der Angabe der Indexgrenzen kann man außer Zahlen und benannten Konstanten auch Variablen vom Typ INTEGER verwenden. Diese müssen allerdings selbst formale Parameter sein oder zu einem COMMON-Block gehören.

Beispiel (vgl. Abb. 8.3.1) :
       SUBROUTINE RESIDU (N , A , B , X , R)
           INTEGER N
           REAL A (1 : N , 1 : N) , B (1 : N) , X (1 : N) , R (1 : N)

Hier unterliegt die Größe der Felder A , B , X und R keiner starren Begrenzung. Vielmehr kann sie durch entsprechende Vorgabe von N , das selbst Parameter ist, variabel gehalten und an die jeweiligen Erfordernisse angepaßt werden.

zu c) :

FORTRAN bietet noch eine weitere Möglichkeit, die Größe eines Feldes im Unterprogramm variabel zu halten. Wird beispielsweise der formale Parameter B durch

       REAL B (1 : *)

vereinbart, so kann er Felder beliebiger Größe aufnehmen. Auch bei mehrdimensionalen Feldern kann man dieses Zeichen benutzen, jedoch nur für die obere Indexgrenze der letzten Dimension, wie z. B.

$$\text{REAL } Q (5 : 20 , 1 : *)$$

Hier kann Q Felder aufnehmen, deren zweiter Index eine beliebige obere Grenze haben darf.

Obwohl auch auf diese Weise in begrenztem Maße Felder variable Größe haben können, dürfte doch in vielen Fällen die bei b) angegebene Möglichkeit die zweckmäßigere sein. Denn will man auf ein Feld zugreifen, so ist dazu in der Regel die genaue Kenntnis der Indexgrenzen erforderlich.

12.4.1.2 Aktuelle Parameter für ein Feld

Die aktuelle Besetzung eines Parameters, der für ein Feld steht, kann auf verschiedene Art geschehen. Wir verdeutlichen dies im folgenden anhand eines formalen Parameters P, der durch

$$\text{REAL } P (1 : 100)$$

vereinbart sei, und zu dem wir verschiedene aktuelle Parameter betrachten. Diese sind jedesmal REAL-Felder, und sie werden der Einfachheit halber nur durch Name mit Indexgrenzen angegeben (man beachte jedoch, daß beim Aufruf eines Unterprogramms nur der Feldname als aktueller Parameter angegeben wird und keine Indexgrenezen!).

Fall 1

a)   Der aktuelle Parameter sei B (1 : 100). Dann entsprechen sich jeweils übereinanderstehende Elemente :

P (1)	P (2)	...	P (100)
B (1)	B (2)	...	B (100)

b)   Ist der aktuelle Parameter B (1 : 50), so gilt dieselbe Entsprechung wie bei Fall 1 a, sie endet jedoch mit den Elementen P (50), B (50). Das Unterprogramm darf in diesem Fall kein Element P (51) usw. ansprechen, da es dazu kein Element des Feldes B gibt !

Fall 2

P kann aktuell auch mit D (101 : 200) besetzt werden. Dann gilt die Entsprechung

$$P\,(1) \qquad P\,(2) \qquad \ldots \qquad P\,(100)$$
$$D\,(101) \qquad D\,(102) \qquad \ldots \qquad D\,(200)$$

Ebenso ist D (101 : 150) als aktueller Parameter zulässig. Dann gilt dieselbe Entsprechung bis zum Paar P (50), D (150).

Bemerkung

Die angegebenen und die nachfolgend beschriebenen Zusammenhänge zwischen aktuellen und formalen Feldern werden besser verständlich, wenn man sich vergegenwärtigt, was bei einer derartigen Parameterübergabe intern geschieht. Bekanntlich sind die Elemente eines Feldes im Computer in einer bestimmten " Speicherreihenfolge " abgelegt (s. Kapitel 6.7.2). Wird nun einem formalen Parameter ein Feld als aktueller Parameter zugewiesen, so bewirkt dies, daß jeweils die ersten, zweiten, dritten, ... Elemente von aktuellem und formalem Feld einander zugeordnet werden (wie beispielsweise in Fall 1a). Maschinenintern wird dies i. allg. so realisiert, daß dem Unterprogramm die " Anfangsadresse " des aktuellen Feldes übergeben wird, die dann dort als " Anfangsadresse " des formalen Feldes dient. (Das Unterprogramm erhält also keine " Kopie " des aktuellen Feldes !)

Aktuelles und formales Feld brauchen dabei hinsichtlich Anzahl der Dimensionen und deren Länge nicht übereinzustimmen, trotzdem ist diese Zuordnung möglich (s. Fall 3). Ferner ist es zulässig, das erste Element des formalen Feldes einem beliebigen Element des aktuellen Feldes zuzuordnen, wodurch dann die jeweils darauffolgenden Elemente ebenfalls einander zugeordnet sind (s. Fall 4).

Fall 3

a)   Auch A (1 : 10 , 1 : 10) kann als aktueller Parameter für das formale Feld P (1 : 100) benutzt werden. Dann entsprechen einander

$$P(1) \quad P(2) \quad \ldots \quad P(10) \quad P(11) \quad \ldots \quad P(20) \quad P(21) \quad \ldots$$
$$A(1,1) \quad A(2,1) \quad \ldots \quad A(10,1) \quad A(1,2) \quad \ldots \quad A(10,2) \quad A(1,3) \quad \ldots$$

b)   Ferner ist es zulässig, aktuell mit einem " größeren " Feld, wie z. B. mit GROSS (1 : 250) zu besetzen. In diesem Fall bleiben jedoch die Elemente GROSS (101), ... , GROSS (250) unberücksichtigt, da das Unterprogramm nur P(1) bis P(100) ansprechen kann.

c)   Auch mit einem " kleineren " Feld darf man P besetzen, etwa mit KLEIN (1 : 10), falls garantiert ist, daß das Unterprogramm nur die Elemente P(1) bis P(10) benutzt (vgl. auch Fall 1 b).

Empfehlung

Von der bei Fall 3a) und b) angegebenen Möglichkeit mache man nur mit äußerster Zurückhaltung und Vorsicht Gebrauch, da sie fehleranfällig ist. Sie kann in solchen Fällen eine Berechtigung haben, in denen sämtliche Elemente eines Feldes in gleicher Weise zu behandeln sind, wenn es z. B. darum geht,

- allen Elementen denselben Wert (z. B. 0) zuzuweisen

- das Maximum unter allen Elementen zu suchen

Soll dies für ein mehrdimensionales Feld geschehen, so braucht man dafür Feldelemente mit mehreren Indizes sowie geschachtelte Schleifen. Einfacher und schneller ist hier ein entsprechender Algorithmus für ein eindimensionales Feld, der dann aktuell mit einem " linearisierten " mehrdimensionalen Feld arbeitet, wie bei Fall 3a) angegeben.

Fall 4

Als aktueller Parameter ist auch ein Feldelement zulässig. Dann wird dieses Element als erstes, das danachfolgende als zweites usw. behandelt und diese Elemente dem ersten, zweiten, . . . Element des formalen Feldes zugeordnet.

a)   Ist D (50 : 200) das aktuelle Feld und wird das Feldelement D (101) als aktueller Parameter verwendet, so erhält man dieselbe Zuordnung wie bei Fall 2.

b)   Entsprechend kann in Fall 1 a als aktueller Parameter anstelle des Feldnamens B einfach auch nur das Feldelement B(1) angegeben werden ; dies führt zur gleichen Zuordnung, wie dort angegeben.

Fall 5

Will man eine Spalte der zweidimensionalen Matrix A (1 : M , 1 : N) ansprechen, so kann dies mit Hilfe eines Unterprogramms geschehen, das ein eindimensionales Feld P (1 : M) verwendet. Wird dann dieses aktuell mit dem Feldelement A (1 , J) besetzt, so greift dieses Feld P auf die J-te Spalte von A zu.

Besonderheiten bei CHARACTER-Feldern

Bei Feldern vom Typ CHARACTER gelten die Ausführungen zu Fall 1-4 in etwas abgewandelter Form. Hier werden nämlich die ersten, zweiten, dritten . . . Zeichen vom aktuellen und formalen Feld (gegebenenfalls ab einem bestimmten Feldelement) einander zugeordnet. Sofern die Zahl der Zeichen in einem Feldelement bei beiden Feldern verschieden sind, sind damit nicht mehr die ersten, zweiten, dritten, . . . Elemente dieser Felder einander zugeordnet.

Beispiel

formales Feld :   CHARACTER * 1 Z (8)
aktuelles Feld :   CHARACTER * 2 W (4)

Z(1) Z(2)	Z(3) Z(4)	Z(5) Z(6)	Z(7) Z(8)

W(1)	W(2)	W(3)	W(4)

Die übereinanderstehenden Elemente entsprechen einander. Jedes $Z(i)$ enthält ein Zeichen, jedes $W(j)$ zwei Zeichen.

12.4.1.3 Programmbeispiel

Felder variabler Größe sind bei verschiedenen Anwendungen von großem Nutzen. Sind diese Felder allerdings zwei- oder mehrdimensional, so ist Vorsicht geboten, da man dann leicht Gefahr läuft, die Indexgrenzen von formalem und aktuellem Feld nicht korrekt anzugeben. Wir betrachten hierzu das folgende Beispiel.

Aufgabe: Es ist eine Subroutine zu schreiben, die für eine zweidimensionale Matrix die Zeilenminima ermittelt und ausgibt. Die Subroutine soll $(m \times n)$-Matrizen mit $m \leq 4$ und $n \leq 6$ bearbeiten können, also zweidimensionale Felder von variabler Größe. Die zu untersuchende $(m \times n)$-Matrix ist im Hauptprogramm einzulesen.

Programmbeschreibung

Die Lösung dieser Aufgabe ist als Programmbeispiel in Abb. 12.4.2 angegeben. Das zweidimensionale Feld A im Hauptprogramm dient der Aufnahme der zu untersuchenden Matrix. Da man in FORTRAN keine Felder vereinbaren kann, deren Größe erst bei Programmausführung festgelegt wird, ist A mit den Grenzen 1 : MFELDA und 1 : NFELDA fest vereinbart (Zeile 18). MFELDA und NFELDA sind benannte Konstanten mit den Werten 4 und 6 ; sie geben die maximale Größe der zu untersuchenden Matrix an. Ist deren Zeilen- bzw. Spaltenzahl - im Programm die Variablen M und N - kleiner als MFELDA bzw. NFELDA, so wird von dem Feld A nur ein Teil zur Aufnahme der Matrixelemente benutzt. Abb. 12.4.1 zeigt die Verhältnisse für den Fall $M = 2$ und $N = 3$: Nach dem Einlesen von M und N sowie der Matrix, deren Zeilenminima gesucht werden (Zeile 21 und 22), sind in A nur die angegebenen Elemente belegt und die übrigen (in Abb. 12.4.1 durch einen Strich repräsentiert) nicht.

A (1,1)   A (1,2)   A (1,3)   _______   _______   _______

A (2,1)   A (2,2)   A (2,3)   _______   _______   _______

_______   _______   _______   _______   _______   _______

_______   _______   _______   _______   _______   _______

Abb. 12.4.1   Belegung des Feldes A mit der eingelesenen (2 x 3)-Matrix

In der Subroutine MINAUS **muß** nun das formale Feld B, das die zu untersuchende (M x N)-Matrix aufnehmen soll, **genausogroß** vereinbart werden wie das Feld A des Hauptprogramms, das diese Matrix enthält und das als aktueller Parameter für B vorgesehen ist. Deshalb hat B in der Subroutine die Grenzen 1 : MFELDB und 1 : NFELDB, wobei MFELDB und NFELDB formale Parameter sind, die aktuell mit MFELDA und NFELDA, den Grenzen des Feldes A, besetzt werden. Da die zu untersuchende Matrix nur den durch M und N bestimmten Teil des Feldes belegt (s. Abb. 12.4.1, wo M und N die Werte 2 und 3 haben), braucht die Subroutine noch die Werte M und N, die sie über die formalen Parameter MM und NN erhält. Nach Aufruf von MINAUS (Zeile 24) stehen dieser Subroutine nun alle benötigten Werte zur Verfügung. Die Zeilenminima werden in den Zeilen 47-51 ermittelt und in Zeile 52 ausgegeben.


```
 1           PROGRAM MINZEI
 2      *-------------------------------------------------------------*
 3      * Ermittlung der Zeilenminima in einer einzugebenden zweidimen- *
 4      *    sionalen Matrix unter Verwendung der Subroutine MINAUS.     *
 5      *                                                               *
 6      * Variablen :                                                   *
 7      *   A                    : zweidimensionales Feld zur Aufnahme der zu *
 8      *                          untersuchenden Matrix (E)            *
 9      *   MFELDA, NFELDA : Zeilen-/Spaltenzahl von A                  *
10      *   M , N          : Zeilen-/Spaltenzahl der zu untersuchenden  *
11      *                          Matrix (E)                           *
12      *                                                               *
13      * Unterprogramm : MINAUS                                        *
14      *-------------------------------------------------------------*
15            INTEGER MFELDA, NFELDA
16            PARAMETER ( MFELDA = 4, NFELDA = 6 )
17            INTEGER I, J, M, N
18            REAL A( 1 : MFELDA, 1 : NFELDA )
19
20      * Eingabe der Matrix mit Zeilen- und Spaltenzahl
21            READ *, M, N
22            READ *, ( (A(I,J), J = 1,N),   I = 1,M )
23
24            CALL MINAUS ( MFELDA, NFELDA, A, M, N )
25
26            STOP
27            END
28
```

```
29
30              SUBROUTINE MINAUS ( MFELDB, NFELDB, B, MM, NN )
31       *------------------------------------------------------------------*
32       * Ermittelt die Zeilenminima einer zweidimensionalen Matrix und *
33       *    gibt sie aus.                                                 *
34       *                                                                 *
35       * Variablen :                                                     *
36       *    B                : zweidimensionale Matrix von variabler Groesse*
37       *    MFELDB,NFELDB: Zeilen-/Spaltenzahl des aktuellen Feldes fuer*
38       *                      B wie im Hauptprogramm vereinbart         *
39       *    MM, NN          : Anzahl der in B belegten Zeilen / Spalten   *
40       *------------------------------------------------------------------*
41              INTEGER MM, NN, MFELDB, NFELDB
42              REAL B( 1:MFELDB, 1:NFELDB )
43            INTEGER I, J
44            REAL MINI
45
46       * Bestimmung und Ausgabe der Zeilenminima
47            DO 20 I = 1, MM
48               MINI = B( I, 1 )
49               DO 10 J = 2, NN
50                  IF ( B(I,J) .LT. MINI )  MINI = B(I,J)
51       10       CONTINUE
52               PRINT*, ' Minimum der Zeile ', I, ' ist ', MINI
53       20    CONTINUE
54
55            RETURN
56            END
```

Abb. 12.4.2 Programmbeispiel zur Verwendung zweidimensionaler Felder von variabler Größe,
insbesondere zur Übergabe dieser Felder als Parameter

Bemerkung zur Dimensionierung des formalen Feldes B

Eigentlich genügt zur Aufnahme der zu untersuchenden Matrix ein Feld mit den Grenzen $1 : M$
und $1 : N$. Es wäre aber **falsch,** in der Subroutine das formale Feld B mit diesen Grenzen zu
vereinbaren. Wird nämlich dann B aktuell mit dem Feld A besetzt, so ist - falls nicht gerade
M = MFELDA und N = NFELDA gilt - A größer als das Feld B, das A aufnehmen soll. Auch
stimmen dann die Zeilen von B nicht mit denen der zu untersuchenden Matrix überein.
Abb. 12.4.3 zeigt dies für unser Beispiel mit M = 2 und N = 3 : Die erste Zeile enthält die
Elemente eines formalen Feldes B (1 : 2 , 1 : 3) in der Speicherreihenfolge. Darunter stehen

$$B(1,1) \qquad B(2,1) \qquad B(1,2) \qquad B(2,2) \qquad B(1,3) \qquad B(2,3)$$
$$A(1,1) \qquad A(2,1) \qquad A(3,1) \qquad A(4,1) \qquad A(1,2) \qquad A(2,2)$$

Abb. 12.4.3 Belegung des Feldes B (1 : 2 , 1 : 3) durch das Feld A (1 : 4 , 1 : 6)

die zugeordneten Elemente des aktuellen Feldes A (1 : 4 , 1 : 6). Man erkennt, daß B (1,1), B (1,2) und B (1,3) jetzt **nicht mehr** die erste Zeile der zu untersuchenden Matrix - die Elemente A (1,1) , A (1,2) , A (1,3) , s. Abb. 12.4.1 - enthalten. Deshalb **muß** das formale Feld B der Subroutine, wie oben angegeben, in gleicher Größe wie das zugehörige aktuelle Feld A vereinbart werden.

Zusammenfassung

Ein Unterprogramm, das zweidimensionale Felder von variabler Größe bearbeiten soll, benötigt die folgenden formalen Parameter (ihre Bezeichnungen sind in Anlehnung an das Programmbeispiel in Abb. 12.4.2 gewählt) :

B	zweidimensionales Feld von variabler Größe
MFELDB NFELDB	Grenzen für die Vereinbarung der Größe von B. Sie müssen gleich den im Hauptprogramm vereinbarten Grenzen desjenigen Feldes sein, mit dem B aktuell besetzt wird.
MM , NN	Variablen, deren Werte angeben, welche Zeilen bzw. Spalten in B tatsächlich belegt sind.

Für die jeweiligen Werte der Grenzen müssen immer folgende Ungleichungen erfüllt sein :

$$MM \leq MFELDB$$
$$NN \leq NFELDB$$

12.4.2 Unterprogramme als Parameter

Manchmal kommt es vor, daß ein (SUBROUTINE- oder FUNCTION-)Unterprogramm ein anderes Unterprogramm benötigt. Dann kann es dieses benötigte Unterprogramm unter seinem (globalen) Namen aufrufen, wie in 7.3.3 und 7.4.3 angegeben. D. h., auch ein Unterprogramm kann Anweisungen wie

         CALL MAXI 2 (A , N , MAXA , POSMAX)

oder

         MAXEL = MAXI 3 (A , N)

verwenden und damit z. B. die in 7.3.4 beschriebene Subroutine MAXI2 bzw. das FUNCTION-Unterprogramm MAXI3 aus 7.4.4 benutzen. Verschiedentlich steht aber gar nicht von vornherein fest, welches Unterprogramm aufzurufen ist. Dies gilt beispielsweise für eine Subroutine zur Berechnung des bestimmten Integrals für eine beliebige Funktion. In solch einem Fall sollte man die Funktion als Parameter übergeben können. Diese Möglichkeit enthält FORTRAN ebenfalls :

Ein Unterprogramm kann beim Aufruf eines anderen Unterprogramms anstelle eines (globalen) Unterprogrammnamens auch einen formalen Parameter benutzen, der dann aktuell mit dem gewünschten Unterprogrammnamen besetzt wird.

Im Beispiel der Integralberechnung könnte dies etwa so aussehen, daß die Subroutine einen Funktionsaufruf in der Form

$$\text{WERT} = \text{WERT} + F\ (\ X0 + 2 * I * H\ )$$

benutzt, wobei F ein formaler Parameter ist und einen Funktionsnamen bedeutet.

Wir wollen diese Möglichkeit im folgenden näher betrachten. Dabei bezeichnen wir einen formalen Parameter, der für einen SUBROUTINE- oder FUNCTION-Unterprogrammnamen steht, als **formalen Unterprogrammnamen.**

12.4.2.1 Verwendung formaler Unterprogrammnamen in einem Unterprogramm

Ein formaler Unterprogrammname wird in einem Unterprogramm in der gleichen Weise wie ein globaler Unterprogrammname benutzt, also in Verbindung mit CALL oder bei einem Funktionsaufruf. Eine besondere Vereinbarung als formaler Unterprogrammname gibt es **nicht.** Jedoch wird eine Typvereinbarung erforderlich, wenn der formale Unterprogrammname Name eines FUNCTION-Unterprogramms sein soll.

Beispiele

a)   Wir wollen das Programm OPTIK 4 aus Abb. 7.3.1 als Subroutine OPTIK formulieren. Die Parameter seien

    ALFA , N   Einfallswinkel und Brechungsindex (Eingabeparameter)

    BETA   Brechungswinkel (Ausgabeparameter)

    TEXT   ein SUBROUTINE-Unterprogramm für die Ausgabe einer Fehlermeldung

Dann beginnt diese Subroutine wie folgt :

```
SUBROUTINE  OPTIK ( ALFA , N , BETA , TEXT )
      REAL  ALFA , N , BETA
```

Für den formalen Parameter TEXT braucht es und gibt es keine Vereinbarung. An der Art seiner Verwendung, wie z. B. in

        CALL TEXT (1.0 , 5.0)

wird deutlich, daß es ein formaler Unterprogrammname ist.

b)   Das Programm SCHEK 2 aus Abb. 7.4.1 soll als Subroutine SCHECK formuliert werden
      mit folgenden Parametern :

        WERT   Scheckgegenwert (Eingabeparameter)
        KOSTEN   Gebühren (Ausgabeparameter)
        GEB   FUNCTION-Unterprogramm zur Berechnung der Gebühren

Diese Subroutine beginnt folgendermaßen :

        SUBROUTINE SCHECK (WERT , KOSTEN , GEB)
            REAL WERT , KOSTEN
            REAL GEB

Auch hier gibt es keine Spezifikation, die GEB als formalen Unterprogrammnamen
kennzeichnen würde. Jedoch gibt es eine Typanweisung für diesen Namen, da er als
Funktionsname Verwendung findet, etwa in der Form

        KOSTEN = GEB (WERT)

Daß GEB in einer eigenen Typanweisung erscheint, ist nicht zwingend ; es könnte auch
zusammen mit WERT und KOSTEN aufgelistet werden. Aber bei der hier angegebenen
Form wird die verschiedene Bedeutung der Parameter deutlicher.

c)   Man kann bei b) auch ein FUNCTION-Unterprogramm bilden, das als Funktionswert die
      Gebühren liefert :

        REAL FUNCTION KOST (WERT , GEB)
            REAL WERT
            REAL GEB
            . . .
        KOST = GEB (WERT)
        RETURN
        END

Die aktuelle Besetzung eines formalen Unterprogrammnamens

orientiert sich an der Art seiner Verwendung im Unterprogramm. Als aktuelle Parameter
kommen in Frage (vgl. auch Anhang D) :

- der Name eines SUBROUTINE-Unterprogramms
- der Name eines FUNCTION-Unterprogramms

- der spezifische (!) Name einer Standardfunktion
- ein anderer formaler Unterprogrammname

Bemerkungen

a) Man beachte, daß eine **Anweisungsfunktion nicht** als aktueller Parameter verwendet werden darf.

b) Ist der aktuelle Parameter eine **Standardfunktion,** so muß deren **spezifischer Name** benutzt werden, der Gattungsname ist nicht zulässig (vgl. Kap. 7.6.1).

c) Die folgenden Standardfunktionen können nicht als aktuelle Parameter auftreten :

- Funktionen zur Typumwandlung (s. Anhang B1)
- Funktionen zur Bestimmung von Maximum oder Minimum (s. Anhang B2)
- ICHAR , CHAR , LGE , LGT , LLE , LLT (s. Anhang B4)

12.4.2.2 Die Anweisungen EXTERNAL und INTRINSIC

Ein Aufruf des Programms OPTIK aus dem obigen Beispiel a) kann wie folgt aussehen :

$$CALL\ \ OPTIK\ (\ GALFA\ ,\ N\ ,\ GBETA\ ,\ TEXT4\ )$$

Hier sind GALFA , N und GBETA die Namen von Variablen, während TEXT4 ein Unterprogrammname bedeutet (z. B. der der gleichnamigen Subroutine in Abb. 7.3.1). Einem solchen Aufruf kann man jedoch nicht ansehen, daß TEXT4 etwas anderes bedeutet als beispielsweise GBETA. Deshalb bedarf es einer zusätzlichen Angabe, die TEXT4 als Unterprogrammnamen (im Gegensatz zu einem Variablennamen) kennzeichnet. Dies geschieht mit Hilfe der Anweisung EXTERNAL. Für unser Beispiel lautet sie

$$EXTERNAL\ \ TEXT4$$

und allgemein gilt :

Anweisung EXTERNAL

Form :   EXTERNAL upliste

mit   upliste : Liste, die Namen von SUBROUTINE-, FUNCTION- oder BLOCK DATA-Unterprogrammen enthalten kann sowie formale Unterprogrammnamen

Bedeutung : a)   Die in 'upliste' aufgeführten Namen sind (globale) Unterprogrammnamen bzw. formale Unterprogrammnamen.

b)   Enhält eine Programmeinheit einen Unterprogrammaufruf, in dem ein globaler oder ein formaler Unterprogrammname **als aktueller Parameter** vorkommt, so muß dieser Unterprogrammname in dieser Programmeinheit in einer EXTERNAL-Anweisung angegeben werden.

Neben EXTERNAL gibt es noch die Anweisung INTRINSIC. Sie dient in entsprechender Weise zur Kennzeichnung von **Standardfunktionen.** Es gilt :

Anweisung INTRINSIC

Form :   INTRINSIC stliste

mit   stliste : Liste von Standardfunktionen

Bedeutung: a)   Die in 'stliste' aufgeführten Namen bezeichnen Standardfunktionen.

b)   Alle Standardfunktionen, die in einer Programmeinheit bei einem Unterprogrammaufruf **als aktuelle Parameter** benutzt werden, müssen in dieser Programmeinheit in einer INTRINSIC-Anweisung aufgelistet werden.

Beachte :   Nur die spezifischen Namen der Standardfunktionen können als aktuelle Parameter benutzt werden und in 'stliste' vorkommen, die Gattungsnamen jedoch nicht. Ferner dürfen die in Bemerkung c) von 12.4.2.1 angegebenen Standardfunktionen nicht als aktuelle Parameter verwendet werden.

Bemerkungen zu EXTERNAL und INTRINSIC

a)   Mehrere EXTERNAL- oder INTRINSIC-Anweisungen in einer Programmeinheit sind zulässig. Ein Name darf in ihnen aber nur einmal aufgeführt werden.

b)   EXTERNAL und INTRINSIC sind nichtausführbare Anweisungen. Sie müssen im Programm vor den ausführbaren Anweisungen stehen. Es wird die in Anlage A vorgeschlagene Reihenfolge der Anweisungen empfohlen.

c)   In einer EXTERNAL-Anweisung darf man auch die Namen solcher Unterprogramme aufführen, die selbst gar nicht als aktuelle Parameter benutzt werden. Es kann zweckmäßig sein, auf diese Weise **sämtliche** globalen Unterprogrammnamen anzugeben (natürlich mit Ausnahme des Namens der Programmeinheit, in der diese EXTERNAL-Anweisung steht). Dadurch vermeidet man Fehler, die dadurch entstehen können, daß man versehentlich den Namen einer Standardfunktion zur Bezeichnung eines Unterprogramms verwendet (z. B. den Namen MAX). Es gilt : Erscheint der Name einer Standardfunktion in einer EXTERNAL-Anweisung, so ist diese Standardfunktion in der betreffenden Programmeinheit nicht mehr ansprechbar.

12.4.2.3 Programmbeispiel: Newton-Iteration (II)

Das Programm in Abb. 12.4.3 ist eine Modifikation des Programms von Abb. 5.4.2 zur Ermittlung einer Nullstelle des Polynoms

$$f(x) = 1.2x^4 - 2.73x^3 - 7.68 \tag{1}$$

durch Newton-Iteration. Die Newton-Iteration erfolgt dabei in der Subroutine NEWTON (Zeilen 34-67). Sie enthält im wesentlichen die Zeilen 18-32 von Abb. 5.4.2, dazu kommen noch die SUBROUTINE-Anweisung und die Vereinbarungen der formalen Parameter sowie der Abschluß durch RETURN und END.

Die Subroutine NEWTON kann die Iteration für eine beliebige Funktion durchführen. Sie benutzt hierzu den formalen Parameter FKT, der beim Aufruf der Subroutine mit dem Namen eines FUNCTION-Unterprogramms zu besetzen ist, das die gewünschte Funktion berechnet. In Abb. 12.4.3 erfolgt dieser Aufruf in Zeile 24. Der aktuelle Parameter für FKT ist POLYN, der

```
 1          PROGRAM ITER3
 2     *----------------------------------------------------------------*
 3     * Ermittelt mit Hilfe der Subroutine Newton eine Nullstelle der *
 4     *    durch das FUNCTION-Unterprogramm POLYN definierten Funktion.*
 5     *                                                                *
 6     * Variablen : XANF   : Startwert (E)                            *
 7     *             XEND   : ermittelte Nullstelle (A)               *
 8     *             RELEPS : relative Genauigkeit (E)                *
 9     *                                                                *
10     * Unterprogramme : NEWTON : Subroutine zur Newton-Iteration    *
11     *                  POLYN  : FUNCTION-Unterprogramm zur Berech- *
12     *                           nung des Funktionswertes           *
13     *                  ABL    : FUNCTION-Unterprogramm zur Berech- *
14     *                           nung der Ableitung                 *
15     *----------------------------------------------------------------*
16          REAL XANF, XEND, RELEPS
17          EXTERNAL POLYN, ABL
18
19     * Eingabe
20          READ *, XANF, RELEPS
21          PRINT*,'Anfangsnaeherung :  ', XANF
22
23     * Newton-Iteration
24          CALL NEWTON ( POLYN, ABL, XANF, XEND, RELEPS )
25
26     * Ausgabe
27          PRINT *, 'Nullstelle :', XEND
28          PRINT *, 'Fehlerschranke :  ', RELEPS * ABS(XEND)
29
30          STOP
31          END
32
33
34          SUBROUTINE NEWTON ( FKT, FKSTR, XSTART, XEND, EPSREL )
35     *----------------------------------------------------------------*
36     * Ermittelt iterativ nach Newton eine Nullstelle fuer die durch *
37     *    FKT definierte Funktion.                                   *
```

```
38   *                                                                       *
39   * Parameter : FKT     : FUNCTION-Unterprogramm zur Berechnung           *
40   *                       des Funktionswertes                             *
41   *             FKSTR   : FUNCTION-Unterprogramm zur Berechnung der*
42   *                       der Ableitung der durch FKT definierten         *
43   *                       Funktion                                        *
44   *             XSTART  : Startwert fuer Iteration (E)                    *
45   *             XEND    : ermittelte Nullstelle (A)                       *
46   *             EPSREL  : relative Genauigkeit (E)                        *
47   *-----------------------------------------------------------------------*
48            REAL XSTART, XEND, EPSREL
49            REAL FKT, FKSTR
50
51   * Initialisierung
52          XALT = XSTART
53
54   * Iteration
55   ***** DOFOREVER
56      10 CONTINUE
57             XNEU = XALT - FKT(XALT)/FKSTR(XALT)
58          IF ( ABS( (XNEU-XALT)/XNEU ) .LT. EPSREL ) GOTO 20
59             XALT = XNEU
60          GOTO 10
61   ***** ENDDO
62
63      20 CONTINUE
64          XEND = XNEU
65
66          RETURN
67          END
68
69
70          REAL FUNCTION POLYN ( X )
71   *-----------------------------------------------------------------------*
72   * Berechnet an der Stelle X den Wert des Polynoms                       *
73   *        1.2 * ( X**4 ) - 2.73 * ( X**3 ) - 7.68                        *
74   *-----------------------------------------------------------------------*
75            REAL X
76
77          POLYN = ( 1.2*X - 2.73 )*X*X*X - 7.68
78
79          RETURN
80          END
81
82
83          REAL FUNCTION ABL ( X )
84   *-----------------------------------------------------------------------*
85   * Berechnet an der Stelle X den Wert der Ableitung des durch           *
86   *    POLYN definierten Polynoms                                         *
87   *-----------------------------------------------------------------------*
88            REAL X
89
90          ABL = ( 4.8*X - 8.19 )*X*X
91
92          RETURN
93          END
```

Abb. 12.4.3 Programm zur Durchführung der Newton-Iteration in einer Subroutine. Dabei werden die Funktion und ihre Ableitung als Parameter übergeben.

Name eines FUNCTION-Unterprogramms, das das Polynom (1) berechnet (Zeilen 70-80). Ferner benutzt die Subroutine NEWTON noch den formalen Parameter FKSTR. Er steht für den Namen eines weiteren FUNCTION-Unterprogramms, das die Ableitung zu der durch FKT bestimmten Funktion ermittelt. In Abb. 12.4.3 ist dies das Unterprogramm ABL (Zeilen 83-93), weshalb ABL als aktueller Parameter für FKSTR beim Aufruf in Zeile 24 erscheint.

Damit sind POLYN und ABL zwei globale Unterprogrammnamen, die im Hauptprogramm beim Aufruf von NEWTON als aktuelle Parameter benutzt werden. Sie müssen deshalb im Hauptprogramm in einer EXTERNAL-Anweisung angegeben werden. Dies geschieht in Zeile 17.

Bemerkung

Das Programm in Abb. 12.4.3 kann leicht dahingehend geändert werden, daß eine Nullstelle für eine andere Funktion ermittelt wird. Hierzu sind lediglich die Unterprogramme POLYN und ABL entsprechend zu ersetzen und die zugehörigen Unterprogrammnamen im Hauptprogramm beim Aufruf von NEWTON sowie in der EXTERNAL-Anweisung anzugeben.

12.4.3 Sprungziele als Parameter. Alternatives RETURN

In einem Unterprogramm dient die Anweisung RETURN dazu, die Ausführung des Unterprogramms zu beenden und das Programm in der Programmeinheit fortzusetzen, die dieses Unterprogramm aufgerufen hatte (vgl. Kap. 7.3.2). Dabei wird im Anschluß an einen Subroutine-Aufruf mit der ersten ausführbaren Anweisung nach CALL fortgesetzt. Bei einem Funktionsaufruf fährt das Programm mit der Auswertung des Ausdrucks fort, der den Funktionsaufruf enthält.

Im Fall eines **SUBROUTINE-Unterprogramms** gestattet FORTRAN auch die Fortsetzung an einer anderen Stelle. Wir zeigen dies zunächst an einem

Beispiel

```
      PROGRAM HAUPT
      REAL A , B , C
      . . .
      CALL  UP ( A , B , C , * 999 )
      PRINT * , C
      . . .
999   STOP
      END
```

```
      SUBROUTINE UP ( AA , BB , CC , * )
          REAL AA , BB , CC
      . . .
      IF ( AA .EQ. 0.0 ) THEN
          PRINT * , ' Nenner ist null ! '
          RETURN 1
      ELSE
          CC = BB / AA
      ENDIF
      . . .
      RETURN
      END
```

Hauptprogramm   Unterprogramm

Hier enthält das Unterprogramm neben den Variablen AA , BB und CC als weiteren formalen Parameter ein *. Ihm entspricht beim Aufruf des Unterprogramms der aktuelle Parameter * 999. Er verweist auf die Anweisungsnummer 999 des Hauptprogramms. Gelangt nun das Programm bei der Ausführung des Unterprogramms zu der Anweisung RETURN 1 so wird die Ausführung im Hauptprogramm bei der Anweisung mit der Nummer 999 fortgesetzt, also an derjenigen Stelle, die durch den zum formalen Parameter * gehörenden aktuellen Parameter bestimmt ist.

Allgemein kann man Sprungziele auf diese Weise in die Liste der aktuellen Parameter aufnehmen. Ihnen entspricht jeweils ein * als formaler Parameter. Gibt es unter den Parametern nur ein Sprungziel, so verzweigt RETURN 1 zu diesem ; werden mehrere Sprungziele in der Parameterliste aufgeführt, so bewirkt RETURN 1 eine Rückkehr zu dem ersten angegebenen, RETURN 2 zu dem zweiten usw.

Will man ein solches alternatives RETURN benutzen, so beachte man die folgenden

Voraussetzungen

- Verwendung ist nur in einem SUBROUTINE-Unterprogramm zulässig

- Bei der Definition der Subroutine muß als **formaler Parameter** für jedes Sprungziel ein * in die Liste der formalen Parameter aufgenommen werden

- Beim Aufruf der Subroutine muß zu jedem formalen Parameter * ein **aktueller Parameter** in der Form * **n** angegeben werden, wobei n die Anweisungsnummer einer ausführbaren Anweisung bedeutet

Dann gilt für ein

Alternatives RETURN

Form :   RETURN iaus

mit   iaus : arithmetischer Ausdruck vom Typ INTEGER

Wirkung: - Hat 'iaus' den Wert i (i = 1 , 2 , . . .) und gibt es in der Parameterliste ein i-tes Sprungziel, so wird das Programm an der dadurch bestimmten Stelle fortgesetzt.

- Ist der Wert von 'iaus' kleiner als 1 oder größer als die Zahl der Sprungziele in der Parameterliste, so wird die Anweisung wie ein gewöhnliches RETURN ausgeführt.

Bemerkung

Ein Parameter * kann an beliebiger Stelle der Parameterliste stehen. Grundsätzlich gilt, daß z. B. RETURN 2 zu dem 2. in der Liste auftretenden * gehört. RETURN 2 steuert sodann dasjenige Sprungziel an, das durch den zum zweiten * gehörenden aktuellen Parameter bestimmt ist.

Warnung

a)   Der Gebrauch des alternativen RETURN ist ebenso gefährlich wie die Benutzung von GOTO (s. Kap. 5.4.3)! Man kann das Programm damit nach einer Subroutine an verschiedenen Stellen fortsetzen. Dies widerspricht zum einen den Prinzipien der Strukturierten Programmierung, nach der ein Unterprogramm genau einen Eingang und einen Ausgang haben soll. Zum andern läuft man dabei Gefahr, verwirrende Ablaufstrukturen zu erzeugen.

b)   Versieht man sich bei der Benutzung von alternativem RETURN in irgendeiner Weise, indem man z. B. in der Liste der formalen Parameter ein * vergißt oder bei den aktuellen Parametern ein falsches Sprungziel angibt, so gerät der Programmablauf total durcheinander. Deshalb gilt die

  Empfehlung: Von der Benutzung des alternativen RETURN wird abgeraten. Die erwünschten Effekte können auch auf andere Weise erreicht werden. So kann man z. B. eine Variable als Parameter mitführen, die verschiedene Werte, z. B. Fehlerkennzahlen, bekommt. Mit Hilfe dieser Variablen kann dann im Anschluß an die Subroutine die Fortsetzung des Programms gesteuert werden, z. B. durch eine Fallunterscheidung.

12.5 Die Anweisung ENTRY

Beim Aufruf eines SUBROUTINE- oder FUNCTION-Unterprogramms wird dieses ab der ersten ausführbaren Anweisung ausgeführt. Mit der Anweisung ENTRY kann man auch eine andere Stelle im Unterprogramm für den Beginn der Ausführung festlegen. Dies zeigt das folgende

Beispiel

Es sei ESORT eine Subroutine, die die Elemente eines Feldes einliest und dieses anschließend sortiert. Besteht zudem auch Bedarf für ein Unterprogramm, das nur ein Feld sortiert, so kann man hierfür den entsprechenden Teil von ESORT verwenden, indem man an geeigneter Stelle mit Hilfe von ENTRY einen Einsprung definiert. Dies sieht dann folgendermaßen aus :

SUBROUTINE ESORT (N , A)

Programmteil zur Eingabe der Feldelemente A (1) , . . . , A (N)

ENTRY SORT (N , A)

Programmteil zum Sortieren des Feldes A (1) , . . . , A (N)

RETURN
END

Wie auch sonst kann man mit

CALL ESORT (100 , FELD)

die Subroutine aufrufen. Sie wird dann als Ganzes abgearbeitet, ohne daß ENTRY dabei eine Wirkung hätte. Andererseits ist es aber auch möglich, mit

CALL SORT (80 , FELD 2)

nur den zweiten Teil der Subroutine zu aktivieren, wobei durch ENTRY SORT (N , A) festgelegt ist, an welcher Stelle dies beginnt. Dann wird FELD 2 nur sortiert, nicht aber eingelesen.

Empfehlung

Von der Verwendung von ENTRY wird aus folgenden Gründen abgeraten:

- Die durch ENTRY gegebene Möglichkeit steht im Widerspruch zu den Prinzipien der Strukturierten Programmierung, nach der ein Unterprogramm genau einen Eingang haben soll.

- ENTRY begünstigt die Entwicklung unübersichtlicher Programmstrukturen. Demgegenüber ist es besser, mehrere, dafür aber einfach zu durchschauende Programmbausteine zu verwenden. Die mit ENTRY erzielbaren Effekte lassen sich auch mit anderen Mitteln erreichen, die nicht im Widerspruch zur Strukturierten Programmierung stehen. So kann man z. B. anstelle der obigen Subroutine ESORT zwei Subroutinen verwenden, von denen die eine nur die Eingabe besorgt und die andere das Sortieren.

Anweisung ENTRY

Form :   ENTRY ename $\left[\left(\left[\text{fpliste} \right] \right) \right]$

mit   ename : Name eines Eingangs. Für ihn gilt dasselbe wie für den Namen eines SUBROUTINE- bzw. FUNCTION-Unterprogramms.

fpliste : Liste der formalen Parameter. Für sie gilt das in Kapitel 7.3.2 bzw. 7.4.2 Gesagte.

Bedeutung: Festlegung eines Eingangspunktes für ein SUBROUTINE- oder FUNCTION-Unterprogramm. Dadurch entsteht ein " neues Unterprogramm ", das mit dem alten ab diesem Eingangspunkt übereinstimmt.

Bemerkungen

a)   'fpliste' kann auch andere formale Parameter enthalten als das Unterprogramm, in dem ENTRY steht. Sie dürfen dann vor dieser ENTRY-Anweisung nicht (innerhalb ausführbarer Anweisungen) benutzt werden. Sofern erforderlich, ist allerdings am Anfang des Unterprogramms - vor den ausführbaren Anweisungen, wie auch sonst - eine Vereinbarung des Typs mittels Typanweisung vonnöten.

b)   ENTRY gehört zu den nichtausführbaren Anweisungen. Es kann an beliebiger Stelle innerhalb der ausführbaren Anweisungen des Unterprogramms stehen (aber nicht in einer DO-Schleife oder in einer BLOCK IF-Struktur). Es dürfen auch mehrere ENTRY-Anweisungen in einem Unterprogramm vorkommen.

Aufruf eines ENTRY-Namens

a)   Steht ENTRY in einem SUBROUTINE-Unterprogramm, so wird 'ename' als Name einer Subroutine aufgefaßt, die wie sonst auch mittels CALL aufgerufen werden kann. Entsprechend gehört 'ename' , wenn ENTRY in einem FUNCTION-Unterprogramm steht, zu einem FUNCTION-Unterprogramm, das durch einen entsprechenden Funktionsaufruf aktiviert werden kann. Die Ausführung dieser Unterprogramme beginnt jeweils mit der ersten ausführbaren Anweisung nach dem zugehörigen ENTRY.

b)   Beim Aufruf sind die formalen Parameter von 'fpliste' durch geeignete aktuelle Parameter zu ersetzen. Hierfür gelten die entsprechenden Ausführungen aus Kapitel 7.3.3 und 7.4.3 bzw. von Anhang D.

c)   Ein durch ENTRY definiertes " neues Unterprogramm " kann - außer in dem Unterprogramm, das dieses ENTRY enthält - in jeder anderen Programmeinheit aufgerufen werden. Der ENTRY-Name ' ename ' ist eine globale Größe.

12.6 Die Anweisung SAVE

Die lokalen Variablen und Felder eines SUBROUTINE- oder FUNCTION-Unterprogramms sind nur innerhalb dieses Unterprogramms ansprechbar, außerhalb - d. h. nach Verlassen des Unterprogramms infolge RETURN oder END - nicht mehr. Erst bei Wiedereintritt in das Unterprogramm können diese lokalen Größen wieder angesprochen werden. Allerdings sind dann ihre Werte " undefiniert ", d. h., über sie läßt sich keine Aussage machen (häufig sind sie gegenüber früher verändert). Die Anweisung SAVE gestattet es jedoch, die Werte von lokalen Größen zu erhalten : Bei einem erneuten Aufruf des Unterprogramms haben die Größen, die in SAVE aufgelistet werden, wieder ihre alten Werte.

Anweisung SAVE

Form: SAVE   [sliste]

mit   sliste : Liste mit Namen von Variablen, Feldern oder benannten COMMON-
                       Blöcken. Dabei müssen die Namen von COMMON-Blöcken in Schräg-
                       striche eingeschlossen werden.

Bedeutung: a) Variablen oder Felder, die in 'sliste' aufgeführt werden, behalten die Werte,
              die sie vor dem Verlassen des Unterprogramms durch RETURN oder END
              hatten : Diese Werte werden ihnen bei einem erneuten Aufruf des Unterpro-
              gramms wieder zugewiesen.

           b) Enthält 'sliste' den Namen eines benannten COMMON-Blocks, so stehen die
              Werte, die seine Elemente vor dem Verlassen des Unterprogramms durch
              RETURN oder END hatten, in der nächsten Programmeinheit, die diesen
              COMMON-Block benutzt, wieder zur Verfügung.

           c) Fehlt 'sliste' , so werden sämtliche lokalen Variablen, Felder und benannte
              COMMON-Blöcke des Unterprogramms entsprechend behandelt.

Bemerkungen:

a)   In 'sliste' dürfen keine Elemente eines (benannten) COMMON-Blocks einzeln aufgelistet
     werden (auch wenn man nur einige Elemente dieses Blocks benötigt), sondern nur der
     gesamte Block durch Angabe seines in Schrägstriche gesetzten Namens.

b)   SAVE ist eine nichtausführbare Anweisung. Sie muß im Programm vor den ausführbaren
     Anweisungen stehen. Es wird empfohlen, die in Anhang A angegebene Reihenfolge der
     Anweisungen einzuhalten.

c)   Ein Unterprogramm kann mehrere SAVE-Anweisungen enthalten.

d)   Die Bedeutung von SAVE liegt weniger darin, die Werte lokaler Variablen oder Felder zu schützen, als vielmehr in der Möglichkeit, solche COMMON-Blöcke, die nur in Unterprogrammen benötigt und deshalb im Hauptprogramm nicht vereinbart werden, zu erhalten. Solche COMMON-Blöcke laufen sonst Gefahr, zerstört zu werden (s. Kap. 12.3.3).

e)   Für einen benannten COMMON-Block, der auch im Hauptprogramm vereinbart ist, hat SAVE keine Bedeutung, da die Werte seiner Größen auf jeden Fall erhalten bleiben (s. Kap. 12.3.3).

f)   Wird in einem Unterprogramm der Name eines COMMON-Blocks in einer SAVE-Anweisung aufgeführt, so muß dieser Name in **jedem** Unterprogramm, das diesen COMMON-Block vereinbart, in SAVE angegeben werden. (Sonst würde er eventuell doch zerstört werden.)

Übungen zu Kapitel 12

Kontrollfragen

- Welchen Nutzen haben "Interne Dateien" und wodurch unterscheiden sie sich von den Dateien, die in Kapitel 11 angesprochen wurden?

- Wie können Datenbereiche für den gemeinsamen Zugriff aus verschiedenen Unterprogrammen eingeführt werden? Welche Unterschiede gibt es zwischen benannten und unbenannten COMMON-Blöcken? Wie können die Größen in COMMON-Blöcken mit Anfangswerten besetzt werden?

- Was ist zu beachten, wenn Felder als Parameter an Unterprogramme übergeben werden? Was gilt hier insbesondere für Felder vom Typ CHARACTER?

- Auf welche Weisen kann man in einer Subroutine eine andere Subroutine benutzen?

- Ist es in FORTRAN möglich, Unterprogramme als Parameter an eine Subroutine oder ein FUNCTION-Unterprogramm zu übergeben? In welchen Fällen ist es sinnvoll, von dieser Möglichkeit Gebrauch zu machen?

Aufgaben

12.1 In FORTRAN gibt es einige Standardfunktionen zur Typumwandlung, aber keine Standardfunktion zur Umwandlung einer REAL- oder INTEGER-Zahl in eine entsprechende CHARACTER-Größe oder umgekehrt. Schreiben Sie FUNCTION-Unterprogramme, die diese Aufgaben übernehmen können.

12.2 Entwickeln Sie ein FORTRAN-Programm, das die Quersumme einer gegebenen INTEGER-Zahl ermittelt und ausgibt.

12.3 Ein Programm, mit dem das Skat-Spiel simuliert werden kann, gibt seine Ergebnisse verschlüsselt in Form zweistelliger INTEGER-Zahlen aus. Die erste Ziffer bezeichnet die Farbe:

$$1 \mathrel{\hat{=}} \text{Karo}, \quad 2 \mathrel{\hat{=}} \text{Herz}, \quad 3 \mathrel{\hat{=}} \text{Pik}, \quad 4 \mathrel{\hat{=}} \text{Kreuz}$$

Die zweite Ziffer bedeutet:

$$1 \mathrel{\hat{=}} \text{As}, \quad 2 \mathrel{\hat{=}} \text{König}, \text{ usw.}$$

Man schreibe ein Programm, das die zweistelligen INTEGER-Zahlen entschlüsselt und Klartext ausgibt.

12.4 Schreiben Sie ein FUNCTION-Unterprogramm, das als Eingabeparameter eine Variable vom Typ CHARACTER * 80 und eine INTEGER-Variable I mit einem Wert zwischen 1 und 80 hat.

a) Als Ergebnis soll die Funktion das I-te Zeichen der CHARACTER-Variablen liefern.

b) Als Ergebnis soll die FUNCTION diesmal alle Zeichen rechts (links) vom I-ten Zeichen liefern.

c) Erweitern Sie die Parameterliste des FUNCTION-Unterprogramms aus a) um die INTEGER-Variable J, die ebenfalls einen Wert zwischen 1 und 80 haben soll. Das Ergebnis der FUNCTION sollen alle diejenigen Zeichen sein, die von Position I bis J vorkommen (mit Einschluß der Positionen I und J).

d) Verändern Sie das Programm so, daß jetzt der Typ des formalen Parameters als CHARACTER * (*) festgelegt wird. Als aktuelle Parameter in der CALL-Anweisung können dadurch alle CHARACTER-Variablen unabhängig von ihrer jeweiligen Länge benutzt werden. Als Fehlerabsicherung muß dann allerdings geprüft werden, ob die Werte der INTEGER-Variablen I und evtl. J kleiner oder gleich dieser Länge sind.

12.5 Schreiben Sie das Programm aus Abb. 7.4.2 so um, daß das Unterprogramm seine Daten nicht mit Hilfe von Parametern, sondern über COMMON-Blöcke erhält. Benutzen Sie sowohl benannte als auch unbenannte COMMON-Blöcke.

12.6 Schreiben Sie ein Programm, das für eine beliebig vorgebbare Funktion F(x) das bestimmte Integral über dem Intervall [a , b] näherungsweise berechnet. Als numerisches Quadraturverfahren soll dabei die Trapezregel benutzt werden. Dazu wird das Intervall [a , b] in n gleichlange Teilintervalle zerlegt. Für jedes Teilintervall wird als Näherungswert für das Integral ein Trapez zugrunde gelegt (siehe Zeichnung). Die Summe aller Trapezflächen ist dann ein Näherungswert für den gesuchten Integralwert.

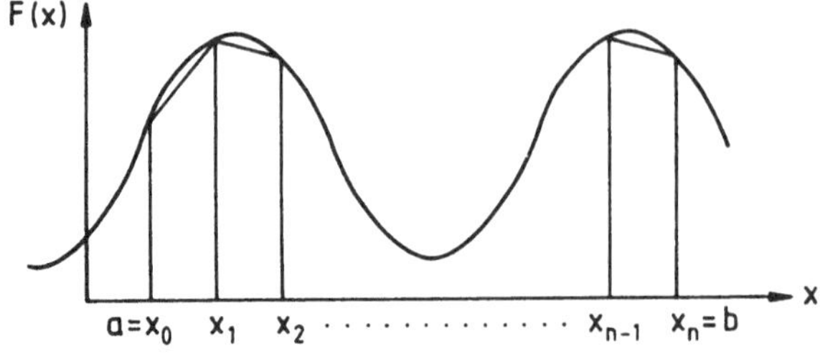

Im einzelnen gilt:

$$\int_a^b F(x)\,dx \approx \frac{h}{2}\left(f(x_o) + f(x_n)\right) + h\sum_{i=1}^{n-1} f(x_i)$$

$$\text{mit}\quad h = \frac{b-a}{n}\quad\text{und}\quad x_i = a+ih,\ i=0,1,\ldots,n$$

Anhang

A Reihenfolge der Anweisungen in einem FORTRAN-Programm

In FORTRAN gibt es verschiedene Regeln für die Reihenfolge der Anweisungen in einem Programm. Sie lassen sich zusammenfassen zu der folgenden

Empfehlung

Beim Abfassen eines FORTRAN-Programms halte man sich an die folgende Reihenfolge der Anweisungen :

1.   PROGRAM / SUBROUTINE / FUNCTION / BLOCK DATA
2.   IMPLICIT (nur in der am Ende von Kap. 8.5 angegebenen Weise benutzen!)
3.   Typanweisungen für benannte Konstanten
4.   PARAMETER
5.   Typanweisungen für formale Parameter
6.   sonstige Typanweisungen incl. Feldvereinbarungen
7.   DIMENSION (die Verwendung wird nicht empfohlen)
8.   COMMON
9.   SAVE
10.   EQUIVALENCE (von der Verwendung ist dringend abzuraten!)
11.   EXTERNAL
12.   INTRINSIC
13.   DATA
14.   Anweisungsfunktion
15.   ausführbare Anweisungen sowie FORMAT und ENTRY
16.   STOP bzw. RETURN
17.   END

Das Schema auf der nächsten Seite enthält die einzelnen Regeln, die es hinsichtlich der Reihenfolge der Anweisungen gibt. Dabei bedeuten

- eine waagerechte Linie : die darüber angegebenen Anweisungen müssen vor den darunter angegebenen Anweisungen stehen

- eine senkrechte Linie : sie trennt Anweisungen voneinander, die in beliebiger Reihenfolge stehen dürfen

Regeln für die Reihenfolge der Anweisungen in einem Haupt- oder Unterprogramm

<table>
<tr><td rowspan="5">Kommentar-
zeilen</td><td colspan="5">PROGRAM oder SUBROUTINE oder FUNCTION</td></tr>
<tr><td rowspan="4">FORMAT</td><td rowspan="4">ENTRY</td><td rowspan="2">PARAMETER</td><td>IMPLICIT</td></tr>
<tr><td>Typanweisung , DIMENSION
EQUIVALENCE , COMMON
EXTERNAL , INTRINSIC
SAVE</td></tr>
<tr><td rowspan="2">DATA</td><td>Anweisungsfunktion</td></tr>
<tr><td>ausführbare Anweisungen</td></tr>
<tr><td colspan="6" align="center">E N D</td></tr>
</table>

Regeln für die Reihenfolge der Anweisungen in einem BLOCK DATA-Unterprogramm

<table>
<tr><td rowspan="4">Kommentarzeilen</td><td colspan="2">BLOCK DATA</td></tr>
<tr><td rowspan="2">PARAMETER</td><td>IMPLICIT</td></tr>
<tr><td>Typanweisung, DIMENSION
EQUIVALENCE , COMMON
SAVE</td></tr>
<tr><td colspan="2" align="center">DATA</td></tr>
<tr><td colspan="3" align="center">E N D</td></tr>
</table>

B Tabellen der Standardfunktionen

In den folgenden Tabellen werden für die Datentypen die folgenden Abkürzungen benutzt:

I	INTEGER
R	REAL
D	DOUBLE PRECISION
C	COMPLEX
CHAR	CHARACTER
L	LOGICAL

B.1 Funktionen zur Umwandlung des Typs

Umwandlung nach	Gattungs- name	spezifischer Name	Argument		Typ des Funktions- wertes	Bem.
			Anzahl	Typ		
INTEGER	INT	-	1	I	I	1, 3, 8
		INT		R	I	2
		IFIX		R	I	2
		IDINT		D	I	
		-		C	I	
REAL	REAL	REAL	1	I	R	8, 9
		FLOAT		I	R	4
		-		R	R	4
		SNGL		D	R	
		-		C	R	5
	-	AIMAG	1	C	R	5
DOUBLE PRECISION	DBLE	-	1	I	D	
		-		R	D	
		-		D	D	
		-		C	D	6
COMPLEX	CMPLX	-	1 od. 2	I	C	7, 8, 9
		-		R	C	
		-		D	C	
		-	1	C	C	

Bemerkungen zu B.1 :

1. INT(x) liefert den ganzzahligen Teil von x; für x vom Typ R oder D
    bedeutet dies abschneiden nach dem Dezimalpunkt.

    Beispiel:

x	2.3	2.7	-2.3	-2.7	0.6	4
INT(x)	2	2	-2	-2	0	4

    Für x vom Typ C liefert INT(x) den ganzzahligen Teil des Realteils
    von x.

2. Für x vom Typ R hat IFIX(x) dieselbe Wirkung wie INT(x).
    Von der Verwendung von IFIX wird abgeraten, da es nur aus
    Gründen der Kompatibilität mit FORTRAN IV beibehalten wurde.

3. INT rundet nicht. Hierfür gibt es ANINT und NINT, s. Tabelle B.2.

4. Für x vom Typ I hat FLOAT(x) dieselbe Wirkung wie REAL(x).
    Von der Verwendung von FLOAT wird abgeraten, da es nur aus
    Gründen der Kompatibilität mit FORTRAN IV beibehalten wurde.

5. Für z vom Typ C liefert REAL(z) den Realteil von z und AIMAG(z)
    den Imaginärteil von z.

6. Für z vom Typ C liefert DBLE(z) die Umwandlung des Realteils
    von z in doppelte Genauigkeit.

7a. Hat CMPLX nur ein Argument, so kann es I, R, D oder C sein.
    Ist z vom Typ C, so ist CMPLX(z) = z.
    Ist x vom Typ I, R oder D, so ist CMPLX(x) eine Größe vom Typ C
    mit REAL(x) als Realteil und $\emptyset$ als Imaginärteil.

7b. Hat CMPLX zwei Argumente, so müssen beide vom selben Typ sein
    und können I, R oder D sein. CMPLX(x,y) ist dann eine Größe
    vom Typ C mit REAL(x) als Realteil und REAL(y) als Imaginärteil.

8. Eine Umwandlung in einen Typ liefert ein unsinniges Ergebnis,
    wenn das Argument außerhalb des Wertebereichs liegt, den
    Größen des betreffenden Typs haben können.

9. Bei der Umwandlung kann Genauigkeit verlorengehen : die maxi-
    male Anzahl der signifikanten Ziffern einer INTEGER-Größe ist im
    allgemeinen größer als bei einer REAL- bzw. COMPLEX-Größe.
    Entsprechendes gilt bei Umwandlung einer DOUBLE-PRECISION-
    Größe.

B.2 Arithmetische Hilfsfunktionen

Bedeutung Definition	Gattungs- name	spezifischer Name	Argument		Typ des Funktions- wertes	Bem.
			Anzahl	Typ		
Absolutbetrag	ABS	IABS ABS DABS CABS	1	I R D C	I R D R	10
Rundung (ganzzahlig)	ANINT	ANINT DNINT	1	R D	R D	11
	NINT	NINT IDNINT	1	R D	I I	11, 8
Abschneiden hinter Dezimal- stelle	AINT	AINT DINT	1	R D	R D	12
Divisionsrest	MOD	MOD AMOD DMOD	2	I R D	I R D	13
Vorzeichen- übertragung	SIGN	ISIGN SIGN DSIGN	2	I R D	I R D	14
positive Differenz	DIM	IDIM DIM DDIM	2	I R D	I R D	15
doppeltgenaues Produkt	-	DPROD	2	R	D	16
konjungiert komplexe Zahl	-	CONJG	1	C	C	17
Bestimmung des Maximums	MAX	MAX 0 AMAX 1 DMAX 1	≥ 2	I R D	I R D	
	-	AMAX 0 MAX 1	≥ 2	I R	R I	18
Bestimmung des Minimums	MIN	MIN 0 AMIN 1 DMIN 1	≥ 2	I R D	I R D	
	-	AMIN 0 MIN 1	≥ 2	I R	R I	18

Bemerkungen zu B.2 :

8. Eine Umwandlung in einen Typ liefert ein unsinniges Ergebnis, wenn das Argument außerhalb des Wertebereichs liegt, den Größen des betreffenden Typs haben können.

10. $\mathrm{ABS}\,(x) = |x| = \begin{cases} x & \text{für } x \geq 0 \\ -x & \text{für } x < 0 \end{cases}$ solange x nicht komplex.

   Ist z die komplexe Zahl $z = x + iy$, so ist $\mathrm{ABS}\,(z) = |z| = \sqrt{x^2 + y^2}$

11. ANINT(x) und NINT(x) runden zur nächsten ganzen Zahl. Bei ANINT ist das Ergebnis vom selben Typ wie x, bei NINT vom Typ I.

12. AINT(x) wirkt wie INT(x) (vgl. Bem. 1), doch ist das Ergebnis vom selben Typ wie x.

13. Die Modulofunktion MOD (x,y) gibt den Divisionsrest r von x/y an: $r = x - \mathrm{INT}\,(x/y) * y$. Für $y = 0$ ist MOD (x,y) nicht definiert.

14. SIGN (x,y)   ist $+|x|$, wenn $y \geq 0$ $\left.\rule{0pt}{4em}\right\}$ Vorzeichen von y mit Betrag von x. (Vorzeichen von x wird ignoriert.)

   und $-|x|$, wenn $y < 0$

15. Ist $x > y$, so ist DIM (x,y) = x - y.

   Für $x \leq y$ ist DIM (x,y) = 0.

16. Bei der Multiplikation zweier R-Größen x und y wird das Ergebnis zunächst mit voller Genauigkeit ausgerechnet. Bei x*y werden dann die überzähligen Stellen abgeschnitten bzw. gerundet. DPROD (x,y) liefert das Ergebnis in voller Länge als doppeltgenaue Größe.

17. Zur komplexen Zahl $z = x + iy$ liefert CONJG (z) die zu z konjugiert komplexe Zahl $\bar{z} = x - iy$.

18. Während bei MAX (bzw. MIN) das Ergebnis vom selben Typ ist wie die Argumente, hat bei AMAX 0 und MAX 1 (bzw. AMIN 0 und MIN 1) das Ergebnis einen anderen Typ.

B.3 Mathematische Funktionen

Bedeutung Definition	Gattungs-name	spezifischer Name	Argument		Typ des Funktions-wertes	Bem.
			Anzahl	Typ		
Quadratwurzel $\sqrt{x}$	SQRT	SQRT DSQRT CSQRT	1	R D C	R D C	19
Exponential-funktion e^x	EXP	EXP DEXP CEXP	1	R D C	R D C	
Natürlicher Logarithmus $\ln x$	LOG	ALOG DLOG CLOG	1	R D C	R D C	20 21, 22
Dekadischer Logarithmus $\lg x$	LOG 10	ALOG 10 DLOG 10	1	R D	R D	20
Sinus $\sin x$	SIN	SIN DSIN CSIN	1	R D C	R D C	23
Kosinus $\cos x$	COS	COS DCOS CCOS	1	R D C	R D C	23
Tangens $\tan x$	TAN	TAN DTAN	1	R D	R D	23

Bemerkungen:

19. Ist das Argument vom Typ R oder D, so muß es ≥ 0 sein.
Ist z komplex, so liefert SQRT(z) den (komplexen) Hauptwert (mit Realteil ≥ 0).

20. Ist das Argument vom Typ R oder D, so muß es > 0 sein.

21. Ein Argument vom Typ C darf nicht (0 , 0) sein.

22. Ist z komplex und bedeutet Im den Imaginärteil von LOG (z), so gilt $-\pi < \text{Im} \leq \pi$. Der Fall Im $= \pi$ tritt ein, wenn AIMAG (z) = 0 und REAL (z) < 0 gilt.

23. Das Argument ist im Bogenmaß anzugeben, es braucht aber - bei reellem Argument - betragsmäßig nicht $< 2\pi$ zu sein.

(Fortsetzung Mathematische Funktionen)

Bedeutung Definition	Gattungs- name	spezifischer Name	Argument		Typ des Funktions- wertes	Bem.
			Anzahl	Typ		
Arcus Funktionen:						
Arcussinus arcsin x	ASIN	ASIN DASIN	1	R D	R D	24, 25, 26
Arcuscosinus arccos x	ACOS	ACOS DACOS	1	R D	R D	24, 25, 27
Arcustangens arctan x	ATAN	ATAN DATAN	1	R D	R D	25, 26
arctan x/y	ATAN 2	ATAN 2 DATAN 2	2	R D	R D	25, 28, 29
Hyperbolische Funktionen:						
sinh x	SINH	SINH DSINH	1	R D	R D	
cosh x	COSH	COSH DCOSH	1	R D	R D	
tanh x	TANH	TANH DTANH	1	R D	R D	

Bemerkungen:

24. Voraussetzung : $-1 \leq x \leq 1$

25. Das Ergebnis ist im Bogenmaß.

26. $-\pi/2 \leq$ Ergebnis $\leq \pi/2$

27. $0 \leq$ Ergebnis $\leq \pi$

28. x und y dürfen nicht gleichzeitig 0 sein

29. $-\pi <$ Ergebnis $\leq \pi$

B.4 Funktionen zur Textverarbeitung

Bedeutung/Definition	spezifischer Name	Argument		Typ des Funktionswertes	Bem.
		Anzahl	Typ		
Länge einer CHARACTER-Größe	LEN	1	CHAR	I	
Position einer Teilkette	INDEX	2	CHAR	I	30
Vergleich von CHARACTER-Größen	LGE LGT LLE LLT	2 2 2 2	CHAR CHAR CHAR CHAR	L L L L	31, 33
INTEGER-Äquivalent eines Zeichens	ICHAR	1	CHAR	I	32, 33
Zeichen-Äquivalent zu INTEGER-Größe	CHAR	1	I	CHAR	32, 33

Bemerkungen:

30. Ist d Teilkette von c, so liefert INDEX (c,d) die Anfangsposition von d in c. Kommt d mehrmals in c vor, so wird die Anfangsposition des ersten Vorkommens geliefert.

    Ist d keine Teilkette von c, so ist INDEX (c,d) = 0.

31. Die Vergleichsfunktionen liefern den Wert "wahr", wenn in der ASCII-Sortierfolge gilt:

$$c \geq d \quad \text{bei} \quad LGE\ (c,d)$$
$$c > d \quad\quad\quad LGT\ (c,d)$$
$$c \leq d \quad\quad\quad LLE\ (c,d)$$
$$c < d \quad\quad\quad LLT\ (c,d)$$

    anderfalls liefern sie "falsch". Für den Vergleich gelten die Ausführungen in 8.1.7.

32. ICHAR(c) liefert für ein Zeichen c seine Position in der Sortierfolge des Rechners. Dabei beginnt die Numerierung mit 0 für das "erste" Zeichen und endet mit N-1, wenn der verwendete Code N Zeichen umfaßt.

    N sowie die Sortierfolge sind rechnerabhängig.

    Umgekehrt liefert CHAR(a) zu einem INTEGER-Wert a (ab 0, bis N-1) das entsprechende Zeichen c mit ICHAR(c) = a .

33. Die Funktion darf nicht als aktueller Parameter beim Aufruf von Unterprogrammen verwendet werden.

C Tabellen der Format-Beschreiber

C.1 Wiederholbare Format-Beschreiber für die Ausgabe

Format-Beschreiber	zur Ausgabe von Größen des Typs	Wirkung	Beispiel	Beschreibung in
I w	INTEGER	Ausgabe als INTEGER-Zahl	I 5	4.5.1
I w.m		wie I w, es werden aber mindestens m Ziffern ausgegeben, ($0 \leqslant m \leqslant w$) gegebenenfalls mit führenden Nullen	I 5.3	-
F w.d	REAL DOUBLE PRECISION COMPLEX	Darstellung als Festpunkt-Zahl (ohne Exponent) mit d ($\geqslant 0$) Nachkommastellen	F 8.3	4.5.1 8.3.3 8.4.4
E w.d		Darstellung als normalisierte Gleitpunktzahl (d. h. mit Exponent). Die Mantisse erhält d ($\geqslant 0$) Nachkommastellen	E 12.4	10.7.5
E w.d Ee		wie E w.d, aber der Exponent besteht aus e (>0) Ziffern	E 12.4 E 1	10.7.5
D w.d		wie E w.d, jedoch wird bei der Angabe des Exponenten der Buchstabe D anstatt E verwendet	D 10.3	10.7.6
G w.d [Ee]		Darstellung als Festpunkt- oder als Gleitpunkt-Zahl, abhängig von der Größe der auszugebenden Zahl	G 13.4 E 3	10.7.7
L w	LOGICAL	rechtsbündig im Ausgabefeld erscheint T bzw. F	L 3	8.2.3
A w	CHARACTER	Ausgabe von w Zeichen. Dies sind entweder sämtliche Zeichen der auszugebenden Größe (wenn w $\geqslant$ lae ist, wo lae ihre Länge bedeutet ; evtl. mit w-lae Leerzeichen davor) oder nur ihre vorderen w Zeichen (bei w < lae).	A 12	8.1.4
A		Sämtliche Zeichen werden ausgegeben, sonst nichts davor und nichts danach	A	8.1.4 4.5.2

Bemerkungen zur Tabelle 1

a) Die Ausgabe erfolgt (außer beim Beschreiber A) jeweils in ein Feld der Breite w (>0), bei Zahlen und logischen Größen rechtsbündig. (Falls Sterne ausgegeben werden, war w zu klein gewählt !).

b) Für eine komplexe Größe sind zwei Format-Beschreiber anzugeben, die beide zu REAL passen müssen. Real- und Imaginärteil werden als zwei REAL-Zahlen ausgegeben.

C.2   Wiederholbare Format-Beschreiber für die Eingabe

Format-Beschreiber	zur Eingabe von Größen des Typs	Wirkung	Beispiel	Beschreibung in
I w	INTEGER	Interpretation als rechtsbündige INTEGER-Zahl	I 8	4.5.3
F w.d (d $\geq$ 0)	REAL	Interpretation · als REAL-Zahl	F 10.4	4.5.3
	DOUBLE PRECISION	· als DOUBLE PRECISION-Zahl		8.3.3
	COMPLEX	· als REAL-Zahl für den Real- bzw. Imaginärteil einer komplexen Zahl		8.4.4
E w.d		wie F w.d	E 10.4	10.7.5
D w.d		wie F w.d	F 8.3	10.7.6
G w.d		wie F w.d	G 12.5	10.7.7
L w	LOGICAL	Interpretation als Wahrheitswert (T oder F)	L 5	8.2.3
A	CHARACTER	Zuweisung der eingelesenen Zeichen an die CHARACTER-Größe. Einzelheiten s. Kap. 8.1.4	A	8.1.4
A w			A 14	8.1.4

Bemerkungen zur Tabelle 2

a)   Es werden - außer beim Beschreiber A - stets die nächsten w (> 0) Zeichen gelesen, beginnend mit der aktuellen Leseposition.

b)   Wie bei der Ausgabe gibt es auch für die Eingabe die

      Formatbeschreiber   I w.m   E w.d Ee   G w.d Ee

Von ihrem Gebrauch wird jedoch abgeraten, da sie bei der Eingabe

      gleichwertig sind zu   I w   F w.d   F w.d

c)   Bei komplexen Größen muß für Real- und Imaginärteil je eine REAL-Zahl eingegeben werden mit Hilfe dazu passender Format-Beschreiber.

C.3 Nichtwiederholbare Format-Beschreiber

Format-Beschreiber	verwendbar bei	Bedeutung	Wirkung	Beispiel	Beschreibung in
n X	E , A	Positio-nierung	Fortsetzung n Stellen rechts von der aktuellen Position	10 X	4.5.2 4.5.3
TR n	E , A		wie n X	TR 10	10.7.12
TL n	E , A		Fortsetzung n Stellen links von der aktuellen Position	TL 18	10.7.12
T n	E , A		Fortsetzung bei Position n	T 50	10.7.12
/	E , A		Beendigung des aktuellen Datensatzes (Ein Datensatz ist bei formatierter E/A die Eingabezeile bzw. die Ausgabezeile ; bei sonstigen Dateien : s. Kap. 11.1.)	/	4.5.2 10.7.4
:	E , A		Beendigung des E/A-Vorgangs, falls die E/A-Liste abgearbeitet ist	:	10.7.3
$'h_1 \ldots h_n'$	A	Textaus-gabe	Ausgabe der Zeichenfolge $h_1 \ldots h_n$	'TAG'	10.7.11
$nHh_1 \ldots h_n$	A		Ausgabe der Zeichenfolge $h_1 \ldots h_n$	1 H 0	10.7.11
k P	E , A	Skalierung	Verschiebung des Dezimalpunktes	2 P	10.7.8
SP	A	Behandlung von Vorzeichen	vor positiven Zahlen erscheint +	SP	10.7.9
SS	A		vor positiven Zahlen wird kein + , sondern ein Leerzeichen ausgegeben	SS	10.7.9
S	A		rechnerabhängig : häufig wie S S	S	10.7.9
BN	E	Behandlung von Leer-zeichen in Zahlen	beim Einlesen werden Leerzeichen innerhalb Zahlen ignoriert	BN	10.7.10
BZ	E		beim Einlesen werden Leerzeichen innerhalb Zahlen als Null interpretiert	BZ	10.7.10

D Formale und aktuelle Parameter bei Unterprogrammen

Die folgende Tabelle gibt an, welche formalen Parameter es bei Unterprogrammen bzw. Anweisungsfunktionen geben kann und mit welchen aktuellen Parametern sie besetzt werden können.

Man beachte, daß der Datentyp eines aktuellen Parameters stets mit dem Typ des zugehörigen formalen Parameters übereinstimmen muß.

Besonderheiten in Verbindung mit dem Typ CHARACTER werden in Kapitel 8.1.10 behandelt.

Eine Angabe (E) in der Tabelle bedeutet, daß dieser aktuelle Parameter nur als Eingabeparameter benutzt werden darf (s. Kap. 7.3.4). Fehlt diese Angabe, so ist eine Verwendung sowohl als Eingabeparameter wie auch als Ausgabeparameter zulässig.

formaler Parameter	dazu passender aktueller Parameter	kann verwendet werden bei		
		SUBROUTINE- Unterprogramm	FUNCTION- Unterprogramm	Anweisungs- funktion
Variable	Variable Feldelement Konstante (E) benannte Konstante (E) zusammengesetzter Ausdruck (E) Funktionsaufruf (E) Teilkette	ja	ja	ja
Feldname (s. Kap. 12.4.1)	Feldname Feldelement	ja	ja	nein

Unterprogramm-name
(s. Kap. 12.4.2)
	Name von
	  Standardfunktion
	FUNCTION-
	  Unterprogramm
	SUBROUTINE-
	  Unterprogramm
	externes Unterprogramm
	formaler Unterprogramm-
	  name
		ja	ja	nein

Stern (*) (s. Kap. 12.4.3)	* n wo n eine Anweisungs-nummer ist	ja	nein	nein

Bemerkungen

Beim Aufruf eines FUNCTION- oder SUBROUTINE-Unterprogramms geschieht die Ersetzung der formalen durch die aktuellen Parameter nach folgendem Prinzip: Für die formalen Parameter werden die internen Speicheradressen eingesetzt, über die die zugehörigen aktuellen Parameter zu erreichen sind. Im einzelnen heißt dies:

- Ist der formale Parameter **eine Variable,** so wird die Adresse des Speicherplatzes eingesetzt, an dem der Wert des zugehörigen aktuellen Parameters zu finden ist.

- Ist der formale Parameter **ein Feldname,** so wird als Anfangsadresse für das formale Feld die Anfangsadresse des aktuellen Feldes bzw. die Adresse des angegebenen Feldelements übergeben (also keine "Kopie" des aktuellen Feldes angelegt!).

- Ist der formale Parameter **ein Unterprogrammname,** so wird eine Adresse übermittelt, über die das aktuelle Unterprogramm erreicht werden kann.

- Ist der formale Parameter **ein Stern (*),** so wird die Adresse übergeben, die zu dem aktuellen Sprungziel führt.

E ASCII-Code und EBCDI-Code

In den nachfolgenden Tabellen ist die Sortierfolge für ASCII-Code sowie für EBCDI-Code angegeben.

Der ASCII-Code ist ein 7-Bit-Code. Die interne Darstellung kann der untenstehenden Tabelle entnommen werden. Die Codierung der einzelnen Zeichen entspricht der Dualdarstellung der dabeistehenden Positionsnummern. - Bei vielen Rechnern kommt noch ein achtes Bit hinzu, beispielsweise als Kontrollbit.

Position	ASCII	Position	ASCII	Position	ASCII	Position	ASCII
0 - 31	s.u.	55	7	79	O	103	g
32	SPACE	56	8	80	P	104	h
33	!	57	9	81	Q	105	i
34	"	58	:	82	R	106	j
35	#	59	;	83	S	107	k
36	$	60	<	84	T	108	l
37	%	61	=	85	U	109	m
38	&	62	>	86	V	110	n
39	'	63	?	87	W	111	o
40	(	64	@	88	X	112	p
41	)	65	A	89	Y	113	q
42	*	66	B	90	Z	114	r
43	+	67	C	91	[	115	s
44	,	68	D	92	\	116	t
45	-	69	E	93	]	117	u
46	.	70	F	94	^	118	v
47	/	71	G	95	_	119	w
48	0	72	H	96	`	120	x
49	1	73	I	97	a	121	y
50	2	74	J	98	b	122	z
51	3	75	K	99	c	123	{
52	4	76	L	100	d	124	¦
53	5	77	M	101	e	125	}
54	6	78	N	102	f	126	~

Abb. E.1 Sortierfolge des ASCII-Codes.

Die Positionen 0 - 31 gehören zu verschiedenen Steuerzeichen.

Der EBCDI-Code benutzt zur Darstellung eines Zeichens 1 Byte (= 8 Bit). Aus der nachstehenden Tabelle kann nur die Sortierfolge für diesen Code entnommen werden ; ein direkter Zusammenhang zwischen Positionsnummer und interner Darstellung besteht hier nicht. Hierfür sei auf weiterführende Literatur verwiesen.

Hinweis : Sowohl ASCII- wie auch EBCDI-Code enthalten noch verschiedene Steuer-und Sonderzeichen, die beispielsweise zur Steuerung von Datenendgeräten dienen (Zeilenvorschub, Datenende usw.).

Position	EBCDI	Position	EBCDI	Position	EBCDI	Position	EBCDI
1	SPACE	25	#	49	s	73	O
2	¢	26	@	50	t	74	P
3	.	27	`	51	u	75	Q
4	<	28	=	52	v	76	R
5	(	29	"	53	w	77	S
6	+	30	a	54	x	78	T
7	|	31	b	55	y	79	U
8	&	32	c	56	z	80	V
9	!	33	d	57	{	81	W
10	$	34	e	58	A	82	X
11	*	35	f	59	B	83	Y
12	)	36	g	60	C	84	Z
13	;	37	h	61	D	85	0
14	¬	38	i	62	E	86	1
15	-	39	j	63	F	87	2
16	/	40	k	64	G	88	3
17	^	41	l	65	H	89	4
18	,	42	m	66	I	90	5
19	%	43	n	67	}	91	6
20	_	44	o	68	J	92	7
21	>	45	p	69	K	93	8
22	?	46	q	70	L	94	9
23	\	47	r	71	M		
24	:	48	~	72	N		

Abb. E.2 Sortierfolge des EBCDI-Codes

Bemerkung

Ist die Sortierfolge bei einem Rechner nicht bekannt - weil z. B. das Handbuch verlegt wurde -,
so kann man sie mit Hilfe des folgenden Programms mühelos ermitteln. Dieses Programm
druckt nacheinander sämtliche Zeichen (incl. Steuerzeichen) aus, die der jeweilige Rechner
besitzt, und dies in der Reihenfolge der Sortierfolge.

```
1           PROGRAM ZSATZ
2     *-------------------------------------------------------------------*
3     * Programm zur Ausgabe der Zeichen (und Steuerzeichen) eines        *
4     *    Rechners in ihrer Sortierfolge.                                *
5     *-------------------------------------------------------------------*
6           INTEGER I
7
8           PRINT *, 'Gesamte Zeichenmenge '
9           PRINT *
10          DO 10 I = 0, 255
11             PRINT*, I, '        ', CHAR(I)
12    10    CONTINUE
13
14          STOP
15          END
```

Abb. E.3 Programm zur Ausgabe sämtlicher Zeichen des Rechners in der Sortierfolge

Literatur

Angabe der FORTRAN 77-Norm

American National Standards Institute, Inc.: Programming Language FORTRAN.
  ANSI X3.9-1978 (Revision of ANSI X3.9-1966).New York, N.Y. 1978

DIN 66027: Programmiersprache FORTRAN.
  Berlin, Köln: Beuth Verlag 1980

Lehrbücher zu FORTRAN 77

Ellis, T.M.R.: A structured approach to FORTRAN 77 programming.
  London, Reading: Addison-Wesley 1982

McCracken, D.D.: Computerpraxis mit FORTRAN 77 in Naturwissenschaft und Technik.
  München, Wien: Hanser 1985

Meissner, L.P., Organick, E.I.: FORTRAN 77 - Featuring structured programming.
  Reading, Mass.: Addison-Wesley 1982

Wagener, J.L.: FORTRAN 77 - Principles of programming.
  New York: Wiley 1980

Wehnes, H.: FORTRAN 77.
  München, Wien: Hanser 1985

Handbücher zu FORTRAN 77

Regionales Rechenzentrum für Niedersachsen: FORTRAN 77 Sprachumfang.
  Hannover: RRZN 1986

SPERRY UNIVAC Series 1100: FORTRAN (ASCII) Level 10R1. Programmer Reference.
  St. Paul, Minn.: SPERRY Corporation 1982

Literatur zur Strukturierten Programmierung

Böhm, C., Jacopini, G.: Flow Diagrams, Turing Machines and Languages with only two
  Formation Rules. Comm. ACM, 9, 366-371 (1966)

Goldschlager, L., Lister, A.: Informatik. Eine moderne Einführung.
München, Wien: Hanser 1986

Hughes, J.K., Michtom, J.I.: Strukturierte Software-Herstellung.
München, Wien: Oldenbourg 1985

Kurbel, K.: Programmierstil in Pascal, Cobol, Fortran, Basic, PL/I.
Berlin, Heidelberg, New York, Tokyo: Springer 1985

Singer, F.: Programmieren in der Praxis.
Stuttgart: Teubner 1984

Yourdon, E.N. (Ed.): Classics in Software Engineering.
New York, N.Y.: Yourdon Press 1979

Stichwortverzeichnis

Die Schriftarten im Stichwortverzeichnis haben die folgende Bedeutung:

fett   Verweise auf Definitionen oder grundsätzliche Darstellungen

kursiv   Verweise auf Beispiele oder Beispielprogramme

normal   sonstiges Vorkommen dieses Stichworts

Abbruchbedingung 115, 119, 122, 272f.
Abbruch der Programmausführung 55, **88**, 133,
    154f., 156, 282, 285, 286, *288*, 294
Ablauf
  -protokoll *80f.*, **86**, *158*, *167*, *225*
  -steuerung 8
  -struktur **5**, 10f., **93ff.**, 117, *175*, **257ff.**, 287
Ablochkonventionen ,s. Eingabeformat
ABS **29**, *97*, *122*, *123*, *125*, *158*, 196, **197**, *232f.*, 247,
    251
Abschneiden der Dezimalstellen 42, 44
abweisende Schleife 268
ACCESS = **340**, 342, 374
Addition 27
AIMAG **247**, **422**
aktueller Parameter **172**, *173*, 176f., 188f., 193, 195,
    220, 398ff., 406f., 408, 432
aktuelles Feld 398ff.
Algorithmenentwicklung 5-11
Algorithmus 3-5
alphanumerische Zeichen **20**, 23
Alternation ,s. Alternative
Alternative **5**, 10f., **93-101**, *124*, *222ff.*, *229f.*,
    s. auch einseitige Alternative
alternativer Rücksprung ,s. alternatives RETURN
alternatives RETURN 411- 413
AND 98, **231f.**
Anfangswerte ,s. DATA-Anweisung
Anfangswertzuweisung ,s. DATA-Anweisung

Anführungszeichen ,s. Apostroph
Anpassung des Datentyps ,s. Typumwandlung
Anweisung 2, 4ff., 14ff., 82
  ausführbare **15**, 17, 75, 88, 420, 421
  nichtausführbare **15**, 17, 74, 75, 395
Anweisungs
  -funktion 183, **191-194**, 407, 432
  -marke ,s. Anweisungsnummer
  -nummer 58, 59, 69, **83f.**, 103, 117, 155, 276, 277,
    278f.
  -nummer als Parameter **412**, 432
  -reihenfolge 74f., **420f.**
  -zeile **16**, 82f.
Apostroph
  als Begrenzer einer Zeichenkonstanten **26**, 49,
    65, 210
  -ausgabe in Text 323f.
  -Beschreiber 322f., 431
Arbeitsspeicher **87**, 329, 333, 336, 346, 387
Argument einer Funktion 30, 422ff.
arithmetische
  IF-Anweisung 276f.
  Konstante 25
  Wertzuweisung **43-45**, 134, 147, 237, 244f.
  Zuweisungsanweisung ,s. arithmetische Wert-
    zuweisung
arithmetischer Ausdruck **27-29**, 30, 40f., 43, 103,
    144, 177, 192, 195, 237, 244, 276
  in E/A-Anweisung 48, 59, **294**

arithmetischer Ausdruck als Parameter 177, 195
arithmetischer
   Operator 27
   Vergleichsausdruck **96**, 231, 245
arithmetisches IF 276f.
Array ,s. Feld
ASCII-Code 204, 216, **434**
ASIN **29**, *79*, **427**
ASSIGN-Anweisung 278f.
ATAN2 247, *251*, **427**
Aufruf
   Anweisungsfunktion 193
   FUNCTION-Unterprogramm 169, *185*, **188f.**,
      190f., 404f.
   Standardfunktion 30, 195
   SUBROUTINE-Unterprogramm 169, *170-173*,
      176f., *178ff.*, 404f.
Ausdruck
   als Parameter **176f.**, 188, 193, 195, 432
   arithmetischer **27-29**, s. auch arithmetischer
      Ausdruck
   Auswertung **27f.**, **232**, 237, 244
   CHARACTER- 177, 192, 195, 206, **214**, 215,
      299, 342
   COMPLEX- 244
   DOUBLE PRECISION- 237f.
   INTEGER- **40**, 132, 133, 144, 213, 396, 412
   logischer 95, 177, 192, 227, **231ff.**, 234, s. auch
      Bedingung
   Vergleichs- **96**, 215, 245
   zusammengesetzter **27**, 177, **214**, **231**, 432
ausführbare Anweisung 15, 17, 75, 88, 420, 421
Ausführung des Programms 16, 17, **75**, 84-87, 88,
      167, 169, 174, *175*, *180*, s. auch Abbruch der
      Programmausführung
Ausführungsbedingung 267f.
Ausgabe
   -anweisung **48-51**, 58f., 281, **293-295**, 295f., 337,
      347
   bei Direktzugriff 370ff.
   CHARACTER-Größe **210f.**, *211f.*, *217ff.*, *221f.*,
      222ff., 429
   COMPLEX-Größe **247f.**, 313, 315, 429
   -datei **334**, 335, 339, 356
   DOUBLE PRECISION-Größe **241f.**, 313, 315,
      429
   eines Feldes 139-143
   fehlerhafte 293f.
   -feld **61**, 62, 313
   -format 48, 50, 59
     formatfreie 351f.

Ausgabe
   formatierte **58-69**, *77*, 293f., 295f., **347-349**
   -geräte 281, 293
   im Dialogbetrieb 17, 48
   in Datei **332f.**, 347ff., 351ff., 359f., 370ff.
   in interne Datei 381ff.
   INTEGER-Größe **49**, **61**, 429
   -liste 48, 50, **294**, 347
   listengesteuerte 48, 57, 293, 296, 347
   LOGICAL-Größe **228f.**, 429
   -parameter **181**, 188, 432
   -position 61, 65f.
   REAL-Größe **49**, **62**, 313, 315, 429
   -satz ,s. Datensatz bei Ausgabe
   sequentielle 359f.
   über Bildschirm 17, 48, 59, 63
   über Schnelldrucker **17**, 48, 59, 63
   von Text 25, **49**, **64-66**, 204, 322, 324, s. auch
      CHARACTER-Ausgabe
   Zeichenfolge **49**, 65, 322, 323, s. auch
      CHARACTER-Ausgabe
   -zeile 49, 310, 312
   Zwischenraum 65f., s. auch Zwischenraum bei
      Ausgabe
äußere DO-Schleife 112
Auswahl 93
Auswertung eines Ausdrucks **27f.**, **232**, 237, 244
A-Beschreiber 65, **209**, **210**, 429, 430
A-Format ,s. A-Beschreiber

BACKSPACE-Anweisung 364ff.
Backus, John W. 2
Batchbetrieb ,s. Stapelbetrieb
Bauart
   BLOCK DATA-Unterprogramm **394**, 421
   Datei 330-332
   FORTRAN-Programm 74f., 168f.
   FUNCTION-Unterprogramm 186
   Hauptprogramm 168
   SUBROUTINE-Unterprogramm 174
Bedingung **95**, **97**, 118, 226, 258, 259, 261, 267f.,
      272f., s. auch logischer Ausdruck, Vergleichs-
      ausdruck
Bedingungsschleife ,s. Schleife mit Abbruch-
      bedingung
Beendigung der Programmausführung ,s. Abbruch
      der Programmausführung
benannte Konstante **26f.**, 27, *100*, *112*, 132, 138, 144,
      151, 183, *184*, 206, 207, *211f.*, *218*, 243, 396, 432
benannter COMMON-Block 182, 388, **390ff.**, 394, 416

berechnete GOTO-Anweisung 277
Betriebssystem **84**, 85ff., 333f., 339
Bezeichnungsweise ,s. Syntax
Bibliothek von Subroutinen ,s. Programm-Bibliothek
Bildschirm **16**, 17, 48, 49, 53, 59, 63, 87, 281, 295, 310
Binärzahl 336, 346
Binder 85f., **87**
Blank COMMON ,s. unbenannter COMMON-Block
BLANK = 322, **341**, 342, *351*, 374
BLOCK DATA-Unterprogramm 182, **394f.**, 421
Blockdatenunterprogramm ,s. BLOCK-DATA-
    Unterprogramm
Block-IF
   -Anweisung 261ff., s. auch IF-Anweisung
   -Strukturen 261-266
BN-Beschreiber **321f.**, 341, 431
BREAK **154**, 288, *298*
Buchstaben **20**, 23, 216, 336
BZ-Beschreiber **321f.**, 341, 431

C für Kommentarzeile 16, 83
CALL-Anweisung 176, s. auch Aufruf eines SUB-
    ROUTINE-Unterprogramms
Case-Struktur ,s. Fallunterscheidung
CHAR **220**, 304, 407, **428**, *435*
CHARACTER 203, **204ff.**, s. auch Text
   -Ausdruck 177, 192, 195, 206, **214**, 215, 299, 342
   Ausgabe **210f.**, *211f.*, *217ff.*, *221f.*, *222ff.*, 429
   Eingabe **208-210**, *211f.*, 430
   -Feld 204, **205**, 299, 304, 381, 400f.
   -Größe 204ff.
   -Größe als Formatangabe **299**, *301ff.*, *304*
   -Größe als interne Datei 380f.
   -Größe als Parameter 220
   -Größe mit Länge (*) *206*, *207*, 219, 220, *221*
   -Konstante 204, 206, 214, 299, 322, s. auch
     Zeichenkonstante
   -Speichereinheit 389
   Standardfunktionen 219f., 428
   Teilkette **213f.**, 219
   Typvereinbarung 205f.
   -Variable **204f.**, 206, *211*, 213, 214, *222*, 299,
     301ff., 381
   -Vergleichsausdruck 215, 231
   -Wertzuweisung 206f.
CLOSE-Anweisung 332, 333, 337, **338**, **344ff.**, *353ff.*,
    362ff., *365f.*, 381
CMPLX 245, **246**, *250*, **422**
Code
   ASCII 204, 216, **434**

EBCDI 204, 216, **434f.**
   Pseudo- ,s. Pseudocode
COMMON
   -Anweisung 387, 388, **392**
   -Block 187, **386-394**, 397, 416
   -Block, benannter 182, 388, **390ff.**, 394, 416
   -Block, unbenannter **388ff.**, 392f., 394
   Verwendung 187, **386f.**
Compiler 2, 3, 15, 84, 85f., **87**
Compilierung ,s. Übersetzung
COMPLEX 203, **243ff.**, s. auch komplex
   -Ausdruck 244
   Ausgabe **247f.**, 313, 315, 429
   Eingabe **247f.**, 430
   -Feld 243f.
   Standardfunktionen 245ff.
   Typanpassung 245
   Typvereinbarung 243f.
   -Wertzuweisung 244f.
CONJG **247**, **424**
CONTINUE-Anweisung 103, 108, **116**, 273
Cycle-Schleife ,s. Schleife mit Abbruchbedingung

DATA-Anweisung 134, **146-150**, 152, 207, 214, 227,
    236, 245, *300*, *303*, 394
Datei 329ff., **330-332**
   Ausgabe- **334**, 335, 339, 356
   Ausgabe in **332f.**, 347ff., 351ff., 359f., 370ff.
   benutzen **332**, *353ff.*, *365f.*
   Direktzugriff **335**, *343*, **357**, 368-372
   Eingabe- **334**, 335, 339, 356
   Eingabe von **332f.**, 349ff., 351ff., 360f., 370ff.
   -eigenschaften **335f.**, 372
   -endeabfrage ,s. Datenende
   -endesatz **361f.**, *362ff.*
   erstellen **332**, 333, 338, 339, *362ff.*
   Existenz 339, **344**
   externe 330, 380
   formatfreie **336**, **346**, 356, *362ff.*, *365f.*
   formatierte **336**, **346**, 356
   interne 330, **380-384**
   leere 331
   löschen **332f.**, 333, 338, 344f.
   -name **335**, 339, *342f.*, *363f.*, 372
   -nummer **334**, **338**, 339, 372, 380
   öffnen **338**, 345
   Positionierung 337, **364ff.**, 369
   schließen **338**, 344f.
   sequentielle **335**, *342f.*, **357**, 358-367, *362ff.*,
    365f., 381

Datei
  Standard-E/A- 356
  temporäre **336**, 340, *343*
  Verwendung 329
  Zugriffsart 335
Daten 129
  -Beschreiber 306
  -ende **88**, 282, 285, *287ff.*, 361f., *362ff.*
  -endekennung **88**, 284, 361f.
  -endemeldung 88
  -feld 71
Datensatz 310, **330f.**, 332f., 336
  beenden 308, **310f.**, *348*
  beginnen 308, **310f.**, *348*
  bei Ausgabe 310ff., 332f., 347ff., 351f.
  bei Eingabe 310ff., 332f., 349ff., 352
  formatfrei 336, **346**, 351ff.
  formatiert 336, **346**, 347, 349
  -länge 340, 359, **368**, 374
  -nummer **368**, 374
Datenstruktur 129, 130
Datentyp **35ff.**, 130f., 152, 187, 193, 195, **203**,
    s. auch Typvereinbarung
DBLE *240*, 245, **422**
Definition
  Anweisungsfunktion 192f.
  FUNCTION-Unterprogramm 186-188
  SUBROUTINE-Unterprogramm 168f., **173-176**
Dezimalpunkt **21f.**, 62, 71, 318
Dezimalzahl ,s. reelle Zahl
Dialogbetrieb **16**, 17, 48, 53, 88
dialogorientierte Eingabe *78f.*, 88, *257*, 289
Dimension eines Feldes 138f.
DIMENSION-Anweisung 132f.
DIRECT = 375
Direktdatei 335, *343*, **357**, 368-372
direkter Zugriff 335, 340, **357**, 368, 374
Diskette 281, 329
Division 27
Division ganzer Zahlen 41f.
DO-Anweisung 101, **103**, 107f., 109
DOFOR 102, s. DO-Schleife
DOFOREVER 114f., **119**
DOFOREVER-Schleife 115, 119, *223f.*, *287ff.*, *289ff.*,
    363, *365*, s. auch Schleife mit Abbruchbedin-
    gung
DO-Liste
  implizite 142f., **143-146**, 148, *154*, *157f.*, *217*
Dollarzeichen 79
Doppelpunkt-Beschreiber 306, 308-309, 431
doppeltgenau ,s. DOUBLE PRECISION

DO-Schleife **102**, **103**, 103-113, *122ff.*, *135*, *154*,
    157f., *217*, 229, 262
  äußere 112
  geschachtelte 110-113, *239*, *402f.*
  implizite ,s. implizite DO-Liste
  innere 112, 113
  mit Abbruchbedingung 122ff.
DOUBLE PRECISION 203, **235ff.**
  -Ausdruck 237f.
  Ausgabe **241f.**, 313, 315, 429
  Eingabe **241**, 430
  -Feld 236
  -Konstante 235f.
  Standardfunktionen 238
  Typanpassung 237f.
  Typvereinbarung 236
  -Variable 236
DOUNTIL ,s. UNTIL-Schleife
DOWHILE 267
DPROD **238**, *240*, **424f.**
Drucken ,s. Ausgabe über Schnelldrucker
Druckposition ,s. Ausgabeposition
D-Beschreiber 242, **314-315**, 319, 320, 429, 430
D-Format ,s. D-Beschreiber

EBCDI-Code 204, 216, **434f.**
eckige Klammern 34
Effizienz 136f.
Eingabe
  -anweisung **51-56**, 69f. 281, **282-291**, 291f., 337,
    347
  bei Direktzugriff 370ff.
  CHARACTER-Größe **208-210**, *211f.*, 430
  COMPLEX-Größe **247f.**, 430
  -datei **334**, 335, 339, 356
  -daten **54**, 57, 69, 85f., 88
  DOUBLE PRECISION-Größe **241**, 430
  eines Feldes 139-143
  fehlerhafte 282, **284ff.**, 289, *289ff.*
  -feld **71**, 321, 322
  -format **16**, 82f.
  formatfreie 352
  formatierte **69-73**, *283*, 284, 291f., **349ff.**
  -geräte 281, 282, 283f.
  im Dialogbetrieb **16**, 53f.
  INTEGER-Größe **53ff.**, **70f.**, 430
  -liste 53f., 56, **284**, 349
  listengesteuerte **56**, 57, 284, 292, 347
  LOGICAL-Größe **228**, 430
  -parameter **181**, 188, 432

Eingabe
  -position ,s. Leseposition
  REAL-Größe **53ff.**, **71f.**, 430
  -satz 284, s. auch Datensatz bei Eingabe
  sequentielle 360f.
  über Tastatur 16, **53**, 281
  von Datei **332f.**, 349ff., 352, 360f., 370f.
  von interner Datei 381ff.
  von Lochkarten **53**, 310
  von Text 204, **208-210**, *211f.*, *257f.*
  -zeile **53**, 72, 284, 310, 312
  Zwischenraum 71, s. auch Zwischenraum bei
    Eingabe
Eingangspunkt 415
Einlesen ,s. Eingabe
Einleseschleife 287ff., *298*, *304*
Einrückung *79*, 94, 96, 105, 260, 263, 264
einseitige Alternative **98f.**, *99*, 118, *154*, *156*, *229*
Einsprungpunkt ,s. Eingangspunkt
Ein-/Ausgabe - Anweisungen **281ff.**, 337
ELSE-Anweisung 95, 118, 258, 259, **261f.**
ELSE-Block 95, 261f.
ELSE-IF-Anweisung 118, 258, 259, **261f.**
ELSE-IF-Block 261f.
END = **283ff.**, **287ff.**, *289ff.*, 293ff., *297f.*, *304*,
    360, *365f.*, 382
END-Anweisung **75**, 118, 168, 174, 186
ENDDO 102, 114f., 119, **267**
ENDFILE-Anweisung **361f.**, *362ff.*
END-IF-Anweisung 95, 99, 118, 258, 259, **261f.**
Endlosschleife 124
ENTRY-Anweisung 413-415
Entscheidung ,s. Alternative
Entwicklung eines Algorithmus 5-11
Entwicklung eines Programms 3, 7, **8-11**, *45ff.*,
    50f., *52f.*, 76-81, *99f.*, *111f.*, *119ff.*, *134ff.*,
    153ff., *156ff.*, *199f.*, *211f.*, *217ff.*, *222ff.*, *238ff.*,
    249ff., *269ff.*, *273f.*, *353ff.*, *362ff.*, 387
EOF-Satz ,s. Dateiendesatz
EQ 96
EQUIVALENCE-Anweisung 384-386
EQV 231f.
ERR = **283ff.**, 286, **293f.**, 301, 341, 344
EXIST = 374
EXIT 114f., **119**, s. auch Schleife mit Abbruch-
    bedingung
EXP **29**, 195f., **426**
explizite Typangabe **36f.**, 131, 189, 205, 226, 236,
    243, 252, 395, 406
Exponent **21f.**, 71, 235, 313, 314, 315, 317ff.
Exponentialfunktion **29**, 195f., 426

Exponentiation ,s. Potenzieren
EXTERNAL-Anweisung 407f.
externe Datei 330
externe Speicher ,s. Hintergrundspeicher
E/A 281
E/A-Liste 306
E-Beschreiber 242, 247, **313-314**, 318, 320, 429, 430
E-Format ,s. E-Beschreiber

F (als Wahrheitswert) **226**, 232
Fallunterscheidung **257-260**, 277f., *289ff.*, *363f.*,
    365f., *375f.*
FALSE 226
Fehler
  -anfälligkeit des Programms 10, 52, 57, 117, 167,
    342, 387, 400
  -behandlung 282, 286ff., *289ff.*, 413
  bei Ausgabe 293f.
  bei Eingabe 282f., **284ff.**, 286ff., *289ff.*
  -code 413
  durch endliche Darstellung 39
  -meldung 87, 133, *154*, *156*, *163ff.*, *170*, 258
  Rundungs- **39**, 97, *110*, *124*
  -schranke 97, *121*, 124
  -suche 7
  syntaktische **19**, 87
Feld **129ff.**, 183
  aktuelles 398ff.
  als Parameter 175f., 176f., *178ff.*, 187, 188, *190f.*,
    396-404, 432f.
  -breite bei Ausgabe 61, 62, 313f., 315ff., 321, 429
  Definition 131-133
  Dimension 138f.
  DIMENSION-Anweisung 132f.
  Ein-/Ausgabe 139-143
  -element 43, **130**, **133**, 139f., 148, 206, 213, 227,
    237, 400, 432
  formales 396ff.
  Grenzen ,s. Indexgrenzen, s. Vereinbarung
    eines Feldes
  mehrdimensionales **138f.**, 141
  -name **131f.**, 133, 140, 148f., 183, 396, 432f.
  Speicherung 140f.
  Typ 131
  variable Größe **137f.**, **397f.**, *401ff.*
  Vereinbarung 131-133, 137f., 138f., *152*, 396
  Verwendung 133
  Wertzuweisung **133f.**, 146f., *149f.*
Festpunkt-Darstellung 22, 62, 71, 315ff., 318, 320
Fettdruck **63**, 325

FILE = **339**, *342f.*, 372
FMT = **283ff.**, 292, **293f.**, 295f., *298*, 359, 360, 370, 382
Folge ,s. Sequenz
FORM = 340, 342, 347, *348*, *353ff.*, 374
formaler Parameter **172**, *173*, 174-177, *177ff.*, 183, *184*, 186-189, *189ff.*, 192f., 220, 396, 405, 432f.
formaler Unterprogrammname 405ff., 432f.
formales Feld 396ff.
formales Unterprogramm 405f.
Formatangabe **58-60**, 77, 284f., 293f., **296-301**, *305*, 336, 347, 349
FORMAT-Anweisung **58ff.**, 69, 75, 77, 83, 296f., 301
Format-Beschreiber **59ff.**, 142, 296, **305ff.**, 429-431
    A   65, **209**, **210**, 429, 430
    BN   **321f.**, 341, 431
    BZ   **321f.**, 341, 431
    D   242, **314f.**, 319, 320, 429, 430
    E   242, 247, **313f.**, 318, 320, 429, 430
    F   **62**, **71f.**, 242, 247, 319, 320, 429, 430
    G   **315-317**, 319, 320, 429, 430
    H   63, 313, **323f.**, 431
    I   **61**, **70f.**, 429, 430
    L   **228f.**, 429, 430
    P   **317-320**, 431
    S   **320f.**, 431
    SP   **320f.**, 431
    SS   **320f.**, 431
    T   **324f.**, 431
    TL   **324f.**, 431
    TR   **324f.**, 431
    X   **65f.**, **72**, 248, 324, 325, 431
    ' (Apostroph)   **322f.**, 431
    : (Doppelpunkt)   **308f.**, 431
    / (Schrägstrich)   68f., 72f., **309-313**, 431, s. auch Schrägstrich-Beschreiber
    nichtwiederholbare **66**, **306**, 306-308, 431
    wiederholbare **66**, **306**, 306-308, 429, 430
Format einer Programmzeile 16, 82f.
format
    -frei **336**, **346**, 356
    -freie Ausgabe 351f.
    -freie Eingabe 352
    -freier Datensatz 336, **346**, 351f.
    -gebunden ,s. formatiert
    -gesteuert ,s. formatiert
formatiert 56ff., **336**, **346**, 356, 381
    -e Ausgabe **58-69**, 77, 293f., 295f., **347ff.**
    -e Eingabe **69-73**, 283ff., 291f., **349ff.**
    -er Datensatz 336, **346**, 347, 349
Formatliste **305f.**, 306-308, 311f.

FORMATTED = 375
Format
    variables 301-304
    -wiederholung 60, 66, **307f.**
Formelfunktion ,s. Anweisungsfunktion
FOR-Schleife ,s. DO-Schleife
FORTRAN 2f., 13
    -Anweisung 15, 33, 84
    -Konvention für Datentyp **38f.**, 132, 174, 186, 187, 191, 253, 395
    -Programm 13-17, 74f., 84, 85, **168f.**, s. auch Entwicklung eines Programms
    -Zeichensatz **19f.**, 204
Fortsetzungszeile *79*, **82f.**
Full FORTRAN 3
FUNCTION-Anweisung 187
FUNCTION-Unterprogramm 169, 182, **183-191**
    Aufruf 169, **188f.**, 404
    Beispiel *184ff.*, *189ff.*, *409ff.*
    Definition **186-188**
    als Parameter 404f.
Funktion
    Anweisungs- 183, **191-194**, 407, 432
    Aufruf 27, **30**, 177, 188f., 193, 195
    FUNCTION-Unterprogramm ,s. FUNCTION-Unterprogramm
    generische ,s. Standardfunktion
    Standard- **29f.**, 154, **195ff.**, 219f., 238, 245ff., 407, 408, **422-428**
Funktionsunterprogramm ,s. FUNCTION-Unterprogramm
F-Beschreiber **62**, **71f.**, 242, 247, 319, 320, 429, 430
F-Format ,s. F-Beschreiber

ganze Zahl 21, 22
ganzzahlig ,s. INTEGER
ganzzahlige Division 41f.
Gattungsname **196**, 238
GE 96
gemeinsamer Speicherbereich 384, 387
Genauigkeit 235
generischer Name ,s. Gattungsname
geschachtelte
    Block-IF-Strukturen *223*, **263-266**
    DO-Listen *143*, *146*
    DO-Schleifen 110-113, *239*, *402f.*
Geschwindigkeit der Programmausführung 136f., 190, 235, 346f.
gesetzter Sprung 278
Gleichheitszeichen 44

Gleitpunkt-Darstellung **22**, 71, 313, 316, 317f.
global 175, **182f.**, 187, 392, 407, 408, 415
GOTO-Anweisung 109, 115, **117**, 118, *121*, *155*, 261,
    276
  berechneter Sprung 277
  gesetzter Sprung 278
graphische Darstellung 81, 146, 153
Großbuchstaben **20**, 34, 216
GT 96
G-Beschreiber **315-317**, 319, 429, 430
G-Format ,s. G-Beschreiber

Hauptprogramm *166f.*, **168f.**, *170ff.*, *178ff.*, 182,
    186, *189ff.*, *221*, *411*
Hauptspeicher ,s. Arbeitsspeicher
Hierarchie der Operatoren 27f., 232
Hintergrundspeicher **329**, 330, **333**, 380
höhere Programmiersprache 2
H-Beschreiber 63, 313, **323f.**, 431
H-Format ,s. H-Beschreiber

ICHAR **220**, 304, 407, 428
IF-Anweisung 95, 99, 118, 259
  arithmetisches IF 276f.
  Block-IF 261ff.
  logisches IF 115, 118, *190f.*, s. auch Schleife mit
    Abbruchbedingung
IF-Block 95, 99, 261ff.
IF-Level , s. IF-Schachtelungstiefe
IF-Schachtelungstiefe 265f.
Imaginärteil einer komplexen Zahl **243**, 245, 246f.,
    313, 315
IMPLICIT-Anweisung 39, **252f.**
implizite DO-Liste 143-146
  in DATA-Anweisung 144, 148
  in E/A-Anweisung 50, 56, 142f., **144**, *154*, *157f.*,
    217f., 284, 294, *402f.*
implizite DO-Schleife ,s. implizite DO-Liste
implizite Typzuordnung 38f., s. auch FORTRAN-
    Konvention
INDEX 219
Index **130**, 133
  -ausdruck 133
  -bereich **131**, 133, 388, 396
  -grenzen 131f., 138, 396
Initialisierung 147
innere DO-Schleife *112*, 113
INQUIRE-Anweisung 372-376
INT 245, **422**

INTEGER 21, **35ff.**, 39
  -Arithmetik **39**, *124*
  -Ausdruck **40f.**, 132, 133, 144, 206, 213, 277, 342,
    396, 412
  Ausgabe **49**, **61**, 429
  -Division 41f.
  Eingabe **53ff.**, **70f.**, 430
  -Konstante 21
  -Laufvariable **105**, *105f.*, 144
  Typanpassung 44f.
  Typvereinbarung **36f.**, 38
  -Variable 36f.
  -Zahl 21, 35, 39, 49, 54, 132
Interne Datei 330, **380-384**
INTRINSIC-Anweisung 408
intrinsic function 195
IOSTAT = **283ff.**, 286, *287ff.*, *289ff.*, *293f.*, *298*, 301,
    363f., *365f.*
Iteration 101
Iterationsverfahren 114, *119ff.*, *124f.*, 198f., 233,
    409ff.
Iterationszähler 125, 198
I-Beschreiber 61, **70f.**, 429, 430
I-Format ,s. I-Beschreiber

Jobkontrollsprache 84

Klammern 27f., 34, 206, 214, 231, 234, 285, 306, 307,
    308
Kleinbuchstaben **20**, 34, 204, **216**
Komma **21**, 34, 54, 306
Kommandosprache 84
Kommentarzeile 14, **16**, 75, *78*, 83, *115*, 268, 273, 421
komplex ,s. auch COMPLEX
komplexe
  Arithmetik 244f.
  Größe **243**, 244
  Konstante **243**, 247
  Variable **243**, 244
Konkatenation 214
Konstante **25**, 144, 151, 177, 432
  arithmetische **25**, 27
  benannte **26f.**, s. auch benannte Konstante
  doppeltgenaue 235
  in E/A-Anweisung 48, 59
  INTEGER- 21
  komplexe **243**, 247
  logische **226**, 231
  REAL- 21

Konstante
    Text- ,s. Zeichenkonstante
    Zeichen- **25f.**, 49, 204
Konstantenname ,s. benannte Konstante
Kontrollausgaben 231, 233
Kontrollstruktur ,s. Ablaufstruktur
Konvertierung *301ff.*, 346, 356, *380f.*, *383f.*, s. auch
    Typumwandlung

Länge (*) **206**, 207, 219, 220, *221*
Länge
    einer CHARACTER-Größe **204**, 205f., 206, 208,
        213, 215, 219, 220, *221*
    eines COMMON-Blocks 392f.
    eines Datensatzes 340, 359, **368**, 374
    einer Zeichenkonstanten 26
Laufvariable **103**, 107, 109, 113, 144
LE 96
Leeranweisung ,s. CONTINUE-Anweisung
leere Datei 331
leeres Eingabefeld 322
Leerzeichen 20, s. auch Zwischenraum
Leerzeile
    bei Ausgabe 49, 63, 311, 312
    bei Eingabe 54
    im Programm 14, 75, *78*
LEN **219**, **428**
Lesbarkeit des Programms 10f., 14, *78*, 96, s. auch
    Einrückung
Leseposition 70ff.
LGE **216**, 407, **428**
LGT **216**, 407, **428**
Liste 34
Liste mit impliziter Schleife ,s. implizite DO-Liste
listengesteuerte
    Ausgabe **48**, 57, 293, 296, 347, 370, 381
    Eingabe **56**, 57, 77, 284, 292, 347, 370, 381
LLE **216**, 407, **428**
LLT **216**, 407, **428**
Lochkarte **16**, 53, 310
Lochkarteneingabe **53**
Lochkartenleser 53, 281
Lochstreifen 281
LOG10 *302*, **426**
Logarithmusfunktion 29, 426
LOGICAL 203, 226ff.
    Ausgabe **228f.**, 429
    Eingabe **228**, 430
    -Feld 226, *227*
    Typvereinbarung 226

logische
    Größe 226
    Konstante **226**, 231
    IF-Anweisung 115, **118**, *190f.*, s. auch Schleife
        mit Abbruchbedingung
    Variable **226**, 227, **229**, 231, *234*
    Wertzuweisung **227**, 232, *234*
logischer Ausdruck 95, 177, 192, 227, **231ff.**, 234,
        s. auch Bedingung
logischer Operator 98, 231f.
lokal 176, 180, **182f.**, 188, 190, 416
Loop ,s. Schleife
LT 96
L-Beschreiber 228f., **429**, **430**
L-Format ,s. L-Beschreiber

Magnetband 329, 357
Magnetplatte 329
Mapper 87
Marke ,s. Anweisungsnummer
maschinenorientierte Programmiersprache 2
Maschinensprache 2, 87
mathematische Funktionen 29, 238, 245f., **426f.**
MAX *304*, **407**, **424**
mehrfache Eingangspunkte 413ff.
mehrfache Rücksprünge 174f., **411-413**
Mehrfachverzweigung ,s. Fallunterscheidung
Minuszeichen **27**, 61, 314, 320
MOD **197f.**, *198f.*, 229, *233f.*, **424**
Modul 199f.
modulare Programmentwicklung **199f.**, 387
Modularisierung 199
Montierer 87
Multiplikation 27, 29

Nachkommastellen 41f., 62, 71, 319
Name 23f.
    Anweisungsfunktion 183, **192f.**, 407
    BLOCK DATA-Unterprogramm 182, **394**
    COMMON-Block 182, **390f.**, 392
    Datei- **335**, 339, *342f.*, *363*, 372
    Feld- **131**, 132, 133, 140, 148f., 183, 396, 432f.
    FUNCTION-Unterprogramm 169, 182, **187**,
        188, 396, 432
    Geltungsbereich 182f.
    Programm- 15, **74**, 182
    Standardfunktion **29f.**, **195f.**, 407, 408, 432
    Subroutine 175, 176, 182, 407, 432
    Variable 23, **24**, 43, 183

NAME = 374
NAMED = 374
NE 96
NEQV 231f.
NEXTREC = 374
nichtabweisende Schleife 272
nichtausführbare Anweisung 15, 17, 74, 75, 395
nichtwiederholbare Format-Beschreiber 66, 306,
   306-308, 431
NINT 196, 424
normalisiert 313, 316, 317
NOT 98, 231f.
Notationsweise 19, 33-35
NUMBER = 374
numerische Speichereinheit 389

Objektprogramm 85, 87f.
OPEN-Anweisung 332, 337, 338, 339-343, 345f.,
   353ff., *362ff.*, *365f.*, 381
OPENED = 374
Operator
   arithmetischer 27, 29
   Konkatenations- 214
   logischer 98, 231f.
   Rangfolge 27f., 232
   Vergleichs- 96, 215
   Verkettungs- 214
OR 98, 231f.

Parameter 172
   aktueller ,s. aktueller Parameter
   Ausgabe- 181, 188, 432
   Eingabe- 181, 188, 432
   formaler ,s. formaler Parameter
   -übergabe 172f., 386, 396, 399
PARAMETER-Anweisung 26, 150-152, *157*, *163*,
   207, 214, *224f.*, 227, 236, 245, s. auch benannte
   Konstante
Peripheriespeicher ,s. Hintergrundspeicher
Pluszeichen 27, 61, 71, 314, 320f.
Portabilität 337, 357
Positionierung
   bei Ausgabe 65f., 324f.
   bei Eingabe 72, 324f.
   Datei- 337, 364f., 369
Potenzieren 27, 28
PRINT-Anweisung 48, 58f., 295f., 337
PRINT* 48-51, 295, s. auch listengesteuerte Ausgabe
Priorität von Operatoren 27f., 232

Problem
   -formulierung 5
   -lösung 5ff., 8
problemorientierte Programmiersprache 2, 9
PROGRAM-Anweisung 74, 168
Programm 1
   -änderung 6f., 10f., 52, *114ff.*, *163ff.*, *170ff.*, *184ff.*,
     189ff., 200, *217ff.*, *222ff.*, *229f.*, *269ff.*, *289ff.*,
     301ff., *354f.*, *365f.*, *409ff.*
   -ausführung 17, 75, 88, *167*, 169, 174, *175*, *180*
   -bibliothek 10, 87
   Eingabe in Computer 16, 82-83, 85, 87
   -einheit 23, 37, 169, 183, 193, 252, 387, 395
   -entwicklung ,s. Entwicklung eines Programms
   -kopf 80
   Lesbarkeit 10, 14, *78*, 96, s. auch Einrückung
   -name 15, 74, 182
   Portabilität 337, 357
   -protokoll 87
   -start 85f., 87f.
   Übersichtlichkeit 15, 29, 167, 297, 298, 387, 414
   Verständlichkeit 10f., 15, *78*, 96, 133, 350
   -verzweigung 277, s. auch Fallunterscheidung
   -zeile 14, 16, 82f.
   Zuverlässigkeit 7, 10f., 15, 117, 133, 165
Programmiersprache
   höhere 2
   maschinenorientierte 2
   problemorientierte 2, 8, 9
Prozedur ,s. Unterprogramm
Pseudocode 7f., 9, 44, 93f., 98, 102, 119, 260, 267, 272,
   275, s. auch Entwicklung eines Programms
P-Beschreiber 317-320, 431

Quadratwurzelfunktion 29, 30
Quellprogramm 85, 87
Quelltextzeile ,s. Programmzeile

Rangfolge der Operatoren 27f., 232
rationale Zahl 21, 39
READ-Anweisung
   allgemeine 282-291
   bei Direktzugriff 370f.
   bei sequentiellem Zugriff 360f.
   formatfreie 352
   formatierte 69f., 283ff., 291f., 349, 382
   für interne Datei 382
   Kurzform 291f.
READ* 51, 291, s. auch listengesteuerte Ausgabe

REAL 21, **35**, 36f., 39f.
  -Arithmetik **39f.**, 110, 124
  -Ausdruck **40f.**
  Ausgabe **49, 62**, 313, 315, 429
  Eingabe **53ff., 71f.**, 430
  -Konstante 21
  -Laufvariable 103, **109f.**, 144
  Typanpassung 44f.
  Typvereinbarung **36f.**, 38
  -Variable **36**
  -Vergleich **97**, *115*
  -Zahl 21, 39f., 49, 54
Realteil einer komplexen Zahl **243**, 245, 246f., 313,
  315
REC = 370f.
Rechenaufwand 136f., 139, 190, 346f.
Rechenzeit 41, 136f., 235, 346f.
RECL = **340f.**, *343*, 374
Record ,s. Datensatz
reell ,s. REAL
reelle Zahl 21, 39
Reihenfolge
  der Anweisungen 74f., **420f.**
  der Operationen 27f., 232
Reihung ,s. Sequenz
rekursiver Aufruf 173, 189
REPEAT 272
Repetition ,s. Schleife
RETURN-Anweisung 174, 186, 411f.
REWIND-Anweisung 364f.
Rücksprung 174, 177, 411f.
Rundung bei Ausgabe 62, 314, 316
Rundungsfehler **39, 97**, *110, 124*

Satz ,s. Datensatz
  formatfreier 336, **346**, 351ff.
  formatierter 336, **346**, 347, 349
  -länge ,s. Datensatzlänge
  -nummer ,s. Datensatznummer
SAVE-Anweisung 416f.
Schleife 101, 163, **267**
  abweisende 268
  DO- ,s. DO-Schleife
  DOFOREVER- ,s. DOFOREVER-Schleife
  implizite ,s. implizite DO-Liste
  mit Abbruchbedingung 114-125, **119**, *119ff.*, *156*,
    163, 223f., 275, 287-289, *289ff.*
  nichtabweisende 272
Schleifen
  -anweisungen 103

Schleifen
  geschachtelte **110-113**, *239, 402f.*
  -körper 101, 103
  -rumpf 101
  -variable ,s. Laufvariable
Schlüsselwort 373
Schnelldrucker **17**, 48, 49, 59, 63, 87, 281, 310
Schrägstrich-Beschreiber **68f., 72f.**, 248, 306,
  309-313, *348, 350*, 358f., 371, 383, 431
Schrägstrich in FORMAT-Liste ,s. Schrägstrich-
  Beschreiber
schrittweise Verfeinerung **6f.**, 8, 9, 10, *46, 79, 111*,
  120f., 134f., 269f.
Seitenvorschub 63
Selektion ,s. Alternative
SEQUENTIAL = 375
sequentielle Ausführung ,s. Sequenz
sequentielle Datei **335**, *342f.*, **357**, 358-367, *362ff.*,
  365f., 381
sequentieller Zugriff **335**, 340, **357**, 359ff., 374, 381
Sequenz **4f.**, 10, 76, 93
SIGN **197, 424**
SIN **29**, *79*, **426**
Skalierungsfaktor 317f.
Sonderzeichen 20, 34, 204, 336
Sortierfolge **215f.**, 428, 434f.
Spalte einer Lochkarte 16
Speicherabbildungsfunktion ,s. Speicherreihenfolge
Speichereinheit
  CHARACTER- 389
  numerische 389
Speicherreihenfolge 140f.
Speicherung 25, 87f., 140, 329, 384f., 389
spezifischer Name **195f.**, 407
Sprunganweisung ,s. GOTO-Anweisung
Sprungziel als Parameter 411- 413, 433
SP-Beschreiber 320f., 431
SQRT **29**, 30, *77, 123, 136*, **426**
SS-Beschreiber 320f., 431
Standard
  -ausgabe 48, 86, 293, 310, 311f., 325, 339, 356
  -Ausgabedatei 356, 357
  -ausgabeformat **48f.**, 56f.
  -ausgabegerät **48**, 295, 309, 334, 356
  -eingabe **53**, 283, 310, 312, 339, 356
  -Eingabedatei 356, 357
  -eingabegerät **52, 53**, 70, 283, 291f., 334, 356
  -format 56f.
  -funktion **29f.**, 154, **195ff.**, 219f. 238, 245ff., 407,
    408, **422-428**
Stapelbetrieb 16f.

Statistik-Anwendungen 42, 129f., *134ff.*, 145
STATUS = **340**, 342
Stern(*)
    als Parameter 175, 176, 188, 396, 412, 432f.
    für Kommentarzeile 14, 16, **83**
    für listengesteuerte E/A **284**, 292, **293**, 347, 348f.,
      351
    für Standard E/A-Gerät **283**, **293**, 342
    im Ausgabefeld 61, *314*, 316, 429
    in Position 1 16
    Länge einer CHARACTER-Größe **205f.**, 207, 219,
      220, *221*
    Multiplikation 27, 29
    variable Feldgröße 397f.
Steueranweisung an Betriebssystem **84**, 85, 285, 334
Steuerstruktur ,s. Ablaufstruktur
Steuerung des Programmablaufs ,s. Ablaufstruktur
Steuerungs-Beschreiber 306
STOP-Anweisung **75**, 155, 168
string ,s. Zeichenfolge
Strukturierte Programmierung **10f.**, 117, 174, 276,
    279, 287, 379, 413, 414
Subroutine ,s. SUBROUTINE-Unterprogramm
SUBROUTINE-Anweisung 175f.
SUBROUTINE-Unterprogramm 168f., **170-181**, 182
    Aufruf 168f., 175, **176f.**, 404f.
    Beispiel *165ff.*, *170ff.*, *177ff.*, *221*, *238ff.*, *353ff.*,
      363f., *365f.*, *401ff.*, *409ff.*, *411*
    Definition 168f., **173-176**
    als Parameter 404ff.
Subset FORTRAN 3
substring ,s. Teilkette
Subtraktion 27
Summenbildung **107**, 130
symbolische Konstante ,s. benannte Konstante
Syntax **19**, 33f., 74
Syntaxfehler **19**, 87
S-Beschreiber 320f., 431

T (als Wahrheitswert) **226**, 232
Tabulator 324f.
Tastatur **16**, 52, 53, 281
Teilkette 148, 206, **213f.**, *217*, 219, *222ff.*, 432
    in E/A- Anweisung 50, 56, **284**, **294**
temporäre Datei **336**, 340, *343*
Test des Programms ,s. Zuverlässigkeit
Text 25, 204, s. auch CHARACTER
    -ausgabe 25, **49**, **64-66**, 204, 322, s. auch
      CHARACTER-Ausgabe
    -eingabe 204, **208ff.**, *211f.*, *257f.*

Text
    -konstante ,s. Zeichenkonstante
    -variable ,s. CHARACTER-Variable
    -verarbeitung 203, **204**, 428
THEN ,s. Block-IF-Anweisung
TL-Beschreiber **324f.**, 431
top-down-Entwicklung 10, s. auch schrittweise
    Verfeinerung
Trennzeichen
    Komma 34, 54, 306
    Schrägstrich 68, 306
    Zwischenraum 54
trigonometrische Funktionen 29, **426**
TRUE 226
TR-Beschreiber **324f.**, 431
Typ ,s. Datentyp, s. Typvereinbarung
    -angabe ,s. Typvereinbarung
    -anpassung 177, 191, s. auch Typumwandlung
    -anweisung **36f.**, 74, 131f., 253, 395, s. auch Typ-
      vereinbarung
    einer Funktion 30, **187**, 193, 196, 204, 226
    einer Variablen **35**, 36f., 38
    eines arithmetischen Ausdrucks **40f.**, 237, 244
    eines Feldes 131
    -konvertierung ,s. Typumwandlung
Typumwandlung
    nach COMPLEX 245
    nach DOUBLE PRECISION 237
    nach INTEGER 44f.
    nach REAL 45
Typvereinbarung 35ff.
    CHARACTER 205f.
    COMPLEX 243
    DOUBLE PRECISION 236
    explizit **36f.**, 252, s. auch explizite Typangabe
    für Feld 131f.
    für formale Parameter *172*, **174**, *179f.*, *184*, 396,
      405, 406
    für Funktionsunterprogrammnamen *184*, **187**,
      189, *191*, 405, 406
    Geltungsbereich 37, 183
    implizit 38f., s. auch FORTRAN-Konvention
    INTEGER **36f.**, 38
    LOGICAL 226
    mit IMPLICIT 39, **252f.**
    REAL **36f.**, 38
T-Beschreiber **324f.**, 431

Übersetzung des Programms 2, 15, 17, 52, **84**,
    85ff., 147, 395

übersichtliches Programm 15, 29, 167, 297, 387, 414
Umwandlung *303*, 346, 356, *380f., 383f.*, s. auch
    Typumwandlung
unbedingter Sprung ,s. GOTO-Anweisung
unbenannter COMMON-Block **388ff.**, 392f., 394
unformatiert ,s. formatfrei
UNFORMATTED = 375
UNIT = **283**, 285, **293, 339**, 342, 372, **382**
Unterprogramm **163ff.**, 168f. 199
    -aufruf 404f., s. auch Aufruf
    BLOCK DATA- **394f.**, 421
    FUNCTION- 169, **183-191**, s. auch FUNCTION-
        Unterprogramm
    -name, formaler 396, **405**, 407, 432f.
    als Parameter 176, **404-411**
    -sprung 174
    SUBROUTINE- 168f., **170-181**, s. auch SUB-
        ROUTINE-Unterprogramm
UNTIL-Schleife **272-274**, *288*
variable
    Feldgröße **137f.**, **397**, *401ff.*
    Formatierung 301-304
    Länge einer CHARACTER-Größe **206**, 207, 220,
        221
Variable 24f., 27, 36f., 38, 43ff., 148, 151, 183
    CHARACTER- **204f.**, 206, *211*, 213, 214, *222*,
        299, *301ff.*, 380, 381
    Datentyp **35**, 36f., 38
    doppeltgenaue **236**
    in E/A-Anweisung 48, **53**, 58f., 69, 284, 294
    INTEGER- **36f.**
    komplexe **243**, 244
    logische **226**, 227, *229*, 231, *234*
    als Parameter 175, 176, **177**, 187, 192, 396, 432f.
    REAL- **36f.**
    Text- ,s. CHARACTER-Variable
    Zeichen- ,s. CHARACTER-Variable
Variablenname 23, **24**, 43, 183
Vektor 130, *239*
Vereinbarung
    des Datentyps ,s. Typvereinbarung
    einer Anweisungsfunktion ,s. Definition einer
        Anweisungsfunktion
    eines Feldes **131-133**, 137f., 138f., *152*, 396
    eines FUNCTION-Unterprogramms ,s. Defini-
        tion eines FUNCTION-Unterprogramms
    eines SUBROUTINE-Unterprogramms ,s. Defini-
        tion eines SUBROUTINE-Unterprogramms
Vergleich von REAL-Größen **97**, *115*
Vergleichsausdruck, arithmetischer **96**, 231, 245
Vergleichsausdruck, CHARACTER- **215**, 231

Vergleichsoperator **96**, 215
Verkettung 214, 299
Verlust an Genauigkeit 39f., 41f.
Verständlichkeit eines Programms 11, **15**, *78*, 96,
    133, 350
Verzweigung
    einseitige ,s. einseitige Alternative
    mehrfache ,s. Fallunterscheidung
    zweiseitige ,s. Alternative
Voreinstellung von Werten 336, 342
Vorschubsteuerung bei Standardausgabe **63f.**, 68f.,
    295, 312f., 325, 349
Vorzeichen 21, 22
    -ausgabe **61**, 314, 320f.
    bei Eingabe 71

Wahrheitswert 226
Wertebereich
    DOUBLE PRECISION **235**, 238
    INTEGER 21, 39, 45
    REAL 22
Wertzuweisung
    arithmetische **43-45**, 134, 146f., 237, 244
    CHARACTER- **206f.**
    logische **227**, 232, *234*
WHILE-Schleife 267-271
wiederholbare Format-Beschreiber **66, 306**,
    306-308, 429f.
Wiederholung 5, 10, 93, **101**
Wiederholung der Formatliste **307f.**, 311f.
Wiederholungsfaktor
    in Eingabedaten 54
    in Formatangabe **60**, 66, 306, 307f.
Wiederholungszahl ,s. Wiederholungsfaktor
WRITE-Anweisung
    allgemeine 293-295
    bei Direktzugriff 370f.
    bei sequentiellem Zugriff 359f.
    formatfreie 351f.
    formatierte 293f., *347*, 382
    für interne Datei 382
    Kurzform 295f.
Wurzelfunktion 29

X-Beschreiber **65f., 72**, 248, 324, 431

Zahl 21
    doppeltgenaue **235**

Zahl
  ganze **21**, 39
  komplexe **243**
  rationale **21**, 39
  reelle **21**, 39
Zählschleife **106**, s. auch DO-Schleife
Zeichen **20**, 26, 204, 213, 336, 346, 380, s. auch
    CHARACTER
  -folge **26**, 204, 379
  -folge, Ausgabe **49**, 65, 322, 323, s. auch
    CHARACTER-Ausgabe
  -folge, Eingabe ,s. Texteingabe
  -kette ,s. Zeichenfolge
  -konstante **25f.**, 49, 204, s. auch CHARACTER-
    Konstante
  -position in CHARACTER-Variable **213**
  -satz **19f.**, 204, s. auch Code
  Sortierfolge **215f.**, 434f.
  -vorrat **20**, 204, 216
Zeilenvorschub **48**, 63f., s. auch Vorschubsteuerung
Ziffern **20**, 21, 22, 336
zugeordnetes GOTO ,s. gesetzter Sprung
Zugriff
  direkter **335**, 340, **357**, 368, 374
  sequentieller **335**, 340, **357**, 359ff., 374
zusammengesetzte Bedingung **97f.**, *125, 232ff.*
zusammengesetzter Ausdruck **27**, 177, **214**, **231**, 432
Zuverlässigkeit eines Programms **7**, 10, **15**, 117, 133,
    165
Zuweisungsanweisung ,s. Wertzuweisung
zweiseitige Alternative **98**, s. auch Alternative
Zwischenraum **20**, 26, 29
  als Trennzeichen **54**
  bei Angabe der Syntax **34**
  bei Ausgabe **61**, **65f.**, 210f., 212, *217ff.*, *302ff.*, 313,
    315f.
  bei Eingabe **54**, 71, *311*, **321f.**, 341
  in Programmzeile **82**, 297, 298
Zyklus ,s. Schleife